U0917913

高等学校

土建类应用型本科规划教材

Civil Engineering Materials

土木工程材料

主　编　张正雄　姚佳良

副主编　赵碧华　欧　辉

　　　　周双喜　米文瑜

主　审　黄政宇

人民交通出版社

China Communications Press

内容提要

本书由全国高等学校土建学科工程管理专业应用型本科规划教材编写委员会组织编写。

本教材从应用型教材的编写特点和要求出发，着重讲解土木工程材料的组成、性能特点与应用、技术标准（质量要求）、检验方法及材料使用保管等方面的知识，力求使教材精练、实用，重点突出、理论联系实际。全书共十三部分，内容主要包括气硬性胶凝材料、水泥、混凝土、建筑砂浆、墙体材料和屋面材料、建筑钢材、木材、沥青材料及其制品、合成高分子材料、绝热及吸声隔声材料和装饰材料等。

本书可作为高等学校土建学科工程管理、土木工程等专业的教学用书，也可作为相关专业各类继续教育的本科教材，还可供从事土木工程科研、设计、管理和施工的技术人员参考。

高等学校工程管理专业应用型本科规划教材出版说明

工程管理专业自1998年设置以来，伴随着国民经济及工程建设的迅猛发展，已逐步成熟完善，目前已有近300所院校开设该专业。在这些院校里面，有相当一部分以“应用型”定位为主，各院校结合自身的专业特点，形成了各具特色的教学培养模式。为满足广大“应用型”本科院校的需要，加强特色方向教材的出版，人民交通出版社深入调研，周密组织，在高等学校工程管理专业指导委员会的热情鼓励和悉心指导下，蒙清华大学朱宏亮教授尽心主持，得到了国内七十余所高校的积极响应，邀请一大批各院校骨干教师参与，由国内一流专家审稿，组织、编写、出版了本套高等学校土建学科工程管理专业应用型本科规划教材。

本套教材以《全国高等学校土建类专业本科教育培养目标和培养方案及主干课程教学基本要求——工程管理专业》为纲，结合专业建设、课程建设和教学改革以及本学科的最新研究成果，设置了技术平台课程、管理平台课程、经济平台课程、法律平台课程，以及工程项目管理方向课程、房地产经营与管理方向课程、投资与造价管理方向课程、公路工程项目管理方向课程，进行了相应的教材开发，供各院校选用。

本套教材以“应用型”定位为出发点，结合教学实际，全面规划成系列开发近50个品种。教材编委会、审稿委员会、编写与审稿人员全力以赴，为打造精品教材做出了不懈努力，希望能够以此推动工程管理专业的教材建设。

本套教材适用于高等学校工程管理专业，各高校独立学院、成人教育学院及网络教育中的工程管理、房地产经营与管理、工程造价等相关专业亦可选用。

人民交通出版社

前　言

本教材是根据全国高等学校土建学科工程管理专业建设工程项目管理方向教材编写委员会审定的《土木工程材料》课程编写大纲的要求编写的。

本教材根据工程管理专业的培养目标和教学特点，从应用型教材的编写特点和要求出发，着重讲解土木工程材料的组成、性能特点与应用、技术标准（质量要求）、检验方法及材料使用保管等方面的知识，力求使教材理论联系实际、精练、实用、重点突出。本教材在内容安排上注意深度和广度之间的联系，在突出重点的基础上，尽可能多地介绍目前国内各种土木工程材料的知识及其发展和有关的新材料、新技术，以利于开阔学生思路，便于土木工程材料的合理选择、正确使用和科学管理。本教材编写过程中凡涉及土木工程材料的规范，全部采用国家颁布的最新技术标准和规范。本书为高等学校土建学科工程管理专业建设工程项目管理方向的学生学习土木工程材料系统知识的教学用书，亦可供工程技术人员参考。

本书的教学目的在于使学生掌握主要土木工程材料的性质、用途、制备和使用方法以及这些材料的质量检测和质量控制方法，并理解工程材料性质和材料结构的关系，了解改善性能的途径。通过本课程的学习，要学会针对不同的工程，合理选用材料，正确检验及评价材料质量，并能与后续课程密切配合，了解材料与设计参数及施工措施的相互关系。

本书由福建农林大学张正雄、长沙理工大学姚佳良任主编，由华东交通大学赵碧华、欧辉、周双喜及华北科技学院米文瑜等任副主编，各章编写人员为：张正雄执笔编写第1、4、5、9、12章及学习导言，姚佳良执笔编写第2、10、11章，赵碧华执笔编写第6、7章，米文瑜执笔编写第13章，欧辉执笔编写第8章，周双喜执笔编写第3章。全书由张正雄统稿。另外，福建农林大学的侯秀英老师参加了部分书稿的整理的整理工作。本书承蒙黄政宇教授审稿，并提出了许多宝贵建议，在此表示衷心的感谢。

由于编者水平有限，书中不妥之处及错漏在所难免，恳请广大读者给予批评指正，并提出宝贵意见，以便今后改正。谢谢。

编　者

2007年11月

学习导言

1. 本课程的教学目的和任务

本课程是一门专业基础课。它以数学、力学、物理、化学等课程为基础，而又为学习建筑、结构、施工等后续专业课程提供材料基本知识，同时它还为今后进行工程实践和科学研究打下必要的基础。

本课程将通过课堂教学，结合现行的技术标准，以土木工程材料的性能及合理使用为中心，进行系统讲述。学习某一种材料的性质时，不能只满足于知道该材料具有哪些性质，有哪些表象，更重要的是应当知道形成这些性质的内在原因和这些性质之间的相互关系。对于同一类属的不同品种的材料，不但要学习它们的共性，更重要的是要了解它们各自的特性和具备这些特性的原因。例如学习各种水泥时，不仅要知道它们都能在水中硬化等共同性质，更要注意它们各自的质的区别，以及因此反映在性能上的差异。一切材料的性质都不是固定不变的，在使用过程中，甚至在运输和储存过程中，它们的性质都在或多或少、或快或慢、或显或隐地不断变化。为了保证工程的耐久性、解决材料在使用前的变质问题，我们还必须了解引起变化的外界条件和材料本身的内在原因，从而了解变化的规律。通过本课程的学习，要使学生获得有关土木工程材料性质与应用的基本知识和必要的基本理论，并获得主要土木工程材料的试验方法的基本技能训练。

2. 学习本课程的基本要求

土木工程材料种类繁多，而且每种材料涉及的内容又很庞杂，如原料、生产、材料组成与结构、性质、应用、检验、运输、验收、储存等各个方面。土木工程材料研究的主要内容是材料的组成、制造工艺、物理力学性质、质量标准、检验方法、保管及应用等。其中以材料的物理力学性质、质量标准、检验方法和应用为重点。根据以上教学目的和任务，对同学们学习本门课程提出如下基本要求：

（1）土木工程材料与物理、化学、数学、力学等课程有密切的联系，学习本课程之前应学习和掌握与物理、化学、数学、力学等课程有关的基础理论知识，并在本课程的学习中能运用这些基础知识，分析和研究有关问题。

（2）学习有关土木工程材料的一些基本理论如土木工程材料的基本性质、各类胶凝材料的凝结硬化原理、常用土木工程材料的组成成分及其对材料技术性质的影响等。注意理解材料的主要性质，还要理解它为什么会具有这样的性质，从而更好地选择和使用材料。

（3）着重掌握常用代表性材料的技术性质及应用要求，尤其是要掌握“土木工程材料的基本性质、水泥、混凝土、建筑砂浆、建筑钢材、沥青材料及其制品”等重点章节的内容。在学习材料性质方面的知识时要求：掌握材料的组成、技术性质及特性；了解材料组成及结构对材料性质的影响；了解外界因素对材料性质的影响；了解各主要性质间的相互关系；初步学会主要土木工程材料的试验方法。在学习材料应用方面的知识时要求：能够根据工程要求合理地选用材料；熟悉有关的国家标准及技术规范；了解材料使用方法的要点；学会混凝土配合比设计。

（4）加强实践环节。土木工程材料是一门实践性很强的课程，本课程的实践教学环节主要是通过试验课来完成。材料试验是鉴定材料质量和熟悉材料性质的主要手段。试验的任务是验证基本理论，学习试验方法，培养科学研究能力，形成严谨的科学态度。同时，要掌握材料检验的基本要求、方法和手段。进行试验时，要严肃认真，一丝不苟。即使对一些操作简单的试验，也不应例外。要了解试验条件对试验结果的影响，并对试验结果做出正确的分析和判断，及时填写试验报告。

（5）要按时完成课内外作业，上试验课前必须充分预习。

（6）充分利用到工厂、工地参观和实习的机会，了解常用材料的品种、规格、使用和贮存保管的情况。

（7）经常阅读有关报刊杂志中介绍的土木工程材料的新产品、新标准及动向，如阅读《新型建筑材料》、《建材工业信息》、《墙材革新与建筑节能》、《中国建材》、《混凝土》等杂志。

3. 本课程的学习方法

如何学好本门课程，这是初学者普遍关心的问题。不同的课程，由于其性质特点不同，因而采用的学习方法也有所不同。下面就如何学习本课程提出几点建议，供同学们学习时参考。

（1）要讲究学习方法

同学们一接触这门课就会发现，它与数学、物理、力学等课程不同。首先，内容庞杂，各章自成系统，读过之后常感不得要领，抓不住重点；其次，课程中没有多少公式的推导或定律的论证和分析，许多内容是定性的描述或经验规律的总结，同学们觉得不习惯，不知怎样学；再次，课程内容中常涉及到本专业（工程管理专业）并不开设的课程（如物理化学、结晶学、岩石学、胶凝材料学、混凝土学）中的一些概念，因而概念多，术语多，在没有理解这些概念、术语的含义和它们之间内在联系的时候，就会感到枯燥无味，学习深入不下去。

课程的性质不同，学习方法也应该有所不同，不应沿用通过计算习题或作业来巩固所学内容的学习方法。《土木工程材料》是综合性课程，涉及到许多学科，但反映在教材上却仅仅是这些学科中与土木工程材料性质和应用有关的个别概念，而不是有关学科的系统知识。

根据课程上述的特点，从课程的目的、任务出发，按照课程的基本要求，采取相应的学习方法来安排预习与复习。预习时，以“节”为单元，首先通读一遍；其次，根据各单元的“基本内容和要求”，进行精读，不要强记，务求理解，同时预习过程中要认真记录好疑难问题；再次，上课要认真听，特别要注意听老师对疑难问题是如何讲解的，以提高听课效果；每章内容学习完之后要进行小结，不应限于对具体问题的回答，而应掌握内容的内在联系；最后，通过做适量的习题或思考题进行自我检查，使分析和解决问题的能力得到锻炼和提高。

(2) 抓住一个中心两条线索

这是针对本课程特点提出的学习方法。土木工程材料种类多，内容繁，即使明确了重点材料，如前所述，每种材料涉及的内容也是很广的。学习《土木工程材料》的根本目的在于能够正确地应用土木工程材料，而解决材料应用问题的前提是掌握材料的性质。所以材料性质是学习本门课程要抓住的中心环节。

不过，只限于孤立地了解材料若干技术性质或特性，实际上是不可能掌握材料性质的。众所周知，只有了解事物本质的内在联系，即材料性质与其组成、结构之间的关系，或所谓的决定材料性质的因素，才有可能掌握材料的性质。上述的联系、关系或因素可作为掌握材料性质的第一条线索。

材料性质不是固定不变的，在使用过程中，受外界条件的影响，材料性质要发生不同程度的变化。了解材料受外界影响性质发生变化的规律，即所谓的影响材料性质的因素，是掌握材料性质的第二条线索。

抓住上述两条线索，不仅易于掌握课程的基本内容，还可按此线索不断扩大材料性质的知识面。离开此线索就会陷入死记硬背的困境，学习效率下降，学得的知识也难以巩固和运用。

(3) 运用对比的方法

不同种类的材料具有不同性质，而同类材料不同品种之间，则既存在共性，又存在特性。学习时不应将各种材料的性质无选择地、逐一地死记硬背，而要抓住代表性材料的一般性质，即了解这类材料的共性。然后运用对比方法，学习同类材料的不同品种，总结它们之间的异同点，掌握各自的特性。这种方法，在学习水泥、混凝土等主要材料时尤为重要。运用对比方法来学习，能够抓住要领，条理清楚，便于理解和掌握。

（4）密切联系实际

本课程是实践性很强的课程，学习时要注意理论联系实际，利用一切机会注意观察周围已经建成和正在修建的工程，在实践中验证和补充书本知识。通过材料试验加深理解和掌握材料的性质，掌握材料检验的基本要求、方法和手段。带着观察到的工程实际问题，在学习中寻找答案，使理论与实际相结合，会使学习更加扎实、灵活，学习目的性增强，学习兴趣更加浓厚。

编　者

2007 年 12 月

目　录

第1章 绪 论

本章概要

1. 介绍土木工程材料的分类；
2. 简要介绍土木工程材料的发展过程和发展趋势；
3. 叙述绿色建材的涵义、发展绿色建材的意义、绿色建材与建筑的可持续发展。

1.1 土木工程材料的分类

土木工程材料是指在土木工程中所使用的各种材料及其制品的总称。它是一切建筑工程的物质基础，是组成建筑结构物的最基本构成元素。由于土木工程的材料种类繁多，性质各异，用途不同，为了方便应用，工程中常从不同角度对土木工程材料作出分类。

1.1.1 按化学成分分类

根据材料的化学成分，可分为有机材料、无机材料、复合材料三大类，如表1-1所示。

土木工程材料按化学成分分类　　表1-1

分类			实例
无机材料	金属材料	黑色金属	钢、铁及其合金、合金钢、不锈钢等
		有色金属	铜、铝及其合金
	非金属材料	天然石材	砂、石及其制品
		烧土制品	黏土砖、瓦、陶瓷制品
		胶凝材料及制品	石灰、石膏及制品、水泥及混凝土制品、硅酸盐制品等
		玻璃	普通平板玻璃、特种玻璃等
		无机纤维材料	玻璃纤维、矿渣棉等

续上表

分类		实例
有机材料	植物材料	木材、竹材、植物纤维及其制品
	沥青材料	煤沥青、石油沥青及其制品等
	合成高分子材料	塑料、涂料、胶黏剂、合成橡胶等
复合材料	有机与无机非金属材料复合	聚合物混凝土、玻璃纤维增强塑料等
	金属与无机非金属材料复合	钢筋混凝土、钢纤维混凝土等
	金属与有机材料复合	PVC钢板、有机涂层铝合金板等

1.1.2 按使用功能分类

根据在建筑物中的部位或使用性能，土木工程材料大体上可分为三大类，即结构材料、墙体材料和功能材料。

1. 结构材料

主要用作承重结构的材料。如梁、板、柱、基础、框架及其他受力构件和结构等所用的材料都属于这一类。对这类材料主要技术性能的要求是**强度**和**耐久性**。目前，所用的主要结构材料有砖、石、水泥混凝土和钢材及两者的复合物——钢筋混凝土和预应力钢筋混凝土。在相当长的时期内，钢筋混凝土及预应力钢筋混凝土仍是我国建筑工程中的主要结构材料。随着工业的发展，轻钢结构和铝合金结构所占的比例将会逐渐加大。

2. 墙体材料

墙体材料是指建筑物内、外及分隔墙体所用的材料，有承重和非承重两类。目前，我国大量采用的墙体材料为砌墙砖、混凝土及加气混凝土砌块等。此外，还有混凝土墙板、石膏板、金属板材和复合墙体等，特别是轻质多功能的复合墙板发展较快。

3. 功能材料

主要是指担负某些建筑功能的非承重用材料。如防水材料、绝热材料、吸声和隔声材料、采光材料、装饰材料等。这类材料的品种、形式繁多，功能各异，随着国民经济的发展以及人民生活水平的提高，这类材料将会越来越多地应用于建筑物上。

1.1.3 土木工程材料的技术标准

1. 标准化的意义

为了保证土木工程材料的质量、保证现代化生产和科学管理，必须对材料产品的各项技术制定统一的执行标准。这些标准一般包括：产品规格、分类、技术要求、检验方法、验收规则、标志、运输和贮存注意事项等方面内容。

土木工程材料的标准，是企业生产的产品质量是否合格的技术依据，也是供需双方对产品质量进行验收的依据。通过产品标准化，就能按标准合理地选用材料，从而使设计、施工也相应标准化，同时可加快施工进度，降低造价。

2. 土木工程材料的标准类别

世界各国对土木工程材料的标准化都非常重视，均有自己的国家标准，如美国的“ASTM”标准、德国的“DIN”标准、英国的“BS”标准、日本的“JIS”标准等。另外，还有在世界范围统一使用的“ISO”国际标准。

目前，我国常用的标准主要有国家级、行业（或部）级、地方级和企业级四类。

(1) 国家标准

国家标准有强制性标准（代号 GB）和推荐性标准（代号 GB/T）。强制性标准是全国必须执行的技术指导文件，产品的技术指标都不得低于标准中规定的要求。推荐性标准在执行时也可采用其他相关标准的规定。

(2) 行业标准

各行业（或主管部）为了规范本行业的产品质量而制定的技术标准，也是全国性的指导文件。但它是由主管生产部门发布的，如建材行业标准（代号 JC）、建工行业标准（代号 JG）、冶金行业标准（代号 YB）、交通行业标准（代号 JT）等。

(3) 地方标准

地方标准为地方主管部门发布的地方性技术指导文件（代号 DB），适于在该地区使用，且所订的技术要求应高于类似（或相关）产品的国家标准。

(4) 企业标准

由企业制定发布的指导本企业生产的技术文件（代号 QB），仅适用于本企业。凡没有制定国家标准、部级标准的产品，均应制定企业标准。而企业标准所订的技术要求应高于类似（或相关）产品的国家标准。

3. 标准的表示方法

标准的一般表示方法是由标准名称、部门代号、标准编号和颁布年份等组成。例如，1999 年制定的国家强制性 175 号硅酸盐水泥及普通硅酸盐水泥的标准为：《硅酸盐水泥、普通硅酸盐水泥》（GB 175—99）；2001 年制定的国家推荐性 14685 号建筑用卵石、碎石标准为：《建筑用卵石、碎石》（GB/T 14685—2001）。又如建设部 2000 年制定的 55 号行业标准为：《普通混凝土配合比设计规程》（JGJ 55—2000）。

目前，主要土木工程材料标准内容大致包括材料质量要求和检验两大方面。

1.2 土木工程材料的发展简史

土木工程材料是随着人类社会生产力和科学技术水平的提高而逐渐发展起来的。人类建筑活动的历史相当久远，今天在世界各地还保存了许多精美的古代建筑或建筑遗迹，从中可以看出古代劳动人民使用建筑材料的技术成就。例如埃及的金字塔、希腊的雅典卫城、古罗马的斗兽场、欧洲各地的中世纪教堂，至今仍令人惊叹不已。在我国也有许多历史悠久的古建筑，如始建于公元前 7 世纪的万里长城，总高 67m、1056 年建造的山西应县木塔，至今仍完好如初。还有 900 多年前用石材建造的福建泉州的洛阳桥，已有千余年历史的山西五台山木结构的佛光寺大殿，等。

无论中外，在漫长的奴隶社会和封建社会中，建筑技术和建筑材料的进步都是相当缓慢的，直至 19 世纪，资本主义各国先后发生工业革命，建筑领域才出现了突飞猛进的变化。19 世纪后期重工业的发展，为建筑业提供了性能优越的新型建筑材料。新材料对建筑物的设计、施工及建筑形象产生了决定性的影响。

钢材和水泥的问世，使人类的建筑活动超越出几千年来所受土、木、砖、石的限制，开始飞速地向前发展。现在每一个重要的建筑工程都离不开这两种材料。钢材和水泥的使用标志着建筑发展史上的一个新阶段。进入 20 世纪后，建筑材料不仅在性能和质量上不断改善，而且品种不断增加。随着材料科学与工程学的发展，尤其是复合材料、智能材料、纳米材料等技术的成熟和应用，建筑材料取得重大突破时代的到来已为期不远了。

土木工程材料在我国的发展也经历了漫长的历史，新中国成立之前一直都发展较慢。新中国成立后，特别是在改革开放的新时代，我国建筑材料生产得到了更迅速的发展。自 1995 年后，我国的水泥、平板玻璃、建筑卫生陶瓷和石墨、滑石等部分非金属矿产品产量一直居世界第一，是名副其实的建材生产大国。但必须看到，我国建材行业的科技水平和管理水平还是比较落后的，主要表现在：能源消耗大；劳动生产率低；污染环境严重；科技含量低；产品创新、市场应变能力差等。与发达国家相比，差距还不小，因此我国还不是一个建材强国。

1.3 土木工程材料的发展趋势

土木工程材料是土木工程的物质基础，土木工程材料的发展与土木工程技术的进步有着不可分割的联系，它们相互制约、相互依赖和相互推动。新型建筑材料的诞生推动了土木工程设计方法和施工工艺的变革，而新的土木工程设计方法和施工工艺对建筑材料品种和质量提出更高和更为多样化的要求。根据有关资料分析，土木工程材料在今后一个时期的发展将具有如下特点：

（1）从可持续发展出发，在原材料方面要最大限度的节约有限资源；加强材料的可循环再生利用意识，充分利用再生资源及工农业废料。

（2）研究和开发高性能材料。例如研制轻质、高强、高耐久性、优异装饰性和多功能的材料，实现结构—功能（智能）一体化。

（3）在产品形式方面积极发展预制技术，逐步提高构件化、单元化的水平。

（4）在生产工艺方面要大力引进现代技术，改造或淘汰陈旧设备，降低原材料及能源消耗，减少环境污染，提高经济效益。

1.4 可持续发展的绿色环保节能建筑材料

1.4.1 绿色环保节能建筑材料概述

绿色材料的概念是1998年在第一届国际材料科学研究会上首次提出的。国际学术界给绿色材料定义为：在原料采取、产品制造、应用过程和使用以后的再生循环利用等环节中对地球环境负荷最小和对人类身体健康无害的材料。

绿色建材又称生态建材、环保建材和健康建材，是指采用清洁的生产技术，少用天然资源、大量使用工业或城市固体废弃物等，生产无毒、无污染、无放射性，环保和有利于人类健康的建材。绿色建材的基本特征有以下几点：

（1）建材生产尽量少用天然资源，大量使用尾矿、废渣、垃圾等废弃物。如净化污水、固化有毒有害工业废渣的水泥材料，或经资源化和高性能化后的矿渣、粉煤灰、硅灰、沸石等水泥组成材料。

（2）采用低能耗、无污染环境的生产技术。如用现代先进工艺和技术生产高质量水泥。

（3）在生产中不得使用甲醛、芳香族、碳氢化合物等，不得使用铅、镉、铬及其化合物制成的颜料、添加剂和制品。

（4）产品不仅不损害人体健康，而且有益于人体健康。

（5）产品具有多功能，如抗菌、灭菌、除霉、除臭、隔热、保温、防火、调温、消磁、防射线、抗静电等功能。

（6）产品可循环和回收利用，废弃物无污染排放以防止二次污染。

绿色建材代表了21世纪建筑材料的发展方向，是符合世界发展趋势和人类要求的建筑材料，必然在未来的建材行业中占主导地位，成为今后建材发展的必然趋势。

1.4.2 建筑材料与生态环境

建筑材料的整个生命周期包括原料采集、产品制造、产品使用、废弃物再循环等阶段。就建筑材料的生产过程而言，从资源和环境的角度分析，在建筑材料的采矿、提取、制备、生产加工、运输、使用和废弃的过程中，要消耗大量的资源和能源，并排放出大量的废水、废气和废渣，污染人类生存的环境，并带来其他的环境影响，如温室效应、臭氧层破坏、光、噪声和放射性污染等。

建筑材料生命周期对生态环境的影响包括建筑材料原料制造阶段、生产阶段资源、能源的消耗及对生态环境的影响；使用过程中对人类的健康和生态环境的影响；建筑材料解体、废弃时对生态环境的影响等。因此出现生态建筑材料，生态建筑材料的科学和权威的定义目前仍在研究确定阶段。生态建筑材料的概念来自于生态环境材料。生态环境材料的主要特征：首先是节约资源和能源；其次是减少环境污染，避免温室效应与臭氧层的破坏；第三是容易回收和循环利用。作为生态环境材料一个重要分支，生态建筑材料按其含义应指在材料的生产、使用、废弃和再生循环过程中，以与生态环境相协调，满足最少资源和能源消耗，最小或无环境污染，最佳使用性能，最高循环再利用率等要求而设计生产的建筑材料。显然这样的环境协调性是一个相对和发展的概念。

1.4.3 绿色建材的发展情况

按材料的加工、生产、使用、废弃过程的特点及其环境协调的关系，材料的发展可大致分为4个主要阶段：毫无节制地向自然界索取阶段和废弃→末端治理（治废利废，开始具有环境协调意识）→生产和使用过程的改造（环境协调化，提高性能，节约能源、资源，降低污染）→材料生态化设计（生产绿色产品，实现对环境的零污染和废弃材料作为资源的循环再生）。这4个阶段不仅体现了人类环境意识的演变和升华，也反映在材料性能上的提高与发展。目前，国内外的绿色建材的发展主要是在第三阶段，即环境协调化为主的发展阶段。

罗马尼亚已经开发出两种与普通混凝土相比具有更高的强度和更好的隔热隔声性能的生态混凝土。生态混凝土能让墙壁“呼吸”，能避免混凝土缩合而排放的有毒气体。1997年德国慕尼黑建筑新产品和新体系展览会上，Liapor公司展出了一种用废玻璃生产的轻砂，用于制作轻混凝土。我国“绿色建材”发展近几年也取得了初步成果。

绪色建材的发展情况可以归纳成如下几个方面：

（1）有关水泥的生产

水泥生产企业是属于高能耗高污染的企业，是环保治理的重点，发展“绿色建材”，水泥应从综合治理方面寻找出路。

①提高水泥强度等级，生产多功能水泥，以废渣经过加工代替部分水泥，从而降低水泥产量。

②生产中改进工艺、降能耗、减少排污和排入大气的CO_2，尽量达到环境容许程度。

③生产生态水泥。我国在此方面有过成功实践，研究人员将苏州河底的污泥全部代替粘土原料进行了煅烧试验，烧成度与普通熟料相同。与普通水泥相比，生态水泥最大的特点是凝结时间短、强度发展快，属早强快硬水泥。

（2）有关混凝土的生产

相继出现了绿色混凝土、植物相容性生态混凝土、透水混凝土、再生混凝土、光催化混凝土等环保混凝土。

（3）墙体材料的“绿色化”进程

①以前黏土实心砖的利用比较普遍，其产量至今仍然居高不下。《墙体材料革新“十五”规划》提出，到2005年我国新型墙体材料的比例要达到40%，这一目标在2004年已接近完成。

②绿色墙体材料的生产，必须走高科技道路。目前墙体改革已取得了卓越的成果，相继出现了蒸压纤维水泥板、蒸压灰砂废渣制品、利用页岩生产的多孔砖、大力发展废渣轻型混凝土墙板、充分利用农植物秸秆生产人造板、大力推广复合墙板和复合砌块；还有一种新型砌块，不用任何胶凝材料，只需像摆积木那样，把砌块上、下两面和前后两端的凸凹槽咬花砌筑平稳。这种“双面无填料环保节能咬接砌块”，在武汉已研制成功。国内外在复合墙体材料、绿色墙体材料的应用方面已有一定的基础，当然还应进一步改善和完善配套技术。

“21世纪议程”是21世纪全球范围内可持续发展的行动纲领，是当今世界各国的共同选择。我们必须看到，在世界推进“绿色化”进程中，“绿色建材”的发展占据了首要的位置。

（4）开发新能源的绿色建材

能源问题，特别是清洁可再生能源开发利用问题，是世界各国研究的热点。太阳能发电、太阳能热能利用、潮汐发电、地热资源的开发应用以及风力资源的开发利用等都少不了特殊的建材。特别是太阳能发电和太阳能热能的开发利用更是引起各国的高度重视。随着技术的日新月异，现代绿色建筑将太阳能发电、热能利用与建筑的外墙材料、窗户材料、屋面材料和构件一体化，形成一种崭新的建筑材料，成为建筑材料发展趋势。

1.4.4 绿色建材与建筑的可持续发展

工业与民用建筑常常是产生噪声、空气污染、水污染的场所，而反过来，环境污染不仅严重缩短了建筑的寿命，而且对人类的身心健康构成威胁。可持续发展是建筑业当前及今后永恒的主题。绿色建材不仅能减少环境污染，而且能够节约资源和能源，更重要的是，绿色建材有益于人们的身心健康，即绿色建材满足可持续发展的需要，达到了发展与环境保护的统一，当前与长远的结合。因而，提高绿色建材在建筑中的使用率是建筑可持续发展的必然归宿。

绿色建材的发展和应用，必将导致一种新的结构体系的出现，那就是绿色建筑结构体系。绿色建筑结构体系是从建筑可持续发展的高度出发提出的一种新型的结构体系，其基本概念为：建筑物的骨架即承重体系所用材料是基于绿色建材之上的。这是建筑可持续发展的核心部分。绿色建筑结构体系具有两个基本属性：结构本身所用材料为绿色建材，具有可持续发展的潜力，从而确保建筑可持续发展；结构的构成单元具有可替代性，即当结构出现缺陷时，能及时、方便、有效地更换，因而结构的使用年限得以延长，同时维修的频度和造价大大降低。这种结构体系有益于健康，有益于节省能源和资源，方便生活与工作，有益于人类社会发展。从组成材料来看，绿色建筑结构体系可分为两大类型：一类是以粉煤灰、矿渣等工业废渣为主要成分的砌体结构，从节约能源与资源的角度出发，该种结构必将取代以黏土砖为主的砌体结构；另一类是以绿色高性能混凝土为主要成分的混凝土结构（包括预应力混凝土结构）。

节约能源与开发新能源是解决日趋严峻的全球能源危机的唯一出路，而建筑能耗在整个能耗中约占 30％～40％，故建筑节能的意义不言而喻。绿色建筑功能，即在建筑中使用能将太阳能或核能转化为电能、热能等能源的绿色建材，确保整个建筑物的能源供应而不再需要或较少需要另外供能。这意味着建筑物本身就是一座发电站。如美国的某些公司已研制出能将太阳能转化为电能或热能的太阳能“屋面板”，窗帘式墙壁。绿色建筑节能是指在建筑围护结构（包括屋顶、外墙、门窗等）中使用绿色建材作为保温、隔热材料以及节约能源。这一方面可以减少基本建筑材料的用量，减轻围护结构的自重，大幅度节能降耗，另一方面，可以提高建筑施工的工业化程度。如日本已开发成功一种能自动调节室内湿度的新型墙体材料。将绿色建材如保健型瓷砖、可调节室内湿度的壁砖、抗菌自洁玻璃等用于建筑装饰中，就成为绿色建筑装饰。绿色建筑节能和绿色建筑装饰是绿色建筑结构的补充与完善，只有将二者有机地结合起来，才能构成建筑可持续发展的总体蓝图。

建立绿色建筑结构体系，是建筑业可持续发展的核心，而树立绿色建筑节能与绿色建筑装饰的设计和施工理念，运用有利于健康的绿色建材，乃是建筑业可持续发展的必然归宿。

本章小结

土木工程材料是一切建筑工程的物质基础，是组成建筑结构物的最基本构成元素。土木工程的材料种类繁多，按化学成分可分为有机材料、无机材料、复合材料三大类；按使用功能大体上可分为三大类，即结构材料、墙体材料和功能材料。

土木工程材料的标准，是保证土木工程材料的质量、进行现代化生产和科学管理的依据，是企业生产的产品质量是否合格的技术依据，也是供需双方对产品质量进行验收的依据。

建材工业是一个高耗能和高污染的行业，发展绿色建材、采用绿色建筑结构体系是实现建筑业可持续发展的前提和保证。

1. 土木工程材料如何分类？简述其发展趋势。
2. 何谓绿色建材？简述绿色建材的基本特征。
3. 试述绿色建材与建筑的可持续发展关系。

第2章 土木工程材料的基本性质

本章概要

1. 介绍了材料的热物理性质、耐久性和安全性；
2. 阐叙了材料的物理性质、力学性质、与水有关的性质；
3. 介绍了主要材料的组成、结构及构造特点。

土木工程材料的性质多指其对环境作用的抵抗能力或在环境条件作用下的表现。材料在工程中所表现的性质有很多，根据不同的使用环境或要求，对其性质的要求会有所不同。因此，在材料选择与使用中应考虑的性质也不尽相同。土木工程材料的基本性质是指处于不同使用条件或使用环境的土木工程中，通常必须考虑的最基本的、共有的性质。只有掌握材料的基本性质，才能正确选择、合理使用土木工程材料。

2.1 材料的组成、结构及构造

材料是由原子、分子或分子团以不同结合形式构成的物质。材料的组成或构成方式不同，其性质可能有很大的差别：组成或构成方式相近的材料，一般其性质多具有相近之处，但其组成不同的材料，其各自分别具有不同的特性。此外，即使属于相同类别的材料，由于其中原子或分子之间的结合方式及缺陷状态不同，其性质也可能有显著的差别。

所以，材料的组成、结构及构造决定着材料的各种性质。只有了解材料的组成、结构及构造，才能更好地掌握材料的基本性质。

2.1.1 材料的组成

1. 化学组成

化学组成是指材料的化学成分。无机非金属材料的化学成分常用各氧化物的含量来反映，如石灰的化学成分是 CaO。金属材料则常以化学元素的含量来表示。如碳素钢以碳元素含量来划分。合成高分子材料常以其链节表示，如聚乙烯的链节是 C_2H_4 等。土木工程材料的诸多性质都与其化学成分有关。如耐火性、力学性能、耐腐蚀性、耐老化性能等。

2. 物相组成

物相是具有相同物理、化学性质，一定化学成分和结构特征的物质。对于无机非金属材料，通常用矿物成分表示；对于金属材料，通常用金相组织来表示。许多材料单从化学组成还不能判断其性质，还必须了解其物相组成。例如，水泥中熟料矿物的组成比例发生变化时，水泥的性质会随之改变。钢材的金相组织发生变化时，钢材的性质也会发生变化。

因此，材料的组成对材料性质的影响十分复杂，需结合具体材料的特性进行研究和分析。

2.1.2 材料的结构和构造

材料的性质除与材料组成有关外，还与其结构和构造有密切关系。材料的结构和构造是泛指材料各组成部分之间的结合方式及其在空间排列分布的规律。目前，材料不同层次的结构和构造的名称和划分，在不同学科间尚未统一。通常，按材料的结构和构造的尺度范围，可分为微观结构、介观结构和宏观结构。

1. 微观结构

材料的微观结构是指原子或分子层次的结构。材料按微观结构可分为晶体和玻璃体。

（1） 晶体结构

晶体是质点（原子、分子、离子）按一定规律在空间重复排列的固体，具有一定的几何形状和物理性质。晶体质点间键能的大小以及结合键的特性决定晶体材料的特性。

①原子晶体　由中性原子直接构成的晶体。原子晶体组成的材料，其质点（原子）之间主要依靠原子间的共价键相互结合为整体。这类材料通常具有较高的强度和硬度，在一般使用环境条件下的稳定性较好。土木工程中常用的原子晶体类材料有石英及某些碳化物等。

②金属晶体　金属原子团依靠自由电子的库仑引力所构成的晶体。在金属晶体材料中，不同的晶格或晶格间不同的组合方式，可构成不同的晶体结构，从而使其性质也有所差别。金属晶体类材料也具有较高的强度和硬度，有些还具有较好的韧性与可加工性；但在某些使用环境条件下的稳定性不及原子晶体材料，如耐高温

性、耐腐蚀性等较差。土木工程中常用的金属晶体类材料有生铁、钢材、铝材、铜材等。

③离子晶体　离子晶体正、负离子间依靠离子键的结合引力构成的晶体。离子晶体中质点（离子）间不同的离子键特性决定了离子晶体材料的性质。土木工程中无机非金属材料多是以离子晶体为主构成的材料，如石膏、石灰、某些天然石材及人工材料等。

④分子晶体　分子晶体分子或分子团间依非对称的电子极化引力而形成的晶体。分子晶体结构材料中质点间的结合键（也称为范德华分子键）较弱，只能在某些环境条件下才具有较可靠的物理力学性能，一般环境中其强度、硬度较低，温度敏感性强，密度较小。土木工程中常用的水及水性乳液、石蜡等具有分子晶体类材料的典型特征。

（2）玻璃体

玻璃体是熔融物在急冷时，质点来不及按一定规律排列而形成的内部质点无序排列的固体或固态液体。玻璃体结构的材料没有固定的熔点和几何形状，且各向同性。由于内部质点未达到能量最低位置，大量化学能储存在材料结构中，因此，其化学稳定性差，易与其他物质发生化学反应或产生重新结晶，这一性质也称为材料的潜在化学活性。如某些活性混合材料的活性特点，正是这种玻璃体结构材料的表现。

2. 介观结构

材料的介观结构（又称亚微观结构）是指用光学显微镜和一般扫描透射电子显微镜能观察到的质点所构成的结构，是介于宏观和微观之间的结构。其尺度范围在10^{-3}m～10^{-9}m。材料的介观结构根据其尺度范围，还可分为显微结构和纳米结构。其中，显微结构是指用光学显微镜所能观察到的结构，其尺度范围在10^{-3}m～10^{-7}m。土木工程材料的显微结构，应根据具体材料分类研究。对于水泥混凝土，通常是研究水泥石的孔隙结构及界面特性等结构；对于金属材料，通常是研究其金相组织、晶界及晶粒尺寸等；对于木材，通常是研究木纤维、管胞、髓线等组织的结构。材料在显微结构层次上的差异对材料的性能有显著的影响。例如，钢材的晶粒尺寸越小，钢材的强度越高。又如混凝土中毛细孔的数量减少、孔径减小，将使混凝土的强度和抗渗性等提高。因此，对于土木工程材料而言，从显微结构层次上研究并改善材料的性能十分重要。

材料的纳米结构是指一般扫描透射电子显微镜所能观察到的结构。其尺度范围在10^{-7}m～10^{-9}m。材料的纳米结构是20世纪80年代末期引起人们广泛关注的一个尺度。其基本结构单元有团簇、纳米微粒、人造原子等。由于纳米微粒和纳米固体有小尺寸效应、表面界面效应等基本特性，使由纳米微粒组成的纳米材料具有许多奇异的物理和化学性能，因而得到了迅速发展，在土木工程中也得到了应用，例如，磁性液体、纳米涂料等。通常胶体中的颗粒直径为1～100nm，其结构是典型的纳米结构。

3. 宏观结构

材料的宏观结构是指用肉眼或放大镜可分辨出的结构和构造状况，其尺度范围在10^{-3}m级以上。按宏观结构的特征，材料有致密、多孔、粒状、层状等结构，宏观结构不同的材料具有不同的特性。例如，玻璃与泡沫玻璃的组成相同，但宏观结构不同，前者为致密结构，后者为多孔结构，其性质截然不同，玻璃用作采光材料，泡沫玻璃用作绝热材料。

材料宏观结构和构造的分类及特征见表2-1。

材料的宏观结构和构造及特征 表2-1

宏观结构		结构特征	常用的土木工程材料举例
按孔隙特征	致密结构	无宏观尺度的孔隙	钢铁、玻璃、塑料等
	微孔结构	主要具有微细孔隙	石膏制品、烧土制品等
	多孔结构	具有较多粗大孔隙	加气混凝土、泡沫玻璃、泡沫塑料等
按构造特征	纤维结构	主要由纤维状材料构成	木材、玻璃钢、岩棉、GRC等
	层状结构	由多层材料迭合构成	复合墙板、胶合板、纸面石膏板等
	散粒结构	由松散颗粒状材料构成	砂石材料、膨胀蛭石、膨胀珍珠岩等
	聚集结构	由骨料和胶结材料构成	各种混凝土、砂浆、陶瓷等

2.2 材料的物理性质

2.2.1 密度、表观密度、毛体积密度和堆积密度

1. 密度

密度是材料在绝对密实状态下单位体积的质量。按下式计算式：

$$\rho=\frac{m}{V} \tag{2-1}$$

式中：ρ——密度，kg/m^3；

m——干燥材料的质量，kg；

V——材料在绝对密实状态下的体积，m^3。

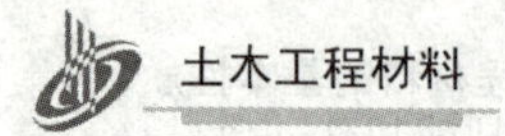

材料在绝对密实状态下的体积是指不包括材料内部孔隙的体积。在土木工程材料中除钢材、玻璃等少数材料外，大多数材料内部均存在孔隙。

为测定有孔材料的绝对密实体积，常把材料磨细，干燥后用李氏瓶测定其体积，材料磨得越细，测得的数值越接近材料的真实体积。

材料的密度与4℃纯水密度之比称为相对密度。其中，上述质量是指材料所含物质的多少，通常以重量的大小来近似衡量材料的质量。但是，重量是指材料所受重力的大小，它与质量的概念有本质的区别。

2. 表观密度

表观密度是材料在包含闭口孔隙条件下单位体积的质量。按下式计算：

$$\rho' = \frac{m}{V'} \tag{2-2}$$

式中：ρ'——表观密度，kg/m^3；

m——材料的质量，kg；

V'——材料在包含闭口孔隙条件下的体积，m^3。

通常，材料在包含闭口孔隙条件下的体积是采用排液置换法或水中称重法测量。对于某些密实材料（如天然砂、石等），表观密度与密度十分接近，因此，也称为视密度，又称近似密度。由于表观体积中包含了材料内部孔隙的体积，因此表观密度值通常小于密度值。

材料的表观密度一般指材料在干燥状态下单位体积（含闭口孔隙）的质量，称为干表观密度。当材料含水时所得表观密度，称为湿表观密度。由于材料含水状态的不同，如绝干（烘干至恒重）、风干（气干）、饱和面干、含水等，可分别称为干表观密度、气干表观密度、饱和面干表观密度、湿表观密度等。

3. 毛体积密度

毛体积密度是材料在自然状态下单位体积的质量。按下式计算：

$$\rho_0 = \frac{m}{V_0} \tag{2-3}$$

式中：ρ_0——毛体积密度，kg/m^3；

m——材料的质量，kg；

V_0—— 材料在自然状态下体积，m^3。

材料在自然状态下的体积是指包括内部孔隙（开口孔隙和闭口孔隙）在内的体积。对于规则形状材料的体积，可用量具测得；对于不规则形状材料的体积，可采用排液法、封蜡排液法或用体积仪测得。

与材料的表观密度一样，材料的毛体积密度按含水状态的不同，分为干毛体积密度、气干毛体积密度、饱和面干毛体积密度、湿毛体积密度等。对于大多数无机非金属材料，干毛体积密度和气干毛体积密度的数值较接近，这些材料吸湿或吸水后体积变化较小，一般可忽略不计。对于木材等轻质材料，由于吸湿和吸水性强，体积变化大，不同含水状态的毛体积密度差别较大，应精确测定。

4. 堆积密度

堆积密度是指散粒状或纤维状材料在堆积状态下单位体积的质量。按下式计算：

$$\rho'_0 = \frac{m}{V'_0} \tag{2-4}$$

式中：ρ'_0——堆积密度，kg/m^3；

m——材料的质量，kg；

V'_0——材料堆积体积，m^3。

材料的堆积体积包括固体体积、孔隙体积和空隙体积。因此，堆积密度与材料堆积的紧密程度有关。根据材料堆积的紧密程度，堆积密度有松堆密度和紧堆密度。松堆密度是指自然堆积状态下单位体积的质量。紧堆密度是指振实或捣实的紧密堆积状态下单位体积的质量。

散粒材料的颗粒内部或多或少存在孔隙，颗粒与颗粒间又存在间隙，所以对散粒材料而言，有密度、表观密度、毛体积密度和堆积密度四个物理量，应从其概念及实验过程加以区别。

2.2.2 密实度与孔隙率

1. 密实度

材料体积（自然状态）内固体物质的充实程度，称为材料的密实度 D，按下式计算：

$$D = \frac{V}{V_0} \times 100\% \tag{2-5}$$

密实度 D 反映材料的密实程度，D 越大，材料越密实。含有孔隙的材料，密实度均小于 1。

2. 孔隙率

孔隙率是指材料孔隙体积占材料在自然状态下体积的百分率，分为总孔隙率（简称孔隙率）、开口孔隙率和闭口孔隙率。

（1）孔隙率

材料内部孔隙体积占材料在自然状态下体积的百分率称为材料的孔隙率（P）。按下式计算：

$$P=\left(1-\frac{V}{V_0}\right)\times 100\%=\left(1-\frac{\rho_0}{\rho}\right)\times 100\% \tag{2-6}$$

（2）开口孔隙率

材料开口孔隙的体积占材料在自然状态下体积的百分率，称为材料的开口孔隙率。

由于水可进入开口孔隙，工程中常将材料在吸水饱和状态下所吸水的体积，视为开口孔隙的体积（V_k），开口孔隙率（P_k）按下式计算：

$$P_k=\frac{V_k}{V_0}\times 100\%=\left(1-\frac{\rho_0}{\rho'}\right)\times 100\% \tag{2-7}$$

（3）闭口孔隙率

材料闭口孔隙的体积占材料在自然状态下体积的百分率，称为材料的闭口孔隙率。闭口孔隙率（P_b）按下式计算：

$$P_b=\frac{V_b}{V_0}\times 100\%=P-P_k \tag{2-8}$$

2.2.3 填充率、空隙率和间隙率

1. 填充率

散粒材料在堆积状态下颗粒填充的体积占堆积体积的百分率，称为材料的填充率。材料的填充率 D' 按下式计算：

$$D'=\frac{V_0}{V'_0}=\frac{\rho'_0}{\rho_0}\times 100\% \tag{2-9}$$

2. 空隙率

散粒材料在堆积状态下颗粒固体物质间空隙体积（开口孔隙与间隙之和）占堆积体积的百分率，称为材料的空隙率。材料的空隙率（P'）按下式计算：

$$P'=1-\frac{V_0}{V'_0}=\left(1-\frac{\rho'_0}{\rho'}\right)\times 100\% \tag{2-10}$$

空隙率的大小反映了散粒状材料的颗粒之间互相填充的致密程度和骨料开口孔隙的多少。空隙率反映了堆积材料中颗粒间空隙的多少，它对于研究堆积材料的结构稳定性、填充程度及颗粒间相互接触连接的状态具有实际意义。

3. 间隙率

散粒材料在堆积状态下颗粒间空隙体积占堆积体积的百分率，称为材料的间隙率。材料的间隙率（P'_0）按下式计算：

$$P'_0=1-\frac{V_0}{V'_0}=\left(1-\frac{\rho_0}{\rho'_0}\right)\times 100\% \tag{2-11}$$

间隙率的大小反映了散粒状材料的颗粒之间互相填充的致密程度。

2.3 材料的力学性质

力学性质是指材料抵抗外力的能力及其在外力作用下的表现，通常以材料在外力作用下所表现的强度或变形特性来表示。

2.3.1 强度与比强度

1.强度

强度指材料抵抗外力破坏的能力。当材料受外力作用时，内部将产生应力，外力逐渐增加，应力也相应增大，直到材料内部质点间的作用力不再能承受时，材料即破坏。此时的极限应力值就是材料的强度。

根据外力施加方式的不同，材料的强度可分为静力强度和动力强度。静力强度是在外力逐渐增加的条件下所测得的强度，通常用于承受静荷载作用的结构计算。动力强度是在单位时间内外力增量很大的条件下所测得的强度，在承受动荷载的结构或构件设计中，应考虑材料的动力强度，如抗疲劳强度、抗冲击强度等。

依外力引起内应力的不同，材料的强度可分为抗压强度、抗拉强度、抗剪强度及抗弯强度等。材料的抗压强度、抗拉强度和抗剪强度可按下式计算：

$$f=\frac{F_{\max}}{A} \tag{2-12}$$

式中：f——材料的极限强度，MPa；

$F_{\max}$——材料破坏时的最大荷载，N；

A——试件受力截面面积，mm^2。

材料的抗弯强度与试验方法有关，一般是采用简支的梁形试件进行试验，当采用集中荷载 P 时，抗弯强度按下式计算：

$$f_m=\frac{3PL}{2bh^2} \tag{2-13}$$

当采用在两支点间的三分点作用两个对称荷载 P 时，抗弯强度可按下式计算：

$$f_m=\frac{3PL}{bh^2} \tag{2-14}$$

式中：f_m——材料的抗弯极限强度，MPa；

L——两支点的间距，mm；

b、h——分别为受弯试件截面的宽和高，mm。

材料的强度主要取决于材料的组成和结构，不同种类的材料，强度差别甚大；同类材料，受力形式或受力方向不同，强度也不相同。例如，砖、砂浆、混凝土等的抗压强度较高，而抗拉和抗弯强度较低。木材和玻璃纤维增强塑料的顺纤维抗拉强度高于抗压强度。钢材的抗拉强度和抗压强度都很高。因此，应根据材料的特点选择和使用土木工程材料。

为便于生产和使用，结构材料均按强度值划分等级。例如，普通水泥按抗压强度和抗折强度分为 32.5、42.5、52.5、62.5 等四个强度等级；普通混凝土按抗压强度分 C15、C20、C25、C30、C35、C40、C45、C50、C55、C60 等 10 个强度等级；钢筋按机械性能（屈服点、抗拉强度、伸长率、冷弯性能等）划分等级。结构材料的强度等级，是掌握材料性能，合理选用材料，正确进行设计、精心组织施工和控制工程质量的基础，因此**强度等级**是材料的重要性质。

材料的强度是在一定条件下测试得到的，试验条件对测试所得的数据影响很大，如取样方法、试件的形状、尺寸、表面状况、加荷速度、环境的温度和湿度等，均不同程度地影响测试结果。所以，对于各种土木工程材料，必须严格遵照有关标准规定的试验方法进行检验。

2. 比强度

比强度是指按单位体积质量计算的材料强度，或材料的强度与其表观密度之比，它是衡量材料轻质高强特性的参数。

结构材料在土木工程中的主要作用就是承受结构荷载。对多数结构物来说，相当一部分的承载能力用于抵抗本身或其上部结构材料的自重荷载，只有剩余部分的承载能力才能用于抵抗外荷载。为此，提高材料承受外荷载的能力，不仅应提高其强度，还应减轻其自重，材料必须具有较高的比强度值，才能满足高层建筑及大跨度结构工程的要求。

2.3.2 变形性能

在土木工程中，外力作用下材料的断裂就意味着工程结构的破坏，此时材料的极限强度就是确定工程结构承载能力的依据。但是，有些工程中即使材料本身并未断开，但在外力作用下质点间的相对位移或滑动过大也可能使工程结构丧失承载能力或超出正常使用状态，这种质点间相对位移或滑动的宏观表现就是材料的变形。

微观或介观结构类型不同的材料在外力作用下所产生的变形特性不同，相同材料在承受外力的大小不同时所表现出的变形也可能不同。弹性变形和塑性变形是材料两种最基本的力学变形，此外还有黏性流动变形和徐变变形等。

1. 弹性变形与塑性变形

材料在外力作用下产生变形，当外力除去后，能够完全恢复原来形状的性能称为弹性。这种能完全恢复的变形称为弹性变形。

弹性变形的大小与其所受外力的大小成正比，其比例系数对某些弹性材料来说在一定范围内为一常数，这个常数被称为该材料的弹性模量，并以符号“E”表示。按下式计算：

$$E = \frac{\sigma}{\varepsilon} \tag{2-15}$$

式中：σ——材料所承受的应力，MPa；

ε——材料在应力一作用下的应变。

弹性模量（E）是反映材料抵抗变形能力的指标，其值愈大，表明材料抵抗变形的能力愈强，相同外力作用下的变形就愈小。材料的弹性模量是土木工程结构设计和变形验算所依据的主要参数之一。

材料在外力作用下产生显著变形，但不断裂破坏，外力取消后，仍保持变形后的形状的性质称为塑性。这种不可恢复的残余变形称为塑性变形。

在土木工程材料中，几乎没有完全的弹性材料或塑性材料。有的材料在受力不大时，呈弹性性质；当应力超过某一数值后，则呈塑性性质，如低碳钢。有的材料在受力后，弹性变形和塑性变形同时发生，当外荷载除去后，弹性变形恢复，而塑性变形则残留下来，成为残余变形，如混凝土。

许多材料的塑性往往受温度的影响较明显，通常较高温度下更容易产生塑性变形。有时，工程实际中也可利用材料的这一特性来获得某种塑性变形。例如，在土木工程材料的加工或施工过程中，经常利用塑性变形而使材料获得所需要的形状或使用性能。

2. 涂变

材料在恒定外力作用下，随时间缓慢增长的不可恢复的变形称为徐变变形，简称徐变。它属于塑性变形。

材料的徐变与应力成正比，即作用的外力越大，则徐变越大。徐变过大将使材料趋于破坏。当应力不大时，材料在受力初期的徐变速度较快，后期逐步减慢，直至趋于稳定。晶体材料（如某些岩石）的徐变很小，而非晶体材料及合成高分子材料（如木材、塑料等）的徐变较大。

2.3.3 脆性与韧性

1. 脆性

脆性是材料在外力作用下，在破坏前无明显的塑性变形而突然破坏的性质。脆性材料的特点是塑性变形很小，且抗压强度与抗拉强度的比值较大（5～50 倍），无机非金属材料多属于脆性材料。例如，天然石材、普通混凝土、砂浆、普通砖、玻璃及陶瓷等。

2. 韧性

韧性是指材料在外力的作用下，能够吸收较大的能量，同时产生一定的变形而不致破坏的性能。而材料在冲击、震动荷载作用下，能够吸收较大能量，产生一定的变形而不致破坏的性质称为冲击韧性。材料的韧性与外力的施加速度有关，一般而言，外力的施加速度越快，材料的韧性越低。在土木工程中，材料的韧性一般以冲击韧性评价。材料的冲击韧性一般用带缺口的试件，在一次次冲击作用下至冲断破坏时，断口处单位面积所吸收的功来表示。

$$\alpha_k = \frac{A_k}{A} \tag{2-16}$$

式中：α_k——材料的冲击韧性，J/mm^2；

A_k——试件破坏所消耗的功，J；

A——试件冲击破坏面的净截面积，mm^2。

韧性材料的特点是变形大，特别是塑性变形大，抗拉强度与抗压强度接近，木材、建筑钢材、橡胶等属于韧性材料。

在土木工程中，对于承受冲击荷载和有抗震设计要求的结构，如吊车梁、桥梁、路面等，在选材时需要考虑材料的韧性。

2.3.4 硬度和耐磨性

1. 硬度

硬度是材料抵抗其他物体刻划或压入其表面的能力，它与材料的强度等性能有一定的关系。土木工程中为保持建筑物的使用性能或外观，常要求材料具有一定的硬度，如部分装饰材料、预应力钢筋混凝土锚具等。不同种类的材料的硬度测量方法不同，通常有刻划法、回弹法和压入法。

刻划法用于矿物材料的测定，以滑石、石膏、方解石、萤石、磷灰石、长石、石英、黄晶、刚玉和金刚石 10 种矿物由软到硬依次分为十个硬度等级，这种硬度称为莫氏硬度。

回弹法用于测定混凝土表面硬度，并可间接推算混凝土的强度，也用于测定陶瓷、砖、砂浆、塑料、橡胶等的表面硬度和间接推算其强度。

压入法用于测定金属材料、塑料、橡胶等的硬度。是以一定的压力将一定规格的钢球或金刚石制成的尖端压入试样表面，根据压痕的面积或深度来测定其硬度值。常用的方法有布氏法、洛氏法和维氏法，相应的硬度值称为布氏硬度（HB，它是以压痕直径计算求得的硬度值）、洛氏硬度（HRA、HRB、HRC，它是以金刚石圆锥或圆球的压痕深度计算求得的硬度值）和维氏硬度（HV，以 120kg 以内的载荷和顶角为 136°的金刚石方形锥压入器压入材料表面，用材料压痕凹坑的表面积除以载荷值，即为维氏硬度值）。

一般来说，硬度大的材料，耐磨性较强，但不易加工。在工程中，常利用材料硬度与强度间的关系，间接推算材料的强度。

2. 耐磨性

耐磨性是材料表面抵抗磨损的能力。材料的耐磨性用磨损率或磨耗率表示，按下式计算：

$$N = \frac{m_1 - m_2}{A} \tag{2-17}$$

式中：N——材料的磨损率或磨耗率，g/cm²；

m_1——试件磨损前的质量，g；

m_2——试件磨损后的质量，g；

A——试件受磨面积，cm²。

材料的耐磨性与材料组成结构以及强度和硬度有关。在土木工程中，对于道路路面、桥面、工业地面等受磨损的部位，选择材料时，应适当考虑硬度和耐磨性。

2.4 材料与水有关的性质

2.4.1 材料的亲水性与憎水性

当材料与水接触时，如果水可以在材料表面铺展开，即材料表面可以被水所润湿，则称材料具有亲水性；这种材料称为亲水性材料。若水不能在材料的表面铺展开，即材料表面不能被水所润湿，则称材料具有憎水性；此种材料称为憎水性材料。

材料的亲水（或憎水）程度可用润湿角 θ 来表示。如图 2-1 与图 2-2 所示。

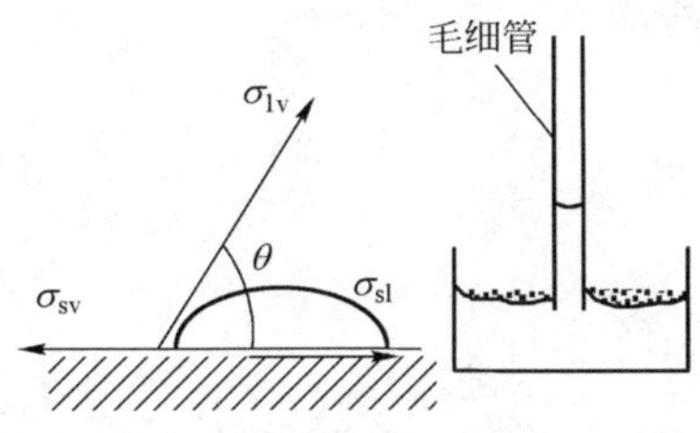

图 2-1 亲水材料的润湿与毛细现象

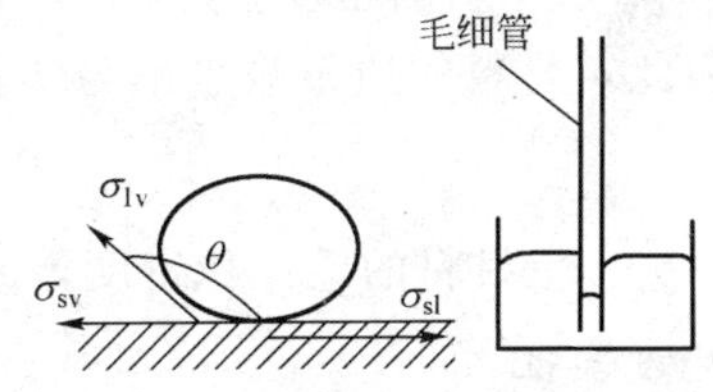

图 2-2 憎水材料的润湿与毛细现象

润湿角 $\theta \leqslant 90^{\circ}$时，材料表现为亲水性；润湿角 $\theta > 90^{\circ}$时，材料表现为憎水性。润湿角越小，亲水性越强，憎水性越弱。含有毛细孔的材料，当孔壁表面具有亲水性时，由于毛细作用，会自动将水吸入孔隙内，如图 2-1。当孔壁表面为憎水性时，则需施加一定压力才能使水进入孔隙内，如图 2-2。因此，憎水性材料具有较好的防水性、防潮性，常用作防水材料，也可用于对亲水性材料进行表面处理，以降低吸水率，提高抗渗性。大多数建筑材料属于亲水性材料，如混凝土、钢材、砖石等；大部分有机材料属于憎水性材料，如沥青、石蜡、塑料有机硅等。

2.4.2 材料的吸水性与吸湿性

1. 吸水性

材料在水中吸收水分的能力称为材料的吸水性。常用吸水率表示，有质量吸水率和体积吸水率两种表示方法。

(1) 质量吸水率　材料的质量吸水率是材料吸收的水分与材料在干燥状态下的质量之比，按下式计算：

$$W = \frac{m_1 - m_2}{m_2} \times 100 \tag{2-18}$$

式中：W——材料的质量吸水率,%；

m_2——材料在干燥状态下的质量，g；

m_1——材料在浸水饱和状态下的质量，g。

(2) 体积吸水率　材料的体积吸水率是材料吸收的水分的体积与材料在自然状态下的体积之比，按下式计算：

$$W_0 = \frac{m_1 - m_2}{V_0} \times \rho_W \times 100 \tag{2-19}$$

式中：W_0——材料的体积吸水率,%；

V_0——材料在自然状态下的体积；

ρ_W——水的密度，g/cm^3，常温下取 $\rho_W = 1.0$g/cm^3。

因此，材料的质量吸水率与体积吸水率存在如下关系：

$$W_0 = W \cdot \rho_0 / \rho_W \tag{2-20}$$

式中：ρ_0——材料的毛体积密度，g/cm^3。

2. 吸湿性

材料在潮湿空气中吸收水分的性质称为吸湿性。材料不但能在水中吸水，也能在空气中吸收水汽。通常，材料的吸湿作用是可逆的，材料既可吸收空气中的水分

(吸湿过程)，也可向空气中释放水分（干燥过程，也称为材料的还湿性）。由此可见，在空气中，某一材料的含水多少是随空气的湿度而变化的。当材料吸收的水分与释放的水分达到平衡时的含水率称为平衡含水率，材料的吸湿性用含水率表示，含水率是材料所含水的质量与材料在干燥状态的质量之比，按下式计算：

$$W_h = \frac{m_0 - m_2}{m_2} \times 100 \tag{2-21}$$

式中：W_h——材料的含水率，%；

m_2——材料干燥状态下的质量，g；

m_0——材料含湿状态下的质量，g。

材料吸水或吸湿后，可削弱材料内部质点间的结合力或吸引力，引起强度下降，同时也使材料的密度和导热性增加，几何尺寸略有增加，而使材料的保温性、吸声性下降，并使材料受到的冻害、腐蚀等加剧。

3. 耐水性

材料长期在水的作用下保持原有性质（不发生破坏，强度也不显著降低）的能力称为材料的耐水性。

对于结构材料，耐水性主要指强度变化，对于装饰材料则主要指颜色的变化、是否起泡、起层等，因此，不同材料的耐水性表示方法也不同。结构材料的耐水性用软化系数来表示，定义式如下：

$$K_p = \frac{f_w}{f_d} \tag{2-22}$$

式中：K_p——材料的软化系数；

f_w——材料在吸水饱和状态下的抗压强度，MPa；

f_d——材料在绝对干燥状态下的抗压强度，MPa。

一般来说，材料吸水后，材料内部的结合力会有所削弱，造成强度不同程度的降低。此外，当材料内含有可溶性物质时（石膏、石灰等），吸收的水还可能使其内部的部分物质被溶解，造成内部结构的解体及强度的大大降低。

不同材料的耐水性差别很大，钢的软化系数为1，黏土的软化系数为0，土木工程材料的软化系数在0～1之间波动。对于经常受到潮湿或水作用的结构，软化系数是选材的一项重要指标。用于长期处于水中或潮湿环境的重要结构的材料，软化系数应大于0.85；用于受潮较轻或次要结构物的材料，软化系数应大于0.75。

耐水性与材料的亲水性、可溶性、孔隙率、孔特征等均有关，工程中常从这几个方面改善材料的耐水性。

4. 抗渗性

抗渗性是指材料抵抗压力水或其他液体渗透的性质。抗渗性可用渗透系数表示，计算式如下：

$$K = \frac{Qd}{AtH} \tag{2-23}$$

式中：K——渗透系数，cm/h；

d——试件厚度，cm；

Q——渗水量，cm^3；

A——渗水面积，cm^2；

t——渗水时间，h；

H——静力水头（静水压力），cm。

渗透系数 K 越小，材料的抗渗性越好。

材料的抗渗性也可用抗渗等级来表示，抗渗等级是在规定试验方法下材料所能抵抗的最大水压力，用“Pn”表示，如 P2、P4、P6、P8 等，分别表示可抵抗 0.2MPa、0.4MPa、0.6MPa、0.8MPa 的水压力而不渗透。材料的抗渗性与材料内部的孔隙率特别是开口孔隙率有关，开口孔隙率越大，大孔含量越多，则抗渗性越差。材料的抗渗性还与材料的憎水性和亲水性有关，憎水性材料的抗渗性优于亲水性材料。工程中一般采用降低孔隙率、改善孔特征（减少开口孔和连通孔）、减少裂缝及其他缺陷、对材料进行憎水处理等方法增强其抗渗性。

地下建筑及水工建筑等，因经常受压力水的作用，所用材料应具有一定的抗渗性。对于防水材料则应具有很好的抗渗性。

材料的抗渗性与材料的耐久性（抗冻性、耐腐蚀性等）有着非常密切的关系，一般而言，材料的抗渗性越高，水及各种腐蚀性液体或气体越不容易进入材料内部，则材料的耐久性越高。

5. 抗冻性

材料在吸水后，如果在负温下受冻，水在材料毛细孔内结冰，体积膨胀约 9%，冰的冻胀压力将造成材料的内应力，使材料遭到局部破坏，随着冻结和溶解的循环进行，冰冻对材料的破坏作用逐步加剧，这种破坏称为冻融破坏。抗冻性是指材料在吸水饱和状态下，能经受反复冻融的作用而不破坏，强度也不显著降低的性能。

材料的抗冻性用抗冻等级表示。抗冻等级是材料在吸水饱和状态下，经冻融循环作用，强度损失和质量损失均不超过规定值时，所能经受的最大冻融循环次数，用“Fn”表示，如 F25、F50、F100、F150 等分别表示在经受 25、50、100、150 次的冻融循环后，材料仍可满足使用要求。

抗冻等级要根据结构物的种类、使用条件及气候条件来决定，轻混凝土、砖、面砖等墙体材料一般要求抗冻等级为 F15、F25、F35。用在桥梁和道路的混凝土抗冻等级应为 F50、F100、F200，而水工混凝土的抗冻等级要求高达 F500。

抗冻性良好的材料，抵抗大气温度变化、干湿交替等风化作用的能力也较强。所以，抗冻性是土木工程材料耐久性的一项重要指标。对于受大气和水的风化作用的结构物，材料的耐久性往往决定于它的抗冻性。

就材料本身来说，材料的抗冻性主要与其孔隙率、孔隙特征、吸水性、抵抗胀裂的强度以及内部对局部变形的缓冲能力等有关，工程中常从这些方面改善材料的抗冻性。

2.5 材料的热物理性质

2.5.1 导热性

材料传导热量的能力称为导热性。当固体材料两侧表面存在温度差时，热量会从高温的一面传向低温的一面。根据热量传导的傅里叶定律，传热量的大小如下：

$$Q=\lambda \cdot \frac{T_1-T_2}{d}A \cdot t \tag{2-24}$$

式中：Q——传热量，J；

λ——导热系数，W/（m·K）；

d——材料的厚度，m；

T_1-T_2——材料两侧面的温度差，K；

A——材料传热面的面积，m^2；

t——传热的时间，s。

导热系数（λ）是表征材料导热能力的热物理参数，在物理意义上，导热系数为单位厚度（1m）的材料，两面温差为 1K 时，在单位时间（1h）内通过单位面积（$1m^2$）的热量。导热系数越小，则材料的绝热保温性越好。大多数土木工程材料的导热系数介于 0.029～3.49W/m·K 之间。土木工程中，一般把导热系数小于 0.23W/（m·K）的材料叫做绝热材料。

热量传递有三种方式：导热、对流和热辐射。除了密实材料的传热是靠导热外，多孔材料的传热是导热、对流和热辐射三种方式同时存在，因此，其导热系数是一种名义导热系数。大多数土木工程材料是多孔材料，影响多孔材料导热系数的主要因素有：

（1）材料的组成与结构　通常金属材料、无机材料、晶体材料的导热系数分别大于非金属材料、有机材料、非晶体材料。

（2）材料的孔隙率　由于空气的导热系数很小，所以，导热系数随孔隙率增大而减小；孔隙的大小和连通程度对导热系数也有影响，细小孔隙、封闭孔隙与粗大孔隙、开口孔隙相比，减少和降低了对流传热，因此，含细小、封闭孔隙的材料的导热系数较低。

(3) 含水率　材料中含水或冰时，因为水和冰的导热系数分别为 0.58W/(m·K) 和 2.3W/(m·K)，是空气的 25 倍和 100 倍，导热系数会急剧增加，因此，绝热保温材料在施工和使用过程中，应注意防水、防潮。

(4) 温度　材料的导热系数随温度的升高而增大。

2.5.2 热容量

材料的热容量是指材料受热时吸收热量或冷却时放出热量的能力，以下式表示：

$$Q = MC(t_1 - t_2) \tag{2-25}$$

式中：　Q——材料的热容量，J；

M——材料的质量，kg；

$(t_1 - t_2)$——材料受热或冷却前后的温度差，K；

C——材料的比热容，J/(kg·K)。

其中，比热 (C) 值是真正反映不同材料间热容性差别的参数，比热容的计算式如下：

$$C = \frac{Q}{m(t_1 - t_2)} \tag{2-26}$$

式中：　C——材料的比热容，J/(kg·K)；

Q——材料吸收或放出的热量，J；

m——材料质量，kg；

$(t_1 - t_2)$——材料受热或冷却前后的温差，K。

C 值的物理意义是指质量为 1kg 的材料，在温度改变 1K 时所吸收或放出热量的大小。

材料的比热值大小与其组成和结构有关，比热值大的材料对缓冲建(构)筑物的温度变化有利，工程中多优先选择热容量大的材料。因为水的比热值最大，当材料含水率高时，比热值则变大。通常所说材料的比热值是指其干燥状态下的比热值。

2.5.3 材料的热变形特性

材料的温度变形是指温度升高或降低时材料体积变化的特性。除个别材料（如 277K 以下的水）以外，多数材料在温度升高时体积膨胀，温度下降时体积收缩。

这种变化表现在单向尺寸时，为线膨胀或线收缩，相应的表征参数为线膨胀系数（α）。材料温度变化时的单向线膨胀量或线收缩量可用下式计算：

$$\Delta L = (t_2 - t_1)\alpha L \tag{2-27}$$

式中：ΔL——线膨胀或线收缩量，mm 或 cm；

（$t_2 - t_1$）——材料升（降）温前后的温度差，K；

α——材料在常温下的平均线膨胀系数，1/K；

L——材料原来的长度，mm 或 cm。

2.6 材料的耐久性

材料在使用过程中，抵抗各种内在或外部破坏因素的作用，保持其原有性能，不变质、不破坏的性质称为耐久性。材料的耐久性是一项综合性质。各种材料耐久性的具体内容，因材料的组成结构、用途和破坏作用的不同而异。

土木工程材料在使用过程中，除材料内在原因使其组成结构或性能发生变化以外，还受到使用环境中各种因素的破坏作用。这些因素的作用可概括为物理作用、机械作用、化学作用和生物作用。物理作用包括光、热、电、温度变化、干湿变化、冻融循环等作用，可使材料的结构发生变化。如内部产生微裂纹或孔隙率增加。机械作用包括各种持续荷载的作用，各种交变荷载引起的疲劳、冲击、磨耗和磨损等。化学作用包括各种酸、碱、盐及其水溶液、各种腐蚀性气体的作用，对材料具有化学腐蚀或氧化作用。生物作用包括菌类、昆虫等的侵害作用，可使材料产生腐朽、虫蛀等而破坏。

实际工程中，材料受到的破坏作用往往是多种因素同时作用。例如，金属材料常因化学和电化学作用引起腐蚀和破坏；无机非金属材料常因溶解、冻融、风蚀、摩擦等因素的作用而引起破坏；有机材料常因生物作用、溶解、化学腐蚀、光、热等作用而引起破坏。对材料耐久性最可靠的判断是在使用条件下，进行长期观测，但是，需要很长的时间。通常，人们是根据使用条件与要求，在实验室进行快速试验，对材料的耐久性进行判断。

从上述导致材料耐久性不良的作用来看，影响材料耐久性的因素主要有外因、内因两个方面。影响材料耐久性的内在因素主要有：材料的组成与结构、强度、孔隙率、孔特征、表面状态等。当材料的组成和结构特点不能适应环境要求时便容易过早地产生破坏。

工程中改善材料耐久性的主要措施有：根据使用环境选择材料的品种；采取各种方法控制材料的孔隙率与孔特征；改善材料的表面状态，增强抵抗环境作用的能力。

提高材料的耐久性，对保证工程长期处于正常使用的状态，减少维护费用，延长使用年限，节约材料，具有十分重要的意义。

2.7 材料的安全性

材料的安全性是指材料在生产和使用过程中是否对人类或环境造成危害的性能。土木工程材料的安全性可划分成灾害安全性、卫生安全性和环境安全性。

材料的灾害安全性是指在发生灾害时，材料是否对人或结构造成危害的性能。例如，材料的防火性、抗爆性、抗冲击性等。

材料的卫生安全性是指材料在生产和使用的过程中，是否对人的健康造成危害的性能。例如，材料的放射性、材料的挥发或溶出物对人健康的危害性、材料的致癌性等。

材料的环境安全性是指材料在生产和使用过程中，是否对环境造成危害的性能。例如，材料的可再生性、材料的对环境的污染性和环境友好性等。

随着社会的进步和人民生活水平的提高，人类对生存、从事生产、进行各种社会活动所在的环境即人居环境的要求越来越高。材料的性能和质量直接影响人居环境，因此，在土木工程材料的选择和使用中，不但要考虑材料使用性能方面的技术要求，还应考虑材料的安全性，以保证人居环境的质量。例如，室内装饰材料的选择，不但要考虑材料的颜色、质感、花纹图案和形状尺寸等装饰性能，还应考虑材料的防火性、材料的放射性、有害气体的挥发性等安全性。又如，住宅建筑的砌筑材料中，烧结普通砖是应用历史较长、各项技术性能较好的材料，但是，烧结普通砖的生产要毁掉大量农田，并消耗大量能源，对于人均耕地面积很少的我国来说，环境安全性差，因此，我国政府开始禁止使用烧结普通砖。

本章小结

本章主要介绍了土木工程材料的基本性质，重点阐述了土木工程材料的物理性质、力学性质及与水有关的性质，同时介绍了主要材料的组成、结构及构造特点，并简述了材料的热物理性质、耐久性和安全性。要求学生掌握材料的基本性质，并能正确选择、合理使用土木工程材料。

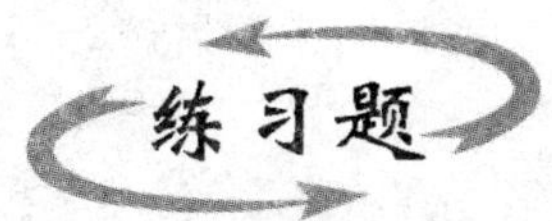

1. 什么是材料的密度、表观密度、毛体积密度和堆积密度？如何根据这些参数计算材料的孔隙率和散粒状材料的孔隙率和间隙率？

2. 某石灰岩的密度为 2.68g/cm^3，孔隙率为 1.5%。今将该石灰岩破碎成碎石，碎石的堆积密度为 1512kg/m^3。求此碎石的毛体积密度和间隙率。

3. 500g 河砂烘干至恒重时的质量为 483g，求此河砂的含水率。

4. 什么是亲水性材料和憎水性材料？如何改变材料的亲水性？

5. 隔热保温材料为什么要防止受潮？

6. 什么叫材料的耐久性和安全性？在实际工程中应如何考虑材料的耐久性和安全性？

第3章 气硬性胶凝材料

本章概要

1. 简述气硬性无机胶凝材料的性质与特点；
2. 重点阐述石灰、石膏、水玻璃的水化与凝结硬化机理；
3. 介绍石灰、石膏、水玻璃的技术性质与应用。

土木工程材料中，凡是经过一系列物理、化学作用，能将松散物质黏结成为具有一定强度的整体的材料称为胶凝材料。胶凝材料根据其化学组成，一般可分为无机胶凝材料和有机胶凝材料两大类。无机胶凝材料按照硬化条件，又可分为气硬性胶凝材料和水硬性胶凝材料。气硬性胶凝材料只能在空气中（干燥条件下）硬化，也只能在空气中保持或继续发展其强度，如石灰、石膏、菱苦土和水玻璃等。这类材料一般只能适用于地上或干燥环境中，而不宜用于潮湿环境中，更不能用于水中。水硬性胶凝材料则不仅能在空气中、而且能更好地在水中硬化，保持和继续发展其强度，如各种水泥，它们既适用于地上工程，也适用于地下或水中工程。本章主要介绍气硬性胶凝材料。

3.1 石灰

石灰是建筑上使用最早的一种气硬性无机胶凝材料，因其原材料蕴藏丰富，生产设备简单，成本低廉，所以至今在建筑工程中仍得到广泛应用。

石灰的主要原材料是以碳酸钙为主要成分的天然岩石，它是一种沉积层，因其形成过程和条件的差异，而造成性质和品种的不同。最常用的原料是石灰石，另外还有白云石、白垩、贝壳等。石灰的原材料中，常含有部分黏土杂质，一般要求原材料中的黏土杂质不超过8%。

除天然原材料以外，还可以利用化学工业副产品，如：用碳酸钙（$CaCO_3$）制取乙炔时所产生的电石渣，其主要成分是氢氧化钙，即消石灰（或称熟石灰）；或者用氨碱法制碱所得的残渣，其主要成分为碳酸钙，等等。

3.1.1 石灰的生产

石灰石原料在适当的温度下煅烧，碳酸钙将分解，释放出 CO_2，得到以 CaO 为主要成分的生石灰，反应式如下：

$$CaCO_3 \xrightarrow{900℃} CaO + CO_2\uparrow$$

生石灰是一种白色或灰色的块状物质，因石灰原料中常含有一些碳酸镁成分，所以经煅烧生成的生石灰中，也常含有 MgO 的成分。按照我国建材行业标准 JC/T 479—92《建筑生石灰》的规定，MgO 含量≤5%时，称为钙质生石灰；MgO 含量>5%时，称为镁质生石灰。若将块状生石灰磨细，则可得到生石灰粉。

为加速碳酸钙分解过程，使原料充分煅烧，煅烧温度常提高至 1000～1200℃左右。若煅烧温度过低，煅烧不充分，$CaCO_3$ 不能完全分解，将生成欠火石灰，欠火石灰使用时，产浆量较低，质量较差，降低了石灰的利用率；若煅烧温度过高，将生成颜色较深、密度较大的过火石灰，它的表面常被黏土杂质融化形成的玻璃釉状物包覆，熟化很慢，使得石灰硬化后它仍然继续熟化而产生体积膨胀，引起局部隆起和开裂而影响工程质量。所以，在生产过程中，应根据原材料的性质严格控制煅烧温度。

3.1.2 石灰的熟化与硬化

1.石灰的熟化

建筑工地上使用石灰时，通常将生石灰加水，使之消解为熟石灰，其主要成分为 $Ca(OH)_2$，这个过程称为石灰的熟化或消解。其反应式为：

$$CaO + H_2O \longrightarrow Ca(OH)_2 + 64.9kJ/mol$$

石灰熟化过程中，放出大量的热，使温度升高，其最初 1h 的放热量是半水石膏的 10 倍和普通硅酸盐水泥的 9 倍，而且体积要增大 1～2.5 倍。煅烧良好且 CaO 含量高的生石灰熟化较快，放热量和体积增大也较多。

在生石灰的消解过程中应注意温度的控制：温度过低时消解速度较慢，温度过高时又会引起可逆反应，使氢氧化钙重新分解，从而影响消解质量。生石灰在消解过程中的体积膨胀会产生 14MPa 以上的膨胀压力，当使用生石灰来制作石灰制品和硅酸盐制品时，如果不设法抑制或消除生石灰的这种有害膨胀，它就会使制品发生破坏性的体积变形。因此，在建筑工程中采用熟石灰进行施工不失为一种安全可靠的方法。

生石灰消解的理论用水量为其质量的 32%，由于石灰消解时温度过高，水分蒸发较多，为了保证氧化钙的充分水化，实际的用水量明显多于理论用水量。

根据用水量的不同，熟化石灰常用的方法有两种：石灰浆法和消石灰粉法。

(1) 石灰浆法

将块状生石灰在化灰池中用过量的水（约为生石灰体积的3～4倍）熟化成石灰浆，然后通过筛网进入储灰坑。

生石灰熟化时，放出大量的热，使熟化速度加快，但温度过高且水量不足时，会造成$Ca(OH)_2$凝聚在CaO周围，阻碍熟化进行，而且还会产生逆方向，所以要加入大量的水，并不断搅拌散热，控制温度不致过高。

生石灰中也常含有过火石灰。为了使石灰熟化得更充分，尽量消除过火石灰的危害，石灰浆应在储灰坑中存放两星期以上，这个过程称为石灰的陈伏。陈伏期间，石灰浆表面应保持有一层水，使之与空气隔绝，避免$Ca(OH)_2$碳化。

石灰浆在储灰坑中沉淀后，除去上层水分，即可得到石灰膏。它是建筑工程中砌筑砂浆和抹面砂浆常用的材料之一。

(2) 消石灰粉法

这种方法是将生石灰加入适量的水（约占生石灰质量的60%～80%）可得到消石灰粉，具体的加水量按实际情况以经验确定，加入的水分应保证生石灰充分消解又不致过湿成团。消解过程在密闭的容器中较佳，此时既可减少热量损失和水分蒸发，又能防止碳化。工地上常采用分层喷淋法生产消石灰粉。将生石灰碎块平铺于不吸水的平地上，每层厚约20cm，用水喷淋一次，然后上面再铺一层生石灰，接着再喷淋一次，直至5～7层为止，最后用砂或土予以覆盖，以保持温度、防止水分蒸发，使石灰充分消解，同时又可阻止产生碳化作用。在此条件下静置14d以上即可取出使用。

按照建材行业标准《建筑消石灰粉》（JC/T 481—92）规定，$MgO \leqslant 4\%$的，称为钙质消石灰粉；$4\% \leqslant MgO < 24\%$的，称镁质消石灰粉；$24\% \leqslant MgO < 30\%$的，称为白云石消石灰粉。

上述两种熟石灰消解时静置14d以上的过程称为石灰的陈伏。石灰陈伏的目的是为了消除过火石灰的危害，得到质地较软、可塑性较好的熟石灰。在陈伏过程中应注意防止石灰的碳化。

建筑工程中采用熟石灰进行施工主要是为了避免生石灰由于水化时的放热和体积膨胀所带来的破坏。但熟石灰的硬化速度较慢，强度较低。用球磨机将块状生石灰磨细而得到的粉末产品称为磨细生石灰粉。磨细生石灰水化时放热均匀且无明显的体积膨胀，因此磨细生石灰可不经消解，加入适量的水（一般占石灰质量的100%～150%）拌匀后即可使用。这时熟化和硬化成为一个连续的过程，由于磨得很细，过火石灰的体积膨胀危害得到了很好的抑制，因此磨细生石灰使用时不需陈伏。与一般使用方法相比，磨细生石灰制品具有较快的硬化速度和较高的强度。目前，磨细生石灰工艺不仅大量地应用于建筑材料工业生产，而且也越来越多地直接应用于建筑工程中。

2.石灰的硬化

气硬性石灰在空气中的硬化是通过结晶和碳化两个同时进行的过程来完成的。

(1) 结晶过程　石灰浆体在干燥环境中，其自由水逐渐蒸发或被基层材料所吸收，将引起氢氧化钙溶液的过饱和，从而产生结晶过程。氢氧化钙晶体晶粒随结晶的进行不断长大并彼此靠近，最后交错结合在一起，形成一个整体。另外，石灰浆体由于失水收缩产生毛细管压力，使石灰粒子互相紧密靠拢而获得强度。

(2) 碳化过程　$Ca(OH)_2$ 与空气中的 CO_2 作用，生成不溶解于水的碳酸钙晶体，析出的水分则逐渐被蒸发，其反应如下：

$$Ca(OH)_2 + CO_2 + nH_2O \longrightarrow CaCO_3 + (n+1)H_2O$$

这个过程称为碳化，形成的 $CaCO_3$ 晶体，使硬化石灰浆体结构致密，强度提高。

由于空气中 CO_2 的含量少，碳化作用主要发生在与空气接触的表层上，而且表层生成的致密 $CaCO_3$ 膜层，阻碍了空气中 CO_2 进一步地渗入，同时也阻碍了内部水分向外蒸发，使 $Ca(OH)_2$ 结晶作用也进行得较慢，随着时间的增长，表层 $CaCO_3$ 厚度增加，阻碍作用更大，在相当长的时间内，仍然是表层为 $CaCO_3$，内部为 $Ca(OH)_2$。所以石灰硬化是个相当缓慢的过程。

3.1.3　石灰的技术性质

1.可塑性和保水性好

生石灰熟化后形成的石灰浆，是一种表面吸附水膜的高度分散的 $Ca(OH)_2$ 胶体，它可以降低颗粒之间的摩擦，因此具有良好的可塑性，易铺摊成均匀的薄层，在水泥砂浆中加入石灰，可显著提高砂浆的可塑性和保水性。

2.硬化速度慢，强度低

从石灰的硬化过程中可以看出，石灰是一种硬化缓慢的气硬性胶凝材料，硬化浆体的主要水化产物是氢氧化钙和表面少量的碳酸钙，由于氢氧化钙强度较低，故硬化浆体的强度也很低。例如，砂灰比为 3 的石灰砂浆，28d 抗压强度通常只有 0.2～0.5MPa。

3.耐水性差，硬化时体积收缩大

气硬性胶凝材料的水化产物溶解度较大，加上结晶接触点由于晶格变形、扭曲而具有热力学不稳定性和更大的溶解度。在潮湿空气环境下，石灰硬化浆体内部产生溶解和再结晶，使硬化浆体的强度发生显著的不可逆的降低。在水中，由于水的破坏作用，硬化强度较低的石灰浆体将发生溃散破坏。因此石灰不宜在长期潮湿环境中或有水的环境中使用。石灰在硬化过程中，要蒸发掉大量的水分，引起体积显著地收缩，易出现干缩裂缝。所以，除制作石灰乳作薄层粉刷外，不宜单独使用。一般要掺入其他材料混合使用，如砂、纸筋、草秸、麻刀等，这样可以限制收缩，并能节约石灰。

4. 石灰的存储与运输

生石灰在空气中旋转时间过长，会吸收水分而熟化成消石灰粉，再与空气中的二氧化碳作用形成失去胶凝能力的碳酸钙粉末，而且熟化时要放出大量的热，并产生体积膨胀，所以，石灰在贮存和运输过程中，要防止受潮，并不宜长期贮存，运输时，不准与易燃、易爆和湿物品混装，并要采取防水措施，注意安全。最好到工地或处理现场后马上进行熟化和陈伏处理，使储存期变成陈伏期。

5. 技术标准

建筑工程中所用的石灰，分成三个品种：建筑生石灰、建筑生石灰粉和建筑消石灰粉。根据建材行业标准，可将其各分成三个等级，相应的技术标准如表 3-1、表 3-2、表 3-3 所示。产品各项技术指标值均达到相应表内某等级规定的指标时，则评定为该等级，若有一项低于合格品指标时，则定为不合格品。

建筑生石灰的技术标准 表 3-1

项目	钙质生石灰			镁质生石灰		
	优等品	一等品	合格品	优等品	一等品	合格品
CaO+MgO 含量不小于（%）	95	85	80	85	80	75
未消化残渣含量不大于（%）	5	10	15	5	10	15
CO_2 不大于（%）	5	7	9	6	8	10
产浆量（L/g）不小于	2.8	2.3	2.0	2.8	2.3	2.0

建筑生石灰粉的技术标准 表 3-2

项目		钙质生石灰			镁质生石灰		
		优等品	一等品	合格品	优等品	一等品	合格品
CaO+MgO 含量不小于（%）		85	80	75	80	75	70
CO_2 不大于（%）		7	9	11	8	10	12
细度	0.9mm 筛筛余不大于（%）	0.2	0.5	1.5	0.2	0.5	1.5
细度	0.125mm 筛筛余不大于（%）	7.0	12.0	18.0	27.0	12.0	18.0

建筑消石灰粉的技术标准 表 3-3

项目		钙质消石灰粉			镁质消石灰粉			白云石消石灰粉		
		优等品	一等品	合格品	优等品	一等品	合格品	优等品	一等品	合格品
CaO+MgO 含量不小于（%）		70	65	60	65	60	55	65	60	55
游离水（%）		0.4～0.2	0.4～0.2	0.4～0.2	0.4～0.2	0.4～0.2	0.4～0.2	0.4～0.2	0.4～0.2	
体积安定性		合格	合格	—	合格	合格	—	合格	合格	—
细度	0.9 mm 筛筛余不大于（%）	0.5	0	0.5	0	0	0.5	0	0	0.5
细度	0.125mm 筛筛余不大于（%）	3	10	15	3	10	15	3	10	15

3.1.4 石灰的应用

石灰作为一种传统的建筑材料，其几千年的使用历史足以印证人类对这种材料的信任和依赖，至今石灰仍然作为重要的建筑材料广泛地应用于各类建筑工程和建筑材料工业生产中。

1. 配制石灰砂浆和灰浆

采用石灰膏作为原材料可配制石灰砂浆和石灰水泥混合砂浆，其施工和易性较好，广泛地被应用于工业与民用建筑的砌筑和抹灰工程中。石灰浆应用于吸水性较大的基层（如普通黏土砖）时，应事先将基底润湿，以免石灰砂浆脱水过速而成干粉，丧失胶凝能力。

在建筑工程中，常用石灰膏或消石灰粉与其他不同材料加水拌合均匀而获得各种灰浆，如石灰麻刀灰浆、石灰纸筋灰浆等，用于建筑抹面工程。

用石灰膏或消石灰粉掺入大量水可配制成石灰乳涂料。可在涂料中加入碱性颜料，以获得各种色彩；加入少量水泥、粒化高炉矿渣或粉煤灰可提高耐水性；调入干酪素、氯化钙或明矾，可减少涂层的粉化现象。石灰乳涂料可用于装饰要求不高的室内粉刷。

2. 配制石灰土和三合土

消石灰粉在建筑工程中广泛用于配制石灰土和三合土。石灰与黏土按质量比 1∶2～1∶4 拌和，可制成石灰土，或与黏土、砂石、炉渣等填料拌制成三合土，经夯实，可增加其密实度。黏土颗粒表面的少量活性 SiO_2 和 Al_2O_3，与$Ca(OH)_2$ 发生反应，生成不溶性的水化硅酸钙与水化铝酸钙，将黏土颗粒胶结起来，提高了黏土的强度和耐水性，主要用于道路工程的基层，底基层和垫层或简易层、以及建筑物的地基基础等等。为了方便石灰与黏土的拌和，宜采用生石灰粉或消石灰粉，生石灰粉的应用效果会更好。生石灰也称磨细生石灰，加入适量的水（一般为生石灰粉质量的100%～150%）进行调和，可使其熟化和硬化成为一个连续的过程。因生石灰粉熟化较快，且用水量相对较少，所以熟化形成的$Ca(OH)_2$溶液迅速过饱和，$Ca(OH)_2$结晶析出，浆体进入凝结硬化过程，而熟化产生的热量又可加速硬化过程的进行，因此，硬化速度明显加快30～50倍，硬化后的浆体较为密实，强度和耐久性均有提高。另外，生石灰中的欠火和过火石灰在加工磨细过程中也被磨成了细粉，提高了石灰的利用率，同时也克服了过火石灰对体积不安定的危害作用。生石灰粉在使用过程中，一般要严格控制加水量和凝结时间，这给在工地上使用带来一定的难度。故拌制砂浆仍使用石灰膏或消石灰粉。

3. 生产硅酸盐制品

硅酸盐制品是以石灰和硅质材料（如石英砂、煤矸石、粉煤灰、矿渣）为主要原料，加水拌合成型后，经蒸汽养护或蒸压养护得到的成品。钙质材料与硅质材料经水热合成后，其胶凝物质主要是水化硅酸钙盐类，故统称为硅酸盐制品。常用的有各种煤灰砖及砌块、炉渣砖和矿渣砖及砌块、蒸压灰砂砖及砌块、蒸压灰砂混凝土空心板、加气混凝土等。

4. 制造碳化制品

用磨细生石灰与砂子、尾矿粉或石粉配料，加入少量石膏经加拌和压制成型后得到碳化板坯体；用磨细生石灰、纤维填料（如玻璃纤维）和轻质骨料（如矿渣）经成型后也可得到碳化板坯体。上述两种坯体利用石灰窑所产生的二氧化碳废气进行人工碳化后，即得到轻质的碳化砖和碳化板制品。石灰制品经碳化后强度将大幅度提高，如碳化石灰砖制品经碳化后强度可提高4～5倍。碳化石灰空心板的表观密度约700～800g/m^3（当孔洞率为34%～39%时），抗弯强度为3～5MPa，抗压强度为5～15MPa，导热系数0.2W/（m·K），可锯、可刨、可钉，所以这种材料适宜用作非承重的内墙隔板、天花板等。

5. 生产无熟料水泥

将石灰和活性的玻璃体矿物质材料（活性的天然硅质材料或工业废料），按适当比例混合磨细或分别磨细后再均匀混合，制得的非煅烧水硬性胶凝材料称为无熟料水泥。如石灰矿渣水泥、石灰粉煤灰水泥、石灰烧黏土水泥、石灰烧煤矸石水泥、石灰沸石岩水泥、石灰页岩灰水泥等。

无熟料水泥的共同特性是强度较低，特别是早期强度较低、水化热较低，对于软水、矿物水等有较强的抵抗能力。适用范围大体积混凝土工程，蒸汽养护的各种混凝土制品，水中混凝土和地下混凝土工程；不宜用于强度要求高，特别是早期强度要求高的工程，不宜在低温条件下施工。

3.2 石膏

石膏是一种以硫酸钙为主要成分的气硬性胶凝材料，它有着悠久的发展历史。公元前2500年建造的古埃及胡夫金字塔就采用了石膏砂浆作为胶凝材料来黏结和砌筑石块。现代建筑中，石膏作为胶凝材料仍有着广泛的应用。石膏原料丰富，生产工艺简单，生产能耗低，价格低廉，不污染环境。石膏具有许多优良的性能，特别适用于现代建筑的室内隔断、装饰、装修工程。另外，石膏作为原材料还可以应用于混凝土工程、硅酸盐制品和水泥工业等方面。总之，石膏作为一种环保型建筑材料已引起人们越来越多的重视。

3.2.1 石膏的生产

生产石膏的原料有天然二水石膏（$CaSO_4 \cdot 2H_2O$）、天然无水石膏（$CaSO_4$）和化工石膏。

天然二水石膏质地较软，故又称为软石膏，是生产石膏胶凝材料的最主要原料。纯净的二水石膏呈透明无色状，但天然二水石膏矿物常含有砂、黏土、碳酸盐矿物以及氧化铁等各种杂质而呈灰色、褐色、赤色、淡黄色等各种颜色。天然二水石膏矿物晶形常呈板状、叶片状、针状和纤维状，有时也可见柱状晶形和燕尾形的双生边晶。天然二水石膏的密度介于2.0～2.4g/cm^{3}之间，莫氏硬度为2。《石膏和硬石膏》（GB/T 5483—1996）中规定，天然二水石膏和无水石膏（又称硬石膏）按矿物成分含量分级，并应符合表3-4要求。

石膏矿物和结晶水含量 表3-4

产品名称	石　膏（G）	硬 石 膏（A）	混合石膏（M）
矿物成分	$CaSO_4 + CaSO_4 \cdot 2H_2O$	$CaSO_4 + CaSO_4 \cdot 2H_2O$ 且 $CaSO_4/(CaSO_4 + CaSO_4 \cdot 2H_2O) \geqslant 0.8$（质量比）	$CaSO_4 + CaSO_4 \cdot 2H_2O$ 且 $CaSO_4/(CaSO_4 + CaSO_4 \cdot 2H_2O) < 0.8$（质量比）
特级	95%	—	95%
一级	≥85		
二级	≥75		
三级	≥65		
四级	≥55		

天然无水石膏质地比较硬，故又称为硬石膏，其密谋为 2.9～3.1g/cm^3，莫氏硬度为 3～4。硬石膏一般为白色或透明无色，如含有杂质，则呈浅灰或浅红色。只可用于生产无熟料水泥。

含 $CaSO_4 \cdot 2H_2O$ 或 $CaSO_4 \cdot 2H_2O$ 与 $CaSO_4$ 混合物的化工副产品，也可用作生产石膏胶凝材料的原料，常称之为化工石膏。如磷石膏，是生产磷酸和磷肥时所得的废料；硼石膏是生产硼酸时所得到的废料；氟石膏是制造氟化氢时的副产品，此外还有盐石膏、芒硝石膏、钛石膏等，都有一定的利用价值。

生产石膏胶凝材料的主要工艺流程是破碎、加热与磨细。由于加热方式和加热温度的不同，可以得到具有不同性质的石膏产品。现简述如下：

将天然二水石膏在常压下加热，至 65℃时，$CaSO_4 \cdot 2H_2O$ 开始脱水，在 107～170℃时，成为 β 型半水石膏 $CaSO_4 \cdot \frac{1}{2}H_2O$（即建筑石膏，又称熟石膏），反应式为：

$$CaSO_4 \cdot 2H_2O \longrightarrow CaSO_4 \cdot \frac{1}{2}H_2O + 1\frac{1}{2}H_2O$$

加热方式一般是在炉窑中进行煅烧。若在具有 0.131MPa、124℃过饱和蒸汽条件下的蒸压釜中蒸炼，得到的是 α 型半水石膏（即高强石膏），它比 β 型半水石膏晶体要粗，调制成可塑性浆体的需水量少。

当加热温度为 170～200℃时，脱水加速，半水石膏变为结构基本相同的脱水半石膏，而后成为可溶性硬石膏，它与水调和后仍然能很快凝结硬化；当温度升至 250℃时，石膏中只残留很少的水分；当温度超过 400℃时，完全失去水分，形成不溶性硬石膏，也称死烧石膏，它难溶于水，失去凝结硬化的能力；温度继续升高超过 800℃时，部分石膏分解出氧化钙，使产物又具有凝结硬化的能力，这种产品称为煅烧石膏（过烧石膏）。

根据《建筑石膏》（GB/T 9778—1988），生产建筑石膏用的二水石膏，应符合表 3-4 中 A 型 3 级及 3 级以上的要求。

3.2.2 建筑石膏的硬化机理

建筑石膏加水拌和后，与水发生水化反应生成二水硫酸钙的过程称为水化。反应式如下：

$$CaSO_4 \cdot \frac{1}{2}H_2O + 1\frac{1}{2}H_2O = CaSO_4 \cdot 2H_2O$$

生成的二水硫酸钙与石膏分子式相同，但由于结晶度和结晶型态不同，物理力学性能有了差异。其水化和凝结硬化机理可简单描述为：由于二水石膏的溶解度比半水石膏小，故二水石膏首先从饱和溶液中析晶沉淀，促使半水石膏继续溶解，这一反应过程连续不断进行，直至半水石膏全部水化生成二水石膏。

随着水化反应的不断进行，自由水分被水化和蒸发而不断减少，加之生成的二水石膏微粒比半水石膏细，比表面积大，吸附更多的水，从而使石膏浆体很快失去塑性而凝结；又随着二水石膏微粒结晶长大，晶体颗粒逐渐互相搭接、交错、共生，从而产生强度，即硬化。实际上，上述水化和凝结硬化过程是相互交叉而连续进行的。

建筑石膏凝结硬化过程最显著的特点为：

（1）速度快。水化过程一般为7～12min，整个凝结硬化过程只需20～30min。

（2）体积微膨胀。建筑石膏凝结硬化过程产生约1%左右的体积膨胀。这是其他胶凝材料所不具有的特性。

3.2.3 建筑石膏的技术性质

建筑石膏是一种白色粉末状的气硬性胶凝材料，密度为2.6～2.75g/cm^3，堆积密度为800～900g/cm^3。建筑石膏的技术性质包括如下几个方面：

1. 凝结硬化快

建筑石膏凝结硬化速度快，它的凝结时间随煅烧温度、磨细程度和杂质含量等情况的不同而不同。一般，与水拌和后，在常温下数分钟即可初凝，30min以内可达到终凝。在室内自然干燥状态下，达到完全硬化约需一星期。凝结时间可按要求进行调整，若要延缓凝结时间，可掺入缓凝剂，以降低半水石膏的溶解度和溶解速度，如亚硫酸盐酒精废液、硼砂或用灰活化的骨胶、皮胶和蛋白胶等；若要加速建筑石膏的凝结，则可掺管理方式促凝剂，如氯化钠、氯化镁、硅氟酸钠、硫酸钠、硫酸镁等，它的作用在于增加半水石膏的溶解度和溶解速度。

2. 硬化时体积微膨胀

建筑石膏在凝结硬化过程中，体积略有膨胀，硬化时不出现裂缝，所以可不掺加填料而单独使用，并可很好地填充模型。硬化后的石膏，表面光滑，颜色洁白，其制品尺寸准确，轮廓清晰，可锯可钉，具有很好的装饰性。

3. 硬化后孔隙率较大，表观密度和强度较低

建筑石膏的水化，理论需水量只占半水石膏质量的18.6%，但实际上，为使石膏浆体具有一定的可塑性，往往需加水60%～80%，多余的水分在硬化过程中逐渐蒸发，使硬化后的石膏留有大量的孔隙，一般孔隙率约为50%～60%，因此，建筑石膏硬化后，强度较低，表观密度较小，导热性较低，吸声性较好。

4. 防火性能良好

石膏硬化后的结晶物$CaSO_4 \cdot 2H_2O$遇到火烧时，结晶水蒸发，吸收热量并在

表面生成具有良好绝热性的无水物，起到阻止火焰蔓延和温度升高的作用，所以，石膏有良好的抗火性。

5. 具有一定的调温、调湿作用

建筑石膏的热容量大，吸湿性强，故能对室内温度和湿度起到一定的调节作用。

6. 耐水性、抗冻性和耐热性差

建筑石膏硬化后，具有很强的吸湿性和吸水性，在潮湿的环境中，晶体间的黏结力削弱，强度明显降低，在水中，晶体还会溶解而引起破坏，在流动的水中，破坏更快，硬化石膏的软化系数约为 0.2～0.3；若石膏吸水后受冻，则孔隙内的水分结冰，产生体积膨胀，使硬化后的石膏破坏。所以，石膏的耐水性和抗冻性均较差。此外，若在温度过高的环境中使用（超过 65℃），二水石膏会脱水分解，造成强度降低。因此，建筑石膏不宜用于潮湿和温度过高的环境中。

在建筑石膏中掺入一定量的水泥或其他含有活性 SiO_2，Al_2O_3 和 CaO 的材料，如：粒化高炉矿渣、石灰、粉煤灰，或掺加有机防水剂等，可不同程度地改善建筑石膏制品的耐水性。

7. 储存及保质期

建筑石膏在贮运过程中，应防止受潮及混入杂物。不同等级的建筑石膏，应分别贮运；不得混杂，一般贮存期为 3 个月，强度将降低 30%左右。超过贮存期限的石膏应重新进行质量检验，以确定其等级。

8. 技术标准

根据 GB 9776—88 规定，建筑石膏按强度、细度、凝结时间指标分为优等品、一等品和合格品三个等级，见表 3-5。其中，抗折强度和抗压强度为试样与水接触后 2h 测得的。

建筑石膏的技术性能 表 3-5

技术指标 \ 产品等级		优等品	一等品	合格品
强度（MPa）	抗折强度不小于	2.5	2.1	1.8
	抗压强度不小于	4.9	3.9	2.9
细度（%）	0.2mm 方孔筛筛余不小于	5.0	10.0	15.0
凝结时间（min）	初凝时间不小于	6	6	6
	终凝时间不大于	30	30	30

建筑石膏按产品名称、抗压强度及标准号的顺序进行产品标记，例如，抗折强度为 2.5MPa 的建筑石膏表示为“建筑石膏 2.5GB9776”。

3.2.4 建筑石膏的应用

建筑石膏原料丰富、分布广泛、生产工艺简单、价格便宜、无污染并具有上述许多优良的性能，是现代建筑中一种非常重要的材料。建筑石膏主要应用于室内装修、装饰、隔断、吊顶、保温隔热、吸声及防火等方面，一般做成石膏抹面灰浆、石膏装饰制品、石膏板制品后进行施工和安装。另外，在建筑工程的其他方面也有广泛的用途。

1. 制作石膏抹面灰浆

建筑石膏中加入水、细骨料和外加剂等可制成石膏抹面灰浆，石膏抹灰墙和顶棚具有不开裂、保温、调湿、隔音、美观等特点。抹灰后的墙面和棚顶还可以直接涂刷油漆、涂料及黏贴墙纸。建筑石膏加入水和石灰可用作室内粉刷涂料，粉刷后的墙面和顶棚表面光细腻、美观。

2. 制作石膏装饰制品

在建筑石膏加入水、少量纤维增强材料和胶料后，拌和均匀制成石膏浆体，利用石膏硬化时体积膨胀的性质，可成型制成各种石膏雕塑、饰面板及各种建筑装饰零件，如石膏角线、线板、角花、灯圈、罗马柱、雕塑等艺术装饰石膏品。

3. 制作各种石膏板制品

建筑石膏是制作各种板材的主要原料，石膏板是一种质量轻、强度较高、绝热、吸音、防火、可锯可钉的建筑板材，是当前着重发展的新型板材。石膏板广泛地应用于各种建筑物的内墙、墙面覆面板、天花板和各种装饰板。

在石膏板的生产制作过程中，为了获得更多优良的性能，通常加入一些其他材料和外加剂。制造石膏板时加入锯末、膨胀珍珠岩、膨胀蛭石、陶粒、膨胀矿渣等轻质多孔材料，或加入泡沫剂、加气剂等可减少其表观密度并提高保温性、隔音性；在石膏板中加入纸筋、麻刀、石棉、玻璃纤维等增强材料，或在石膏表面黏贴纸板，可以提高其抗裂性、抗弯强度并减少脆性；在石膏板中加入水泥、粉煤灰、粒化矿渣以及各种有机防水剂可以提高其耐水性。加入沥青质防水剂并在板面包覆防水纸或乙烯树脂的石膏板，不仅可以用于室内，也可以用于室外，甚至可用于浴室的墙板。

我国目前生产的石膏板，主要有纸面石膏板、空心石膏条板、石膏装饰板和纤维石膏板等。

纸面石膏板以建筑石膏作芯材，两面用纸护面而成，主要用于内墙、隔墙和天花板处，安装时需先架设龙骨。

石膏空心条板以建筑石膏为主要原料，加入纤维等材料以类似于混凝土空心板生产工艺制成。石膏空心条板孔数为7～9个，孔洞率30%～40%，不需设置龙骨，施工方便，主要用于内墙和隔墙。

石膏装饰板的主要原料为建筑石膏、少量的矿物短纤维和胶料。石膏装饰板是具有多种图案和花饰的正方形板材，边长为300～900mm，有平板、多孔板、印花板、压花板、浮雕板等，造型美观多样，主要用于公共建筑的墙面装饰和天花板等。

纤维石膏板是以建筑石膏、纸浆、玻璃或矿棉短纤维为原料制成的无纸面石膏板。这种石膏板的抗弯强度和弹性模量都高于纸面石膏板，可用于内墙和隔墙，也有用来代替木材制作家具。

4.石膏的其他用途

石膏除了广泛地应用于建筑装饰、装饰工程外，还大量地应用于建筑工程中的其他方面。例如，加入泡沫剂或加气剂可制成多孔石膏砌块制品，用作建筑物的填充墙材料，能改善绝热、隔音等性能，并能降低建筑物自重。

在硅酸盐水泥生产中必须加入石膏作为缓凝剂；石膏可生产无熟料水泥，如石膏矿渣无熟料水泥等；石膏可制造硫铝酸盐膨胀水泥和自应力水泥；石膏可生产各种硅酸盐制品和用作混凝土的早强剂等。高温煅烧石膏可做成无缝地板、人造大理石、地面砖以及墙板和代替白水泥用于建筑装修。

建筑石膏在运输和储存过程中应防止受潮，储存期一般不宜超过三个月，超过三个月后，其强度可降低30%。

3.3 其他气硬性胶凝材料

3.3.1 菱苦土

菱苦土是一种白色浅黄色的粉末，密度为3.10～3.4g/cm^3，堆积密度为800～900kg/m^3。主要成分是氧化镁（MgO），属镁质气硬性胶凝材料。

1.原材料及制备

菱苦土主要来源于菱镁矿（$MgCO_3$），也可利用蛇纹石（$3MgO \cdot 2SiO_2 \cdot 2H_2O$）、冶炼镁合金的熔渣（MgO含量不低于25%）或从海水中提取。菱镁矿中的$MgCO_3$一般在400～750℃时开始分解，600～650℃时，反应迅速进行。生产菱苦土时，煅烧温度常控制在800～850℃左右。其反应如下：

$$MgCO_3 \longrightarrow MgO + CO_2\uparrow$$

煅烧得到的块状产物经磨细后，即可得到菱苦土。此外，将白云石（$MgCO_3 \cdot$

$CaCO_3$）在650～750℃温度下煅烧，可生成以MgO和$CaCO_3$的混合物为主的苛性白云石，它也属于镁质胶凝材料，性质和用途与菱苦土相似。

2. 菱苦土的硬化

菱苦土在加水拌和时，MgO发生水化反应，生成$Mg(OH)_2$，并放出大量的热：

$$MgO + H_2O \longrightarrow Mg(OH)_2$$

用水调和的浆体，凝结硬化很慢，硬化后的强度也很低。所以经常使用调和剂，以加速其硬化过程的进行，最常用的调和剂是氯化镁溶液，也可以使用硫酸镁（$MgSO_4 \cdot 7H_2O$）、氯化铁（$FeCl_3$）或硫酸亚铁（$FeSO_4 \cdot H_2O$）等盐类的溶液。用氯化镁溶液调和时，反应式如下：

$$mMgO + nMgCl \cdot 6H_2O \longrightarrow mMgO \cdot nMgCl_2 \cdot qH_2O$$

$$MgO + H_2O \longrightarrow Mg(OH)_2$$

反应生成的氧氯化镁（$mMgO \cdot nMgCl_2 \cdot qH_2O$）和$Mg(OH)_2$从溶液中逐渐析出，并凝聚结晶，使浆体凝结硬化。加入调和剂后，不仅凝结硬化速度加快，而且强度也得到明显提高，若提高反应温度，也可促进硬化的进行。

3. 菱苦土的技术性质

根据有关规定，菱苦土用密度为$1.2g/cm^3$的氯化镁溶液调制成标准稠度的净浆，初凝时间不得早于20min，终凝时间不得迟于6h；体积安定性要合格；硬化24h的抗拉强度不应小于1.5MPa；菱苦土的MgO含量不小于75％。

用氯化镁溶液调和菱苦土，硬化后抗压强度可达40～60MPa，但其吸湿性较大，耐水性较差。若改用硫酸镁（$MgSO_4 \cdot 7H_2O$）、铁矾（$FeSO_4$）等作调和剂，可降低吸湿性，提高耐水性，但强度较用氯化镁时低。氯化镁的用量要严格控制，氯化镁用量过多，将使浆体凝结硬化过快，收缩过大，甚至产生裂缝；用量过少，硬化过少，硬化太慢，而且强度也将降低。一般，氯化镁与菱苦土的适宜质量比为0.55～0.6。

菱苦土与植物纤维黏结性好，而且碱性较弱，不会腐蚀纤维体。

4. 菱苦土的应用

由于菱苦土具有以上的优良性能，故在建筑工程中得到较好的应用。

将菱苦土与木屑按一定比例配合，并用氯化镁溶液调拌，可制成菱苦土木屑地面。若掺入适量滑石粉、石英砂、石屑等，可提高地面的强度和耐磨性；若掺加适量的活性混合材，如粉煤灰等，可提高其耐水性；若掺加耐碱矿物颜料，可将地面着色。这种地面具有一定的弹性，且有防爆、防火，导热性小，表面光洁、不起灰、摩擦冲击噪声小等特点，宜用于室内场所、车间等处。菱苦土地面的配合比可参考表 3-6。

菱苦土地面配合比参考表 表 3-6

地面种类与其上的行动密度	软性地面	硬 性 地 面	氯化镁溶液密度	
	菱苦土：木屑	菱苦土：木屑：砂或石屑（粒径不大于 5mm）	软性地面	硬性地面
1. 单层或双层地面的上层 密度不大时	1∶2	1∶1.4∶0.5	1.18～1.22	1.18～1.22
密度较大时	1∶1.5	1∶1∶0.5	1.2～1.24	1.20～1.24
特别容易损坏的地方	不采用	1∶0.7∶0.3	—	1.22～1.24
2. 双层地面的下层	1∶4	1∶3∶0.3	1.14～1.16	1.17～1.19

用上述方法也可生产出各种菱苦土木屑板材。另外，将刨花、木丝等纤维状的有机材料与调制好的菱苦土混合，经加压成型、硬化后，可制成多种刨花板、木丝板。这类板材具有良好的装饰性和绝热性，建筑上常用作内墙板、天花板、门窗框和楼梯扶手等。用氯化镁调制好菱苦土加入发泡剂等材料，还可制成多孔轻质的绝热材料。

因菱苦土耐水性较差，故这类制品不宜用于潮湿的地方。菱苦土在使用过程中，常用氯化镁溶液调制，其氯离子对钢筋有锈蚀的作用，所以，其制品中不宜配置钢筋。

3.3.2 水玻璃

水玻璃俗称泡花碱，是一种能溶于水的硅酸盐，由不同比例的碱金属氧化物和二氧化硅组成。建筑上常用的水玻璃为硅酸钠的水溶液，它是无色或淡黄色、灰白色的黏稠液体。

1. 水玻璃的原料及生产

水玻璃的生产可采用湿法或干法。湿法生产硅酸钠水玻璃时，将石英砂和苛性钠溶液置于压蒸锅（0.2～0.3MPa）内，用蒸汽加热，并加以搅拌，使之直接生成液体水玻璃。干法是将石英砂和碳酸钠磨细拌匀，在 1300～1400℃温度下熔化，经冷却后得到固体水玻璃，然后在水中加热溶解而得到液体水玻璃。其反应式如下：

$$2NaOH + nSiO_2 \xrightarrow{\text{湿法}} Na_2O \cdot nSiO_2 + H_2O$$

$$Na_2CO_3 + nSiO_2 \xrightarrow{\text{干法}} Na_2O \cdot nSiO_2 + CO_2 \uparrow$$

将固体水玻璃加水溶解，即可得到液体水玻璃，其溶液具有碱性溶液的性质。纯净的水玻璃应为无色透明液体，因含杂质而常呈青灰或黄绿等颜色。

2. 水玻璃的凝结固化

水玻璃是一种胶体结构，凡弱酸或强酸性的溶液都可破坏其胶体结构，使其产生絮凝，随后脱水固结。水玻璃在空气中吸收二氧化碳，形成碳酸钠和无定形硅酸，反应式如下：

$$Na_2O \cdot nSiO_2 + mH_2O + CO_2 \longrightarrow Na_2CO_3 + nSiO_2 \cdot mH_2O$$

这一反应在进行过程中，水分逐渐被消耗和蒸发，硅酸逐渐凝聚成硅酸凝胶而析出，产生凝结和硬化，其特点是：

(1) 速度慢。由于空气中 CO_2 浓度低，故碳化反应及整个凝结固化过程十分缓慢；

(2) 体积收缩；

(3) 强度低。

为加速水玻璃的凝结固化速度和提高强度，水玻璃使用时一般要求加入固化剂氟硅酸钠，分子式为 Na_2SiF_6。其反应式如下：

$$2(Na_2O \cdot nSiO_2) + mH_2O + Na_2SiF_6 \longrightarrow (2n+1)\ SiO_2 \cdot mH_2O + 6NaF$$

硅氟酸钠的掺量一般为 12%～15%。掺量少，凝结固化慢，且强度低；掺量太多，则凝结硬化过快，不便施工操作，而且硬化后的早期强度虽高，但后期强度明显降低。因此，使用时应严格控制固化剂掺量，并根据气温、湿度、水玻璃的模数、密度在上述范围内适当调整。即：气温高、模数大、密度小时选下限，反之亦然。

3. 水玻璃的技术性质

水玻璃（$Na_2O \cdot nSiO_2$）的组成中，氧化硅和氧化钠的分子比（$n = SiO_2/Na_2O$）为水玻璃的模数，n 值一般在 1.5～3.5 之间，它的大小决定着水玻璃的品质及其应用性能。模数低的固体水玻璃易溶于水，n 为 1 的水玻璃能溶解于常温水中；n 为 1～3 时，只能在热水中溶解；而模数大于 3 时，要在 4 个大气压以上的蒸汽中才能溶解。模数低的水玻璃，晶体组分较多，黏结能力较差，模数升高，胶体组分相应增加，黏结能力增大。

水玻璃溶液可与水按任意比例混合，不同的用水量，可使溶液具有不同的密度和黏度，同一模数的水玻璃溶液，其密度越大，黏度越大，黏结力愈强。若在水玻璃溶液中加入尿素，可在不改变黏度的情况下，提高其黏结能力。

水玻璃除了具有良好的黏结性能外，还具有很强的耐酸腐蚀性，能抵抗多数无机酸、有机酸的侵蚀性气体的腐蚀。水玻璃硬化时析出的硅酸凝胶还能堵塞材料的毛细孔隙，起到阻止水分渗透的作用。另外，水玻璃还具有良好的耐热性能，在高温下不分解，强度不降低，甚至有所增加。

水玻璃在使用过程中，若掺加促硬剂，应严格控制其掺量。如果用量太少，会使硬化速度缓慢，强度降低，而且未反应的水玻璃易溶于水，使耐酸性较差；若用量过多，又会引起凝结过快，不利于施工，而且还会使渗透性增大，强度等性能下降。一般氟硅酸钠的适宜掺量为水玻璃质量的12%～15%。

另外，水玻璃对眼睛和皮肤有一定的灼伤作用，氟硅酸钠具有毒性，使用过程中，应注意安全防护。

4.水玻璃的应用

由于水玻璃具有上述一些优良的性能，在建筑工程中可有多种用途，扼要列举如下：

(1) 涂刷建筑物表面

水玻璃涂刷于其他材料表面，可提高抗风化能力。用浸渍法处理后的多孔材料其密实度、强度、抗渗性、抗冻性和耐腐蚀性均有不同程度的提高。工程上常采用密度为135g/cm^{3}的水玻璃溶液对黏土砖、硅酸盐制品、水泥混凝土和石灰石等的表面多次洗刷和浸渍，均可获得良好的效果。特别是对于含有氢氧化钙的材料，如水泥混凝土和硅酸盐制品等，由于水玻璃与石灰产生化学反应，生成水化硅酸钙凝胶，浸渍效果更佳。但水玻璃不能用于涂刷和浸渍石膏等制品，否则会产生化学反应，在制品孔隙中形成大量的硫酸钠结晶，产生膨胀压力，从而导致制品的破坏。

(2) 用于土壤加固

水玻璃可用于砂土的加固处理。将水玻璃和氯化钙溶液交替灌入土基中，两种溶液发生化学反应，析出硅酸盐胶体，起到胶结和填充土壤空隙的作用，并可阻止水分的渗透，增加了土的密实度和强度。其化学反应式如下：

$$Na_2O \cdot nSiO_2 + CaCl_2 + mH_2O \longrightarrow 2NaCl + nSiO_2 \cdot (m-1)\ H_2O + Ca(OH)_2$$

水玻璃和氯化钙溶液，也是一种价格低廉、效果较好的防水堵漏材料。

(3) 配制速凝防水剂

水玻璃可与多种矾制成速凝防水剂，用于堵漏、填缝等局部抢修。这种多矾防水剂的凝结速度很快，一般为几分钟，其中四矾防水剂不超过1min，故工地上使用时必须做到即配即用。

多矾防水剂常用胆矾（硫酸铜，$CuSO_4 \cdot 5H_2O$）、红矾（重铬酸钾，$K_2Cr_2O_7$）、明矾（也称白矾，硫酸铝钾）、紫矾等四种矾。

(4) 配制水玻璃矿渣砂浆

将水玻璃、氟硅酸钠、磨细粒化高炉矿渣与砂按一定比例配合，可配制成水玻璃矿渣砂，适用于砖墙裂缝修补等工程。

(5) 配制耐酸、耐热砂浆及混凝土

采用模数为3.3～4.0、密度为1.30～1.45g/cm³ 的水玻璃，12％～15％的氟硅酸钠促硬剂和磨细的耐酸矿物粉末填充剂（如石英砂、辉绿岩粉、铸石粉等）可配制水玻璃耐酸胶泥，在其中加入耐酸粗、细骨料即可配制成耐酸砂浆和耐酸混凝土。水玻璃耐酸材料广泛地应用于防腐工程中。

水玻璃硬化后形成二氧化硅空间网状骨架，具有良好的耐热性。以水玻璃为胶凝材料，氟硅酸钠为促硬剂，掺入磨细的填料（如黏土熟料粉、石英砂粉、砖瓦粉末等）及耐热粗、细骨料（如耐火砖碎块、铬铁矿、玄武岩等）可配制成水玻璃耐热混凝土或砂浆，其极限使用温度在1200℃以下。

本章小结

本章主要介绍了气硬性胶凝材料的特性，重点阐述了主要的气硬性胶凝材料石灰与石膏的生产、硬化机理、技术性质及其应用，并简述了其他的两种气硬性胶凝材料菱苦土与水玻璃制备、技术性质及应用。在土木工程材料中，气硬性胶凝材料是胶凝材料的一种，通过它的胶结作用可配制出各种建筑制品，这些材料及制品的性质与所使用的胶凝材料的性质密切相关。

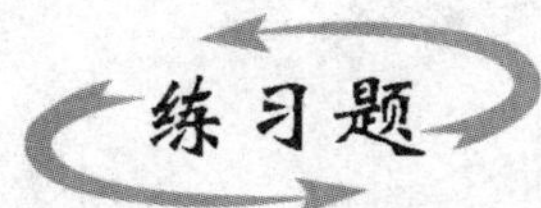

1. 什么叫做气硬性胶凝材料？
2. 煅烧温度和煅烧时间对生石灰的质量有何影响？
3. 工地上熟化石灰的方法有哪些？为何要采用熟石灰进行施工？
4. 什么叫做石灰的陈伏？有何目的？
5. 用磨细生石灰代替熟石灰进行施工有何优点？为何要将生石灰磨细？
6. 建筑石灰有哪些用途？与其性能有何联系？
7. 不同煅烧条件下石膏的品种有哪些？不同的石膏品种的组成和结构如何？各自性能如何？
8. 简述半水石膏的水化、凝结硬化过程？
9. 什么叫石膏浆体的悬浮结构、凝聚结构和结晶结构？
10. 建筑石膏的性能有哪些特点？与其应用的关系如何？
11. 为什么说石膏是一种很好的室内装饰材料？
12. 水玻璃的模数、溶液密度对其性能有何影响？

13. 水玻璃在建筑工程中的应用主要有哪些？与其性质有何联系？

14. 为什么菱苦土在使用时不能用水拌合？

15. 菱苦土是最主要的镁质胶凝材料，其水化和凝结硬化与石灰相比有何异同？

16. 无机气硬性胶凝材料共同的缺点是什么？其原因有哪些？如何进行改善？

第4章 水泥

本章概要

1. 重点阐述硅酸盐水泥、普通水泥、矿渣水泥、火山灰水泥、粉煤灰水泥和复合水泥等常用六大品种水泥的组成、特性、质量标准及应用范围；水泥石的腐蚀现象、原因和防腐措施；

2. 概要介绍了高铝水泥、膨胀水泥、白色和彩色硅酸盐水泥、道路水泥及快硬硅酸盐水泥等特种水泥的特性和用途；

3. 简要介绍了常用水泥的选用方法和贮、运保管要求。

水泥是一种良好的矿物胶凝材料，它与石灰、石膏、水玻璃等气硬性胶凝材料不同，不仅能在空气中硬化，而且在水中能更好地硬化，并保持和发展其强度。因此，水泥是一种水硬性胶凝材料。

水泥是制造各种形式的混凝土、钢筋混凝土和预应力钢筋混凝土构筑物的最基本的组成材料，广泛用于建筑、道路、水利和国防工程中，素有“建筑业的粮食”之称。

水泥的品种很多，按化学成分可分为硅酸盐、铝酸盐、硫铝酸盐等多种系列水泥，本章主要介绍应用最广的硅酸盐系列水泥。硅酸盐系列水泥按其性能和用途可分为常用水泥和特种水泥两大类，即：

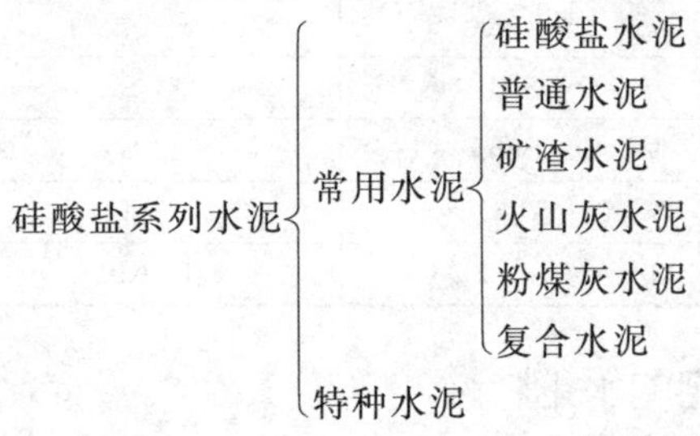

上述常用水泥是指大量用于一般土木建筑工程中的水泥，特种水泥是指具有独特的性能，用于各类有特殊要求的工程中的水泥。

4.1 硅酸盐水泥

4.1.1 硅酸盐水泥的生产

凡由硅酸盐水泥熟料、0～5%石灰石或粒化高炉矿渣、适量石膏磨细制成的水硬性胶凝材料，称为硅酸盐水泥（国外通称为波特兰水泥）。

硅酸盐水泥分两种类型。不掺加混合材料的称Ⅰ型硅酸盐水泥，代号P·Ⅰ。在硅酸盐水泥粉磨时，掺加不超过水泥质量5%的石灰石或粒化高炉矿渣混合材料的称Ⅱ型硅酸盐水泥，代号P·Ⅱ。

以石灰质原料（如石灰石等）与黏土质原料（如黏土、页岩等）为主，有时加入少量铁矿粉等，按一定比例配合，磨细成生料粉（干法生产）或生料浆（湿法生产），经均化后送入回转窑或立窑中煅烧至部分熔融，得到黑色颗粒状的水泥熟料，再与适量石膏共同磨细，即可得到P·Ⅰ型硅酸盐水泥。目前，常把硅酸盐水泥的生产技术简称为两磨一烧，其生产工艺流程如图4-1所示。

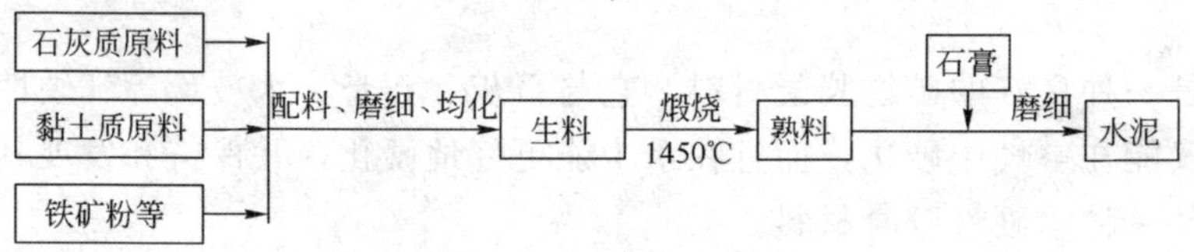

图4-1 硅酸盐水泥的生产工艺流程

4.1.2 硅酸盐水泥的矿物组成

硅酸盐水泥熟料的矿物组成主要有四种，其名称、含量范围见表4-1，其中硅酸三钙和硅酸二钙两种矿物称硅酸盐矿物，一般占总量的75%～82%。

硅酸盐水泥熟料的矿物组成及相对含量　　表4-1

矿物名称	分子式	分子式简写	相对含量/%
硅酸三钙	$3CaO \cdot SiO_2$	C_3S	36～60
硅酸二钙	$2CaO \cdot SiO_2$	C_2S	15～37
铝酸三钙	$3CaO \cdot Al_2O_3$	C_3A	7～15
铁铝酸四钙	$4CaO \cdot Al_2O_3 \cdot Fe_2O_3$	C_4AF	10～18

4.1.3 硅酸盐水泥的水化特性

1. 硅酸盐水泥加水后的水化产物

硅酸盐水泥颗粒与水接触后，水泥熟料各矿物立即与水发生反应，生成新的水化物，并放出一定的热量。水泥熟料中主要矿物的水化特性如下：

(1) 硅酸三钙　水泥熟料矿物中，硅酸三钙含量最高。硅酸三钙与水作用时，反应较快，水化放热量大，生成水化硅酸钙及氢氧化钙：

$$2(3CaO \cdot SiO_2) + 6H_2O = \underset{\text{(水化硅酸钙)}}{3CaO \cdot 2SiO_2 \cdot 3H_2O} + \underset{\text{(氢氧化钙)}}{3Ca(OH)_2}$$

水化硅酸钙几乎不溶于水，而立即以胶体微粒析出，并逐渐凝聚而成为凝胶。氢氧化钙呈六方晶体，它易溶于水。

由于氢氧化钙的溶解，使溶液的石灰浓度很快达到饱和状态。因此，各矿物成分的水化主要是在石灰饱和溶液中进行的。

(2) 硅酸二钙　硅酸二钙与水作用时，反应较慢；水化放热小，生成水化硅酸钙，也有氢氧化钙析出：

$$2(2CaO \cdot SiO_2) + 4H_2O = 3CaO \cdot 2SiO_2 \cdot 3H_2O + Ca(OH)_2$$

(3) 铝酸三钙　铝酸三钙与水作用时，反应极快，水化放热甚大，生成水化铝酸三钙：

$$3CaO \cdot Al_2O_3 + 6H_2O = \underset{\text{(水化铝酸三钙)}}{3CaO \cdot Al_2O_3 \cdot 6H_2O}$$

水化铝酸三钙为立方晶体，它易溶于水。

(4) 铁铝酸四钙　铁铝酸四钙与水作用时，反应也较快，水化放热中等，生成水化铝酸三钙及水化铁酸钙（水化铁酸钙为凝胶）：

$$4CaO \cdot Al_2O_3 \cdot Fe_2O_3 + 7H_2O = 3CaO \cdot Al_2O_3 \cdot 6H_2O + \underset{\text{(水化铁酸钙)}}{CaO \cdot Fe_2O_3 \cdot H_2O}$$

此外，在石灰饱和溶液中，水化铝酸三钙和水化铁酸钙还会与氢氧化钙发生二次反应，分别生成水化铝酸四钙和水化铁酸四钙。

为调节水泥凝结时间而掺入的少量石膏，与水化铝酸钙作用，生成水化硫铝酸钙，也称钙矾石：

$$3CaO \cdot Al_2O_3 \cdot 6H_2O + 3(CaSO_4 \cdot 2H_2O) + 19H_2O = \underset{\text{(水化硫铝酸钙)}}{3CaO \cdot Al_2O_3 \cdot 3CaSO_4 \cdot 31H_2O}$$

水化硫铝酸钙呈针状晶体，它难溶于水，覆盖于未水化的铝酸三钙周围，阻止其继续快速水化，因而延缓了水泥的凝结时间。

综上所述，如果忽略一些次要的和少量的成分，则硅酸盐水泥与水作用后，生成的主要水化产物有：水化硅酸钙和水化铁酸钙凝胶，氢氧化钙、水化铝酸钙和水化硫铝酸钙晶体。在完全水化的水泥石中，水化硅酸钙约占50%，氢氧化钙约占25%。

2. 水泥的凝结硬化过程

水泥作为多矿物的集合体，水化时各矿物之间会互相影响。因此，水泥的水化反应过程及结果要比单矿物的水化复杂得多。水泥的凝结硬化过程是很复杂的物理化学变化过程。自 1882 年以来，世界各国学者对水泥凝结硬化的理论经过了一百多年的研究，至今仍持有各种论点。硅酸盐水泥与水拌和后的水化凝结硬化过程可简化为如图 4-2 所示的过程。

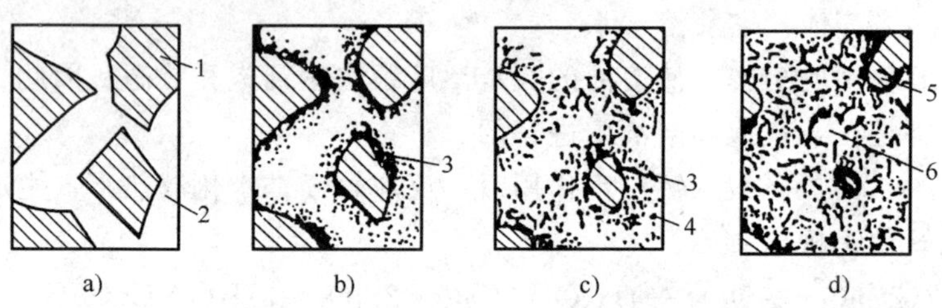

图 4-2　水泥凝结硬化过程示意图

a）分散在水中未水化的水泥颗粒；b）在水泥颗粒表面形成水化物膜层；c）膜层长大并相互连接（凝结）；d）水化物进一步发展，填充毛细孔（硬化）

1-水泥颗粒；2-水分；3-凝胶；4-晶体；5-水泥颗粒的未水化内核；6-毛细孔

水泥加水拌和后，未水化的水泥颗粒分散在水中，成为水泥浆体，见图 4-2a）。水泥的水化反应首先在水泥颗粒表面剧烈地进行，生成的水化物溶于水中。接着，水泥颗粒又暴露出一层新的表面，继续与水反应。这样不断反应，就使水泥颗粒周围的溶液很快成为水化产物的饱和溶液。

此后，水泥继续水化，在饱和溶液中生成的水化产物，便从溶液中析出，包在水泥颗粒表面。水化产物中的氢氧化钙、水化铝酸钙和水化硫铝酸钙是结晶程度较高的物质，而数量多的水化硅酸钙则是大小为 10～1000Å（$1Å=10^{-8}$ cm）的粒子（或微晶），比表面积很大，相当于胶体物质，胶体凝聚便形成凝胶。由此可见，水泥水化物中有凝胶和晶体。以水化硅酸钙凝胶为主体，其中分布着氢氧化钙等晶体的结构，通常称之为凝胶体。

水化开始时，由于水化物尚不多，包有凝胶体膜层的水泥颗粒之间还是分离着的，相互间引力较小，此时水泥浆具有良好的塑性，见图 4-2b）。

随着水泥颗粒不断水化，凝胶体膜层不断增厚而破裂，并继续扩展，在水泥颗粒之间形成了网状结构，水泥浆体逐渐变稠，黏度不断增高，失去塑性，这就是水泥的凝结过程，见图 4-2c）。

以上过程不断地进行，水化产物不断生成并填充颗粒之间空隙，毛细孔越来越少，使结构更加紧密，水泥浆体逐渐产生强度而进入硬化阶段，见图 4-2d）。

由上述可见，水泥的水化反应是由颗粒表面逐渐深入到内层的。当水化物增多时，堆积在水泥颗粒周围的水化物不断增加，以致阻碍水分继续透入，使水泥颗粒内部的水化越来越困难，经过长时间（几个月，甚至几年）的水化以后，多数颗粒仍剩余尚未水化的内核。因此，硬化后的水泥石是由凝胶体（凝胶和晶体）、未完全水化的水泥颗粒和毛细孔组成的不匀质结构体。

关于熟料矿物在水泥石强度发展过程中所起的作用，可以认为，硅酸三钙在最初大约四个星期以内对水泥石强度起决定性作用；硅酸二钙在大约四个星期以后才发挥其强度作用，大约经过一年，与硅酸三钙对水泥石强度发挥相等的作用；铝酸三钙在 1～3 天或稍长的时间内对水泥石强度起有益作用。目前对铁铝酸四钙在水泥水化时所起的作用，认识还存在分歧，各方面试验结果也有较大差异。多数人认为铁铝酸四钙水化速率不低，但到后期由于生成凝胶而阻止了进一步的水化。

硅酸盐水泥各单矿物在水化凝结硬化过程中表现出的特性，如表 4-2 所示。

硅酸盐水泥熟料矿物水化、凝结硬化特性 表 4-2

性能指标		矿物熟料			
		C_3S	C_2S	C_3A	C_4AF
水化凝结硬化速度		快	慢	最快	快
28d 水化热		多	少	最多	中
强度	早期	高	低	低	低
	后期	高	高	低	低

3. 硬化后水泥石的结构及其对性能的影响

如前所述，水泥浆硬化后的水泥石是由凝胶体（凝胶和晶体）、未完全水化的水泥颗粒和毛细孔组成的不匀质结构体。因此，水泥石是多相（固相、液相、气相）多孔体系。水泥石的工程性质决定于水泥石的结构组成，即决定于水化物的类型和相对含量，以及孔的大小、形状和分布状态等。例如，当水泥的品种一定时，则水化产物的类型也是确定的，这时，水泥石的强度主要决定于水化产物的相对含量（可用水化程度表示）和孔隙的数量、大小、形状及分布状态。后者与拌和时用水量的大小（可用水灰比——即拌和时的用水量与水泥用量之比表示）密切相关。水灰比相同时，水化程度越高，则水泥石结构中水化物越多，而毛细孔和未水化水泥的量相对减少，因此水泥石结构密实、强度高、耐久性好；对水化程度相同而水灰比不同的水泥石结构而言，则水灰比大的浆体，毛细孔所占的比例相对增加，因此该水泥石的强度和耐久性下降。为了提高水泥石的强度和耐久性，应尽可能减少水泥石中的孔隙含量。为此，降低水灰比，提高水泥浆或混凝土成型时的密实度，以及加强养护等是非常重要的。

由于水泥石的强度与水化产物的数量有关，而在相同水泥品种及水灰比下，水化物质数量是随水化时间（龄期）延长而增加的，一般在 28d 内增长较快，以后渐慢，3 个月以后则更缓慢。

此外，水化过程还与水化时环境的温度和湿度有关，若水泥处于干燥环境，浆体中水分蒸发完毕后，则水泥无法继续水化，因而强度也不再增长。因此，混凝土工程在浇灌后 2～3 周内必须加强洒水养护，以保证水化时所必需的水分，使水泥得到充分水化。

温度对水泥凝结硬化的影响也很大，温度越高，凝结硬化的速度越快。因此，采用蒸汽养护是加速凝结硬化的方法之一。当温度较低时，凝结速度比较缓慢，当温度为 0℃以下时，硬化将完全停止，并可能遭受冰冻破坏。因此，冬季施工时，需要采取保温等措施。

4.1.4 硅酸盐水泥的技术性质与应用

1. 硅酸盐水泥的技术性质

(1) 密度、堆积密度

硅酸盐水泥的密度主要决定于其熟料矿物组成，一般为 3.05～3.20g/cm^3。同时，也和储存时间和条件等有关，受潮水泥的密度有所降低。在进行混凝土配合比计算时，通常采用 3.10g/cm^3。

硅酸盐水泥的堆积密度，除与矿物组成及细度有关外，主要取决于水泥堆积时的紧密程度，疏松堆积时约为 1000～1100kg/m^3，紧密堆积时可达 1600kg/m^3。在混凝土配合比计算中，通常采用 1300kg/m^3。

(2) 细度

细度是指水泥颗粒粗细的程度，它是影响水泥性能的重要指标。颗粒愈细，与水反应的表面积愈大，因而水化反应的速度愈快，水泥石的早期强度愈高，但硬化收缩也愈大，且水泥在储运过程中易受潮而降低活性。因此，水泥细度应适当，根据《硅酸盐水泥、普通硅酸盐水泥》(GB 175—99) 规定，硅酸盐水泥比表面积应大于 300m^2/kg。

(3) 标准稠度及其用水量

水泥净浆标准稠度是测定水泥的凝结时间、体积安定性等性能时，为使其具有准确的可比性，水泥净浆以标准方法测试所达到统一规定的浆体可塑性程度。

水泥净浆标准稠度需水量，是指拌制水泥净浆时为达到标准稠度所需的加水量。它以水与水泥质量之比的百分数表示。用规定的仪器、按照《水泥标准稠度用水量、凝结时间、安定性检验方法》(GB 1346—2001) 测定。

(4) 凝结时间

凝结时间是指水泥从加水开始到失去流动性，即从可塑状态发展到固体状态所需的时间。分为初凝和终凝。初凝时间，为水泥从开始加水拌和起至水泥浆开始失去可塑性所需的时间；终凝时间是从水泥开始加水拌和起至水泥浆完全失去可塑性，并开始产生强度所需的时间。

水泥的凝结时间对施工有重大意义。水泥的初凝不宜过早，以便在施工时有足够的时间完成混凝土或砂浆的搅拌、运输、浇捣和砌筑等操作；水泥的终凝不宜过迟，以免拖延施工工期。

国家标准规定：硅酸盐水泥初凝时间不得早于 45min，终凝时间不得迟于 6.5h。

①快凝现象

水泥在使用中，有时会发生不正常的快凝现象，即假凝（又称黏凝）和瞬凝（又称急凝）。

假凝：假凝是指水泥用水调和几分钟后就发生凝固，并没有明显放热现象。出现假凝后不再加水，而将已凝固的水泥浆继续搅拌，便可恢复塑性，对强度无明显影响。

瞬凝：瞬凝是水泥用水调和后立即出现的快凝现象。浆体很快凝结成为一种很粗糙的和易性差的拌合物，并在大量放热的情况下很快凝固，使施工不能进行。这种瞬凝的水泥用于砂浆和混凝土中会严重降低其强度。

水泥产生快凝现象的原因，可归纳为以下几点：

a. 石膏与熟料共同粉磨时，由于熟料过热，石膏变成易溶的脱水石膏，即半水石膏（$CaSO_4 \cdot 0.5H_2O$）或可溶性的无水石膏（$CaSO_4$）。水泥遇水后，半水石膏或可溶性的无水石膏比 C_3A 溶解要快，立即形成硫酸钙的过饱和溶液，使二水石膏结晶析出，形成假凝。

b. 假凝现象与水泥中存在的碱类有关。碱的碳酸盐能与 C_3S 水解而生成的 $Ca(OH)_2$ 反应，沉淀出 $CaCO_3$（碳酸钙），而这种具有催凝剂作用的碳酸盐的生成能使水泥很快凝结。

c. 瞬凝的发生主要是水泥中未掺石膏缓凝剂所致。铝酸三钙在水泥中含量过多，铁铝酸四钙过低，加水后迅速形成一种促凝的铝酸盐水化物，也会发生瞬凝。

另外，施工中有时会因拌合物的温度过高而引起假凝。如拌和水的温度超过 80℃时，水泥颗粒表面形成一层薄硬壳，使混凝土和易性变差，而且后期强度降低。因此在冬季施工中需要用加热水法时，为了防止混凝土出现这种“假凝”现象，热水温度不要超过 80℃，并要先将热水与砂石料拌合后再加入水泥。

②硅酸盐水泥凝结时间的调节

将正常煅烧的水泥熟料磨成的细粉，在不加入石膏的情况下与水拌和，会立即产生凝结，同时放出热量。其主要原因是由于熟料中的 C_3A 很快的溶于水中，生成一种促凝的铝酸钙水化物，造成水泥浆的快速凝结。为了避免这种不正常的快凝现象，故在每种水泥熟料中都需加入适量的石膏，用于调节水泥的凝结时间。

石膏称为水泥的缓凝剂，是水泥中不可缺少的组分。石膏的掺量太少，缓凝效果不显著；掺量过多，石膏本身会生成一种促凝物质，使水泥反而变得快凝。其掺量的多少与熟料中 C_3A 的含量有关。含量高则多掺，反之少掺。若水泥中石膏掺量超过规定的限量时，还会引起水泥强度降低，严重时会引起水泥安定性不良，使已硬化水泥浆体膨胀和开裂。故国家标准规定，SO_3不得超过 3.5％。

（5）体积安定性

水泥的体积安定性是指水泥在凝结硬化过程中，体积变化的均匀性。如水泥硬化后产生不均匀的体积变化，即为体积安定性不良。使用安定性不良的水泥，能使构件产生膨胀性裂缝，降低工程质量，甚至引起严重事故。

引起体积安定性不良的原因，是由于水泥中含有过多的游离氧化钙、游离氧化镁或者水泥磨细时石膏掺量过多。游离氧化钙、游离氧化镁是在高温下生成的，水化很慢，它们在水泥凝结硬化后还在慢慢水化并产生体积膨胀，从而导致硬化水泥石开裂。当水泥熟料中石膏掺量过多时，在水泥硬化后，其三氧化硫离子还会继续与固态的水化铝酸钙反应生成高硫型水化硫铝酸钙，产生体积膨胀（体积约增大1.5 倍)，破坏已经硬化的水泥石结构，出现龟裂、弯曲、松脆、崩溃等现象。

国家标准（GB 1346—2001）规定：由游离氧化钙引起的水泥体积安定性不良可采用沸煮法检验。所谓沸煮法包括试饼法和雷氏法两种。试饼法是将标准稠度水泥净浆做成试饼，沸煮 3h 后，若用肉眼观察未发现裂纹，用直尺检查没有弯曲现象，称为安定性合格。雷氏法是测定水泥浆在雷氏夹中沸煮硬化后的膨胀值，若膨胀量在规定值内（不大于 5mm)，则为安定性合格。标准还规定，当试饼法和雷氏法两者结论有矛盾时，以雷氏法为准。

由游离氧化镁引起的安定性不良，必须采用压蒸法才能检验出来，因为游离氧化镁的水化比游离氧化钙更缓慢。由三氧化硫造成的安定性不良，则需长期浸在常温水中才能发现。由于这两种原因引起的安定性不良均不便于快速检验，所以国家标准规定，水泥中游离氧化镁含量不得超过 5.0％，三氧化硫含量矿渣水泥不得超过 4.0％，其他水泥不得超过 3.5％。

国家标准规定，水泥安定性必须合格。安定性不良的水泥应作废品处理，不得用于工程中。

（6）水泥的强度与等级

水泥强度是表征水泥力学性能的重要指标，也是选用水泥时的主要技术指标和划分水泥强度等级的依据。它与水泥的矿物组成、水泥细度、水灰比大小、水化龄期和环境温度等密切相关。

根据《水泥胶砂强度试验方法》（GB/T 17671—1999）规定，采用软练胶砂法测定水泥强度。该法是将水泥和标准砂按 1∶3 混合，用水灰比为 0.5、按规定方法制成的 40mm×40mm×160mm 的试件，带模在湿气中养护 24h 后，再脱模放在标准温度（20±1℃）的水中养护，分别测定 3d 和 28d 抗压强度和抗折强度。该值是评定水泥强度等级的依据。

水泥强度等级是按规定龄期的抗压强度和抗折强度来划分的，国家标准规定：硅酸盐水泥分为 42.5、42.5R、52.5、52.5R、62.5、62.5R 六个强度等级，各强度等级水泥的各龄期强度不得低于表 4-3 的数值。

硅酸盐水泥的强度要求 表 4-3

强度等级	抗压强度（MPa）		抗折强度（MPa）	
	3d	28d	3d	28d
42.5	17.0	42.5	3.5	6.5
42.5R	22.0	42.5	4.0	6.5
52.5	23.0	52.5	4.0	7.0
52.5R	27.0	52.5	5.0	7.0
62.5	28.0	62.5	5.0	8.0
62.5R	32.0	62.5	5.5	8.0

注：R—早强型水泥。

（7）水化热

水化热是指水泥在水化过程中所放出的热量，通常以焦耳/千克（J/kg）表示。大部分的水化热是在水化初期（7 天内）放出的，以后则逐步减少。一般水化 3d 的放热量约为总水化热的 50%，7d 为 75%。水泥水化时的放热量大小及速度，主要取决于水泥熟料的矿物组成和细度。熟料矿物中铝酸三钙和硅酸三钙的含量愈高，颗粒愈细，则水化热愈大。

水化热对一般建筑的冬季施工是有利的，因它有利于水泥的正常凝结硬化。但对于大体积混凝土工程，如大型基础、大坝、桥墩等，水化热大是不利的。因积聚在内部的水化热不易散出。常使内部温度高达 50～60℃。由于混凝土表面散热很快，内外温差引起的应力，可使混凝土产生裂缝。因此对大体积混凝土工程，不宜采用硅酸盐水泥，而应采用水化热较低的水泥，如中热水泥、低热矿渣水泥等。

4.1.5 常见水泥石的腐蚀与防腐措施

1. 水泥石的腐蚀现象及原因

（1）水泥石的腐蚀现象

硅酸盐水泥硬化后的水泥石，在正常使用条件下具有较好的耐久性。但在某些腐蚀性的介质作用下，水泥石中的各种水化产物会与介质发生各种物理化学作用，导致水泥石的结构逐渐遭到破坏，强度下降以致全部溃裂，这种现象称为水泥石的腐蚀。由于水泥石所处的环境介质不同，水泥石可能遭受的腐蚀现象也不同，常见的腐蚀类型有以下几种：

①软水侵蚀（溶出性侵蚀）　软水是指暂时硬度（暂时硬度是以每 L 水中重碳酸盐含量来计算）较小即重碳酸盐含量少的水，如天然的雨水、雪水、工厂冷凝水、蒸馏水及含重碳酸盐少的河水和湖水等。当水泥石长期与软水相接触时，其中一些水化物将按照溶解度的大小，依次逐渐被水溶解。在各种水化物中，氢氧化钙的溶解度最大（25℃时约为 1.2g/L），所以首先被溶解。如在静水及无水压的情况下，由于周围的水迅速被溶出的氢氧化钙所饱和，溶出作用很快终止。所以溶出仅限于表面，影响不大。但在流动水中，特别是在有水压作用而且水泥石的渗透性又较大的情况下，水流不断将氢氧化钙溶出并带走，降低了周围氢氧化钙的浓度。随氢氧化钙浓度的降低，其他水化产物，如水化硅酸钙、水化铝酸钙等，亦将发生分解，使水泥石结构遭到破坏，强度不断降低，最后引起整个建筑物的毁坏。研究发现，当氢氧化钙溶出 5%时，强度下降 7%；溶出 24%时，强度下降 29%。

当环境水的水质较硬，即水中重碳酸盐含量较高时，可与水泥石中的氢氧化钙起作用，生成几乎不溶于水的碳酸钙：

$$Ca(OH)_2+Ca(HCO_3)_2=2CaCO_3+2H_2O$$

（重碳酸钙）

生成的碳酸钙积聚在水泥石的孔隙内，形成密实的保护层，阻止介质水的渗入。所以，水的暂时硬度越高，对水泥腐蚀越小。反之，水质越软，腐蚀性越大。对密实性高的混凝土来说，溶出性侵蚀一般是发展很慢的。

②盐类腐蚀

a. 硫酸盐腐蚀　硫酸盐腐蚀，实质上是膨胀性化学腐蚀。在一般的河水和湖水中，硫酸盐含量不多。但在海水、盐沼水、地下水及某些工业污水中常含有钠、钾、铵等的硫酸盐，它们与水泥石中的氢氧化钙反应生成硫酸钙，硫酸钙与水泥石中固态的水化铝酸钙作用，生成比原体积增加 1.5 倍以上的高硫型水化硫铝酸钙（钙矾石），因高硫型水化硫铝酸钙呈针状结晶，故常称为“水泥杆菌”。其反应式如下（以硫酸钠为例）：

$$Ca(OH)_2+Na_2SO_4\cdot 10H_2O=CaSO_4\cdot 2H_2O+NaOH+8H_2O$$

（硫酸钙）

$$3CaO\cdot Al_2O_3\cdot 6H_2O+3\,(CaSO_4\cdot 2H_2O)\,+19H_2O=3CaO\cdot Al_2O_3\cdot 3CaSO_4\cdot 31H_2O$$

（高硫型水化硫铝酸钙）

由于是在已经固化的水泥石中发生上述反应，因此硬化后的水泥石会因体积膨胀而发生开裂、破坏。

需要指出的是，为了调节凝结时间而掺入水泥熟料中的石膏，也会生成水化硫铝酸钙。但它是在水泥浆尚有一定的可塑性时形成，并且往往是在溶液中形成，故不致引起破坏作用。因此，水化硫铝酸钙的形成是否会引起破坏作用，要依据反应时所处的条件而定。当水中硫酸盐浓度较高时，生成的硫酸钙也会在水泥石的孔隙中直接结晶成二水石膏。二水石膏结晶时体积也增大，同样会产生膨胀应力，导致水泥石破坏。

b. 镁盐腐蚀

在海水及地下水中常含有大量镁盐，主要是硫酸镁及氯化镁。它们与水泥石中的氢氧化钙起置换反应，生成易溶于水的新化合物（氢氧化镁和氯化钙）。其反应式如下：

$$MgSO_4+Ca(OH)_2+2H_2O=CaSO_4\cdot 2H_2O+Mg(OH)_2$$

（氢氧化镁）

$$MgCl_2+Ca(OH)_2=CaCl_2+Mg(OH)_2$$

（氯化钙）

反应生成的氢氧化镁松软而无胶凝能力，氯化钙和硫酸钙易溶解于水，均能使水泥石强度降低或破坏。同时，尚未溶出的硫酸钙可与水泥石中的铝酸盐反应，引起膨胀破坏。因此，硫酸镁对水泥石起着镁盐和硫酸盐的双重腐蚀作用。

镁盐侵蚀的强烈程度，除决定于 Mg^{2+} 含量外，还与水中 SO_4^{2-} 含量有关，当水中同时含有 SO_4^{2-} 时，将产生镁盐与硫酸盐两种侵蚀，故显得特别严重。

③酸类腐蚀

a. 碳酸腐蚀

在大多数的天然水中通常含有一些游离的二氧化碳及其盐类，一般情况下这种水对水泥石没有侵蚀作用，但若游离的二氧化碳过多时（如工业污水、地下水），将会起破坏作用。首先，硬化水泥石中的氢氧化钙受到碳酸（二氧化碳）的作用，生成碳酸钙：

$$Ca(OH)_2+CO_2+H_2O=CaCO_3+2H_2O$$

由于水中含有较多的二氧化碳，它与生成碳酸钙按下列可逆反应作用：

$$CaCO_3+CO_2+H_2O\rightleftharpoons Ca(HCO_3)_2$$

由于天然水中总有一些重碳酸钙，水中部分的二氧化碳与这些重碳酸钙保持平衡，这部分二氧化碳无侵蚀作用。当水中含有较多的二氧化碳，并超过平衡浓度（溶液中的 $pH<7$）时，上式反应向右进行，则水泥石中的氢氧化钙通过转变为易溶的重碳酸钙（碳酸氢钙）而溶失。随着氢氧化钙浓度的降低，还会导致水泥石中

其他水化物的分解，使腐蚀作用进一步加剧。

b. 一般酸的腐蚀

工业废水、地下水中常含无机酸和有机酸；工业窑炉中排放的烟气常含有二氧化硫，遇水后即生成亚硫酸。各种酸类对水泥石有不同程度的腐蚀作用。它们与水泥石中的氢氧化钙作用后生成的化合物，或者易溶于水，或者体积膨胀而导致水泥石破坏。对水泥石腐蚀作用最快的是无机酸中的盐酸、氢氟酸、硫酸和有机酸中的醋酸、蚁酸和乳酸。

例如，盐酸与水泥石中氢氧化钙作用：

$$2HCl+Ca(OH)_2=CaCl_2+2H_2O$$

生成的氯化钙易溶于水，而导致化学腐蚀型破坏。

硫酸与水泥石中的氢氧化钙作用：

$$H_2SO_4+Ca(OH)_2=CaSO_4\cdot 2H_2O$$

生成的二水石膏或者直接在水泥石孔隙中结晶发生膨胀，或者再与水泥石中的水化铝酸钙作用，生成水化硫铝酸钙，其破坏作用更大。

环境水中酸的氢离子浓度越大，即 pH 值越小时，侵蚀性越严重。

④强碱腐蚀

碱类溶液如浓度不大时一般是无害的，但铝酸盐含量较高的硅酸盐水泥遇到强碱作用后也会破坏。如氢氧化钠可与水泥石中未水化的铝酸钙作用，生成易溶的铝酸钠，其反应式为：

$$3CaO\cdot Al_2O_3+6NaOH=3Na_2O\cdot Al_2O_3+3Ca(OH)_2$$

当水泥石被氢氧化钠溶液浸透后又在空气中干燥，与空气中的二氧化碳作用生成碳酸钠，其反应为：

$$2NaOH+CO_2=Na_2CO_3+H_2O$$

碳酸钠在水泥石毛细孔中结晶沉积，可使水泥石胀裂。

上述各类型侵蚀作用，可以概括为下列三种破坏形式：

a. 溶解浸析　主要是介质将水泥石中某些组分逐渐溶解带走，造成溶失性破坏。

b. 离子交换　侵蚀性介质与水泥石中的某些组分发生离子交换反应，生成容易溶解或是没有胶结能力的产物，破坏了原有的结构。

c. 形成膨胀组分　在侵蚀性介质的作用下，所形成的盐类结晶长大时体积增加，产生有害的内应力，导致膨胀性破坏。

值得注意的是，在实际工程中，环境介质的影响往往是多方面的，很少只是单一因素造成的，而是几种腐蚀同时存在，互相影响。

(2) 水泥石腐蚀的原因

水泥石的腐蚀，实际上是一个极为复杂的物理化学作用过程。水泥石发生腐蚀的根本原因有内外两方面：内因是水泥石中存在易被腐蚀的氢氧化钙和水化铝酸钙，以及水泥石本身不密实，存在很多侵蚀性介质易于进入内部的毛细孔道。从而使 Ca^{2+} 流失，水泥石受损，胶结力降低；或者有膨胀性产物形成，引起胀裂破坏现象；外因是水泥石周围存在侵蚀介质，包括环境温度、湿度、介质浓度的影响等。

2. 防腐措施

根据以上腐蚀原因的分析，可采取下列防止措施：

（1）根据侵蚀环境特点，合理选用水泥品种

水泥石中引起腐蚀的组分主要是氢氧化钙和水化铝酸钙。当水泥石遭受软水等侵蚀时，可选用水化产物中氢氧化钙含量较少的水泥。水泥石如处在硫酸盐的腐蚀环境中，可采用铝酸三钙含量较低的抗硫酸盐水泥。在硅酸盐水泥熟料中掺入某些人工或天然矿物材料（混合材料）可提高水泥的抗腐蚀能力。

（2）提高水泥石的密实程度

提高水泥石的密实度，是阻止侵蚀介质深入内部的有力措施。水泥石越密实，抗渗能力越强。环境的侵蚀介质也越难进入。为了提高水泥混凝土的密实度，应该合理设计混凝土的配合比，尽可能采用低水灰比，选择最优施工方法。此外，在水泥石表面进行碳化或氟硅酸处理，使之生成难溶的碳酸钙外壳或氟化钙及硅胶薄膜，以提高表面的密实度，也可减少侵蚀性介质的渗入。

（3）加做保护层

当侵蚀作用较强，采用上述措施也难以防止腐蚀时，可在水泥制品的表面加做一层耐腐蚀性高，且不透水的保护层。一般可用耐腐蚀的石料、陶瓷、玻璃、塑料、沥青等覆盖于水泥石的表面，以防止腐蚀介质与水泥石直接接触。

4.2 掺混合材料的硅酸盐水泥

4.2.1 水泥混合材料

在水泥生产过程中，为改善水泥的某些性能、调节水泥强度等级而加到水泥中的人工或天然的矿物质材料称为混合材料（简称混合材）。按其性能可分为活性混合材和非活性混合材；按其来源又分为天然混合材和人工混合材。

1. 活性混合材

活性混合材是具有火山灰性或潜在水硬性，或兼有火山灰性和潜在水硬性的矿物质材料。

火山灰性，是指磨细的矿物质材料和水拌和成浆后，单独不具有水硬性，但在常温下与石灰和水一起拌合后，能使石灰在水中结硬，形成具有水硬性化合物的性能。因为最初发现火山灰具有这样的性质，因而得名。具有火山灰性的混合材有火山灰、粉煤灰、硅藻土等。

潜在水硬性，是指该类矿物质材料只需在少量外加剂（如石灰和石膏）的激发条件下，即可利用自身溶出的化学成分，生成具有水硬性的化合物，如粒化高炉矿渣等。

在水泥中加入活性混合材料的目的是：改善水泥性质，调整水泥标号和增加水泥品种以扩大其应用范围，增加水泥产量以降低成本，同时既节约了熟料和燃料，又充分利用了工业废渣，减少环境污染。

活性混合材料中一般均含有活性氧化硅和活性氧化铝，它们能与水泥水化生成的氢氧化钙作用，生成水硬性凝胶。水泥中常用的活性混合材有：

(1) 粒化高炉矿渣

粒化高炉矿渣是指高炉冶炼生铁时将浮在铁水表面的以硅酸钙与铝酸钙为主要成分的熔渣，经急速冷却处理得到的松软颗粒材料，其粒径一般在0.5～5mm。急冷处理一般采用水淬的方法进行。急速冷却的目的是阻止结晶，形成大量的玻璃体。矿渣的化学成分主要为CaO、Al_2O_3、SiO_2，通常约占总量的90%以上，此外尚有少量的MgO、Fe_2O_3和一些硫化物等。矿渣的活性，不仅取决于化学成分，而且在很大程度上取决于内部结构。矿渣熔体在淬冷成粒时，阻止了熔体向结晶结构转变，而形成玻璃体，因此具有潜在水硬性，即粒化高炉矿渣在有少量激发剂的情况下，其浆体具有水硬性。

(2) 火山灰质混合材

火山灰是火山喷发时随熔岩喷发大量碎屑沉积在地面和水中的松软物质。由于其高温喷发物到地面或水中急速冷却，在其内部形成了大量玻璃体，因此，火山灰具有较高的活性。火山灰质混合材泛指具有火山灰性的天然或人工的矿物质材料。根据其活性化学成分和矿物结构不同分为含水硅酸质、铝硅玻璃质和烧黏土质三类。

含水硅酸质混合材料的活性化学成分为SiO_2，如硅藻土、硅藻石和蛋白石等。铝硅玻璃质混合材料活性化学成分为SiO_2、Al_2O_3，如火山灰、凝灰岩和浮石等。烧黏土质混合材料的活性化学成分为Al_2O_3，如烧黏土、煤渣和煤矸石灰渣等。

火山灰质混合材料按其产品来源分为天然的和人工的，天然的有火山灰、凝灰岩、浮石、沸石岩、硅藻土等；人工的有煤矸石灰渣、烧页岩、粉煤灰、烧黏土、煤渣、硅灰等。

(3) 粉煤灰

粉煤灰是火力发电厂用煤粉做为发电的燃料所排出的废渣，是从煤粉炉烟道气体中收集的粉末。粉煤灰是由煤粉悬浮态燃烧后急冷而形成的，因此，粉煤灰大多以0.001～0.05mm的实心或空心玻璃态球粒。粉煤灰的主要化学成分是 SiO_2 和 Al_2O_3，含少量CaO。粉煤灰具有火山灰性，其化学活性的高低取决于化学成分 SiO_2 和 Al_2O_3 含量和玻璃体的含量。而某些褐煤燃烧而得的粉煤灰，除 SiO_2、Al_2O_3 外，一般含有10%以上的CaO，本身具有一定的潜在水硬性，称为高钙粉煤灰。

各种活性混合材料在应用时，其质量应符合国家标准的规定。

上述的活性混合材料都含有大量的活性氧化硅和活性氧化铝，它们只有在氢氧化钙饱和溶液中，才会发生明显的水化反应，生成水化硅酸钙和水化铝酸钙：

$$x\mathrm{Ca(OH)_2}+\mathrm{SiO_2}+m_1\mathrm{H_2O}=x\mathrm{CaO}\cdot\mathrm{SiO_2}\cdot n_1\mathrm{H_2O}$$

$$y\mathrm{Ca(OH)_2}+\mathrm{Al_2O_3}+m_2\mathrm{H_2O}=y\mathrm{CaO}\cdot\mathrm{Al_2O_3}\cdot n_2\mathrm{H_2O}$$

可见溶液中的石灰是激发活性混合材料活性的物质，所以称为激发剂。激发剂分碱性激发剂和硫酸盐激发剂。上述的氢氧化钙即为碱性激发剂；石膏为硫酸盐激发剂，它的作用是进一步与水化铝酸钙化合而生成水化硫铝酸钙，使凝结硬化强度进一步提高。

2. 非活性混合材

凡不具有活性或活性甚低的人工或天然的矿物质材料称为非活性混合材料。这类材料与水泥成分不起化学反应，或者化学反应甚微。在水泥中掺入非活性混合材料的目的是：调节水泥强度等级、增加水泥产量、降低水化热等。实质上非活性混合材料在水泥中仅起填充料的作用，所以又称为填充性混合材料。石英砂、石灰石、黏土、慢冷矿渣以及不符合质量标准的活性混合材料（如块状高炉矿渣与高硅质炉灰）等均可加以磨细作为非活性混合材料应用。

对于非活性混合材料的质量要求，主要应具有足够的细度，不含或极少含对水泥有害的杂质。

在制备普通混凝土拌合物时，为节约水泥，改善混凝土性能，调节混凝土强度等级而掺入的天然或人工的磨细混合材料，称为掺合料。

4.2.2 掺混合材料的硅酸盐水泥

1. 普通硅酸盐水泥

普通硅酸盐水泥（简称普通水泥）是指由硅酸盐水泥熟料、6%～15%混合材料、适量石膏，经磨细制成的水硬性胶凝材料，其代号为P·O。

掺活性混合材时，最大掺量不得超过15%，其中允许用不超过水泥质量5%的窑灰或不超过水泥质量10%的非活性混合材料来代替；掺非活性混合材时，最大掺量不得超过水泥质量的10%。

普通水泥分32.5、32.5R、42.5、42.5R、52.5、52.5R六个强度等级。各龄期的强度要求列于表4-4中。初凝时间不得早于45min，终凝时间不得迟于10h。在80μm方孔筛上的筛余不得超过10.0%。普通水泥的烧失量不得大于5.0%。其他如氧化镁、三氧化硫、碱含量等均与硅酸盐水泥的规定相同。安定性用沸煮法检验必须合格。由于混合材掺量少，其矿物组成的比例仍在硅酸盐水泥的范围内，所以其性能、应用范围与同强度等级硅酸盐水泥相近。但普通硅酸盐水泥早期硬化速度稍慢，其3天、7天强度较硅酸盐水泥稍低、抗冻性及耐磨性也较硅酸盐水泥稍差。这种水泥被广泛用于各种混凝土或钢筋混凝土工程，是我国主要的水泥品种之一。

普通硅酸盐水泥的强度要求 表4-4

强度等级	抗压强度（MPa）		抗折强度（MPa）	
	3d	28d	3d	28d
32.5	11.0	32.5	2.5	5.5
32.5R	16.0	32.5	3.5	5.5
42.5	16.0	42.5	3.5	6.5
42.5R	21.0	42.5	4.0	6.5
52.5	22.0	52.5	4.0	7.0
52.5R	26.0	52.5	5.0	7.0

注：R—早强型水泥。

2. 矿渣硅酸盐水泥

矿渣硅酸盐水泥（简称矿渣水泥）是指由硅酸盐水泥熟料和粒化高炉矿渣、适量石膏，经磨细制成的水硬性胶凝材料，其代号为P·S。水泥中粒化高炉矿渣掺加量按质量百分比计为20%～70%。允许用石灰石、窑灰、粉煤灰和火山灰质混合材料中的一种代替矿渣，代替数量不得超过水泥质量的8%，而替代后的水泥中粒化高炉矿渣不得少于20%。

矿渣水泥加水后，其水化反应分两步进行。首先是水泥熟料矿物与水作用，生成氢氧化钙、水化硅酸钙、水化铝酸钙等水化产物。这一过程与硅酸盐水泥水化时基本相同。而后，生成的氢氧化钙与矿渣中的活性氧化硅和活性氧化铝进行二次反应，生成水化硅酸钙和水化铝酸钙。

矿渣水泥中加入的石膏，一方面可调节水泥的凝结时间，另一方面又是激发矿渣活性的激发剂。因此，石膏的掺加量可比硅酸盐水泥稍多一些。

3. 火山灰质硅酸盐水泥

火山灰质硅酸盐水泥（简称火山灰水泥）是指由硅酸盐水泥熟料和火山灰质混

合材料、适量石膏，经磨细制成的水硬性胶凝材料，其代号为 P·P。水泥中火山灰质混合材料掺加量按质量百分比计为 20%～50%。

4. 粉煤灰硅酸盐水泥

粉煤灰硅酸盐水泥（简称粉煤灰水泥）是指由硅酸盐水泥熟料和粉煤灰、适量石膏，经磨细制成的水硬性胶凝材料，其代号为 P·F。水泥中粉煤灰掺加量按质量百分比计为 20%～40%。

矿渣水泥、火山灰水泥和粉煤灰水泥等 3 种水泥的强度等级均分为 32.5、32.5R、42.5、42.5R、52.5、52.5R 六个强度等级。各龄期的强度要求不得低于表 4-5 所列数值。

矿渣水泥、火山灰水泥及粉煤灰水泥的强度要求 表 4-5

强度等级	抗压强度（MPa）		抗折强度（MPa）	
	3d	28d	3d	28d
32.5	10.0	32.5	2.5	5.5
32.5R	15.0	32.5	3.5	5.5
42.5	15.0	42.5	3.5	6.5
42.5R	19.0	42.5	4.0	6.5
52.5	21.0	52.5	4.0	7.0
52.5R	23.0	52.5	4.5	7.0

上述三种水泥中的三氧化硫含量要求，矿渣水泥不得超过 4.0%，其余两种水泥不得超过 3.5%。而氧化镁和碱含量以及细度、凝结时间和体积安定性的要求与普通水泥相同。

上述三种水泥与硅酸盐水泥或普通硅酸盐水泥相比，它们的特点是：水化放热速度慢，放热量低，凝结硬化速度较慢，早期强度较低，但后期强度增长较多，甚至可超过同等级的硅酸盐水泥；这三种水泥对温度灵敏性较高，温度低时硬化较慢，当温度达到 70℃以上时，硬化速度大大加快，甚至可超过硅酸盐水泥的硬化速度；由于混合材料水化时消耗了一部分氢氧化钙，水泥石中氢氧化钙含量减少，故这三种水泥抗软水及硫酸盐腐蚀的能力较硅酸盐水泥强；但它们抗冻性较差；矿渣水泥和火山灰水泥的干缩值大，矿渣水泥的耐热性较好，粉煤灰水泥干缩值较小，抗裂性较好。

根据上述特性，这些水泥除适用于地面工程外，特别适用于地下和水中的一般混凝土和大体积混凝土结构以及蒸汽养护的混凝土构件，也适用于一般抗硫酸盐侵蚀的工程。

5. 复合硅酸盐水泥

复合硅酸盐水泥（简称复合水泥）是指由硅酸盐水泥熟料、两种或两种以上规定的混合材料、适量石膏，经磨细制成的水硬性胶凝材料，代号 P·C。水泥中混合材总掺量，按质量百分比计应大于 15%，而不超过 50%。允许用不超过 8%的窑灰代替部分混合材；掺矿渣时，混合材料掺量不得与矿渣硅酸盐水泥重复。复合水泥熟料中氧化镁的含量不得超过 5.0%。如蒸压安定性合格，则含量允许放宽到 6.0%。水泥中三氧化硫含量不得超过 3.5%。水泥细度以 80μm 方孔筛筛余不得超过 10%。初凝时间不得早于 45min，终凝时间不得迟于 10h。安定性用沸煮法检验必须合格。复合水泥的强度等级及各龄期强度要求见表 4-6。

矿渣水泥、火山灰水泥及粉煤灰水泥的强度要求 表 4-6

强度等级	抗压强度（MPa）		抗折强度（MPa）	
	3d	28d	3d	28d
32.5	11.0	32.5	2.5	5.5
32.5R	16.0	32.5	3.5	5.5
42.5	16.0	42.5	3.5	6.5
42.5R	21.0	42.5	4.0	6.5
52.5	22.0	52.5	4.0	7.0
52.5R	26.0	52.5	5.0	7.0

复合水泥由于在水泥熟料中掺入了两种或两种以上规定的混合材料，因而较掺单一混合材料的水泥具有更好的使用效果。复合使用混合材料，改变了水泥石的微观结构，并能促进熟料中 C_3S 矿物的水化速度，同时加速水化物的结晶速度，有利于水泥早期强度的发展。复合水泥的早期强度比同强度等级的矿渣水泥、火山灰水泥、粉煤灰水泥高、与普通水泥相同，与硅酸盐水泥相近。复合水泥适用于一般混凝土工程，其水化热低，可用于大体积混凝土工程，但复合水泥的性能一般受所用各混合材的种类、掺量及比例的影响，所以使用时应针对工程的性质加以选用。

4.2.3 通用水泥的质量等级

通用水泥通常指硅酸盐水泥、普通硅酸盐水泥、矿渣硅酸盐水泥、火山灰质硅酸盐水泥、粉煤灰硅酸盐水泥和复合硅酸盐水泥等 6 个品种。其产品质量水平划分为优等品、一等品和合格品三个等级。优等品要求产品标准必须达到国际先进水平，且水泥实物的质量水平与国外同类产品相比，达到其近 5 年内的先进水平；一等品要求水泥产品标准必须达到国际一般水平，且水泥实物的质量水平达到国际同类产品的一般水平；合格品要求按我国现行水泥产品标准组织生产，水泥实物的质量水平必须达到产品标准的要求。

水泥实物质量在符合相应标准的技术要求基础上，进行实物质量水平的分等。根据《通用水泥质量等级》（JC/T 452—2002）通用水泥的实物质量水平根据3d抗压强度、28d抗压强度和终凝时间进行分等。通用水泥的实物质量等级的技术要求应符合表4-7要求。

通用水泥实物质量等级的技术要求 表4-7

项目		优等品		一等品		合格品
		硅酸盐水泥；普通硅酸盐水泥；复合硅酸盐水泥	矿渣硅酸盐水泥；火山灰质硅酸盐水泥；粉煤灰硅酸盐水泥	硅酸盐水泥；普通硅酸盐水泥；复合硅酸盐水泥	矿渣硅酸盐水泥；火山灰质硅酸盐水泥；粉煤灰硅酸盐水泥	常用水泥各品种
抗压强度（MPa）	3d 不小于	32.0	28.0	32.0	32.0	符合常用水泥各品种的技术要求
	28d 不小于	56.0	56.0	56.0	56.0	
	28d 不大于	$1.1\bar{R}$	$1.1\bar{R}$	$1.1\bar{R}$	$1.1\bar{R}$	
终凝时间（h），不大于		6.5	6.5	6.5	8.0	

注：$\bar{R}$为同品种同强度等级水泥28d抗压强度的月平均值。至少以20个编号平均，不足20个编号时，可2个月或3个月合并计算。对于强度等级62.5（含62.5）以上水泥，抗压强度不大于$1.1\bar{R}$的要求不作规定。

4.3 其他品种水泥

4.3.1 高铝水泥

高铝水泥（又称矾土水泥）是以铝矾土和石灰石为原料，经高温煅烧得到以铝酸钙为主要成分的熟料，经磨细而成的水硬性胶凝材料，代号CA，它是铝酸盐系水泥的主要品种。

1. 高铝水泥的矿物成分及水化产物

高铝水泥的主要矿物成分为铝酸一钙（$CaO \cdot Al_2O_3$，简写为CA）和二铝酸一钙（$CaO \cdot 2Al_2O_3$，简写为CA_2），此外尚有少量硅酸二钙和其他铝酸盐。

高铝水泥的水化过程，主要是铝酸一钙的水化过程。一般认为其水化反应随温度不同而不同。当温度小于20℃时，主要水化产物为水化铝酸一钙（$CaO \cdot Al_2O_3 \cdot 10H_2O$，简写为$CAH_{10}$）。温度在20℃～30℃时主要水化产物为水化铝酸二钙（$2CaO \cdot Al_2O_3 \cdot 8H_2O$，简写为$C_2AH_8$）。当温度大于30℃时，主要水化产物为水化铝酸三钙（$3CaO \cdot Al_2O_3 \cdot 6H_2O$，简写为 C_3AH_6）。此外，尚有氢氧化铝凝胶（$Al_2O_3 \cdot 3H_2O$）。

二铝酸一钙（CA_2）的水化反应与铝酸一钙相似，但水化速度极慢。硅酸二钙则生成水化硅酸钙凝胶。

水化铝酸一钙和水化铝酸二钙为片状或针状晶体，它们互相交错搭接，形成坚强的结晶连生体骨架，同时所生成的氢氧化铝凝胶填塞于骨架空间，形成比较致密的结构，使水泥石获得很高的强度。经5～7d后水化产物的数量就很少增加，强度即趋向稳定。因此高铝水泥早期强度增长的很快，而后期强度增进的不太显著。硅酸二钙的数量很少，在硬化过程中不起很大的作用。

2. 高铝水泥的主要技术性质

(1) 细度

根据《铝酸盐水泥》(GB 201—2000) 规定，高铝水泥的细度要求比表面积不小于 $300m^2/kg$ 或 $45\mu m$ 筛筛余不大于20%。

(2) 凝结时间

根据（GB 201—2000）附录A规定的方法测定，其结果应符合表4-8的要求。

高铝水泥的凝结时间 表4-8

水泥类型	初凝时间不得早于（min）	终凝时间不得迟于（h）
CA-50，CA-70，CA-80	30	6
CA-60	60	18

(3) 强度

高铝水泥的强度试验按国家标准（GB/T 17671—1999）规定的方法进行，但水灰比应按（GB 201—2000）规定调整。各类型、各龄期强度值不得低于表4-9规定的数值。

高铝水泥各龄期强度要求 表4-9

强度等级	抗压强度（MPa）				抗折强度（MPa）			
	6h	1d	3d	28d	6h	1d	3d	28d
CA-50	20①	40	50	—	3.0①	5.5	6.5	—
CA-60	—	20	45	85	—	2.5	5.0	10.0
CA-70	—	30	40	—	—	5.0	6.0	—
CA-80	—	25	30	—	—	4.0	5.0	—

注：①当用户需要时生产厂家应提供结果。

在自然条件下，高铝水泥长期强度下降，并达到最低值。一般浇灌5年以上的高铝水泥混凝土，剩余强度仅为早期强度的二分之一，甚至只有几分之一。这是由于随着时间的推移，CAH_{10}或C_2AH_8会逐渐转化为比较稳定的C_3AH_6，并且这个转化过程随着环境温度的上升而加速。由于晶体转化的结果，使水泥石内析出游离水，增大了孔隙体积，同时也由于C_3AH_6本身强度较低，所以水泥石的强度明显下降。

3. 高铝水泥的特性与应用

(1) 特性

①快凝早强，1d强度可达最高强度的80%以上，属快硬型水泥。使用高铝水泥时，应注意控制其硬化温度。最适宜的硬化温度为15℃左右，一般不得超过25℃。如果温度过高，水化铝酸二钙会转化为水化铝酸三钙，使强度降低。若在湿热条件下，强度下降更显著。

②水化热大，且放热量集中，1d内即可放出水化热总量的70%～80%，而硅酸盐水泥仅放出水化热总量的25%～50%。

③抗硫酸盐性能很强，但抗碱性极差。高铝水泥水化时不析出氢氧化钙，而且硬化后结构致密，因此它具有较好的抗硫酸盐及抗海水腐蚀的性能。同时，对碳酸水、稀盐酸等侵蚀性溶液也有很好的稳定性。但晶体转化成稳定的水化铝酸三钙后，孔隙率增加，耐蚀性也相应降低。高铝水泥对碱液侵蚀无抵抗能力，故应注意避免碱性腐蚀。

④耐热性好，高铝水泥配制的混凝土在900℃温度下，还具有原强度的70%，当达到1300℃时还能保持约53%的强度。这些尚存的强度是由于水泥石中各组分之间产生固相反应，形成陶瓷坯体所致。

⑤长期强度有降低的趋势。因为随着时间的推移，CAH_{10}或C_2AH_8会逐渐转化为比较稳定的C_3AH_6，晶体转化的结果，使水泥石内析出游离水，增大了孔隙体积，同时也由于C_3AH_6本身强度较低，所以水泥石的长期强度会下降。

(2) 应用

根据高铝水泥的特性，高铝水泥主要用于紧急军事工程（如筑路、桥）、抢修工程（如堵漏）等；也可用于配制耐热混凝土（可用于1000℃以下的耐热构筑物，如高温窑炉炉衬等，最高使用温度不宜超过1300℃）和用于寒冷地区冬季施工的混凝土工程。

高铝水泥不宜用于大体积混凝土工程，也不能用于长期承重结构及高温高湿环境中的工程，不能用于与碱性溶液相接触的工程。还应注意，高铝水泥制品不能用蒸汽养护。此外，未经过试验，高铝水泥不得与硅酸盐水泥或石灰等能析出氢氧化钙的胶凝材料混合使用，在拌和浇灌过程中也必须避免互相混杂，并不得与尚未硬化的硅酸盐水泥接触，以免引起强度下降，并缩短凝结时间，甚至会出现瞬凝现象。由于铝酸盐水泥混凝土后期强度下降较大，设计时应以最低稳定强度为依据，其值按（GB 201—2000）规定，经试验确定。

4.3.2 膨胀水泥

1. 膨胀水泥的类型

膨胀水泥是指在水化硬化过程中产生体积膨胀的水泥。根据膨胀水泥的基本组成，可分为以下四种：

（1）硅酸盐膨胀水泥。以硅酸盐水泥为主，外加高铝水泥和石膏配制而成。

（2）铝酸盐膨胀水泥。以高铝水泥为主，外加石膏配制而成。

（3）硫铝酸盐膨胀水泥。以无水硫铝酸钙和硅酸二钙为主要成分，外加石膏配制而成。

（4）铁铝酸钙膨胀水泥。以铁相、无水硫铝酸钙和硅酸二钙为主要成分，外加石膏配制而成。

以上四种膨胀水泥的膨胀都源于水泥石中所形成的钙矾石的膨胀。通过调整各种组成的配合比例，就可得到不同膨胀值的膨胀水泥。

另外，由于膨胀水泥的膨胀，会在限制条件下使水泥混凝土受到压应力，即所谓的自应力。因此，按自应力大小，膨胀水泥可分为两类：自应力值大于或等于2.0MPa时，称为自应力水泥；自应力值小于2.0MPa（通常约0.5MPa），则为膨胀水泥。

2. 应用

由于膨胀水泥在硬化过程中不仅不收缩反而有一定数量的膨胀，它可以克服或改善普通水泥混凝土的某些缺点（如普通水泥混凝土在空气中硬化时会产生不同程度的收缩，导致水泥混凝土构件内部产生微裂缝，从而影响混凝土一系列性能），所以膨胀水泥适用于配制收缩补偿混凝土，用于构件的接缝及管道接头，混凝土结构的加固和修补，防渗堵漏工程，机器底座及地脚螺丝的固定等。

自应力水泥适用于制造自应力钢筋混凝土压力管及其配件。

4.3.3 白色和彩色硅酸盐水泥

1. 白色硅酸盐水泥

白色硅酸盐水泥（简称白水泥）是指由白色硅酸盐水泥熟料加入适量石膏，经磨细制成的水硬性胶凝材料。白色水泥的主要矿物组成仍是硅酸盐，只是水泥中着色物质（氧化铁、氧化锰、氧化钛、氧化铬等）的含量极少。

白色水泥的性能与硅酸盐水泥基本相同。根据国家标准 GB 2015—91 规定：白色水泥的细度要求为 80μm 方孔筛筛余量不得超过 10%；其初凝时间不得早于 45min，终凝时间不得迟于 12h；安定性用沸煮法检验必须合格，各等级白水泥各龄期强度应符合表 4-10 的要求。白色水泥对红、绿、蓝三原色的反射率与氧化镁标准白板的反射率之比值称为白度，白色水泥的白度分为特级、一级、二级和三级。各等级白度不得低于表 4-11 规定的数值。

白水泥各龄期强度要求 表 4-10

强度等级	抗压强度（MPa）			抗折强度（MPa）		
	3d	7d	28d	3d	7d	28d
32.5	14.0	20.5	32.5	2.5	3.5	5.5
42.5	18.0	26.5	42.5	3.5	4.5	6.5
52.5	23.0	33.5	52.5	4.0	5.5	7.0
62.5	28.0	42.5	62.5	5.0	6.0	8.0

白水泥各等级白度值 表 4-11

等级	特级	一级	二级	三级
白度（%）	86	84	80	75

2. 彩色硅酸盐水泥

彩色硅酸盐水泥（简称彩色水泥），按生产方法可分为三类。一类是在白水泥的生料中加少量着色物质（金属氧化物），直接烧成彩色水泥熟料，然后再加适量石膏磨细而成。二类为白水泥熟料、适量石膏和碱性着色物质（颜料），共同磨细而成。三类是将干燥状态的着色物质直接掺入白水泥或硅酸盐水泥中。其中第二类白水泥所用颜料，要求不溶于水且分散性好，耐碱性强，抗大气稳定性好，掺入水泥中不显著降低其强度，且不含有可溶盐类。通常采用的颜料有：氧化铁（红、黄、褐、黑色），二氧化锰（黑、褐色），氧化铬（绿色），赭石（赭色），群青蓝（蓝色）等，但配制红、褐、黑等深色水泥时，可用普通硅酸盐水泥熟料。

3. 白色和彩色硅酸盐水泥的应用

白色和彩色硅酸盐水泥在装饰工程中，常用于配制各类彩色水泥浆、砂浆和混凝土，用以制造各种水磨石、水刷石、斩假石等饰面及雕塑和装饰部件等制品。

4.3.4 道路水泥

道路硅酸盐水泥（简称道路水泥）是由道路硅酸盐水泥熟料、0～10%活性混合材料和适量石膏，经磨细制成的水硬性胶凝材料。

道路硅酸盐水泥熟料含有较多的铁铝酸钙。该熟料中铝酸三钙的含量不得大于5.0%，铁铝酸四钙的含量不得小于16.0%。水泥中氧化镁含量不得超过5.0%，三氧化硫含量不得超过3.5%。水泥的初凝不得早于1h，终凝不得迟于10h。在80μm方孔筛上的筛余不得超过10%。道路水泥分为42.5、52.5和62.5三个强度等级，各龄期的强度值应符合表4-12的要求。

快硬硅酸盐水泥各龄期强度要求（GB 199—90） 表4-12

强度等级	抗压强度（MPa）			抗折强度（MPa）		
	1d	3d	28d	1d	3d	28d
32.5	15.0	32.5	52.5	3.5	5.0	7.2
37.5	17.0	37.5	57.5	4.0	6.0	7.6
42.5	19.0	42.5	62.5	4.5	6.4	8.0

道路水泥的安定性用沸煮法检验必须合格，28d的干缩率不得大于0.10%。耐磨性以磨损量表示，不得大于3.60kg/m²。

道路水泥早期强度较高，干缩值小，耐磨性好。适用于修筑道路路面和飞机场地面，也可用于一般土建工程。

4.3.5 快硬硅酸盐水泥

1.生产方法

快硬硅酸盐水泥（简称快硬水泥）是指以硅酸盐水泥熟料和适量石膏磨细制成的，以3d抗压强度表示强度等级的水硬性胶凝材料。

快硬水泥的生产方法与普通水泥基本相同，只是较严格地控制生产工艺条件。包括：原料含有害杂质较少；设计合理的矿物组成，使熟料中硬化最快的矿物成分即硅酸三钙和铝酸三钙含量较高，前者含量约为50%～60%，后者为8%～14%；水泥的比表面积较大，一般控制在330～450m²/kg。

2.主要技术性质

快硬水泥的初凝不得早于45min，终凝不得迟于10h。安定性（沸煮法检验）必须合格。水泥的强度等级以3d抗压强度表示，分为32.5、37.5和42.5三个等级。各龄期的强度均不得低于表4-11的规定。

3. 主要特性与应用

快硬水泥的主要特点是早期强度增长快而且强度较高；水化热高而集中；吸湿性强，吸湿后水泥活性降低比一般水泥快；早期干缩率较大；水泥石较密实，不透水性和抗冻性优于硅酸盐水泥。

快硬水泥可用来配制早强、高强度等级的混凝土，适用于紧急抢修工程、低温施工工程和高强度等级的混凝土预制件等。由于快硬水泥水化热比普通水泥大，因此不适宜用于大体积混凝土。

应用快硬水泥时应注意由于快硬水泥易受潮变质，贮运时须特别注意防潮，并应及时使用，不宜久存。从出厂日起，超过 1 个月，应重新检验，合格后方可使用。

4.4 水泥的合理选用与科学管理

4.4.1 水泥的选用原则及要求

由于每一种水泥都有各自的特点和适用条件，选择水泥时应本着因地制宜、扬长避短、经济合理的原则，根据各类建筑工程的工程性质特点、结构部位、施工要求、使用环境条件及各种水泥的特性，合理选择水泥品种。

4.4.2 常用水泥的应用范围

常用水泥是土建工程中用途最广、用量最大的水泥品种。为了便于比较、查阅和选用，现将其主要特性及应用范围列出供参考，见表 4-13。

常用水泥的特性及应用范围 表 4-13

名称		硅酸盐水泥 (P·I，P·II)	普通水泥 (P·O)	矿渣水泥 (P·S)	火山灰水泥 (P·P)	粉煤灰水泥 (P·F)	复合水泥 (P·C)
主要特性	1. 凝结硬化	快	较快	慢	慢	慢	特性与P·S、P·P、P·F相似，并取决于所掺混合材料的种类及掺量
	2. 早期强度	高	较高	低	低	低	
	3. 水化热	大	较大	较小	较小	较小	
	4. 抗冻性	好	较好	较差	较差	较差	
	5. 干缩性	小	较小	较大	较大	较小	
	6. 耐腐蚀性	差	较差	较好	较好	较好	
	7. 耐热性	差	较差	好	较好	较好	
	8. 抗渗性	较好	较好	差	较好	较好	

续上表

名　称			硅酸盐水泥 (P·I，P·II)	普通水泥 (P·O)	矿渣水泥 (P·S)	火山灰水泥 (P·P)	粉煤灰水泥 (P·F)	复合水泥 (P·C)
应用范围	普通混凝土	在一般气候环境中的混凝土		☆	△	△	△	△
		在干燥环境中的混凝土		☆	△	×	×	
		在高湿度环境中或长期处于水中的混凝土		△	☆	☆	☆	☆
		厚大体积的混凝土	×	△	☆	☆	☆	☆
	有特殊要求的混凝土	要求快硬、高强（>40）的混凝土	☆	△	×	×	×	×
		严寒地区的露天混凝土、寒冷地区处于水位升降范围内的混凝土		☆	△（强度等级>32.5）	☆	☆	
		严寒地区处于水位升降范围内的混凝土	☆（强度等级>42.5）		×	×	×	×
		有抗渗要求的混凝土	☆		×	☆		
		有耐磨性要求的混凝土	☆	☆	△（强度等级>32.5）			
		受侵蚀性介质作用的混凝土	×	×	☆	☆	☆	☆

注：☆—表示优先选用；△—表示可以选用；×—表示不宜选用。

4.4.3　水泥的验收

1.外观和数量的验收

水泥验收时应注意核对包装上所注明的工厂名称、生产许可证编号、水泥品种、代号、混合材料名称、出厂日期及包装标志等项。

常用水泥的包装标志见表4-14。

常用水泥包装标志　表 4-14

水泥名称	包装标志
硅酸盐水泥 普通水泥	1. 普通水泥（掺火山灰质混合材料的）在包装袋上标有“掺火山灰”字样 2. 包装袋两面印有水泥名称、强度等级等，印刷颜色为红色
矿渣水泥 火山灰水泥 粉煤灰水泥	1. 掺火山灰质混合材料的矿渣水泥，在包装袋上标有“掺火山灰”字样 2. 矿渣水泥在包装袋两面印有名称、强度等级，印刷颜色为“绿色”；火山灰水泥和粉煤灰水泥的印刷颜色为“黑色”

另外还可以通过水泥的颜色来鉴别水泥的品种，见表 4-15。

常用五种水泥的外观（颜色）鉴别　表 4-15

水泥品种	颜色	水泥品种	颜色	水泥品种	颜色
硅酸盐水泥 普通水泥 矿渣水泥	灰绿色	火山灰水泥	淡红或淡绿色	粉煤灰水泥	灰黑色

上述六种常用水泥的数量的验收，可根据国家标准（GB 175—99）和（GB 1344—99)规定进行。一般袋装水泥，每袋净重 50kg，且不得少于标志质量的 98%。随机抽取 20 袋，水泥总质量不得少于 1000kg。

2. 水泥的质量验收

（1） 水泥质量等级评定

常用的六种水泥产品质量水平，按《通用水泥质量等级》（JC/T 452—2002）的规定，分为三个质量等级，即优等品、一等品、合格品。各等级的技术指标应符合表 4-7 的规定。

（2） 废品及不合格品的评定

①废品

凡氧化镁、三氧化硫、初凝时间、安定性等指标中的任一项不符合标准规定者，均为废品。

②不合格品

a. 硅酸盐水泥、普通水泥，凡细度、终凝时间、不溶物和烧失量中的任一项不符合标准规定者；矿渣水泥、火山灰水泥、粉煤灰水泥，凡细度、终凝时间中的任一项不符合标准规定者，均为不合格品。

b. 混合材料掺加量超过最大限量和强度低于商品标号规定的指标时，均为不合格品。

c. 水泥包装标志中水泥品种、强度等级、工厂名称和出厂编号不全的也属于不合格品。

4.4.4 水泥的保管

进场的水泥应按不同生产厂、不同品种、强度等级、批号分别贮、运，严禁混杂；施工中不应将品种不同的水泥随意换用或混合使用；水泥在贮藏中必须注意防潮和防止空气的流动。散装水泥应有专用运输车，直接卸入现场特制的贮仓，分别存放。袋装水泥堆放高度一般不应超过10袋。若水泥保管不当，会使水泥因风化而影响水泥品质。

1.水泥的风化

水泥中的活性矿物与空气中的水分、二氧化碳发生水化反应，而使水泥变质的现象，称为风化（俗称受潮）。

水泥由生料高温煅烧至熟料磨细，已失去全部水分，处于极干燥状态，各矿物成分都具有强烈与水作用的能力，这种趋于水解和水化的能力称为水泥的活性。

具有活性的水泥，在包装、运输、存放过程中，易于受潮固化成粒状或块状。其反应过程如下：

水泥中游离石灰、硅酸三钙与空气中的水分发生如下反应，生成氢氧化钙：

$$CaO + H_2O = Ca(OH)_2$$

$$3CaO \cdot SiO_2 + nH_2O = 2CaO \cdot SiO_2 \cdot (n-1)H_2O + Ca(OH)_2$$

由于上述反应生成的氢氧化钙又与空气中二氧化碳发生如下反应，生成碳酸钙，分离出水：

$$Ca(OH)_2 + CO_2 + H_2O = CaCO_3 + 2H_2O$$

这样的连锁反应使水泥受潮加快。受潮后的水泥密度降低、凝结迟缓、强度也逐渐降低。水泥受潮变质的快慢及受潮的程度，与保管条件、保管期限、包装质量有关。若水泥处于潮湿及通风条件不好的环境中，会加速其受潮变质。即使保管条件较好，如保存时间过长，其活性也会降低。一般存放三个月以上的水泥，其强度约降低10%～20%；六个月约降低15%～30%；一年后约降低25%～40%。常用水泥的有效存放期规定为三个月（自出厂日期算起），超过有效期的水泥就应视为过期水泥。超过6个月的水泥必须经过试验才能使用。

2.水泥受潮程度的鉴别与处理

对于受潮水泥的鉴别、处理和使用可参照表4-16进行。

受潮水泥的鉴别、处理和使用　　表 4-16

受潮情况	处理方法	使　　用
有粉块，用手可捏成粉末	将粉块压碎	经试验后，根据实际强度使用
部分结成硬块	将硬块筛除、粉块压碎	经试验后，根据实际强度使用，对于受力小的部位，或强度要求不高的工程可用于配制砂浆
大部分结成硬块	将硬块粉碎磨细	不能作为水泥使用，可掺入新水泥中作为混合材料使用（掺量应＜25％）

3.使用小水泥应注意的问题

使用小水泥厂生产的小水泥（即立窑水泥）时，必须进行水泥的物理性能检验。这类水泥由于生产工艺上某些条件的限制，往往有些产品的细度、强度均达不到技术指标要求，还有一些水泥因熟料中游离氧化钙含量过多，严重地影响水泥的安定性。为了减少或消除水泥安定性不良现象，使水泥性能比较稳定，对新出厂的水泥不要立即使用，应存放 10 天左右，使水泥中的游离氧化钙吸收空气中水分，进行消解。若安定性仍不能满足要求时，则视为废品，绝不能使用，以避免造成质量事故。

本章小结

水泥作为三大建材之一，是水泥混凝土最主要和最重要的组成材料，是本课程的重点内容之一。水泥按其性能和用途分为常用水泥和特种水泥。本章内容侧重于常用水泥的介绍，对其中的硅酸盐水泥作了较深入的阐述，包括硅酸盐水泥的生产，熟料矿物组成，水泥水化硬化过程，水泥的主要技术性质，水泥石的结构以及水泥的质量要求等。通过学习可以了解：硅酸盐水泥熟料的矿物组成及其水化产物对水泥石结构和性能的影响；水泥石产生腐蚀的种类、原因及防止措施。

在学习了解硅酸盐水泥的基础上，本章介绍了混合材料知识及掺混合材料的硅酸盐水泥包括普通水泥、矿渣水泥、火山灰水泥、粉煤灰水泥和复合水泥等的性能、特点和用途，并对常用水泥的应用范围、选用原则和方法进行了较全面的阐述。

此外，还介绍了高铝水泥、膨胀水泥、白色和彩色水泥、道路水泥、快硬水泥等一些特种水泥的性能、特点和应用范围，便于今后学习和合理选用。

练习题

1. 简述硅酸盐水泥的熟料矿物组成及其水化产物。

2. 试述六大常用水泥的特性和应用范围。

3. 什么是水泥的体积安定性？产生安定性不良的原因是什么？

4. 为什么生产硅酸盐水泥时掺适量石膏对水泥不起破坏作用，而硬化水泥石遇到有硫酸盐溶液的环境，产生出石膏时就有破坏作用？

5. 影响硅酸盐水泥强度发展的主要因素有哪些？

6. 水泥石中的 $Ca(OH)_2$ 是如何产生的？它对水泥石的抗软水及海水的侵蚀性有利还是有害？为什么？

7. 什么是水泥的混合材料？在硅酸盐水泥中掺混合材料起什么作用？

8. 高铝水泥有哪些特性？应用时应注意哪些问题？

9. 试述快硬硅酸盐水泥、膨胀水泥、白色水泥的特性和用途。

10 选用水泥的原则和要求是什么？如何进行水泥的验收与保管？

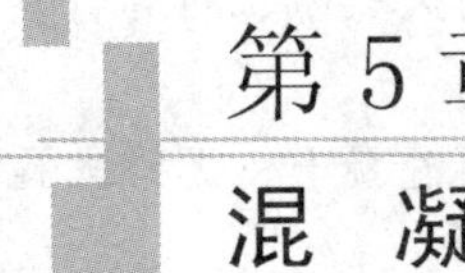

第5章 混 凝 土

本章概要

1. 叙述普通混凝土的组成材料及其技术要求，新拌混凝土和易性的概念、测定方法和影响因素；

2. 阐述硬化混凝土的力学性能（强度和变形），影响强度的因素和提高强度的措施，混凝土的耐久性及影响因素；

3. 介绍普通混凝土的配合比设计方法和质量控制；

4. 介绍混凝土常用外加剂的种类、组成、特性、作用机理及选用方法；

5. 简要介绍轻混凝土、纤维混凝土、聚合物混凝土、高强混凝土、抗渗混凝土、防辐射混凝土等六种其他种类混凝土的性能、特点及应用。

5.1 混凝土概述

5.1.1 混凝土分类

混凝土是由胶结材料、粗细骨料及其他材料，按适当比例配制经硬化而成的具有所需形体、强度和其他性能的复合材料，也叫人造石材。混凝土的种类很多，可以从不同的角度分类。本章主要讲述普通水泥混凝土。

1. 按所用胶结材料分类

可分为：水泥混凝土、沥青混凝土、硅酸盐混凝土、聚合物胶结混凝土、聚合物浸渍混凝土、聚合物水泥混凝土、水玻璃混凝土、石膏混凝土、硫磺混凝土等多种。其中使用最多的是以水泥为胶结材料的水泥混凝土，它是当今世界上使用最广泛、使用量最大的结构材料。

2. 按表观密度大小分类

可分为三大类：

重混凝土。其干表观密度大于 $2600kg/m^3$，是采用高密度骨料（如重晶石、铁矿石、钢屑等）或同时采用重水泥（如钡水泥、锶水泥等）制成，主要用于辐射屏蔽方面；

普通混凝土。其干表观密度为2000～2500kg/m³，是由天然砂、石为骨料和水泥配制而成，是目前建筑工程中常用的承重结构材料；

轻混凝土。其干表观密度小于1950kg/m³，是指轻骨料混凝土、无砂大孔混凝土和多孔混凝土，主要用于保温和轻质结构。

3. 按生产和施工工艺分类

可分为：泵送混凝土、喷射混凝土、真空脱水混凝土、造壳混凝土（裹砂混凝土）、碾压混凝土、压力灌浆混凝土（预填骨料混凝土）、预拌混凝土（商品混凝土）、热拌混凝土、太阳能养护混凝土等多种。

4. 按用途分类

可分为：结构混凝土、防水混凝土、防射线混凝土、耐酸混凝土、装饰混凝土、耐火混凝土、大体积混凝土、补偿收缩混凝土、水下浇筑混凝土等多种。

5. 按掺合料类型分类

可分为：粉煤灰混凝土、硅灰混凝土、磨细高炉矿渣混凝土、纤维混凝土等多种。

6. 按抗压强度大小分类

可分为：低强混凝土（抗压强度小于30MPa）、中强混凝土（抗压强度30～60MPa）、高强混凝土（抗压强度大于等于60MPa）和超高强混凝土（抗压强度大于100MPa）。

7. 按每立方米水泥用量分类

可分为：贫混凝土（水泥用量不超过170kg）和富混凝土（水泥用量不小于230kg）等。

5.1.2 混凝土的特点与发展

1. 特点

混凝土是目前用量最大的人造建筑材料，其技术与经济意义是其他建筑材料所无法比拟的，这是因为混凝土具有许多优点：

(1) 原材料来源广泛，价格较金属、木材和塑料便宜，能源耗用少；

(2) 可调整性强。即可根据使用性能的要求，通过改变混凝土组成成分及其数量比例，配制出具有不同物理力学性能的产品；

(3) 易于加工成型。新拌混凝土有良好的可塑性和浇筑性，可浇筑成符合设计要求的形状和大小的制品或构件；

（4）表面可做成各种花饰，具有一定的装饰效果；

（5）匹配性好。各组成材料之间有良好的匹配性。如混凝土与钢筋结合，可组成共同的具有互补性受力整体的钢筋混凝土。这是因为混凝土热膨胀系数与钢筋相近，且与钢筋有牢固的黏结力；

（6）可浇筑成整体建筑物以提高抗震性，也可预制成各种构件再行装配；

（7）经久耐用，维修费用低。

混凝土的主要缺点是自重大，比强度小，抗拉强度低，变形能力差，易开裂和脆性大。

2. 发展

随着工程质量要求不断提高和施工技术水平不断发展，混凝土的生产技术正逐步摆脱配制规模零星分散、劳动强度大、技术含量低的落后状态，开始采用集中化、工厂化生产和管理，使混凝土发展成为技术含量和工业化程度都比较高的新型产业。各地区纷纷建立了大、中型预拌混凝土厂（站），可以为用户按工程要求直接供应各种规格的商品混凝土。其发展前景良好，对混凝土生产技术及工程质量的提高具有重要的意义。

混凝土的技术性能也在不断地发展，高性能混凝土（HPC）是今后混凝土的主要发展方向之一。高性能混凝土除了要求具有高强度等级（$f_{cu} \geqslant 60$MPa）外，还必须具备良好的工作性、体积稳定性和耐久性。在所处的环境中对混凝土有经久耐用要求的特殊工程，其耐久性成为重要性能指标，即使其结构要求强度等级小于C60，但仍须采用高性能混凝土。目前，我国发展高性能混凝土的主要途径有两方面：

（1）采用高性能的原料以及与之相适应的工艺。

（2）采用多元复合途径提高混凝土的综合性能。可在基本组成材料之外加入其他材料，如高效减水剂、缓凝剂、引气剂、硅灰、优质粉煤灰、稻壳灰、沸石粉等一种或多种复合的外加组分，以调整和改善混凝土的浇注性能及内部结构，综合提高混凝土的性能和质量。

从节约资源、能源，减少工业废料排放和保护自然环境的角度考虑，则要求混凝土及其原材料的开发、生产，建筑施工作业等均应既能满足当代人的建设需要，又要不危及后代人的延续生存环境，因此绿色高性能混凝土（GHPC）也将成为今后的发展方向。此外，发达国家正在研究开发新技术混凝土，如灭菌、环境调节、变色、智能混凝土等。这些新的发展动态，可以说明混凝土的潜力很大，混凝土技术与应用领域还有待开拓。

5.2 普通混凝土的组成材料及其技术要求

普通混凝土的基本组成材料是水泥、砂、石骨料和水，另外还常掺入适量的掺合料和外加剂。混凝土是一个宏观匀质、微观非匀质的堆聚结构，混凝土的质量和技术性能，很大程度上取决于原材料的技术性质是否符合要求。因此，为了合理选用材料和保证混凝土质量，必须掌握原材料的技术质量要求。首先必须了解混凝土原材料的性质、作用及质量要求，合理选择原材料，以保证混凝土的质量。

5.2.1 水泥

水泥在混凝土中起胶结作用，是最重要的组成材料，是影响混凝土强度、耐久性、经济性及其他性能的重要因素。正确、合理地选择水泥的品种和强度等级，是保证混凝土性能和质量符合设计要求的前提。

1. 水泥品种的选择

配制混凝土时，应根据工程性质与特点、部位、工程所处环境状况及施工条件，依据各种水泥的特性，合理选用水泥品种。六大常用水泥品种的选用原则，见本书 4.4 节。

2. 水泥强度等级的选择

水泥强度等级的选择，应当与混凝土的设计强度等级相适应。这是因为：若用低强度等级水泥配制高强度等级混凝土，为满足强度要求必然使水泥用量过多，这不仅不经济，而且会使混凝土收缩和水化热增大；若用高强度等级水泥配制低强度等级的混凝土，从强度考虑，少量水泥就能满足要求，但为满足混凝土拌合物的和易性和混凝土的耐久性，就需额外增加水泥用量，造成水泥浪费。因此，根据经验普通混凝土一般以选择的水泥强度等级标准值为混凝土强度等级标准值的 1.5～2.0 倍为宜，对于高强度混凝土可取 0.9～1.5 倍。

5.2.2 骨料

1. 骨料的分类

普通混凝土所用骨料按其粒径大小分为细骨料和粗骨料。粒径在 0.150～4.75mm 之间的岩石颗粒，称为细骨料；粒径大于 4.75mm 的称为粗骨料。

普通混凝土中所用细骨料，按来源分为天然砂和人工砂。

天然砂是由自然风化、水流搬运和分选、堆积形成的粒径小于 4.75mm 的岩石颗粒，但不包括软质岩、风化岩石的颗粒。按其产源不同可分为河砂、湖砂、山砂和淡化海砂。河砂和海砂由于长期受水流的冲刷作用，颗粒表面比较圆滑、洁净，且产源较广，但海砂中常含有贝壳碎片及可溶盐等有害杂质。山砂颗粒多具棱角，表面粗糙，砂中含泥量及有机质等有害杂质较多。建筑工程中一般多采用河砂作细骨料。

人工砂为经过除土处理的机制砂和混合砂的统称。机制砂：是由机械破碎、筛分制成的，粒径小于 4.75mm 的岩石颗粒，但不包括软质岩、风化岩石的颗粒。机制砂单纯由矿石、卵石或尾矿加工而成。其颗粒尖锐，有棱角，较洁净，但片状颗粒及细粉含量较多，成本较高。混合砂：是由机制砂和天然砂混合制成的。它执行人工砂的技术要求和试验方法。把机制砂和天然砂相混合，可充分利用地方资源，降低机制砂的生产成本。一般在当地缺乏天然砂源时，采用人工砂。

砂按细度模数（M）大小分为粗、中、细三种规格；按技术要求分为 I 类、II 类、III 类三种类别。I 类宜用于强度等级大于 C60 的混凝土；II 类宜用于强度等级 C30～C60 及抗冻、抗渗或其他要求的混凝土；III 类宜用于强度等级小于 C30 的混凝土和建筑砂浆。

普通混凝土通常所用的粗骨料有碎石和卵石两类。卵石是由天然岩石经自然风化、水流搬运和分选、堆积形成的粒径大于 4.75mm 的颗粒。按其产源可分为河卵石、海卵石、山卵石等几种，其中河卵石应用较多。碎石大多由天然岩石经破碎、筛分制成，也可将大卵石轧碎筛分制得。卵石、碎石的规格按其粒径尺寸分为单粒粒级和连续粒级。亦可根据需要，采用不同单级粒级卵石、碎石混合成特殊粒级的卵石、碎石。卵石、碎石按技术要求分为 I 类、II 类、III 类三种类别。I 类宜用于强度等级大于 C60 的混凝土；I 类宜用于强度等级为 C30～C60 及抗冻、抗渗或其他要求的混凝土；III 类宜用于强度等级小于 C30 的混凝土。

2. 对骨料的技术质量要求

粗、细骨料的总体积一般占混凝土体积的 60%～80%，所以骨料质量的优劣，将直接影响到混凝土各项性质的好坏。为此，为保证混凝土的质量，我国在《建筑用砂》（GB/T 14684—2001）和《建筑用卵石、碎石》（GB/T 14685—2001）这两个行业标准中，对砂、石提出了明确的技术质量要求，主要是：有害杂质含量少；具有良好的颗粒形状，适宜的颗粒级配和细度；表面粗糙，与水泥黏结牢固；性能稳定，坚固耐久等。下面就具体的技术质量要求作一概括性介绍。

（1）泥和泥块含量

含泥量是指骨料中粒径小于 0.08mm 颗粒的含量。泥块含量在细骨料中是指粒径大于 1.25mm，经水洗、手捏后变成小于 0.630mm 的颗粒的含量；在粗骨料中则指粒径大于 5mm，经水洗、手捏后变成小于 2.5mm 的颗粒的含量。

骨料中的泥颗粒极细，会黏附在骨料表面，影响水泥石与骨料之间的胶结能力。而泥块会在混凝土中形成薄弱部分，对混凝土的质量影响更大。因此，对骨料中泥和泥块含量必须严加限制，含量不得超过表 5-1 中的规定值。

砂、石中的泥和泥块含量限值 表 5-1

项目		指标要求		
		I类	II类	III类
含泥量（按质量计）（%）	砂	<1.0	<3.0	<5.0
	石	<0.5	<1.0	<1.5
含泥块量（按质量计）（%）	砂	0	<1.0	<2.0
	石	0	<0.5	<0.7

注：表中石子包括卵石和碎石。

(2) 有害物质含量

普通混凝土用粗、细骨料中不应混有草根、树叶、树枝、塑料、炉渣、煤块等杂物，并且骨料中所含硫化物、硫酸盐和有机物等的含量要符合表 5-2 的规定。对于砂，除了上面两项外，还有云母、轻物质（指表观密度小于 2000kg/m^3 的物质）含量也须符合表 5-2 的规定。如果是海砂，还应考虑氯盐含量。

骨料中有害物质含量限值 表 5-2

项目		质量要求		
		I类	II类	III类
硫化物及硫酸盐含量（按 SO_3 质量计）（%），<	砂	0.5	0.5	0.5
	石	0.5	1.0	1.0
有机物含量（比色法）	砂	合格	合格	合格
	石	合格	合格	合格
云母含量（按质量计）（%），<	砂	1.0	2.0	2.0
轻物质含量（按质量计）（%），<	砂	1.0	1.0	1.0
氯化物含量（按质量计）（%），<	砂	0.01	0.02	0.06

云母为表面光滑的层、片状物质，它与水泥的黏结性差，影响混凝土的强度和耐久性；硫化物及硫酸盐对水泥有侵蚀作用；有机物影响水泥的水化硬化；氯化钠等氯化物对钢筋有锈蚀作用。

(3) 坚固性

骨料的坚固性是指骨料在自然风化和其他外界物理、化学因素作用下，抵抗破裂的能力。骨料由于干湿循环或冻融交替等作用引起体积变化会导致混凝土破坏。具有某种特征孔结构的岩石会表现出不良的体积稳定性。曾经发现，由某些页岩、砂岩等配制的混凝土，较易遭受冰冻以及骨料内盐类结晶所导致的破坏。骨料越密实、强度越高、吸水率越小时，其坚固性越好；而结构疏松，矿物成分越复杂、构造不均匀，其坚固性越差。按标准规定，用硫酸钠溶液检验，试样经 5 次循环后，其质量损失应符合表 5-3 的规定。

骨料坚固性指标 表 5-3

项目		指标要求		
		I类	II类	III类
质量损失（%），<	砂	8	8	10
	石	5	8	12

（4）碱活性

骨料中若含有碱活性矿物（如活性氧化硅），会与水泥、外加剂及环境中的碱性物质（如氢氧化钠和氢氧化钾）在潮湿环境下发生化学反应，结果在骨料表面生成了复杂的碱—硅酸凝胶，生成的凝胶是无限膨胀性的（指不断吸水后体积可以不断膨胀），由于凝胶为水泥石所包围，故当凝胶吸水不断膨胀时，会把水泥石胀裂。这种水泥中的碱性氧化物与骨料中的活性氧化硅之间的化学作用通常称为碱骨料反应。因此，当用于重要工程或对骨料质量有怀疑时，须按标准规定，对骨料进行碱活性检验。经碱骨料反应试验后，由骨料制备的试件应无裂缝、酥裂、胶体外溢等现象，并在规定的试验龄期膨胀率应小于 0.10%，否则该骨料不宜直接使用。

应当注意，若经检验判定骨料有潜在危害时，则应遵守以下规定：①使用含碱量小于 0.6%的水泥或采用能抑制碱骨料反应的掺和料；②当使用含钾、钠离子的混凝土外加剂时，必须进行专门试验。目前最常用的检验方法是砂浆长度法，这种方法是用含活性氧化硅的骨料与高碱水泥制成 1∶2.25 的胶砂试块，在恒温、恒湿条件下养护，定期测定试块的膨胀值，直到 12 个月龄期。如果在 6 个月中，试块的膨胀率超过 0.05%或 1 年中超过 0.10%，这种骨料就认为是具有活性的。

（5）级配和粗细程度

骨料的级配，是指骨料中不同粒径颗粒的分布情况。良好的级配应当能使骨料的空隙率和总表面积均较小，从而不仅使所需水泥浆量较少，而且还可以提高混凝土的密实度、强度及其他性能。若骨料的粒径分布全在同一尺寸范围内，则会产生很大的空隙率，如图 5-1a）所示；若骨料的粒径分布在两种尺寸范围内，空

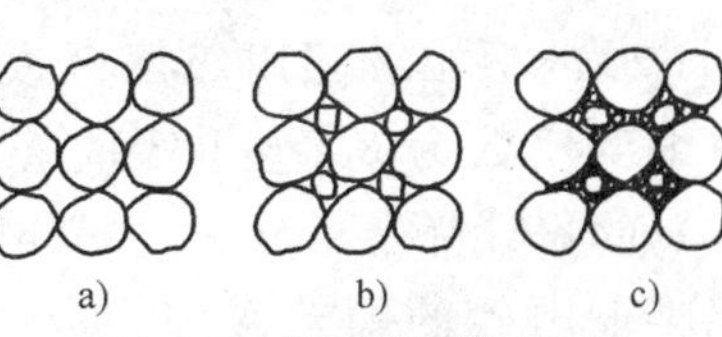

图 5-1 骨料的颗粒级配

隙率就减小，如图 5-1b）所示；若骨料的粒径分布在更多的尺寸范围内，则空隙率就更小了，见图 5-1c)。由此可见，只有适宜的骨料粒径分布，才能达到良好级配的要求。

骨料的粗细程度，是指不同粒径的颗粒混在一起的平均粗细程度。相同质量的骨料，粒径小，总表面积大；粒径大，总表面积小，因而大粒径的骨料所需包裹其表面的水泥浆量就少。即相同的水泥浆量，包裹在大粒径骨料表面的水泥浆层就厚，便能减小骨料间的摩擦。

砂、石的级配和粗细程度技术性质如下：

①砂的颗粒级配和粗细程度

砂的颗粒级配和粗细程度是用筛分析方法测定的。砂的筛分析方法，是用一套方孔孔径（净尺寸）为 9.50mm、4.75mm、2.36mm、1.18mm、600μm、300μm、150μm 的 7 个标准筛，将 500g 干砂试样由粗到细依次过筛，然后称量余留在各筛上的砂量，并计算出各筛上的分计筛余百分率（各筛上的筛余量占砂样总质量的百分率）a_1、a_2、a_3、a_4、a_5、a_6 及累计筛余百分率（各筛与比该筛粗的所有筛之分计筛余百分率之和）A_1、A_2、A_3、A_4、A_5、A_6。累计筛余百分率与分计筛余百分率的关系见表 5-4。任意一组累计筛余（$A_1 \sim A_6$）则表征了一个级配。

累计筛余百分率与分计筛余百分率的关系 表 5-4

筛孔尺寸（mm）	分计筛余（%）	累计筛余（%）
4.75	a_1	$A_1=a_1$
2.36	a_2	$A_2=a_1+a_2$
1.18	a_3	$A_3=a_1+a_2+a_3$
0.600	a_4	$A_4=a_1+a_2+a_3+a_4$
0.300	a_5	$A_5=a_1+a_2+a_3+a_4+a_5$
0.150	a_6	$A_6=a_1+a_2+a_3+a_4+a_5+a_6$

砂的颗粒级配用级配区表示，以级配区或筛分曲线判定砂级配的合格性。对细度模数为 3.7～1.6 的普通混凝土用砂，根据 0.600mm 孔径筛（控制粒级）的累计筛余百分率，划分成为 1 区、2 区、3 区三个级配区，见表 5-5。普通混凝土用砂的颗粒级配，应处于表 5-5 中的任何一个级配区中，才符合级配要求。

砂的颗粒级配区　　表 5-5

方筛孔径（mm）	累计筛余（%）		
	级配区		
	1区	2区	3区
9.50	0	0	0
4.75	10～0	10～0	10～0
2.36	35～5	25～0	15～0
1.18	65～35	50～10	25～0
0.600	85～71	70～41	40～16
0.300	95～80	92～70	85～55
0.150	100～90	100～90	100～90

注：①砂的实际级配与表中所列数字相比，除 4.75mm 和 0.600mm 筛档外，可以略有超出，但超出总量应小于 5%。

②1 区人工砂中 0.150mm 筛孔的累计筛余可以放宽到 100%～85%，2 区人工砂中 0.150mm 筛孔的累计筛余可以放宽到 100%～80%，3 区人工砂中 0.150mm 筛孔的累计筛余可以放宽到 100%～75%。

以累计筛余百分率为纵坐标，以筛孔尺寸为横坐标，根据表 5-5 的数值可以画出砂的 1、2、3 三个级配区上下限的筛分曲线（见图 5-2）。通过观察所计算的砂的筛分曲线是否完全落在三个级配区的任一区内，即可判定该砂级配的合格性。同时，也可根据筛分曲线偏向情况，大致判断砂的粗细程度。当筛分曲线偏向右下方时，表示砂较粗；筛分曲线偏向左上方时，表示砂较细。

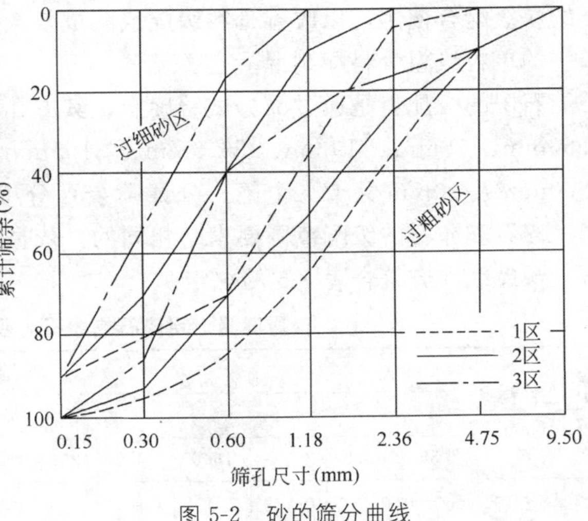

图 5-2　砂的筛分曲线

配制混凝土时，宜优先选用 2 区砂。当采用 1 区砂时，应适当提高砂率，并保证足够的水泥用量，以满足混凝土的和易性；当采用 3 区砂时，宜适当降低砂率，以保证混凝土强度。

砂的粗细程度用细度模数表示，细度模数（M_x）的计算公式为：

$$M_x=\frac{(A_2+A_3+A_4+A_5+A_6)-5A_1}{100-A_1} \tag{5-1}$$

细度模数越大，表示砂越粗，普通混凝土用砂的细度模数范围一般为 3.7～1.6，其中 M_x 在 3.7～3.1 为粗砂，M_x 在 3.0～2.3 为中砂，M_x 在 2.2～1.6 为细砂。

应当注意，砂的细度模数并不能反映其级配的优劣，细度模数相同的砂，级配可以很不相同。所以，配制混凝土时应同时考虑砂的颗粒级配和细度模数。

在实际工程中，若砂的级配不合适，可采用人工掺配的方法来改善。即将粗、细砂按适当的比例进行掺合使用；或将砂过筛，筛除过粗或过细颗粒。

②石子的颗粒级配和最大粒径

石子的级配分为连续级配和间断级配两种。连续级配（也叫连续粒级），是按颗粒尺寸由小到大连续分级，每级骨料都占有一定比例。连续级配颗粒级差小，颗粒上、下限粒径之比接近 2，配制的混凝土拌合物和易性好，不易发生离析。建筑工程中多利用连续级配的石子，如天然卵石。间断级配（也叫单粒级），是人为剔除某些中间粒级颗粒，大颗粒的空隙直接由比它小得多的颗粒去填充，颗粒级差大，颗粒上、下限粒径之比接近 6，空隙率的降低比连续级配快得多，可最大限度地发挥骨料的骨架作用，减小水泥用量。但混凝土拌合物易产生离析现象，增加施工困难，工程应用较少。单粒级宜用于组合成具有所要求级配的连续粒级，也可与连续粒级配合使用，以改善骨料级配或配成较大粒度的连续粒级。工程中不宜采用单一的单粒级粗骨料配制混凝土。

石子的级配也是通过筛分试验确定，其方孔标准筛为孔径 2.36mm、4.75mm、9.50mm、16mm、19mm、26.5mm、31.5mm、37.5mm、53.0mm、63.0mm、75.0mm 及 90mm 共十二个筛。分计筛余百分率及累计筛余百分率的计算与砂相同。碎石和卵石的级配范围要求是相同的，依据国家标准，普通混凝土用碎石及卵石的颗粒级配应符合表 5-6 的规定。

普通混凝土用碎石或卵石的颗粒级配范围 表 5-6

级配情况	公称粒级(mm)	累计筛余(%)											
		方筛孔径(mm)											
		2.36	4.75	9.50	16.0	19.0	26.5	31.5	37.5	53.0	63.0	75.0	90
连续粒级	5～10	95～100	80～100	0～15	0	—	—	—	—	—	—	—	—
	5～16	95～100	85～100	30～60	0～10	0	—	—	—	—	—	—	—
	5～20	95～100	90～100	40～80	—	0～10	0	—	—	—	—	—	—
	5～25	95～100	90～100	—	30～70	—	0～5	0	—	—	—	—	—
	5～31.5	95～100	90～100	70～90	—	15～45	—	0～5	0	—	—	—	—
	5～40	—	95～100	70～90	—	30～65	—	—	0～5	0	—	—	—

续上表

级配情况	公称粒级(mm)	累计筛余(%)											
		方筛孔径(mm)											
		2.36	4.75	9.50	16.0	19.0	26.5	31.5	37.5	53.0	63.0	75.0	90
单粒级	10～20	—	95～100	85～100	—	0～15	0	—	—	—	—	—	—
	16～31.5	—	95～100	—	85～100	—	—	0～10	0	—	—	—	—
	20～40	—	—	95～100	—	80～100	—	—	0～10	0	—	—	—
	31.5～63	—	—	—	95～100	—	—	75～100	45～75	—	0～10	0	—
	40～80	—	—	—	—	95～100	—	—	70～100	—	30～60	0～10	0

粗骨料中公称粒级的上限称为该骨料的最大粒径。当骨料粒径增大时，其总表面积减小，包裹它表面所需的水泥浆或砂浆数量也相应减少，而且在一定和易性和水泥用量条件下，还能减少用水量，进而提高强度。所以在条件许可的情况下，粗骨料最大粒径应尽量用得大些。试验研究表明，最佳的最大粒径取决于混凝土的水泥用量。在水泥用量少的混凝土中（水泥用量≯170kg/m^3），采用大骨料是有利的。但对于水泥用量较多的混凝土，如高强混凝土，增大骨料粒径并没有什么好处，相反应限制和减少骨料最大粒径。这是因为当粗骨料的最在粒径超过40mm后，由于因减少用水量而获得的强度提高，会被较小的黏结面积及大粒径骨料造成不均匀性的不利影响所抵消，甚至可能造成混凝土强度下降。

骨料最大粒径还受结构形式和配筋疏密限制。根据《混凝土结构工程施工及验收规范》（GBJ 50204—2002）的规定，混凝土用粗骨料的最大粒径不得大于结构截面最小尺寸的1/4，同时不得大于钢筋最小净距的3/4；对于混凝土实心板，可允许采用最大粒径达1/2板厚的骨料，但最大粒径不得超过50mm；对泵送混凝土，碎石最大粒径与输送管内径之比，宜小于或等于1∶3，卵石宜小于或等于1∶2.5。石子粒径过大，对运输和搅拌都不方便。

(6) 骨料的形状和表面特征

骨料的颗粒形状近似球状或立方体形，且表面光滑时，表面积较小，对混凝土流动性有利，然而表面光滑的骨料与水泥石黏结较差。砂的颗粒较小，一般较少考虑其形貌，可是石子就必须考虑其针、片状的含量。石子中的针状颗粒是指长度大于该颗粒所属粒级平均粒径（该粒级上、下限粒径的平均值）的2.4倍者；而片状颗粒是指其厚度小于平均粒径0.4倍者。

针、片状颗粒含量的测定是分别采用标准规定的针状规准仪及片状规准仪来逐粒测定的，凡颗粒长度大于针状规准仪上相应间距者为针状颗粒；颗粒厚度小于片状规准仪上相应孔宽者，为片状颗粒。针、片状颗粒不仅受力时易折断，而且会增加骨料间的空隙。所以标准GB/T 14685—2001中对卵石和碎石的针、片状颗粒含量作出了规定，见表5-7。

碎石和卵石的针片状颗粒含量的限值　表 5-7

项　目	指　标		
	I类	II类	III类
针、片状颗粒含量（按质量计）（%），<	5	15	25

骨料表面的粗糙程度及孔隙特征等影响骨料与水泥石之间的黏结性能，进而影响混凝土的强度。碎石表面粗糙而且具有吸收水泥浆的孔隙特征，所以它与水泥石的黏结能力强；卵石表面光滑且少棱角，与水泥石的黏结能力较差，但混凝土拌合物的和易性较好。在相同条件下，碎石混凝土比卵石混凝土强度约高10%左右。

(7) 强度

骨料的强度是指粗骨料的强度，为了保证混凝土的强度，粗骨料必须具有足够的强度。碎石的强度可用岩石立方体抗压强度和压碎指标值表示，卵石的强度只用压碎指标值表示。

碎石的抗压强度测定，是将其母岩制成边长为50mm的立方体（或直径与高均为50mm的圆柱体）试件，在水饱和状态下测定其极限抗压强度值。碎石抗压强度一般在混凝土强度等级大于或等于C60时才检验，其他情况如有怀疑或必要时也可进行抗压强度检验。通常，要求岩石抗压强度与混凝土强度等级之比不应小于1.5，火成岩强度不宜低于80MPa，变质岩强度不宜低于60MPa，水成岩强度不宜低于30MPa。

碎石和卵石的压碎指标值测定，是将一定质量气干状态的9～9.5mm石子装入标准筒模内，放在压力机上，按规定的加荷速率，均匀加荷至200kN，卸荷后称取试样质量 m_0，然后用孔径为2.36mm的筛筛除被压碎的细粒，称出剩余在筛上的试样质量 m_1，再按下式计算压碎指标值 δ_a：

$$\delta_a=\frac{m_0-m_1}{m_0}\times 100\% \tag{5-2}$$

压碎指标值越小，说明粗骨料抵抗受压破碎能力越强。根据标准，石子的压碎指标值应小于表5-8的规定。

石子的压碎指标值　表 5-8

项　目	指标要求		
	I类	II类	III类
碎石压碎指标（%），<	10	20	30
卵石压碎指标（%），<	12	16	16

5.2.3　混凝土用水

对混凝土用水的基本质量要求是：不影响混凝土的凝结和硬化；无损于混凝土

强度发展及耐久性；不加快钢筋锈蚀；不引起预应力钢筋脆断；不污染混凝土表面。

混凝土用水，只要其质量符合《混凝土拌和用水标准》(JGJ 63—2006) 要求的水均可使用。凡能饮用的水和清洁的天然水，都可用于混凝土拌制和养护。海水不得用于拌制钢筋混凝土、预应力混凝土及有饰面要求的混凝土。工业废水须经适当处理并经检验合格后方可用于拌制混凝土。生活污水的水质比较复杂，不能用于拌制混凝土。对水质有怀疑时，应取水样送检，检验合格者才可使用。混凝土用水的水中物质含量限值，参见表 5-9。

混凝土用水的水中物质含量限值 表 5-9

项　　目	预应力混凝土	钢筋混凝土	素混凝土
pH 值，＞	4	4	4
不溶物 (mg/L)，＜	2000	2000	5000
可溶物 (mg/L)，＜	2000	5000	10000
氯化物 (以 Cl^- 计) (mg/L)，＜	500	1200	3500
硫酸盐 (以 SO_4^{2-} 计) (mg/L)，＜	600	2700	2700
硫化物 (以 S^{2-} 计) (mg/L)，＜	100	—	—

注：使用钢丝或经热处理钢筋的预应力混凝土，氯化物的含量不得超过 350mg/L。

5.2.4 外加剂

混凝土外加剂是指在拌制混凝土过程中掺入的能使混凝土按需要改变性能的物质，其掺量一般不大于水泥质量的 5% (特殊情况除外)。

外加剂的使用是混凝土技术的重大突破。混凝土中合理掺用一定量的外加剂，可达到提高强度，改善施工操作条件，降低水化热，调节凝结时间，节约水泥等目的。随着科学技术和混凝土工程技术的不断发展，对混凝土性能提出了新的更高的要求，如泵送混凝土要求高的流动性；冬季施工要求高的早期强度；高层建筑、海洋结构要求高强、高耐久性等。采用传统的工艺方法已经很难满足工程需要，由于外加剂能改善混凝土的技术性能，它在工程中应用的比例越来越大。因此，混凝土外加剂已成为继水泥、砂、石和水之后混凝土第五种必不可少的组分。有关混凝土外加剂的种类、特性和应用的内容详见本章 5.7 节。

5.2.5 掺合料

1. 混凝土掺合料的作用

在配制混凝土拌合物过程中，直接加入的质量大于水泥质量 5%的具有一定活性的天然或人造的矿物细粉材料，称为混凝土掺合料。活性矿物掺合料绝大多数来自工业固体废渣，主要成分为 SiO_2 和 Al_2O_3，在碱性或兼有硫酸盐成分存在的液相条件下，可发生水化反应，生成具有固化特性的胶凝物质。所以，掺合料也被称为混凝土的“第二胶凝材料”或辅助胶凝材料。

由于水泥水化反应可以持续很长时间，在混凝土中，尤其是高强高性能混凝土中有相当一部分水泥仅起填充料作用。混凝土中使用过量的水泥，不仅无助于提高混凝土强度，而且给工程带来巨大浪费。若在配制混凝土时加入适量的掺合料，既可促进水泥水化产物的进一步转化，又可收到节约水泥、改善混凝土性能、调节混凝土强度等级的效果。另外，掺合料的应用，对改善环境，减少二次污染，推动可持续发展的绿色混凝土，具有十分重要的意义。

目前，掺合料已成为混凝土第六组分而得到广泛应用，如在调配混凝土性能，配制大体混凝土、高强混凝土和高性能混凝土等方面，掺合料已成为不可缺少的组成材料。

2. 掺合料的分类

工程中常用的掺合料可分为活性矿物掺和料和非活性矿物掺合料两大类。

（1）活性矿物掺合料

活性矿物掺合料本身不硬化或硬化速度很慢，但能与水泥水化生成的 $Ca(OH)_2$ 在常温下发生化学反应，生成具有胶凝性的组分。如粒化高炉矿渣粉、粉煤灰、硅灰等材料。

（2）非活性矿物掺合料

一般与水泥组分不起化学反应，或化学作用很小的掺合料称为非活性矿物掺合料。如磨细石英砂、石灰石，或活性指标达不到要求的矿渣等材料。

3. 常用掺合料的特性及其应用

目前，混凝土中使用的掺合料品种很多，常用的有粉煤灰、矿渣微粉和硅粉。

（1）粉煤灰

粉煤灰是煤燃烧时从煤粉炉排出的烟气中收集的一种黏土类火山灰质微细粉末材料，由大部分直径以 μm 计的实心微珠和空心微珠以及少量的多孔玻璃体、玻璃体碎块、结晶体和未燃尽碳粒等矿物质组成。

①粉煤灰分类

根据现行规范，粉煤灰按煤种分为 F 类粉煤灰和 C 类粉煤灰两种。前者是由无烟煤或烟煤煅烧收集的粉煤灰，后者是由褐煤或次烟煤煅烧收集的粉煤灰，其氧化钙含量一般大于 10%。

②粉煤灰的品质要求

混凝土对粉煤灰的品质要求，除限制其有害组分含量和一定细度外，主要着重其强度活性。在国家标准《用于水泥和混凝土中的粉煤灰》(GB 1596—2005)中，将粉煤灰成品按细度、烧失量和需水量比(掺30%粉煤灰的水泥浆标准稠度用水量和纯水泥浆标准稠度用水量之比)分为三个等级，见表5-10。

粉煤灰等级与质量指标 表5-10

项目		技术要求		
		I级	II级	III级
细度(45μm方孔筛筛余)不大于/%	F类粉煤灰	12	25	45
	C类粉煤灰			
需水量比，不大于/%	F类粉煤灰	95	105	115
	C类粉煤灰			
烧失量，不大于/%	F类粉煤灰	5	8	15
	C类粉煤灰			
含水量，不大于/%	F类粉煤灰	1.0		
	C类粉煤灰			
三氧化硫，不大于%	F类粉煤灰	3.0		
	C类粉煤灰			
游离氧化钙，不大于/%	F类粉煤灰	1.0		
	C类粉煤灰	4.0		
安定性(雷氏夹沸煮后增加距离)，不大于/mm	C类粉煤灰	4.0		

I级灰可用于普通钢筋混凝土工程和跨度小于6m的预应力混凝土构件；II级灰主要用于普通钢筋混凝土及素混凝土；III级灰主要用于中低强度等级的素混凝土或以代砂方式掺用的混凝土工程。

③粉煤灰使用方法与效果

由于粉煤灰独特的火山灰效应、形态效应和微集料效应，混凝土中掺入粉煤灰可以达到节约水泥和改善混凝土性能的双重效果。掺入一定量粉煤灰的混凝土称为粉煤灰混凝土，可用于配制泵送混凝土、大体积混凝土、抗渗混凝土、抗硫酸盐侵蚀和抗软水侵蚀混凝土、蒸养混凝土、轻骨料混凝土、水下混凝土、碾压混凝土等。

粉煤灰能够吸收$Ca(OH)_2$生成硅酸钙凝胶，明显的提高混凝土强度。同时，粉煤灰代替了部分水泥有效地降低了水化热，可防止大体积混凝土开裂；粉煤灰颗粒为微珠球状，具有增大砂浆及混凝土流动性、减少泌水、改善混凝土和易性的作用，若保持混凝土流动性不变，则可减少混凝土用水量；粉煤灰的水化反应很慢，它在混凝土中相当长时间内以固体微粒形态存在，填充骨料的空隙，提高混凝土密实性，因而显著提高了混凝土防渗和抗化学侵蚀能力。

根据使用条件和方法不同，混凝土掺用粉煤灰后可产生以下三方面的效果：

a. 在等量掺入的条件下，可节约水泥并减少混凝土发热量。资料表明，粉煤灰替代20%水泥，可使7d水化热降低11%，替代30%水泥可降低25%。同时，可以改善混凝土和易性，提高混凝土抗渗性，常用于大体积混凝土。此时，由于粉煤灰活性较低，混凝土早期及28d龄期强度降低，但随着龄期的延长，掺粉煤灰混凝土强度可逐步赶上基准混凝土（不掺粉煤灰的混凝土）。

b. 在保持水泥用量不变的条件下，掺入粉煤灰并减少混凝土中砂的用量，称为粉煤灰代砂。由于粉煤灰具有火山灰活性，混凝土强度将高于基准混凝土。同时，混凝土黏聚性及保水性将显著优于基准混凝土。

c. 在超量掺入的条件下，可保持混凝土28d强度及和易性不变。即粉煤灰的掺入量大于所取代的水泥量，多出的粉煤灰取代同体积的砂，混凝土内石子用量及用水量基本不变。

混凝土中掺入粉煤灰时，常与减水剂或引气剂等外加剂同时掺用，称为双掺技术。减水剂使粉煤灰的潜在活性得到充分发挥，还可以克服某些粉煤灰增大混凝土需水量的缺点；引气剂的掺用，可以解决粉煤灰混凝土抗冻性较低的问题。

目前，粉煤灰混凝土已被广泛应用于土木、水利建筑工程以及预制混凝土制品和构件等方面。如大坝、道路、隧道、港湾，工业和民用建筑的梁、板、柱、地面、基础、下水道，钢筋混凝土预制桩、管等。

（2）矿渣微粉

矿渣微粉是水淬粒化高炉矿渣经超细粉磨加工后形成的微粉材料。

根据国家标准《用于水泥和混凝土中的粒化高炉矿渣粉》(GB/T 18046—2000)，矿渣微粉按技术要求分为三个等级，见表5-11。

矿渣微粉技术指标和分级 表5-11

技术要求			级别		
			S75	S95	S105
活性指数（%）	7天	≥	55	75	95
	28天	≥	75	95	105
流动度比（%）		<	85	90	95
比表面（m^2/kg）		>	350		
密度（g/cm^3）		>	2.8		

矿渣微粉作为混凝土掺合料，不仅能取代水泥，取得较好的经济效益（其生产成本低于水泥），而且能显著改善和提高混凝土的综合性能，如改善和易性、降低水化热、减小干缩率、提高抗冻、抗渗性能、提高抗腐蚀能力、提高后期强度和改善耐久性等。

由于矿渣微粉对混凝土性能具有良好的技术效果，所以不仅适用于配制高强、高性能混凝土，而且也十分适用于中强混凝土、大体积混凝土，以及各类地下和水下混凝土工程。根据国内外经验，使用矿渣微粉配制高强或超高强混凝土（≥C100）是行之有效、比较经济实用的技术途径，是当今混凝土技术发展的趋势之一。

（3）硅粉

硅粉（又称硅灰）是指用高纯度石英冶炼硅铁和其他硅金属的工厂从烟气中回收的超细粉末，其主要成分为无定形 SiO_2。其颗粒极细，成球形状，活性很高，是一种理想的改善混凝土性能的掺合料。常用硅粉的技术要求见表 5-12。

硅粉的技术指标 表 5-12

技术要求	烧失量（%）	SiO_2 含量（%）	细度（45μm 方孔筛筛余）（%）	比表面积（m^2/kg）	含水率（%）	活性指数（28d）（%）
技术指标	≤6	≥85	≤10	≥15000	≤3	≥85

硅粉呈灰白色，无定形二氧化硅含量一般为 85%～96%，其他氧化物的含量很少，粒径为 0.1～1.0μm，是水泥粒径的 1/100～1/50，比表面积为 20000～25000m^2/kg,密度为 2.1～2.2g/cm^3，松散堆积密度为 250～300kg/m^3。

硅粉的活性很高，可显著提高混凝土强度，主要用于配制高强、超高强混凝土。以 10%硅粉等量取代水泥，混凝土强度可提高 25%以上。掺入水泥质量 5%～10%的硅粉，可配制出 28d 强度达 100MPa 的超高强混凝土。掺入水泥质量 20%～30%的硅粉，可配制出抗压强度达 200～800MPa 的活性粉末混凝土。但是，随着硅粉掺量的增大，混凝土需水量增大，其自收缩性也会增大。因此，硅粉掺量一般为 5%～10%，有时为了配制超高强混凝土，也可掺入 20%～30%。

硅粉还可改善混凝土的孔隙结构，提高耐久性。混凝土中掺入硅粉后，虽然水泥石的总孔隙与不掺时基本相同，但其大孔隙减少，微细孔隙增加，水泥石的孔隙结构显著改善。因此，掺硅粉混凝土耐久性显著提高。试验结果表明，硅粉掺量 10%～20%时，抗渗性、抗冻性也明显提高。掺入水泥质量 4%～6%的硅粉，还可有效抑制碱骨料反应。

硅粉混凝土的抗冲磨性随硅粉掺量的增加而提高。它比其他抗冲磨材料具有价廉、施工方便等优点。故硅粉混凝土适用于水工建筑物的抗冲刷部位及高速公路路面。

硅粉混凝土抗侵蚀性较好，适用于要求抗溶出性侵蚀及抗硫酸盐侵蚀的工程。

硅粉颗粒极细，比表面积大，其需水量为普通水泥的 130%～150%，故混凝土流动性随硅粉掺量增加而减小。为了保持混凝土流动性，必须掺用高效减水剂。掺硅粉后，混凝土含气量略有减小。为了保持混凝土含气量不变，必须增加引气剂用量。当硅粉掺量为 10%时，一般引气剂用量需增加 2 倍左右。

硅粉作为混凝土掺合料取代部分水泥，不仅节约了成本，而且能改善混凝土拌合物的黏聚性和保水性，可提高混凝土抗渗、抗冻和抗侵蚀能力。尤其是混凝土中掺入硅粉后，能大幅度提高其早期和后期强度。

目前，硅粉在国外被广泛应用于高强混凝土中。在我国，则因其产量很低，目前价格很高，出于经济考虑，一般混凝土强度低于 80MPa 时，不考虑掺用硅粉。今后随着硅粉回收工作的开展，产量将逐渐提高，硅粉的应用将更加普遍。

5.3 混凝土拌合物的和易性

混凝土的各组成材料按一定比例配合、搅拌而成的尚未凝固的材料，称为混凝土拌合物（又称新拌混凝土）。混凝土拌合物必须具备良好的和易性，才能便于施工和获得均匀而密实的混凝土，从而保证混凝土的强度和耐久性。

5.3.1 和易性的概念

和易性是指混凝土拌合物在各个施工工序（搅拌、运输、浇注、捣实）中易于操作，不发生分层、离析、泌水等现象，并能获得质量均匀、成型密实的混凝土的性能。实际上，混凝土拌合物的和易性是一项综合技术性质，包括流动性、黏聚性和保水性等三方面的含义。流动性是指混凝土拌合物在自重或机械振捣作用下，能流动并均匀密实地填满模板的性能。流动性的大小，反映混凝土拌合物的稀稠，直接影响着浇捣施工的难易和混凝土的质量。黏聚性是指混凝土拌合物内组分之间具有一定的凝聚力，在运输和浇注过程中不致发生分层离析现象，使混凝土保持整体均匀的性能。保水性是指混凝土拌合物具有一定的保持内部水分的能力，在施工过程中不致产生严重的泌水现象。保水性差的混凝土拌合物，在施工过程中，一部分水易从内部析出至表面，在混凝土内部形成泌水通道，使混凝土的密实性变差，降低混凝土的强度和耐久性。

混凝土拌合物的流动性、黏聚性、保水性，三者之间互相关联又互相矛盾。如黏聚性好，则保水性往往也好，但流动性可能较差；当增大流动性时，黏聚性和保水性往往变差。因此，所谓拌合物的和易性良好，就是要使这三方面的性能，在某种具体工作条件下得到统一，达到均为良好的状况。

5.3.2 和易性的测定方法

由于混凝土拌合物和易性内涵较复杂，因而目前尚没有一种能够全面反映混凝土拌合物和易性的简单测定方法和指标。根据我国现行标准《普通混凝土拌合物性能试验方法》（GB/T 50080—2002）规定，通常用坍落度和维勃稠度来测定混凝土拌合物的流动性，并辅以直观经验来评定黏聚性和保水性，以评定和易性。

1. 坍落度试验

(1) 坍落度的测定（流动性的评定）

将拌好的混凝土拌合物按一定方法装入坍落度筒内，并按一定方式插捣，待装满刮平后，垂直平稳地向上提起坍落度筒，量测筒高与坍落后混凝土试体最高点之间的高度差（mm），即为该混凝土拌合物的坍落度值，见图 5-3。坍落度越大，流动性越好。

(2) 黏聚性和保水性的观察及评定

黏聚性的检查方法是将捣棒在已坍落的混凝土锥体侧面轻轻敲打，若锥体逐渐下沉，则表示黏聚性良好，若锥体倒塌，部分崩裂或出现离析现象，则表示黏聚性不好。保水性以混凝土拌合物中稀浆析出的程度来评定。坍落度筒提起后如有较多的稀浆从底部析出，锥体部分的混凝土也因失浆而骨料外露，则表明此混凝土拌合物的保水性不好。若无稀浆或仅有少量稀浆自底部析出，则表示此混凝土拌合物保水性良好。

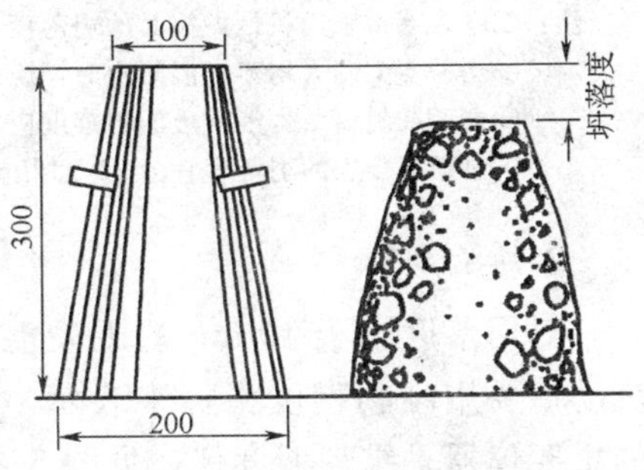

图 5-3　混凝土拌合物坍落度测定（单位：mm）

(3) 混凝土拌合物的分级

混凝土拌合物根据坍落度不同，可分为 4 级：

①大流动性混凝土，拌合物坍落度等于或大于 160mm；

②流动性混凝土，坍落度为 100～150mm；

③塑性混凝土，坍落度为 50～90mm；

④低塑性混凝土，坍落度为 10～40mm。

必须注意，坍落度试验仅适用于骨料最大粒径不大于 40mm，坍落度不小于 10mm 的混凝土拌合物。对于坍落度小于 10mm 的干硬性混凝土，须采用维勃稠度仪测定其流动性。

(4) 坍落度的选择

塑性混凝土施工时，选择混凝土拌合物的坍落度，要根据结构类型、构件截面大小、配筋疏密、输送方式和施工捣实方法等因素来确定。当构件截面较小或钢筋较密，或采用人工插捣时，坍落度可选大些。反之，如构件截面尺寸较大，或钢筋较疏，或采用机械振捣时，坍落度选择可小些。根据《混凝土结构工程施工及验收规范》（GB 50204—92）规定，混凝土浇筑的坍落度宜按表 5-13 选用。

混凝土浇筑时的坍落度　　表 5-13

结构种类	坍落度（mm）
基础或地面等的垫层、无配筋的大体积结构（挡土墙、基础等）或配筋稀疏的结构	10～30
板、梁和大型及中型截面的柱子等	30～50
配筋密列的结构（薄壁、斗仓、筒仓、细柱等）	50～70
配筋特密的结构	70～90

注：①本表系指采用机械振捣时的坍落度，当采用人工捣实时可适当增大。
②当需要配制大坍落度混凝土时，应掺用外加剂（如高效减水剂）。
③曲面或斜面结构混凝土的坍落度应根据实际需要另行选定。
④泵送混凝土的坍落度宜为 80～180mm。

2. 维勃稠度试验

对坍落度小于 10mm 的干硬混凝土拌合物的流动性要用维勃稠度指标来表示。维勃稠度试验的主要仪器是维勃稠度仪，见图 5-4。其测试方法是将混凝土拌合物按一定方法装入坍落度筒内，按一定方式捣实，待装满刮平后，将坍落度筒垂直向上提起，把透明盘转到混凝土圆台体顶面，开启振动台，并同时用秒表计时，当振动到透明圆盘的底面被水泥浆布满的瞬间停表计时，并关闭振动台，所读秒数即为该混凝土拌合物的维勃稠度值。此方法适用于骨料最大粒径不大于 40mm、维勃稠度在 5～30s 之间的混凝土拌合物的稠度测定。

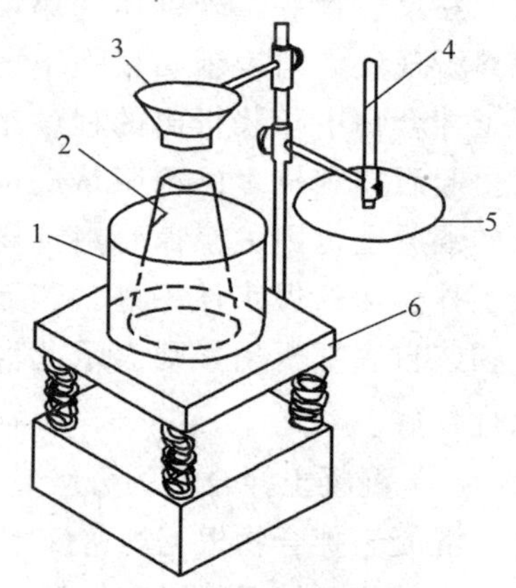

图 5-4　维勃稠度仪

1-圆柱形容器；2-坍落度筒；3-漏斗；4-测杆；5-透明圆盘；6-振动台

混凝土拌合物流动性按维勃稠度大小，可分为 4 级：超干硬性（≥31s）；特干硬性（30～21s）；干硬性（20～11s）；半干硬性（10～5s）。

5.3.3　影响和易性的主要因素

1. 水泥浆的用量

混凝土拌合物的流动性是水泥浆所赋予的。在水灰比不变的情况下，单位体积拌合物内，如果水泥浆愈多，则拌合物的流动性愈大，但若水泥浆过多，将会出现流浆现象，使拌合物的黏聚性变差，同时对混凝土的强度与耐久性也会产生一定的影响。水泥浆过少，不能填满骨料间空隙或不能很好包裹骨料表面时，拌合物就会产生崩塌现象，黏聚性也变差。

2. 水灰比

在水泥用量、骨料用量均不变的情况下，水灰比愈小，水泥浆就愈稠，混凝土拌合物的流动性就愈小。当水灰比过小时，水泥浆干稠，混凝土拌合物的流动性过低，会使施工困难，不能保证混凝土的密实性。水灰比增大，水泥浆自身流动性增加，故拌合物流动性增大；但如果水灰比过大，又会造成混凝土拌合物的黏聚性和保水性不良，而产生流浆、离析现象，并严重影响混凝土的强度。所以，水灰比不能过大或过小，一般应根据混凝土强度和耐久性要求，合理地选用。

应当注意到，无论是水泥浆数量还是水灰比影响，实际上都是用水量的影响。因此，影响新拌混凝土和易性的决定性因素是单位体积用水量多少。根据实验，在采用一定骨料的情况下，如果单位用水量一定，单位水泥用量增减不超过 50～100kg，坍落度大体上保持不变，这一规律通常称为固定用水量定则。这个定则用于混凝土配合比设计时，是相当方便的，即可以通过固定单位用水量，变化水灰比，而得到既满足拌合物和易性要求，又满足混凝土强度要求的设计。

3. 砂率

砂率是指细骨料（砂）的质量占骨料（砂石）总质量的百分率。试验证明，砂率大小对拌合物的和易性有很大影响，砂率对坍落度的影响关系见图 5-5。

砂率对混凝土拌合物流动性的影响主要有两个方面：一是由砂形成的砂浆可减少粗骨料之间的摩擦力，在拌合物中起润滑作用，所以在一定的砂率范围内随砂率增大，润滑作用愈加显著，流动性可以提高；二是在砂率增大的同时，骨料的总表面积必随之增大，需要润湿的水分增多，在一定用水量的条件下，拌合物流动性降低，所以当砂率增大超过一定范围后，流动性反而随砂率增加而降低。另外，砂率不宜过小，否则不仅会引起拌合物流动性降低，还会使拌合物黏聚性和保水性变差，产生离析、流浆等现象，这是因为砂率过小时，不能保证粗骨料之间有足够的砂浆层。因此，在用水量和水泥用量不变的情况下，选取合理砂率，可使拌合物获得所要求的流动性及良好的黏聚性与保水性，且使水泥用量最少。

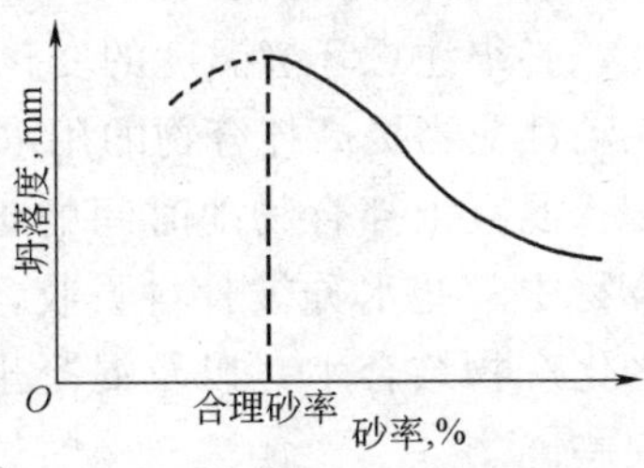

图 5-5 坍落度与砂率的关系
（水和水泥用量一定）

4. 组成材料性质的影响

（1）水泥

水泥对拌合物和易性的影响主要是水泥品种和水泥细度的影响。水泥的品种和细度都会影响需水量。由于不同品种的水泥达到标准稠度的需水量不同，所以不同品种水泥配制成的混凝土拌合物具有不同的和易性。需水性大的水泥比需水性小的水泥配制的拌合物，在其他条件相同的情况下，流动性变小，但其黏聚性和保水性较好。通常普通水泥的混凝土拌合物比矿渣和火山灰的和易性好。矿渣水泥拌合物的流动性虽大，但黏聚性差，易泌水离析；火山灰水泥流动性小，但黏聚性最好。此外，水泥细度对混凝土拌合物的和易性亦有影响，适当提高水泥的细度可改善混凝土拌合物的黏聚性和保水性，减少泌水、离析现象。

（2）骨料

骨料对拌合物和易性的影响主要包括骨料级配、颗粒形状、表面特征及粒径。一般来说，级配好的骨料，空隙率小，在水泥浆数量相同的情况下，包裹骨料表面的水泥浆较厚，故其拌合物流动性较大，黏聚性与保水性较好；表面光滑的骨料，如河砂、卵石，其拌合物流动性较大；骨料的粒径增大，总表面积减小，拌合物流动性就增大，如用中、粗砂配制的混凝土比用细砂配制的混凝土拌合物流动性大。

（3）外加剂

外加剂对拌合物的和易性有较大影响。加入减水剂或引气剂可明显提高拌合物的流动性，引气剂还可有效地改善拌合物的黏聚性和保水性。

5. 温度和时间的影响

混凝土拌合物的流动性随温度的升高而降低，如图 5-6。这是由于温度升高，水分蒸发及水化反应加快，相应使流动性降低。因此，施工中为保证一定的和易性，必须注意环境温度的变化，采取相应的措施。如夏季施工时，为了保持一定的流动性应当提高拌合物的用水量。

混凝土拌合物随时间的延长而变干稠，流动性降低，如图 5-7。这是由于拌合物中一些水分被骨料吸收，一些水分蒸发，一些水分与水泥进行水化反应变成水化产物结合水，以及混凝土凝聚结构的逐渐形成，致使混凝土拌合物的流动性变差。

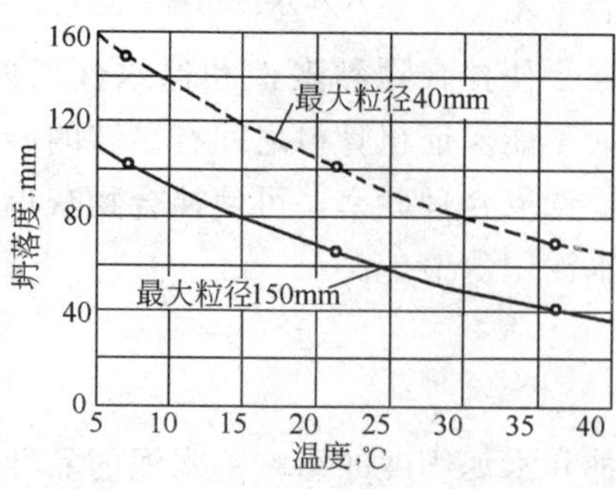

图 5-6　温度对拌合物坍落度的影响

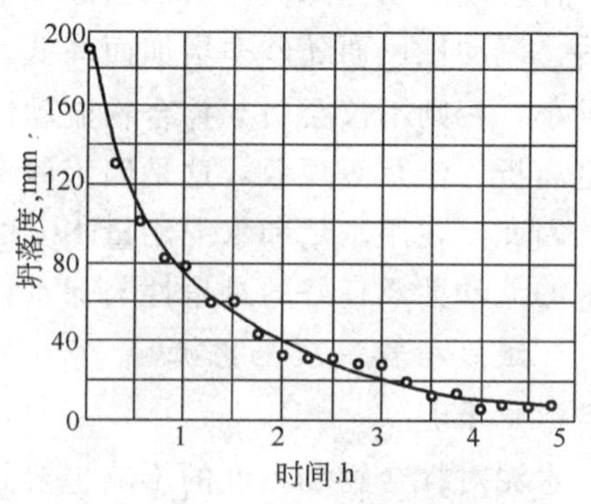

图 5-7　拌合物坍落度随时间变化

5.4 硬化混凝土的强度

强度是混凝土最重要的力学性质，因为混凝土主要用作承受荷载或抵抗各种作用力的结构材料。混凝土的强度包括抗压强度、抗拉强度、抗弯强度、抗剪强度和与钢筋的黏结强度等。其中，混凝土的抗压强度最大，抗拉强度最小，因此在结构工程中混凝土主要用于承受压力作用。混凝土的抗压强度与各种强度及其他性能之间有一定的相关性，因此混凝土的抗压强度是结构设计的主要参数，也是评定和控制混凝土质量的重要指标。

5.4.1 混凝土抗压强度与强度等级

1.混凝土的抗压强度

混凝土的抗压强度，是指其标准试件在压力作用下直到破坏时单位面积所能承受的最大应力。我国以立方体抗压强度为混凝土强度的特征值。按照国家标准现行《普通混凝土力学性能试验方法》（GB/T 50081—2002），混凝土立方体抗压强度（常简称为混凝土抗压强度）是指按标准方法制作的边长为150mm的立方体试件，在标准养护条件下（温度20℃±2℃，相对湿度90%以上或置于水中），养护至28d龄期，以标准方法测试、计算得到的抗压强度值，称为混凝土立方体的抗压强度。国家标准还规定，对非标准尺寸（边长100mm或200mm）的立方体试件，可采用折算系数折算成标准试件的强度值。即边长为100mm的立方体试件折算系数为0.95；边长为200mm的立方体试件折算系数为1.05，这是因为试件尺寸越大，测得的抗压强度值越小。

2.强度等级

混凝土的强度等级是按混凝土立方体抗压强度标准值来划分的，混凝土立方体抗压强度标准值是指按标准方法制作养护的边长为150mm的立方体试件，在28d龄期，用标准试验方法测得的具有95%保证率的立方体抗压强度。我国把普通混凝土按立方体抗压强度标准值划分为C15、C20、C25、C30、C35、C40、C45、C50、C55、C60、C65、C70、C75、C80等14个等级。强度等级表示中的“C”为混凝土强度符号，“C”后面的数值，即为混凝土立方体抗压强度标准值。

5.4.2 混凝土的轴心抗压强度

由于实际工程中的钢筋混凝土受压构件形式极少是立方体的，大部分是棱柱体型或圆柱体型（例如柱子、衍架的腹杆等），所以采用棱柱体试件抗压强度比立方体试件抗压强度能更好地反映混凝土的实际受压情况。由棱柱体试件测得的抗压强度称为轴心抗压强度。我国目前采用150mm×150mm×300mm的棱柱体进行抗压强度试验，若采用非标准尺寸的棱柱体试件，其高（h）与宽（a）之比应在2～3范围内。轴心抗压强度（f_{cp}）比同截面面积的立方体抗压强度（f_{cu}）要小，棱柱体试件高宽比（h/a）越大，轴心抗压强度越小，但当h/a达到一定值后，强度不再降低。当标准立方体抗压强度在10～55MPa范围内时，两者之间的换算关系近似为：

$$f_{cp}=(0.7\sim0.8)f_{cu} \tag{5-3}$$

5.4.3 混凝土的抗拉强度

混凝土的抗拉强度只有抗压强度的1/10～1/20，且这个比值随着混凝土强度等级的提高而降低。由于混凝土受拉时呈脆性断裂，破坏时无明显残余变化，故在钢筋混凝土结构设计中，不考虑混凝土承受拉力。但混凝土抗拉强度对于混凝土抗裂性具有重要作用，它是结构设计中确定混凝土抗裂度的主要指标，有时也用它来间接衡量混凝土与钢筋间的黏结强度，并预测由于干湿变化和温度变化而产生裂缝的情况。

混凝土抗拉试验有轴心抗拉法和劈裂法两种方法，用轴向拉伸试件测定混凝土的抗拉强度，荷载不易对准轴线，夹具处常发生局部破坏，致使所测强度值很不准确，故我国目前采用劈裂抗拉强度试验法来间接测定混凝土的抗拉强度，称为劈裂抗拉强度（f_{ts}）。标准规定，劈裂抗拉强度采用边长为150mm的立方体试件（国际上多作圆柱体），在试件的两个相对的表面上加上垫条。当施加均匀分布的压力时，就能在外力作用的竖向平面内，产生均匀分布的拉应力（如图5-8），该应力可以根据弹性理论计算得出。此法不但大大简化了抗拉试件的制作，而且能较正确地反映试件的抗拉强度。

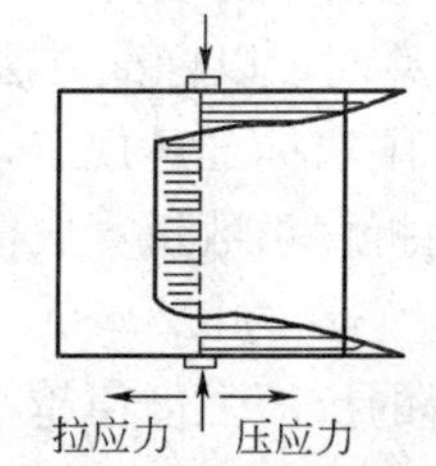

图5-8　劈裂试验时垂直于受力面的应力分布

混凝土的劈裂抗拉强度按下式计算：

$$f_{ts}=\frac{2P}{\pi A}=0.637\,\frac{P}{A} \tag{5-4}$$

式中：f_{ts}——混凝土劈裂抗拉强度，MPa；

P——破坏荷载，N；

A——试件劈裂面积，mm^2。

试验证明，在相同条件下，混凝土用轴心抗拉法测得的抗拉强度，较用劈裂法测得的劈裂抗拉强度略小，二者比值约为0.9。

5.4.4 混凝土的抗弯拉强度

路面、桥面和机场跑道用水泥混凝土是以抗弯拉强度（或称抗折强度）作为主要强度设计指标。测定混凝土的抗弯拉强度采用 150mm ×150mm ×600mm（或550mm）小梁作为标准试件，在标准条件下养护 28d 后，按三分点加荷方式测得其抗弯拉强度，按下式计算：

$$f_{cf}=\frac{PL}{bh^2} \tag{5-5}$$

式中：f_{cf}——混凝土抗弯拉强度，MPa；

P——破坏荷载，N；

L——支座间距（即跨度），mm；

b——试件截面宽度，mm；

h——试件截面高度，mm。

当采用 100mm×100mm×400mm 非标准试件时，取得的抗折强度值应乘以尺寸换算系数 0.85。此外，如果抗折强度是由跨中单点加荷方式得到的，也应乘以折算系数 0.85。

根据《公路水泥混凝土路面设计规范》（JTG D40—2002）规定，各交通等级要求的混凝土弯拉强度标准值不低于表 5-14 的规定。

路面混凝土弯拉强度标准值 表 5-14

交通等级	特重	重	中等	轻
水泥混凝土的强度标准值（MPa）	5.0	4.5	4.5	4.0

5.4.5 混凝土与钢筋的黏结强度

在钢筋混凝土结构中，为使钢筋和混凝土能有效协同工作，混凝土与钢筋之间必须要有足够的黏结强度。这种黏结强度，主要来源于混凝土与钢筋之间的摩擦力、钢筋与水泥石之间的黏结力及变形钢筋的表面机械啮合力。黏结强度与混凝土质量有关，与混凝土抗压强度成正比。此外，黏结强度还受其他许多因素影响，如钢筋尺寸及变形钢筋种类；钢筋在混凝土中的位置（水平钢筋或垂直钢筋）；加载类型（受拉钢筋或受压钢筋）；以及干湿变化、温度变化等。

目前，还没有一种较适当的标准试验能准确测定混凝土与钢筋的黏结强度。为了对比不同混凝土的黏结强度，美国材料试验学会（ASTMC234）提出了一种拔出试验方法，其基本原理是：采用边长为 150mm 的混凝土立方体试件，在其中埋

入 ϕ19mm 的标准变形钢筋，试验时以不超过 34MPa/min 的加荷速度对钢筋施加拉力，直到钢筋发生屈服；或混凝土裂开；或加荷端钢筋滑移超过 2.5mm。记录出现上述三种现象中任一情况时的荷载值 P，用下式计算混凝土与钢筋的黏结强度：

$$f_{\mathrm{N}}=\frac{P}{\pi d l} \tag{5-6}$$

式中：f_{N}——黏结强度，MPa；

d——钢筋直径，mm；

l——钢筋埋入混凝土中的长度，mm；

P——测定的荷载值，N。

5.4.6 影响混凝土强度的主要因素

混凝土强度试验已证实，正常配比的混凝土破坏主要是骨料与水泥石的黏结界面发生破坏。所以，混凝土的强度主要取决于水泥石强度及其与骨料的黏结强度。而黏结强度又与水泥强度等级、水灰比及骨料的性质有密切关系，此外混凝土的强度还受施工质量、养护条件及龄期的影响。

1. 水泥强度等级和水灰比的影响

水泥强度等级和水灰比是决定混凝土强度最主要的因素，也是决定性因素。水泥是混凝土中的活性组分，在水灰比不变时，水泥强度等级愈高，则硬化水泥石的强度愈大，对骨料的胶结力就愈强，配制成的混凝土强度也就愈高。在水泥强度等级相同的条件下，混凝土的强度主要取决于水灰比。由于拌制混凝土拌合物时，为了获得施工所要求的流动性，常需要加入较多的水，当混凝土硬化后，多余的水分就残留在混凝土中或蒸发后形成气孔或通道，使混凝土密实度降低，强度下降。因此，在水泥强度等级相同的情况下，水灰比愈小，水泥石的强度愈高，与骨料黏结力愈大，混凝土强度也愈高。但是，如果水灰比过小，拌合物过于干稠，在一定的施工振捣条件下，混凝土不能被振捣密实，出现较多的蜂窝、孔洞，反而会导致混凝土强度下降（见图5-9）。

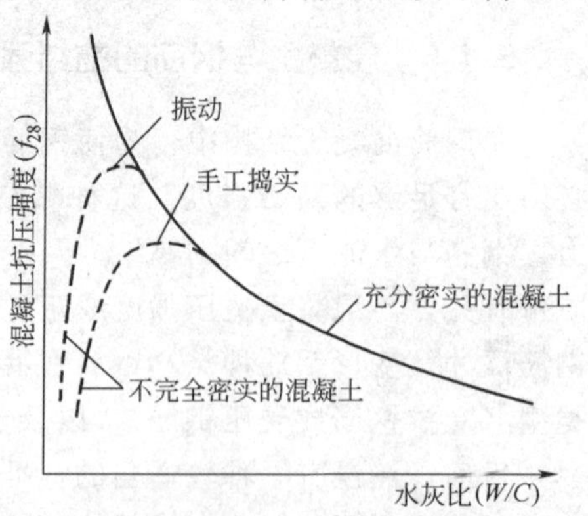

图 5-9　混凝土强度与水灰比的关系

大量试验结果表明，在原材料一定的情况下，混凝土 28d 龄期抗压强度（f_{cu}）与水泥实际强度（f_{ce}）及水灰比（W/C）之间的关系符合下列经验公式：

$$f_{cu}=A\cdot f_{ce}\left(\frac{C}{W}-B\right) \tag{5-7}$$

式中：A、B——回归系数，与骨料品种及水泥品种等因素有关，其数值通过试验求得，若无试验统计资料，则可按《普通混凝土配合比设计规程》(JGJ/T55—2000) 提供的 A 、B 系数取用：

采用碎石：$A=0.46$，$B=0.07$；

采用卵石：$A=0.48$，$B=0.33$。

式 (5-7) 中的水泥实际强度若无法得到时，可采用下式计算：

$$f_{ce}=f_{c}\cdot\gamma_{c} \tag{5-8}$$

式中：f_c——水泥强度等级标准值，MPa；

γ_c——水泥强度等级富余系数，应按各地区实际统计资料定出，无统计资料时可取 $\gamma_c=1.13$。

2. 骨料的影响

骨料本身的强度一般都比水泥石的强度高（轻骨料除外），所以不会直接影响混凝土的强度，但若骨料经风化等作用而强度降低时，则用其配制的混凝土强度也较低。骨料表面粗糙，则与水泥石的机械啮合力和黏结力较大，所以在水泥强度等级和水灰比相同的条件下，用碎石拌制的混凝土强度比用卵石的强度要高。但达到同样流动性时，碎石拌制的混凝土需水量大，随着水灰比变大，强度降低。因此，在水灰比小于 0.4 时，用碎石配制的混凝土比用卵石配制的混凝土强度约高 38%，但随着水灰比增大，两者差别就不显著了。当骨料品质高，含有害杂质少，且级配良好，砂率适当时，砂石骨料填充密实，也会使混凝土获得较高的强度，这一点在高强混凝土中表现得尤为明显。

3. 养护条件（湿度和温度）的影响

混凝土强度是一个渐进发展的过程，其发展的程度和速度取决于水泥的水化状况，而湿度和温度是影响水泥水化程度和速度的重要因素。

（1）养护湿度的影响

水泥的水化必须在有水的条件下进行，干燥环境中混凝土强度的发展会随水分逐渐蒸发而减慢或停止。图 5-10 为保湿养护对混凝土强度的影响。若因湿度不够，造成水泥水化不充分，还会促

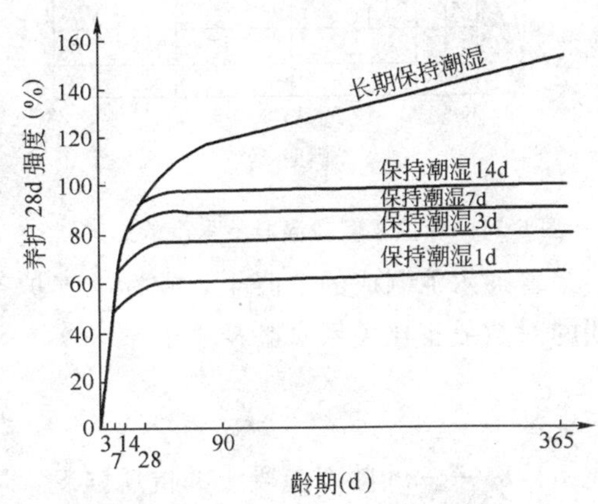

图 5-10　混凝土强度与保湿养护时间的关系

使混凝土结构疏松，形成干缩裂缝，增大渗水性，从而影响混凝土的耐久性。为此，施工规范规定，在混凝土浇筑完毕后，应在12h内进行覆盖，以防止水分蒸发。在夏季施工的混凝土，要特别注意浇水保湿。使用硅酸盐水泥、普通硅酸盐水泥和矿渣水泥时，浇水保湿应不少于7d；使用火山灰水泥和粉煤灰水泥或在施工中掺用缓凝型外加剂或混凝土有抗渗要求时，保湿养护应不少于14d。

（2）养护温度的影响

养护温度对混凝土强度也有很大影响。在保证足够湿度的条件下，温度高，水泥凝结硬化速度快，早期强度高，所以混凝土制品厂常采用蒸汽养护的方法，提高构件的早期强度，借以提高模板和场地周转率。低温时混凝土硬化缓慢，当温度低于0℃以下时，硬化不但停止且有被冰冻破坏的危险，特别是早期混凝土强度低，更容易冻坏。图5-11为混凝土在不同温度的水中养护时强度的发展规律。

4. 龄期的影响

龄期是指混凝土在正常养护条件下所经历的时间。在正常养护的条件下，混凝土的强度将随龄期的增长而增长，如图5-12。最初7～14d内强度发展较快，以后逐渐缓慢，28d达到设计强度。28d后强度仍在发展，其增长过程可延续数十年之久。

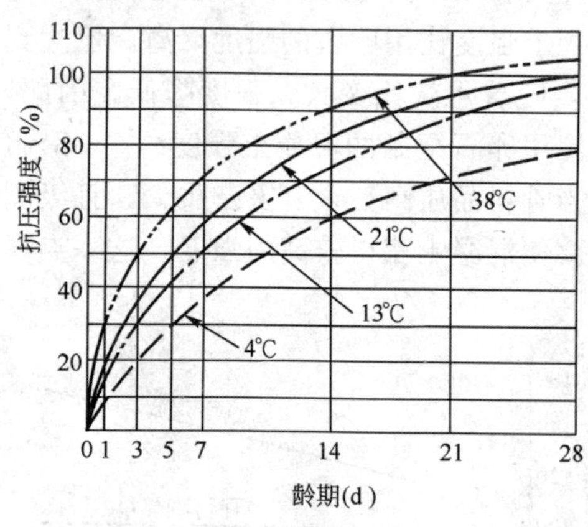

图5-11　养护温度对混凝土强度的影响

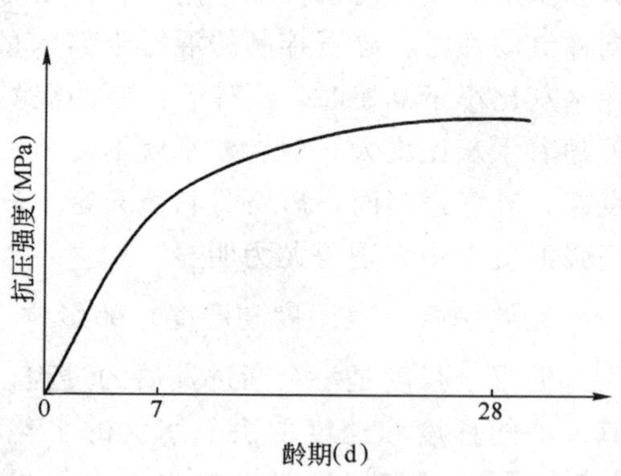

图5-12　混凝土强度与龄期的关系

普通水泥制成的混凝土，在标准养护条件下，混凝土强度的发展，大致与其龄期的对数成正比关系（龄期不少于3d），不同龄期的混凝土强度可按下式推算：

$$f_n = f_{28}\frac{\lg n}{\lg 28} \tag{5-9}$$

式中：f_n——nd龄期混凝土的抗压强度，MPa；

f_{28}——28d龄期混凝土的抗压强度，MPa；

n——养护龄期，d，$n \geqslant 3$。

上式仅适用于正常条件下硬化的中等强度等级的普通水泥混凝土，与实际情况相比，公式推算所得结果，早期偏低、后期偏高。且由于影响混凝土强度的因素很多，所以按此式计算的结果只能作为参考。

5. 其他因素

影响混凝土强度的因素除上述以外，还有外加剂、混合材、湿热处理方式、施工方法、试验条件（包括试件尺寸、形状、表面状态及加荷速度等）等，在此不一一详述。

5.4.7 提高混凝土强度的措施

1. 选用高强度等级水泥和低水灰比

水泥是混凝土中的活性组分，在相同的配合此情况下，所用水泥的强度等级越高，混凝土的强度越高。水灰比是影响混凝土强度的重要因素，试验证明，水灰比增加1%，则混凝土强度下降5%，在满足施工和易性和混凝土耐久性要求的条件下，尽可能降低水灰比和提高水泥强度等级，对提高混凝土的强度是十分有效的。

2. 掺用混凝土外加剂及掺和料

在混凝土中掺入减水剂，可减少用水量，提高混凝土强度；掺入早强剂，可提高混凝土的早期强度。在混凝土中掺入矿物质掺和料（如磨细矿渣、粉煤灰、硅粉、沸石粉等）可以节约水泥，降低成本，减少环境污染，改善混凝土诸多性能。

3. 采用机械搅拌和机械振动成型

采用机械搅拌、机械振捣的混合料，可使混凝土混合料的颗粒生产振动，降低水泥浆的黏度和骨料间的摩擦力，使混凝土拌合物转入液体状态，在满足施工和易性要求下，可减少拌和用水量，降低水灰比；同时，混凝土拌合物被振捣后，它的颗粒互相靠近，并把空气排出，使混凝土内部孔隙大为减少，从而使混凝土的密实度和强度大大提高。

4. 采用湿热处理

湿热处理可分为蒸汽养护和蒸压养护两类。桥梁及其他预制构件，除了采用前述措施外，并适合采用湿热处理来提高混凝土的强度。

（1）蒸汽养护　蒸汽养护是使浇筑好的混凝土构件经1～3h时预养后，在90%以上的相对湿度、60℃以上温度的饱和水蒸汽中养护，以加速混凝土强度的发展。

普通水泥混凝土经过蒸汽养护后，早期强度提高快，一般经过一昼夜蒸汽养护，混凝土强度能达到标准养护条件下 28d 强度的 70%～80%，但对后期强度增长有影响，所以用普通水泥配制的混凝土养护温度不宜太高，时间不宜太长，一般养护温度为 60～80℃，恒温养护时间 5～8h 为宜。

用火山灰质水泥和矿渣水泥配制的混凝土，蒸汽养护效果比普通水泥混凝土好，不但早期强度增加快，而且后期强度比自然养护还稍有提高。这两种水泥混凝土可以采用较高的温度养护，一般可达 90℃，养护时间不超过 12h。

(2) 蒸压养护　蒸压养护是将浇筑完的混凝土构件静停 8～10h 后，放入蒸压釜内，通入高压、高温（如压力≥0.8MPa，温度≥175℃）饱和蒸汽进行养护。

在高温、高压蒸汽下，水泥水化时析出的氢氧化钙不仅能充分与活性的氧化硅结合，而且也能与结晶状态的氧化硅结合而生成含水硅酸盐结晶，从而加速水泥的水化和硬化，提高了混凝土的强度。此法比蒸汽养护的混凝土质量好，特别是对采用掺入活性混合材料的水泥及掺入磨细石英砂的混合硅酸盐水泥更为有效。

5.5　硬化混凝土的变形性能

硬化混凝土除了受荷载作用时会产生变形外，在不受荷载作用的情况下，由于各种物理的或化学的因素也会引起局部或整体的体积变化。如果混凝土处于自由的非约束状态，那么体积变化一般不会产生不利影响。但是，实际使用中的混凝土结构总会受到基础、钢筋或相邻部件的牵制，而处于不同程度的约束状态。即使单一的混凝土试块没有受到外部的制约，其内部各组成项之间也还是互相制约，因而仍处于约束状态。因此，混凝土的体积变化会由于约束的作用在混凝土内部产生拉应力。众所周知，混凝土能承受较高的压应力，而其抗拉强度却很低，一般不超过抗压强度的 10%。从理论上讲，在完全约束条件下，混凝土内部产生的拉应力约有 3 至十几兆帕（取决于混凝土的体积变化特性和弹性特性）。所以，混凝土受约束时，由于体积变化过大产生的拉应力一旦超过其自身的抗拉强度时，就会引起混凝土开裂，产生裂缝。裂缝不仅是影响混凝土承受设计荷载能力的一个弱点，而且还会严重损害混凝土的耐久性和外观。

综上所述，硬化混凝土的变形按其产生的原因可分为非荷载作用下的变形和荷载作用下的变形等两大类。非荷载作用下的变形包括混凝土的化学收缩、干湿变形及温度变形等；荷载作用下的变形分为短期荷载作用下的变形及长期荷载作用下的变形（徐变）。

5.5.1 非荷载作用下的变形

1. 化学收缩

在混凝土硬化过程中，由于水泥水化生成物的固体体积，比水化反应前物质（水和水泥）的总体积小，从而引起混凝土体积的收缩，称为化学收缩。化学收缩是不可恢复的，其收缩量随混凝土硬化龄期的延长而增加，一般在混凝土成型后40d内增长较快，以后逐渐趋于稳定。但是观察到的收缩率很小。因此，在结构设计中考虑限制应力作用时，就不把它从较大的干燥收缩率中区分出来处理，而是一并在干燥收缩中一起计算。研究进一步表明，虽然化学收缩率很小，在限制应力下不会对结构物产生破坏作用，但其收缩过程中在混凝土内部还是会产生微细裂缝，这些微细裂缝可能会影响到混凝土的受载性能和耐久性能。

2. 干湿变形

干湿变形是指由于混凝土内水分变化引起的体积变化（干缩和湿胀），它取决于周围环境的湿度变化。混凝土在干燥过程中，随着毛细孔水的蒸发，使毛细孔中形成负压产生收缩力，导致混凝土收缩，称为干缩。已干燥的混凝土再次吸水变湿时，体积又会膨胀（称为湿胀），此时原有的干缩变形会大部分消失，也有一部分变形是不消失的（即使长期放在水中），见图 5-13。这是因为在干燥过程中混凝土结构、强度均有所变化造成的，残余收缩约为总收缩量的 30%～60%。当混凝土在水中硬化时，其体积不变甚至轻微膨胀，这是由于凝胶体中胶体粒子的吸附水膜增厚，胶体粒子间的距离增大所致。

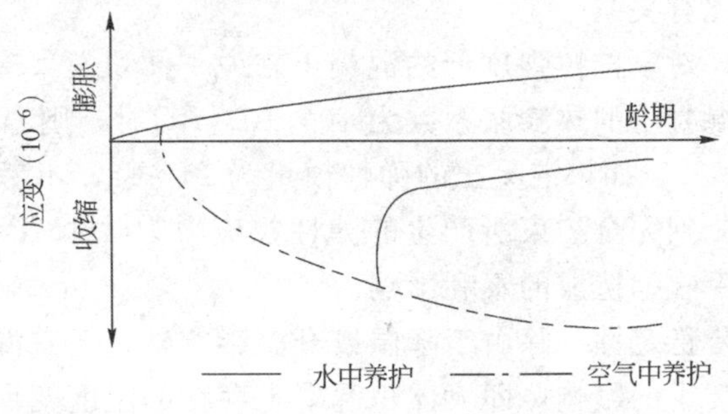

图 5-13 混凝土的胀缩

混凝土的湿胀变形量很小，一般无破坏作用。但干缩变形对混凝土危害较大，当干缩受到约束时会使混凝土表面出现拉应力而导致开裂，使混凝土抗渗、抗冻、抗侵蚀性能降低，严重影响混凝土的耐久性。因此在设计时必须加以考虑。混凝土结构设计中干缩率取值一般为 $1.5 \sim 2.0 \times 10^{-4}$。

影响混凝土干缩率的主要因素有：

①混凝土的干燥收缩与水泥品种、水泥用量和用水量有关。采用矿渣水泥比采用普通水泥的收缩大；采用高强度等级水泥，由于颗粒较细，混凝土收缩也较大；水泥用量多或水灰比大者，收缩量也较大。

②砂石在混凝土中形成骨架，对收缩有一定的抑制作用。混凝土的收缩量比水泥砂浆小得多，而水泥砂浆的收缩量又比水泥净浆小得多。在一般条件下水泥浆的收缩值高达 285×10^{-5}，三种收缩量之比约为 1∶2∶5。骨料的弹性模量越高，混凝土的收缩越小，故轻骨料混凝土的收缩比普通混凝土大得多。另外，砂、石越干净，混凝土振捣得越密实，收缩量越小。

③养护方式对干缩也有影响。在水中养护或在潮湿条件下养护可大大减小混凝土的收缩；采用普通蒸养也可减小混凝土收缩，蒸压养护效果更为显著。

因此，为了减小混凝土的收缩量，应尽量降低水泥用量，减小水灰比，并尽可能采用机械振捣和加强养护，此外砂、石骨料要洗干净。

3. 温度变形

温度变形是指混凝土的体积随着环境温度的升高或降低而产生的膨胀或收缩。混凝土的温度变形通常用线膨胀系数来表示，混凝土的温度线膨胀系数约为（6～12）$\times10^{-6}$/℃。一般室温变化对于混凝土没有什么影响。但是温度变化很大时，就会对混凝土产生重要影响。混凝土与温度变化有关的变形除取决于温度升高或降低的程度外，还取决于其组成的热膨胀系数。

当温度变化引起的骨料颗粒体积变化与水泥石体积变化相差很大时，或者骨料颗粒之间的膨胀系数有很大差别时，都会产生有破坏性的内应力。许多混凝土的裂缝与剥落实例都与此有关。

在温度降低时，对于抗拉强度低的混凝土来说，体积发生冷缩应变造成的影响较大。例如，当取混凝土的热膨胀系数为 10×10^{-6}/℃时，则温度下降 15℃造成的冷收缩量达 150×10^{-6}。如果混凝土的弹性模量为 21GPa，不考虑徐变等产生的应力松弛，该冷收缩受到完全约束所产生的弹性拉应力为 3.1MPa。因此，在结构设计中必须考虑到该冷收缩造成的不利影响。

混凝土温度变形稳定性，除由于降温或升温影响外，还有混凝土内部与外部的温差对体积稳定性产生的影响，即大体积混凝土存在的温度变形问题。

大体积混凝土内部温度上升，主要是由于水泥水化热蓄积造成的。水泥水化会产生大量水化热，经验表明 1m^3 混凝土中每增加 10kg 水泥，所产生的水化热能使混凝土内部温度升高 1℃。由于混凝土的导热能力很低，水泥水化发出的热量聚集在混凝土内部长期不易散失。大体积混凝土表面散热快、温度较低，内部散热慢、温度较高，就会造成表面和内部热变形不一致。这样，在内部约束应力和外部约束应力作用下就可能产生裂缝。

为了减少大体积混凝土体积变形引起的开裂，目前常用的方法有：

①用低水化热水泥和尽量减少水泥用量；

②尽量减少用水量，提高混凝土强度；

③选用热膨胀系数低的骨料，减小热变形；

④预冷原材料；

⑤合理分缝、分块、减轻约束；

⑥在混凝土中埋冷却水管；

⑦表面绝热，调节表面温度的下降速率等。

5.5.2 荷载作用下的变形

1.短期荷载作用下的变形

(1) 混凝土的受压变形与破坏特征

由于混凝土是一种由多组分（混凝土内部结构中含有砂石骨料、水泥石、游离水分和气泡，而水泥石中又存在着凝胶、晶体和未水化的水泥颗粒）组成的非匀质复合材料，因而决定了它既不是一个完全弹性体，也不是一个完全塑性体，而是一个弹塑性体。当其受力时既会产生弹性变形，又会产生塑性变形，其应力与应变之间的关系不是直线而是曲线。

硬化后的混凝土在未受外力作用之前，由于水泥水化造成的化学收缩和物理收缩，在粗骨料与砂浆界面上产生了分布极不均匀的拉应力，形成许多分布很乱的界面裂缝。另外，混凝土振捣成型过程中，某些上升的水分为粗骨料颗粒所阻止，因而聚积于粗骨料的下缘，混凝土硬化后亦成为界面裂缝。混凝土受外力作用时很容易在具有几何形状为楔形的微裂缝顶部形成应力集中，随着外力的逐渐增大，导致微裂缝的进一步延伸、汇和、扩大，最后形成几条可见的裂缝。试件就随着这些裂缝扩展而破坏。以混凝土单轴受压为例，绘出的静力受压时的应力—应变关系曲线的典型形式如图 5-14 所示，可分为 4 个阶段。

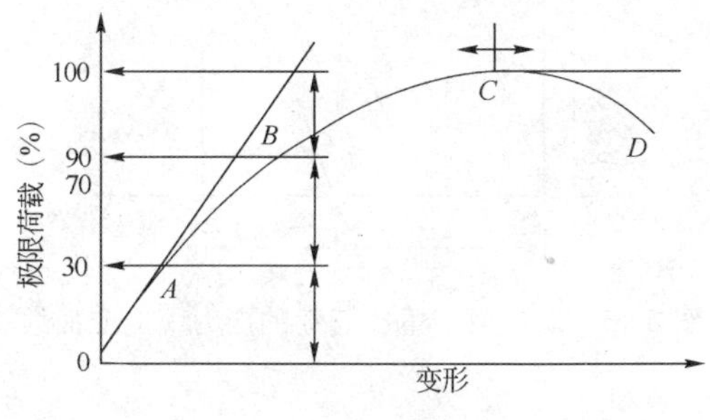

图 5-14　混凝土受压变形曲线

第一阶段：当荷载达到“比例极限”（约为极限荷载的30%）以前，界面裂缝状态无明显变化。此时，荷载与变形比较接近直线关系（图5-14曲线 OA 段）。

第二阶段：荷载超过“比例极限”以后，界面裂缝的数量、长度和宽度都不断增大，界面摩擦阻力继续承担荷载，但尚无明显的砂浆裂缝。此时，变形增大的速度超过荷载增大的速度，荷载与变形之间不再接近直线关系（图5-14曲线 AB 段）。这时发生的变形，既有弹性变形又有塑性变形。

第三阶段：荷载超过“临界荷载”（为极限荷载的70%～90%）以后，在界面裂缝继续发展的同时，开始出现砂浆裂缝，并将邻近的界面裂缝连接起来成为连续裂缝。此时，变形增大的速度进一步加快，荷载—变形曲线明显的弯向变形轴方向（图5-14曲线 BC 段），混凝土表面出现可见裂缝。

第四阶段：超过极限荷载之后，连续裂缝急速的扩展。混凝土的承载能力下降，荷载减小而变形迅速增大，以至完全破坏，荷载—变形曲线逐渐下降而最后结束（图5-14曲线 CD 段）。

由此可见，荷载与变形的关系，是内部微裂缝扩展规律的体现。混凝土在外力作用下的变形和破坏过程，也是内部微裂缝的发生和发展过程，它是一个从量变发展到质变的过程。只有当混凝土内部的微观破坏发展到一定量级时才使混凝土的整体遭到破坏。

在重复荷载作用下的应力—应变曲线，因作用力的大小不同而有不同的形式。当应力小于（0.3～0.5）f_{cp}时，每次卸荷都残留一部分塑性变形（$\varepsilon_{塑}$），但随着重复次数的增加，$\varepsilon_{塑}$的增量逐渐减小，最后曲线稳定于 $A'C'$ 线，它与初始切线大致平行，如图5-15所示。若所加应力 σ 在（0.5～0.7）f_{cp}以上重复时，随着重复次数的增大，塑性应变逐渐增加，将导致混凝土疲劳破坏。

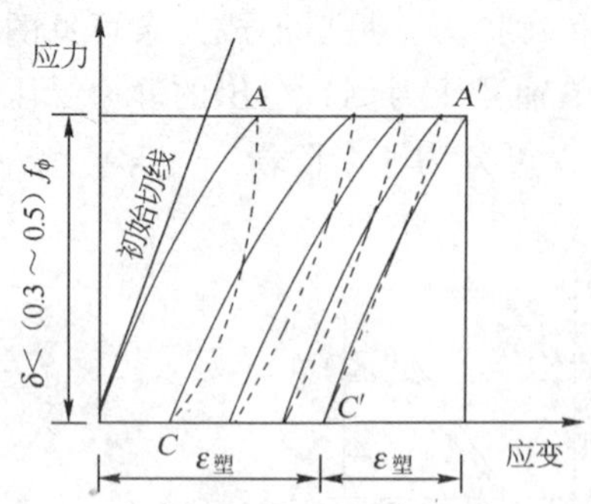

图5-15　低应力下重复荷载的应力—应变曲线

（2）混凝土的变形模量

在应力—应变曲线上任一点的应力 δ 与其应变 ε 的比值，叫做混凝土在该应力下的变形模量。它反映混凝土所受应力与所产生应变之间的关系。在计算钢筋混凝土的变形、裂缝开展及大体积混凝土的温度应力时，均需知道该时混凝土的变形模量。在混凝土结构或钢筋混凝土结构设计中，常采用按标准方法测得的静力受压弹性模量 E_c。

在静力受压弹性模量试验中，使混凝土的应力在 $1/3f_{cp}$ 水平下经过多次反复加荷和卸荷，最后所得应力—应变曲线与初始切线大致平行。这样测出的变形模量称为弹性模量 E_c，故 E_c 在数值上与 $\tan\alpha$ 相近。

混凝土的弹性模量与其强度有关。当混凝土的强度等级由 C10 增高到 C60 时，其弹性模量大致由 1.75×10^4 MPa 增至 3.60×10^4 MPa。

混凝土的弹性模量随骨料与水泥石的弹性模量而异。由于水泥石的弹性模量一般低于骨料的弹性模量，所以混凝土的弹性模量一般略低于其骨料的弹性模量。在材料质量不变的条件下，混凝土的骨料含量较多、水灰比较小、养护较好及龄期较长时，混凝土的弹性模量就较大。蒸气养护的弹性模量比标准养护的低。

混凝土的弹性模量大小对钢筋混凝土构件的刚度有较大的影响，随着混凝土弹性模量的增大，钢筋混凝土构件的刚度也会相应增大。一般建筑物须有足够的刚度，在受力下产生较小的变形，才能发挥其正常使用功能。因此，混凝土须有足够高的弹性模量。

2. 在长期荷载作用下的变形——徐变

混凝土在长期荷载作用下，除产生瞬间的弹性变形和塑性变形外，还会在沿着作用力方向产生随时间而增长的非弹性变形，这种在长期荷载作用下的变形通常称为徐变。徐变一般要延续 2～3 年才逐渐趋于稳定。图 5-16 所示为混凝土徐变的一个实例。

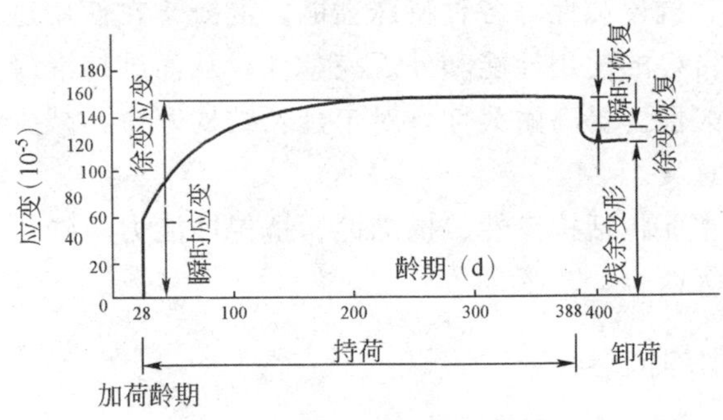

图 5-16　混凝土的徐变与恢复

混凝土在长期荷载作用下，一方面在开始加荷时发生瞬间变形（又称瞬变，即混凝土受力后立刻产生的变形，以弹性变形为主）；另一方面发生缓慢增长的徐变。在荷载作用初期，徐变变形增长较快，以后逐渐变慢且稳定下来。混凝土的徐变应变可达（3～15）×10^{-4}，即 0.3～1.5mm/m。当变形稳定以后，卸掉荷载，部分变形瞬时恢复，少部分变形逐渐恢复，称为徐变恢复。剩余不可恢复部分称为残余变形。

混凝土徐变是由于水泥石凝胶体在长期荷载作用下的黏性流动和凝胶粒子上的吸附水因荷载应力而向毛细孔迁移渗透的结果。

从水泥凝结硬化过程可知，随着水泥的逐渐水化，新的凝胶体逐渐填充毛细孔，使毛细孔的相对体积逐渐减小，在荷载初期或硬化初期，由于未填满的毛细孔较多，凝胶体的移动较易，故徐变增长较快，以后由于内部移动和水化的进展，毛细孔逐渐减少，徐变速度因而愈来愈慢。

混凝土徐变与许多因素有关。混凝土的水灰比较小或混凝土在水中养护时，同龄期的水泥石中未填满的孔隙较小，故徐变较小。水灰比相同的混凝土，其水泥用量愈多，即水泥石相对含量愈大，其徐变愈大。混凝土所用骨料弹性模量较大时，徐变较小。徐变与混凝土的弹性模量也有密切的关系，一般弹性模量大者，徐变小。

混凝土不论是受压，受拉或受弯时，均有徐变现象。混凝土的徐变对钢筋混凝土构件来说，能消除钢筋混凝土内的应力集中，使应力较均匀地重新分布；对大体积混凝土，能消除一部分由于温度变形所产生的温度应力，但在预应力钢筋混凝土结构中，混凝土的徐变将使钢筋的预加应力受到损失。

5.6 硬化混凝土的耐久性

混凝土除应具有设计要求的强度，以保证其能安全地承受设计荷载外，还应具有抗渗性、抗冻性、抗侵蚀性等各种特殊性能。混凝土在使用过程中抵抗环境介质作用并长期保持其良好的使用性能和外观完整性，从而维持混凝土结构安全和正常使用的能力称为耐久性。提高耐久性，对于延长结构寿命，减少修复工作量，提高经济效益具有重要意义。

混凝土耐久性主要包括抗渗性、抗冻性、抗侵蚀能力、碳化、碱骨料反应及混凝土中的钢筋锈蚀等内容。

5.6.1 混凝土的抗渗性

抗渗性是指混凝土抵抗有压液体（水、油、溶液等）渗透作用的能力。它是决定混凝土耐久性最基本的因素，若混凝土的抗渗性差，不仅周围水等液体物质易渗入内部，而且当遇有负温或环境水中含有侵蚀性介质时，混凝土就易遭受冰冻或侵蚀作用而破坏，对钢筋混凝土还将引起其内部钢筋锈蚀，并导致表面混凝土保护层开裂与剥落。因此，对地下建筑、水坝、水池、港工、海工等工程，必须要求混凝土具有一定的抗渗性。

混凝土的抗渗性在我国一般采用抗渗等级表示，也有采用相对渗透系数来表示的。抗渗等级是以 28d 龄期的标准试件，按标准试验方法进行试验，用每组 6 个试件中 4 个试件未出现渗水时的最大水压力来表示的，分为 P4、P6、P8、P10、P12 等 5 个等级，即相应表示能抵抗 0.4、0.6、0.8、1.0、1.2MPa 的水压力而不渗水。抗渗等级＞P6 级的混凝土称为抗渗混凝土。

混凝土的抗渗性主要与其密实度及内部孔隙的大小和构造特征有关。混凝土内部互相连通的孔隙和毛细管通路，以及由于在混凝土施工成型时，振捣不密实产生的蜂窝、孔洞都会造成混凝土渗水。

渗水通道的多少主要与水泥品种和水灰比大小有关。当水泥品种一定时，水灰比愈大，抗渗性愈差；反之，抗渗性愈好。掺用引气剂等外加剂，由于改变了混凝土中的孔隙构造，截断了渗水通道，故可显著地提高混凝土抗渗性。

提高抗渗性的措施主要有降低水灰比，采用减水剂、掺入引气剂、加入掺合料、防止离析和泌水的发生，加强养护及防止出现施工缺陷等。

5.6.2 混凝土的抗冻性

混凝土的抗冻性是指混凝土在水饱和状态下，经受多次冻融循环作用，能保持强度和外观完整性的能力。在寒冷地区，特别是在接触水又受冻的环境下的混凝土，要求具有较高的抗冻性能。

混凝土受冻融作用破坏的原因，是由于混凝土内部孔隙中的水在负温下结冰后体积膨胀造成的静水压力和因冰水蒸汽压的差别推动未冻水向冻结区的迁移所造成的渗透压力。当这两种压力所产生的内应力超过混凝土的抗拉强度时，混凝土就会产生裂缝，多次冻融会使裂缝不断扩展直至破坏。混凝土的密实度、孔隙构造和数量、孔隙的充水程度是决定抗冻性的重要因素。因此，当混凝土采用的原材料质量好、水灰比小、具有封闭细小孔隙（如掺入引气剂的混凝土）及掺入减水剂、防冻剂时其抗冻性都较高。

随着混凝土龄期增加，混凝土抗冻性能逐步得到提高。因水泥不断水化，可冻结水量逐渐减少；水中溶解盐浓度随水化深入而增加，冰点也随龄期而降低，抵抗冻融破坏的能力随之增强，所以延长冻结前的养护时间可以提高混凝土的抗冻性。一般在混凝土抗压强度尚未达到 5.0MPa 或抗折强度尚未达到 1.0MPa 时，不得遭受冰冻。

混凝土抗冻性一般以抗冻等级表示。抗冻等级是采用慢冻法以龄期 28d 的试块在吸水饱和后，承受反复冻融循环，以抗压强度下降不超过 25%，而且重量损失不超过5%时所能承受的最大冻融循环次数来确定的。混凝土的抗冻等级有：F10、F15、F25、F50、F100、F150、F200、F250和F300等9个级别，分别表示混凝土能够承受反复冻融循环的最多次数不少于10、15、25、50、100、150、200、250和300次。抗冻等级>F50的混凝土为抗冻混凝土。

抗冻性试验亦可采用快冻法，以相对动弹性模量值不小于60%，而且质量损失率不超过5%时所能承受的最大冻融循环次数来表示。

提高混凝土抗冻性的最有效方法是加入引气剂（如松香热聚物等）、减水剂和防冻剂，提高混凝土密实度。

5.6.3 混凝土的抗侵蚀性

混凝土的抗侵蚀性指混凝土在周围各种侵蚀介质作用下抵抗侵蚀破坏的能力。当混凝土所处环境中含有侵蚀性介质时，混凝土便会遭受侵蚀，通常有软水侵蚀、硫酸盐侵蚀、镁盐侵蚀、碳酸侵蚀、一般酸侵蚀与强碱侵蚀等，其侵蚀机理详见第4章水泥部分。

混凝土的抗侵蚀性与所用水泥品种、混凝土的密实程度和孔隙特征有关。密实和孔隙封闭的混凝土，侵蚀介质不易侵入，故其抗侵蚀性较强。所以，提高混凝土抗侵蚀性的措施，主要是合理选择水泥品种，降低水灰比，提高混凝土的密实度和改善孔结构。

5.6.4 混凝土的碳化

混凝土的碳化是指水泥石中的氢氧化钙与空气中的二氧化碳在湿度适宜时发生化学反应，生成碳酸钙和水，也称中性化。混凝土的碳化过程是二氧化碳由表及里向混凝土内部逐渐扩散的过程。碳化引起水泥石化学组成及组织结构的变化，从而对混凝土的化学性能和物理性能产生明显的影响。

碳化使混凝土碱度降低，减弱了对钢筋的保护作用，可能导致钢筋锈蚀。碳化将显著增加混凝土的收缩，是由于在干缩产生的压应力下的氢氧化钙晶体溶解和碳酸钙在无压力处沉淀所致，此时暂时地加大了水泥石的可压缩性。碳化使混凝土的抗压强度增大，其原因是碳化放出的水分有助于水泥的水化作用，而且碳酸钙减少了水泥内部的孔隙。强度增大值随水泥品种而异（高铝水泥混凝土碳化后强度反而明显下降）。但是由于混凝土的碳化层产生碳化收缩，对其核心形成压力，而表面碳化层出现拉应力，可能产生微细裂缝，而使混凝土抗拉、抗折能力降低。另外，混凝土在水泥用量固定的条件下，水灰比越小，碳化速度就越慢；而当水灰比固定，碳化深度随水泥用量提高而减小。混凝土所处环境条件

（主要是空气中的二氧化碳浓度、空气相对湿度等因素）也会影响混凝土的碳化速度。二氧化碳浓度增大自然会加速碳化进程，例如，一般室内较室外快，二氧化碳含量高的工业车间（如铸造车间）碳化快。混凝土在水中或相对湿度100%条件下，由于混凝土孔隙中的水分阻止二氧化碳向混凝土内部扩散，碳化停止。同样，处于特别干燥条件（如相对湿度在25%以下）的混凝土，则由于缺乏使二氧化碳及氢氧化钙作用所需的水分，碳化也会停止。一般认为相对湿度50%～75%时碳化速度最快。

5.6.5 混凝土的碱-骨料反应

1.混凝土发生碱-骨料反应的必须具备条件

如前所述，碱-骨料反应主要是指水泥中的碱（Na_2O、K_2O）与骨料中的活性二氧化硅发生化学反应，在骨料表面生成复杂的碱-硅酸凝胶，吸水后体积膨胀(体积可增加3倍以上)，从而导致混凝土产生膨胀开裂而破坏的现象。

混凝土发生碱-骨料反应必须具备以下三个条件：

①水泥中碱含量高。水泥中碱含量按（$Na_2O+0.658K_2O$）%计算大于0.6%；

②砂、石骨料中含有活性二氧化硅成分。含活性二氧化硅成分的矿物有蛋白石、玉髓、鳞石英等；

③有水存在。在无水情况下，混凝土不可能发生碱—骨料反应。

2.抑制碱骨料反应的措施

在实际工程中，为抑制碱-骨料反应的危害，可采取以下方法：

①要选择低碱水泥（含碱量$<$0.6%），以降低混凝土总的含碱量；

②条件许可时选用非活性骨料；

③在混凝土配合比设计中，尽量降低单位水泥用量，从而进一步控制混凝土的含碱量。当掺入外加剂时，必须控制外加剂的含碱量，防止其对碱骨料反应的促进作用；

④在混凝土中掺入火山灰质活性混合材料，以减少膨胀值。如硅灰、粉煤灰(高钙高碱粉煤灰除外)，对碱骨料反应有明显的抑制效果，因为活性混合材料可与混凝土中碱（包括Na^+、K^+和Ca^{2+}）起反应，又由于它们是粉状、颗粒小，分布较均匀。因此，反应进行得快，而且反应产物能均匀分散在混凝土中，而不是集中在骨料表面，从而降低了混凝土中的含碱量，抑制了碱骨料反应。同样道理采用矿渣含量较高的矿渣水泥也是抑制碱骨料反应的有效措施；

⑤设法防止外界水分渗入混凝土或者使混凝土变干，可减轻碱骨料反应的危害程度。

5.6.6 提高混凝土耐久性的措施

混凝土所处的环境和使用条件不同，其遭受破坏的过程及对其耐久性的要求也不相同，但影响耐久性的因素和提高混凝土耐久性的措施却有许多共同之处。混凝土的密实程度是影响耐久性的主要因素，其次是原材料的性质、施工质量等。提高混凝土耐久性的主要措施有：

(1) 根据混凝土工程的特点和所处的环境条件，合理选择水泥品种。

(2) 选用质量良好、技术条件合格的砂石骨料。改善粗细骨料的颗粒级配，在允许的最大粒径范围内尽量选用较大粒径的粗骨料，可减小骨料的空隙率和比表面积，也有助于提高混凝土的耐久性。

(3) 严格控制混凝土的水灰比及水泥用量。水灰比的大小是决定混凝土密实性的主要因素，它不但影响混凝土的强度，而且也严重影响其耐久性，故必须严格控制水灰比。保证足够的水泥用量，同样可以起到提高混凝土密实性和耐久性的作用。《普通混凝土配合比设计规程》(JGJ 55—2000) 对工业与民用建筑工程所用混凝土的最大水灰比及最小水泥用量做了规定，见表 5-15。

混凝土的最大水灰比和最小水泥用量 表 5-15

<table>
<tr><th colspan="2" rowspan="2">环境条件</th><th rowspan="2">结构物类型</th><th colspan="3">最大水灰比</th><th colspan="3">最小水泥用量</th></tr>
<tr><th>素混凝土</th><th>钢筋混凝土</th><th>预应力混凝土</th><th>素混凝土</th><th>钢筋混凝土</th><th>预应力混凝土</th></tr>
<tr><td colspan="2">干燥条件</td><td>正常的居住或办公用房屋内部件</td><td>不作规定</td><td>0.65</td><td>0.60</td><td>200</td><td>260</td><td>300</td></tr>
<tr><td rowspan="2">潮湿环境</td><td>无冻害</td><td>高湿度的室内部件
室外部件
在非侵蚀性土和水中的部件</td><td>0.70</td><td>0.60</td><td>0.60</td><td>225</td><td>280</td><td>300</td></tr>
<tr><td>有冻害</td><td>经受冻害的室外部件
在非侵蚀土和水中且经受冻害的部件
高湿度且经受冻害的室内部件</td><td>0.55</td><td>0.55</td><td>0.55</td><td>250</td><td>280</td><td>300</td></tr>
<tr><td colspan="2">有冻害和除冰剂的潮湿环境</td><td>经受冻害和有除冰剂作用的室内和室外部件</td><td>0.50</td><td>0.50</td><td>0.50</td><td>300</td><td>300</td><td>300</td></tr>
</table>

注：①当用活性掺合料取代部分水泥时，表中的最大水灰比及最小水泥用量，即为取代前的水灰比和水泥用量。

②配制 C15 级及其以下等级的混凝土，可不受本表限制。

(4) 掺入减水剂或引气剂，改善混凝土的孔结构，对提高混凝土的抗渗性和抗冻性有良好作用。

(5) 加强混凝土质量的生产控制，在混凝土施工中，应当搅拌均匀，浇灌和振捣密实及加强养护，以保证混凝土施工质量。

5.7 混凝土的外加剂

混凝土外加剂是指在混凝土拌和过程中掺入的，用以改善混凝土性能的物质。由于外加剂能改善混凝土的技术性能，所以它在工程中的应用比例越来越大，不少国家使用掺外加剂的混凝土已占混凝土总量的60%～90%，混凝土外加剂现已成为混凝土中的第五种成分。

5.7.1 外加剂的分类

混凝土外加剂种类繁多，根据国家标准《混凝土外加剂的分类、命名与定义》(GB/T 8075—2005) 的规定，混凝土外加剂按其主要功能分为四类：

(1) 改善混凝土拌合物流变性能的外加剂，如各种减水剂、引气剂及泵送剂等。

(2) 调节混凝土凝结硬化性能的外加剂，如缓凝剂、早强剂及速凝剂等。

(3) 改善混凝土耐久性的外加剂，如引气剂、防水剂，阻锈剂、抗冻剂等。

(4) 改善混凝土其他特殊性能的外加剂，如加气剂、膨胀剂、防冻剂、着色剂等。

此外，混凝土外加剂按其按化学成分可分为以下三类：

(1) 无机化合物，多为电解质盐类。

(2) 有机化合物，多为表面活性剂。

(3) 有机和无机的复合物。

目前，在工程中常用的外加剂主要有减水剂、引气剂、早强剂、缓凝剂等。

5.7.2 常用外加剂的组成和特性

1. 减水剂

减水剂是指在混凝土坍落度基本相同的条件下，能显著减少混凝土拌和用水量的外加剂。按减水能力及其兼有的功能分为：普通减水剂、高效减水剂、早强减水剂及引气减水剂等。

(1) 减水剂的作用机理

减水剂多数为表面活性剂，表面活性剂是指具有显著改变液体表面张力或两相间界面张力的物质。其分子由亲水基团和增水基团组成，如图 5-17 所示。亲水基团是以羟基、核酸盐基、磺酸盐及肢基等为代表的原子团，它是极溶于水的极性基因，对水等极性分子有较强的亲和力。憎水基团是以脂肪烃及芳香烃等为代表的原子团，它是一些难溶于水的非极性基团，对空气、油等非极性分子有较强的亲和力。表面活性剂加入水溶液后，必从溶液中向界面富集，作定向排列，其亲水基指向溶液，憎水基指向空气，形成定向吸附膜如图 5-18 所示，从而降低水的表面张力和两相间的界面张力，这种现象称为表面活性。具有表面活性的物质，能够起到润湿、乳化、分散、润滑、起泡和洗涤等作用。

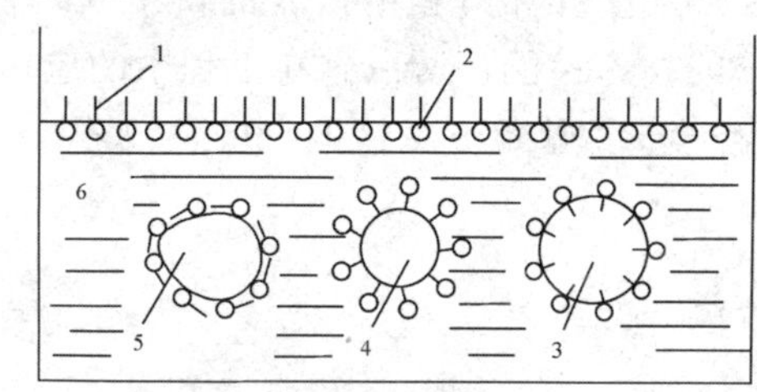

图 5-17　表面活性剂分子的吸附定向排列

1. 憎水集团 2. 亲水集团 3. 气泡 4. 油粒子 5. 水泥粒子 6. 水

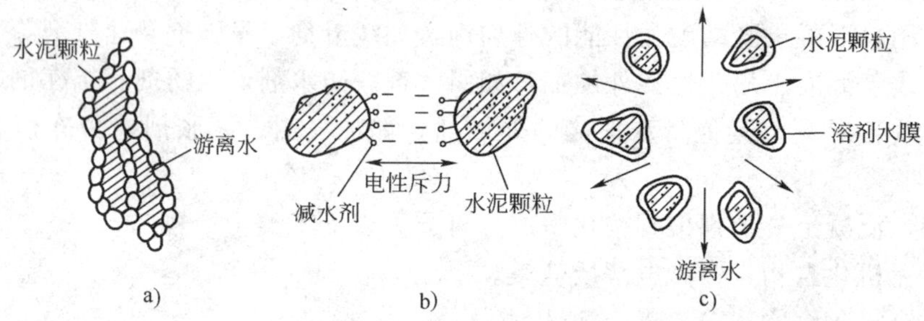

图 5-18　水泥浆的絮凝结构和减水剂作用示意图

当水泥加水拌和后，若无减水剂，则由于水泥颗粒之间分子凝聚力的作用，使水泥浆形成絮凝结构，如图 5-18a)，将一部分拌和用水（游离水）包裹在水泥颗粒的絮凝结构内，从而降低混凝土拌合物的流动性。如在水泥浆中加入减水剂，则减水剂的憎水基团定向吸附于水泥颗粒表面，使水泥颗粒表面带上同性电荷，在电性斥力作用下，使水泥颗粒分开，如图 5-18b)，从而将絮凝结构内的游离水释放出来。另外，减水剂还能在水泥颗粒表面形成一层稳定的溶剂水膜，如图 5-18c)，它阻止了水泥颗粒间的直接接触，在水泥颗粒间起到很好的润滑作用。减水剂的吸附—分散和湿润—润滑作用使混凝土拌合物在不增加用水量的情况下，增大了流动性，因而改善了混凝土拌合物的和易性。此外，由于水泥颗粒被有效分散，颗粒表面被水分充分润湿，增大了水泥颗粒的水化面积，使水化比较充分，从而提高了混凝土的强度。

(2) 使用减水剂的技术经济效果

根据使用条件和目的不同，在混凝土中加入减水剂后，一般可取得以下效果：

①增加流动性。在用水量及水灰比不变时，混凝土坍落度可增大100～200mm，且不影响混凝土的强度。

②提高混凝土强度。在保持流动性及水泥用量不变的条件下，可减少拌和水量10%～15%，从而降低了水灰比，使混凝土强度提高15%～20%，特别是早期强度提高更为显著。

③节约水泥。在保持流动性及水灰比不变的条件下，可以在减少拌和水量的同时，相应减少水泥用量，即在保持混凝土强度不变时，可节约水泥用量10%～15%。

④改善混凝土的耐久性。由于减水剂的掺入，显著地改善了混凝土的孔结构，使混凝土的密实度提高，透水性降低，从而可提高抗渗、抗冻、抗化学腐蚀及防锈蚀等能力。

此外，掺用减水剂后，还可以改善混凝土拌合物的泌水、离析现象，延缓混凝土拌合物的凝结时间，减慢水泥水化放热速度。

(3) 常用减水剂

目前常用的减水剂有木质素系、萘系、树脂系、糖蜜系及腐殖酸系等几种。当与其他外加剂复合时，还可制成引气减水剂、早强减水剂及缓凝减水剂等多种复合减水剂。现将常用的减水剂品种介绍如下：

①木质素系减水剂

木质素系减水剂的主要品种有木质素磺酸钙（简称木钙或M型减水剂）、木质素磺酸钠（木钠）和木质素磺酸镁（木镁）。以木钙应用最多，它属于阴离子表面活性剂。

木钙是由生产纸浆或纤维浆的废液，经发酵提取酒精后的残渣，再经磺化、石灰中和、过滤喷雾干燥而制得。木钙减水剂中含木质素磺酸钙60%以上，含糖率低于12%，pH值为4～6。

木钙掺量一般为水泥质量的0.2%～0.3%，减水率（减水率系指砂、石骨料不变的条件下保持混凝土流动性及水泥用量不变，掺外加剂的混凝土用水量较不掺外加剂的混凝土用水量减少的百分率）10%左右，混凝土28d抗压强度提高10%以上。在保持混凝土强度和坍落度不变的条件下，可节约水泥8%～10%。

木钙对水泥有缓凝作用，并可减小水泥水化放热的速率。一般在混凝土中掺入0.25%的木钙，能使凝结时间延长1～3h，对大体积混凝土夏季施工有利。但若掺量过多，将使混凝土硬化过程变慢，甚至降低混凝土的强度。在保持混凝土坍落度及抗压强度不变的条件下，掺有木钙的混凝土抗拉强度、抗折强度、弹性模量、抗渗性及抗冻性等项性能均较未掺外加剂的混凝土有不同程度的提高。

木钙的原料丰富，价格低廉，经济效益显著，是工程中广泛应用的普通减水剂，它适用于一般混凝土工程及滑模、泵送大体积、夏季施工的混凝土工程。

②萘系高效减水剂

萘系减水剂是以煤焦油中分馏出的萘及萘的同系物为原料，经磺化、水解、缩聚、中和而得。主要成分是萘或萘的同系物磺酸盐甲醛缩合物，属亲水性阴离子表面活性剂。目前国内已有数十个品种，主要有 NF、NNO、FDN、UNF、MF、建 I、JN SN、AF 等。

萘系减水剂对水泥有强烈的分散作用，减水率在 15%～20%以上，混凝土 28d 强度可增加 20%以上，并有早强作用。其适宜掺量为 0.5%～1.5%，通常为 0.5%～0.75%。大部分产品为非引气型的（或引气量小于 2%），少数产品具有一定引气性（如 MF、建 I 等），对于有一定引气性的产品，可加消泡剂复合使用。

萘系高效减水剂的减水增强效果好，对不同品种水泥的适应性较强。适用于配制早强、高强、流态、蒸养等各种混凝土，更适用于配制高强混凝土及流态混凝土。掺入非引气型高效减水剂，将水灰比降至 0.25～0.35，可配制出高强混凝土，它可以常温养护、蒸汽养护或蒸压养护。掺入萘系高效减水剂也可配制大流动性混凝土或泵送混凝土。掺入萘系减水剂后，混凝土的其他力学性能以及抗渗、耐久性等均有所改善，且对钢筋无腐蚀作用。与早强剂、引气剂或缓凝剂等复合使用，可全面地改善混凝土性能。

③树脂系高效减水剂

目前国产水溶性树脂系高效减水剂有三聚氰胺甲醛树脂（或称蜜胺树脂，代号 SM）及磺化古马龙树脂（代号 CRS）。

SM 高效减水剂为非引气型早强高效减水剂，减水率很高，当掺量为 0.5%～2.0%时，可减水 20%～27%，最高减水率达 30%。混凝土 28d 抗压强度可提高 30%～60%，可用来配制 80～100MPa 的超高强混凝土，并特别适用于蒸汽养护的混凝土，对铝酸盐水泥也有很好的适用性，还可用于配制耐火及耐高温的混凝土。但因其价格昂贵，使用受到一定限制。

CRS 高效减水剂是由炼油厂的副产品古马龙——茚树脂，经硫酸磺化而制得。它是非引气型减水剂，减水率达 19%～29%，混凝土 28d 强度可提高 21%～27%。可用于配制高强混凝土及大流动性混凝土。其抗渗、抗冻性等也有显著提高。其价格及适用范围与萘系减水剂相似。

④糖蜜系减水剂

糖蜜减水剂是以制糖厂提炼食糖后所得的副产品糖渣或废蜜为原料，用石灰中和所得的盐类物质，也可用废蜜发酵提取酒精后的残渣做减水剂。主要产品有糖蜜塑化剂、甜菜糖渣减水剂及糖蜜酒精糟减水剂等，均属非离子型亲水性表面活性剂。

糖蜜减水剂的适宜掺量为0.2%～0.3%，减水率为6%～10%，混凝土28d强度可提高10%～15%。糖蜜减水剂除有减水作用外，还有显著的缓凝作用，能使凝结时间延长3h以上，并可改善混凝土黏聚性、降低水泥水化热以及提高混凝土抗渗性、抗冻性及抗冲磨性等。糖蜜减水剂适用于大体积混凝土工程及夏季混凝土施工等。

⑤复合减水剂

减水剂可与引气剂、早强剂或消泡剂等复合，不同减水剂也可复合，从而制得引气减水剂、早强减水剂、缓凝减水剂等许多品种。不同类型外加剂复合使用，应通过试验，确定出适宜品种及掺配比例。复合减水剂，常取得两种外加剂的双重效果。

(4) 减水剂的使用方法

减水剂掺入混凝土的方法有先掺法、同掺法、滞水法和后掺法等四种。

①先接法

将减水剂与水泥混合后再与骨料和水一起搅拌。优点是使用方便。缺点是减水剂中有粗粒子时，在拌合物中不易分散，影响质量且搅拌时间要长，因此不常采用。

②同接法

将减水剂先溶于水形成溶液后，再加入拌合物一起搅拌，优点是计量准且易搅拌均匀，使用方便。缺点是增加了溶解和储存工序。此法常用。

③后掺法

指在混凝土拌合物运送到浇筑地点后，才加入减水剂再次搅拌均匀进行浇筑。优点是可避免混凝土在运输过程中的分层、离析和坍落度损失，提高减水剂使用效果及其对水泥的适应性。缺点是需二次或多次搅拌。此法适用于商品混凝土（因其运距远），且有混凝土运输搅拌车。

④滞水法

在搅拌过程中减水剂滞后1～3min加入。优点是能提高减水剂使用效果。缺点是搅拌时间长，生产效率低。一般不常用。

2. 引气剂

(1) 引气剂主要品种

引气剂是一种在搅拌混凝土过程中能引入大量均匀分布、稳定而封闭的微小气泡的外加剂。

引气剂主要品种有松香热聚物、松脂皂及801引气剂等（市售产品有DH_9、PC-2、H_{10}、AEA等）。其中以松香热聚物的效果较好，最常使用。松香热聚物是以松香与硫酸、石炭酸起聚合反应，再经氢氧化钠中和而得的憎水性表面活性剂。它不能直接溶解于水，使用时需先将其溶解于加热的氢氧化钠溶液中，再加水配成一定浓度的溶液。松香皂是由松香经氢氧化钠皂化而成。801引气剂是将脂肪醇聚氧乙烯醚进行磺化而得的一种新稠状半固体物质，为阴离子表面活性剂。其引气效果与松香热聚物相似，且可直接溶于水，使用较方便，但价格稍贵。

常用引气剂的品种、成分及掺量见表 5-16。

常用引气剂品种、成分及掺量 表 5-16

名　称	PC-2	CON-A	801	OP 乳化剂	ABS	AS	木质素磺酸钙
主要成分	松香热聚物	松香皂	高级脂肪醇衍生物	烷基酚环氧乙烷缩合物	烷基苯磺酸钠	烷基磺酸钠	木质素磺酸盐
一般掺量(占水泥质量)(%)	0.005～0.01	0.005～0.01	0.01～0.03	0.06	0.008～0.01	0.008～0.01	0.3～0.5

（2）引气剂作用机理

引气剂属憎水性表面活性剂，引气剂吸附在水—气界面上，能显著降低水的表面张力和界面能，使水溶液在搅拌过程中极易产生许多微小的封闭气泡（气泡直径多在 50～250μm）。同时，因引气剂分子定向排列在泡膜界面上，形成较为牢固的液膜，阻碍泡膜内水分子的移动，增加了泡膜的厚度及强度，使气泡不易破灭；水泥等微细颗粒吸附在泡膜上，水泥浆中的氢氧化钙与引气剂作用生成的钙皂沉积在泡膜壁上，也提高了泡膜稳定性，使气泡稳定而不破裂。

（3）引气剂使用效果

引气剂掺入混凝土中对混凝土性能的影响主要表现在以下几个方面：

①改善了混凝土拌合物的和易性。在混凝土拌合物中引人的大量微小气泡，相对增加了水泥浆体积，气泡起到如同滚珠的作用，使颗粒间摩擦力减小，从而可提高混凝土的流动性，由于水分被均匀分布在气泡表面，又显著改善了混凝土的保水性和黏聚性。

②提高混凝土的耐久性。由于气泡能隔断混凝土中毛细管通道以及气泡对水泥石内水分结冰时所产生压力的缓冲作用，故能显著提高混凝土的抗渗性和抗冻性。

③降低混凝土强度和耐磨性。由于引入大量的气泡，减小了混凝土受力有效面积，使混凝土强度和耐磨性有所降低。当保持水灰比不变时，含气量增加 1%，混凝土强度下降 3%～5%。混凝土中含气量的多少，对混凝土的和易性、强度及耐久性等有很大影响，若含气量太少，不能获得引气剂的积极效果；若含气量过多，又会过多地降低混凝土强度，故应使混凝土具有适宜的含气量值。一般骨料最大粒径为 20mm 时，适宜含气量为 5.5%；40mm 时为 4.5%；80mm 时为 3.5%；150mm 时为 3%。

引气剂的适宜掺量与引气剂的品种有关，松香热聚物引气剂的适宜掺量为 0.006%～0.012%（占水泥质量）。此外，还与水泥品种、掺合料用量、混凝土配合比及气温等因素有关。

(4) 引气剂的使用方法

引气剂最常用的是松香热聚物，它不能直接溶解于水，使用时需将其溶解于加热的氢氧化钠溶液中，再加水配成一定浓度的溶液后加入混凝土中，当引气剂与减水剂、早强剂、缓凝剂等复合使用时，配制溶液时应注意其共溶性。

引气剂与减水剂相比较各有特点，引气剂比较适用于强度要求不太高、水灰比较大的混凝土，如大体积混凝土；减水剂比较适用于强度要求较高，水灰比较小的混凝土。对抗冻性要求较高的混凝土，也需掺用引气剂。当引气剂与减水剂复合掺用时，可获得增加强度和提高耐久性的双重效果。

3.早强剂

(1) 早强剂的主要类型及其作用机理

早强剂是指能加速混凝土早期强度发展的外加剂。早强剂主要有氯盐类、硫酸盐类、有机胺类以及它们组成的复合早强剂。

①氯盐类早强剂

氯盐类早强剂主要有氯化钙、氯化钠、氯化钾、氯化铝及三氯化铁等，其中以氯化钙应用最广。氯化钙为白色粉状物，其适宜掺量为水泥质量的0.5%～1.0%，能使混凝土3d强度提高50%～100%，7d强度提高20%～40%，同时能降低混凝土中水的冰点，防止混凝土早期受冻。

氯化钙对混凝土产生早强作用的机理：一般认为是它能与水泥中的C_3A作用，生成不溶性水化氯铝酸钙（$C_3A \cdot CaCl_2 \cdot 10H_2O$），并与$C_3S$水化析出的氢氧化钙作用，生成不溶性氧氯化钙($CaCl_2 \cdot 3Ca(OH)_2 \cdot 12H_2O$)。这些复盐的形成，增加了水泥浆中固相的比例，有助于水泥石结构的形成。同时，由于氯化钙与氢氧化钙的迅速反应，降低了液相中的碱度，使C_3S水化反应加快，也有利于提高水泥石早期强度。

采用氯化钙作早强剂，最大的缺点是含有Cl^-离子，会使钢筋锈蚀，并导致混凝土开裂。因此，《混凝土结构工程施工及验收规范》(GB 50204)规定，在钢筋混凝土中，氯化钙的掺量不得超过水泥质量的1%，在无筋混凝土中掺量不得超过3%。为了抑制氯化钙对钢筋的锈蚀作用，常将氯化钙与阻锈剂亚硝酸钠（$NaNO_2$）复合使用。

②硫酸盐类早强剂

硫酸盐类早强剂，主要有硫酸钠、硫代硫酸钠、硫酸钙、硫酸铝、硫酸铝钾等，其中硫酸钠应用较多。硫酸钠为白色粉状物，一般掺量为0.5%～2.0%，当掺量为1%～1.5%时，达到混凝土设计强度70%的时间，可缩短一半左右。

硫酸钠掺入混凝土后产生早强的机理：一般认为是硫酸钠与水泥水化产物

$Ca(OH)_2$作用，生成高分散性的硫酸钙，均匀分布在混凝土中，而它与C_3A的反应比外掺石膏的作用快得多，能使水化硫铝酸钙迅速生成，大大加快了水泥的硬化。同时，由于上述反应的进行，使得溶液中$Ca(OH)_2$浓度降低，从而促使C_3S水化加速，使混凝土早期强度提高。

硫酸钠对钢筋无锈蚀作用，适用于不允许掺用氯盐的混凝土。但由于它与$Ca(OH)_2$作用生成强碱NaOH，为防止碱-骨料反应，硫酸钠严禁用于含有活性骨料的混凝土。同时，应注意不能超量掺加，以免导致混凝土产生后期膨胀开裂破坏，并防止混凝土表面产生“白霜”。

③有机胺类早强剂

有机胺类早强剂，主要有三乙醇胺、三异丙醇胺等，其中早强效果以三乙醇胺为佳。

三乙醇胺为无色或淡黄色油状液体，呈碱性，能溶于水。掺量为水泥质量的0.02％～0.05％，能使混凝土早期强度提高。与其他外加剂（如氯化钠、氯化钙、硫酸钠等）复合使用，效果更加显著。

三乙醇胺对混凝土稍有缓凝作用，掺量过多会造成混凝土严重缓凝和混凝土强度下降，故应严格控制掺量。

三乙醇胺掺入混凝土后产生早强的机理：三乙醇胺是一种络合剂，在水泥水化的碱性溶液中，能与Fe^{3+}和Al^{3+}等离子形成较稳定的络离子，这种络离子与水泥的水化物作用生成溶解度很小的络盐并析出，有利于早期骨架的形成，从而使混凝土早期强度提高。

④复合早强剂

复合早强剂是指由两种或两种以上的早强剂复合而成，常用的复合早强剂有：三乙醇胺＋氯化钠、三乙醇胺＋亚硝酸钠＋氯化钠、三乙醇胺＋亚硝酸钠＋二水石膏、硫酸盐复合早强剂等，复合早强剂的性能及早强效果取决于其组成成分和掺量，且性能一般优于单一的早强剂。

(2) 早强剂的使用方法

含有硫酸钠的粉状早强剂使用时，应加入水泥中，不能先与潮湿的砂石混合。含有粉煤灰等不溶物及溶解度较小的早强剂、早强减水剂应以粉剂掺入，并适当延长搅拌时间。

(3) 早强剂的适用范围

早强剂能够显著提高混凝土早期强度，适宜用于冬季施工，紧急抢修工程，有早强或防冻要求的混凝土。氯化钙适宜用于素混凝土中；硫酸盐类则适用于不允许掺氯盐的混凝土。为防止碱-骨料反应，硫酸钠严禁用于含有活性骨料的混凝土。

应该指出的是，由于氯化钙会使钢筋锈蚀，并导致混凝土开裂，故不宜在钢筋混凝土中使用，尤其在下列结构的钢筋混凝土中不得掺用氯化钙和含有氯盐的复合早强剂：在高湿度空气环境中、处于水位升降部位、露天结构或经受水淋的结构；与含有酸、碱或硫酸盐等侵蚀性介质相接触的结构；使用过程中经常处于环境温度为60℃以上的结构；直接靠近直流电源或高压电源的结构等。此外，在使用冷拉和冷拔低碳钢丝的混凝土结构及预应力混凝土结构中，不允许掺用氯化钙。

4. 缓凝剂

缓凝剂是指能延长混凝土拌合物凝结时间，并对混凝土后期强度发展无不利影响的外加剂。为了防止在气温较高或运距较长的情况下，混凝土发生过早凝结失去可塑性而影响浇筑质量，以及防止出现冷缝等质量事故，常需掺入缓凝剂。缓凝剂的品种很多，主要有：多羟基碳水化合物类，如木质素系、糖、糖钙类；羟基核酸及其盐类，如酒石酸、柠檬酸、酒石酸钾钠等；无机盐类，如磷酸钠、硼砂等。此外，还有多元有机磷酸及盐类和丙烯酸类共聚物等。

(1) 常用缓凝剂的掺量及其效果

木钙及糖蜜是最常用的缓凝剂，其掺量分别为水泥质量的0.2%～0.3%及0.1%～0.3%，延缓混凝土凝结时间2～4h。掺量增大缓凝作用增强，过大掺量会导致混凝土长时间不凝结。各类常用缓凝剂的掺量及缓凝效果见表5-17。

常用缓凝剂的掺量 表5-17

类别	品种	掺量（占水泥质量）(%)	延缓凝结时间（h）
糖类	糖蜜等	0.2～0.5（水剂） 0.1～0.3（粉剂）	2～4
木质素磺酸盐类	木质素磺酸钙（钠）等	0.2～0.3	2～3
羟基羟酸盐类	柠檬酸、酒石酸钾（钠）等	0.03～0.1	4～10
无机盐类	锌盐、硼酸盐、磷酸盐等	0.1～0.2	

(2) 缓凝剂的作用机理

有机类缓凝剂多为表面活性剂，掺入混凝土中，能吸附在水泥颗粒表面，形成同种电荷的亲水膜，使水泥颗粒相互排斥，阻碍水泥水化产物凝聚，起到缓凝作用。无机类缓凝剂，往往是在水泥颗粒表面形成一层难溶的薄膜，对水泥颗粒的正常水化起阻碍作用，从而导致缓凝。

(3) 缓凝剂的掺入方法

缓凝剂及缓凝减水剂应配制成适当浓度的溶液加入拌和水中使用。糖蜜减水剂中常有少量难溶和不溶物，静置时会有沉淀现象，使用时应搅拌成悬浮液。

当缓凝剂与其他外加剂复合使用时，必须共溶的才能事先混合，否则应分别加入。

(4) 缓凝剂适用范围

缓凝剂适用于夏季施工、泵送及滑模施工、远距离运输等要求缓凝的混凝土工程，亦适用于大体积混凝土等要求降低水化热的工程，缓凝剂掺量过大，会使混凝土长期酥松不硬化，强度严重下降，缓凝剂不宜单独使用于蒸养混凝土，亦不宜用于5℃以下施工的混凝土工程。

5. 速凝剂

(1) 常用速凝剂的种类及其适宜掺量

速凝剂是指能使混凝土迅速凝结硬化的外加剂。速凝剂主要有无机盐类和有机物类两类。我国常用的速凝剂是无机盐类，主要有红星Ⅰ型、711型、728型、8604型等。

红星Ⅰ型速凝剂，是由铝氧熟料（主要成分为铝酸钠）、碳酸钠、生石灰按质量1∶1∶0.5的比例配制而成的一种粉状物，适宜掺量为水泥质量的2.5%～4.0%。711型速凝剂是由铝氧熟料与无水石膏按质量比3∶1配合粉磨而成，适宜掺量为水泥质量的3%～5%。

(2) 速凝剂的作用机理

速凝剂的速凝早强作用机理，是使水泥中的石膏变成Na_2SO_4，失去缓凝作用，从而促使C_3A迅速水化，并在溶液中析出其水化产物晶体，导致水泥浆迅速凝固。

(3) 速凝剂的作用效果

速凝剂掺入混凝土后，能使混凝土在5min内初凝，10min内终凝，1h就可产生强度，1d强度提高2～3倍，但后期强度会下降，28d强度约为不掺时的80%～90%。

(4) 速凝剂的应用

速凝剂主要用于矿山井巷、铁路隧道、引水涵洞、地下工程以及喷锚支护时的喷射混凝土或喷射砂浆工程中。

6. 防冻剂

防冻剂是指在规定温度下，能显著降低混凝土的冰点，使混凝土在负温下硬化并在规定养护条件下达到预期性能的外加剂。

(1) 常用防冻剂的组分

防冻剂是由多组分复合而成，其主要组分有防冻组分、减水组分、引气组分和早强组分等。防冻组分分为三类：氯盐类（如氯化钙、氯化钠）；氯盐阻锈类（氯盐与阻锈剂复合，阻锈剂有亚硝酸钠、铬酸盐、磷酸盐等）；无氯盐类（硝酸盐、亚硝酸盐、碳酸盐、尿素、乙酸盐等）。减水、引气、早强组分则分别采用前面所述的各类减水剂、引气剂和早强剂。

(2) 防冻剂的作用机理

防冻组分可改变混凝土液相浓度，降低冰点，保证了混凝土在负温下有液相存在，使水泥仍能继续水化；减水组分可减少混凝土拌和用水量，从而减少了混凝土中的成冰量，并使冰晶粒度细小且均匀分散，减小对混凝土的破坏应力；引气组分是引入一定量的微小封闭气泡，减缓冻胀应力；早强组分能提高混凝土早期强度，增强混凝土抵抗冰冻的破坏能力。因此，防冻剂的综合效果是能够显著提高混凝土的抗冻性。

(3) 防冻剂的应用

各类防冻剂具有不同的特性，有些还有毒副作用，选择时应十分注意。氯盐类防冻剂适用于无筋混凝土；氯盐阻锈类防冻剂可用于钢筋混凝土；无氯盐类防冻剂可用于钢筋混凝土工程和预应力钢筋混凝土工程。硝酸盐、亚硝酸盐、碳酸盐易引起钢筋的应力腐蚀，故此类防冻剂不适用于预应力混凝土以及与镀锌钢材相接触部位的钢筋混凝土结构。另外，含有六价铬盐、亚硝酸盐等有毒成分的防冻剂，严禁用于饮水工程及与食品接触的部位。防冻剂的掺量应根据施工环境温度条件通过试验确定。各类防冻组分掺量应符合有关规范（如《混凝土外加剂应用技术规范》GB 50119—2003）的规定。

防冻剂用于负温条件下施工的混凝土。目前，国产防冻剂品种适用于0～－15℃的气温，当在更低气温下施工时，应增加其他混凝土冬季施工措施，如暖棚法、原料（砂、石、水）预热法等。

7. 膨胀剂

膨胀剂是能使混凝土产生一定体积膨胀的外加剂。混凝土工程中采用的膨胀剂种类有硫铝酸钙类、硫铝酸钙—氧化钙类、氧化钙类等。

(1) 常用膨胀剂的主要成分

硫铝酸钙类有明矾石膨胀剂（主要成分是明矾石与无水石膏或二水石膏）；CSA 膨胀剂（主要成分是无水硫铝酸钙）；U 型膨胀剂（主要成分是无水硫铝酸钙、明矾石、石膏）等。

氧化钙类有多种制备方法。其主要成分为石灰，再加入石膏与水淬矿渣或硬脂酸或石膏与黏土，经一定的煅烧或混磨而成。

硫铝酸钙—氧化钙类为复合膨胀剂。

(2) 膨胀剂的作用机理

硫铝酸钙类膨胀剂加入混凝土后，自身中无水硫铝酸钙水化或参与水泥矿物的水化或与水泥水化产物反应，生成三硫型水化硫铝酸钙（钙矾石），使固相体积大为增加，而导致体积膨胀。氧化钙类膨胀剂的膨胀作用主要由氧化钙晶体水化生成氢氧化钙晶体，体积增大而导致的。

（3）膨胀剂的掺量

膨胀剂的品种及掺量应根据要求的混凝土膨胀性能进行选择并通过试验确定，膨胀剂的推荐掺量见表5-18。膨胀剂的掺量与水泥及掺和料的活性有关，应通过试验确定。考虑混凝土的强度，在有掺合料的情况下，膨胀剂的掺和量应分别取代水泥和掺和料。

膨胀剂推荐掺量范围 表5-18

膨胀混凝土种类	推荐掺量（内掺法）（%）	膨胀混凝土种类	推荐掺量（内掺法）（%）
补偿收缩混凝土	8～12	自应力混凝土	15～25
填充用混凝土	10～15		

（4）膨胀剂的应用

粉状膨胀剂应与混凝土其他原材料一起投入搅拌机，拌和时间应比普通混凝土延长30S。膨胀剂可与其他外加剂复合使用，但必须有良好的适应性。掺膨胀剂的混凝土不得采用硫铝酸盐水泥、铁铝酸盐水泥和高铝水泥。应注意混凝土所处的环境是否对膨胀剂的选择有特殊要求。长期处于环境温度80℃以上的混凝土中不得掺用硫酸钙类膨胀剂；掺硫铝酸钙类或氧化钙类膨胀剂的混凝土，不宜使用氯化类外加剂；掺铁粉膨胀剂的混凝土或砂浆，不得用于有杂散电流的工程和与铝镁材料接触的部位。

膨胀剂适用于补偿收缩混凝土、膨胀混凝土、自应力混凝土等要求减少混凝土干缩裂缝和提高抗裂性与抗掺性的混凝土工程。

5.7.3 外加剂的一般质量标准

外加剂的质量必须均匀、稳定、性能良好。根据我国《混凝土外加剂》（GB 8076—1997）的规定，对应用于混凝土的各类外加剂产品须经过检测，其匀质性指标及掺外加剂混凝土性能指标均应符合标准所规定的质量要求。

5.7.4 外加剂的选择和使用

1.外加剂品种的选择

外加剂品种繁多，功能效果各异，选择外加剂时，应根据工程需要、使用目的、现场的材料和施工条件，并参考外加剂产品说明书及有关资料进行全面考虑，同时还应注意同一种外加剂会因水泥品种不同有不同的效果及外加剂对混凝土其他性能的影响。使用外加剂时，如有条件应预先进行试验验证。

各种混凝土适宜选用的外加剂，参见表5-19。

各种混凝土适宜选用的外加剂 表 5-19

混凝土类型	应用外加剂的目的	适宜的外加剂
高强混凝土	1. 减少单位用水量，提高混凝土强度 2. 提高施工性能 3. 减小单位水泥用量，减少混凝土的徐变和收缩 4. 用强度等级不太高的水泥代替高强度等级水泥配制高强混凝土	高效减水剂：β-萘磺酸甲醛缩合物、三聚氰胺甲醛树脂磺酸盐等
早强混凝土	1. 提高混凝土早期强度 2. 加快施工速度，加速模板周转，提高构件及制品产量 3. 取消或缩短蒸汽养护时间	气温25℃以上的夏、秋季节宜用非引气型（或低引气型）高效减水剂 气温为−3～20℃左右的春、冬季节宜用复合早强减水剂或减水剂与硫酸钠等早强剂同时用
流态混凝土	1. 配制坍落度为18～22cm的混凝土 2. 改善混凝土的黏聚性、流动性 3. 使混凝土泌水离析小 4. 减低水泥用量，减小干缩，提高耐久性	流化剂：三聚氰胺甲醛树脂磺酸盐类、萘磺酸甲醛缩合物、改性木质素磺酸盐类
泵送混凝土	1. 提高可泵性，控制坍落度8～16cm，混凝土有良好的黏聚性，离析泌水率现象小 2. 确保硬化混凝土质量	泵送剂：减水剂（低坍落度损失）、膨胀剂
大体积混凝土	1. 降低水泥初期水化热 2. 延缓混凝土凝结时间 3. 减小水泥用量 4. 避免干缩裂缝	缓凝型减水剂、缓凝剂、引气剂、膨胀剂（大型设备基础）
防水混凝土	1. 减少混凝土内部孔隙 2. 改变孔隙的形状和大小 3. 堵塞漏水通路，提高抗渗性	减水剂及引气减水剂、膨胀剂、防水剂
蒸养混凝土	1. 以自然养护代替蒸汽养护 2. 缩短养护时间或降低蒸养温度 3. 提高蒸养制品质量 4. 节约水泥用量 5. 改善施工条件，提高施工质量	复合型早强减水剂、高效减水剂、早强剂
自然养护的预制混凝土	1. 缩短生产周期，提高产量 2. 节约水泥5%～15% 3. 改善工作性能，提高构件质量	普通减水剂、早强型减水剂、高效减水剂、引气减水剂
大模板施工混凝土	1. 提高和易性确保混凝土具有良好的流动性、黏聚性和保水性 2. 提高混凝土早期强度，以满足快速拆模和一定的扣板强度	夏季：普通减水剂，低掺量的高效减水剂 冬季：早强减水剂或减水剂与早强剂复合使用

续上表

混凝土类型	应用外加剂的目的	适宜的外加剂
滑动模板施工用混凝土	1. 夏季延长混凝土的凝结时间，便于滑升和抹光 2. 冬季早强，保证滑升速度	夏季宜用糖蜜和木钙等缓凝型减水剂 冬季宜用高效减水剂或减水剂与早强剂复合使用
设备安装二次灌浆料	1. 使灌浆料具有无收缩性，确保设备底板与基础紧密 2. 提高灌浆材料的强度 3. 提高灌浆材料的流动性，加快施工进度，确保灌浆密实	高效减水剂和膨胀剂复合使用
商品（预拌）混凝土	1. 节约水泥 2. 保证混凝土运输后的和易性，以满足施工要求，确保混凝土的质量 3. 满足对混凝土的特殊要求	木质磺酸盐、糖蜜等成本低的外加剂 夏季及运输距离长时，宜用糖蜜等缓凝减水剂 为满足各种特殊需要，选用不同性质的外加剂
耐冻融混凝土	1. 引入适量的微气泡，缓冲冰胀应力 2. 减小混凝土水灰比，提高混凝土抗冻融能力	引气减水剂、引气剂、减水剂
补偿收缩混凝土	1. 在混凝土内产生 0.2～0.7MPa 的膨胀应力，抵消由于干缩而产生的拉应力，提高混凝土抗裂性 2. 提高混凝土抗渗性	膨胀剂：硫铝酸盐类膨胀剂、氧化钙类膨胀剂、金属类膨胀剂、铝粉
建筑砂浆	1. 节省石灰膏、降低成本 2. 改善施工和易性 3. 冬季施工防冻	微沫剂、氯盐与微沫剂复合使用、砂浆塑化剂
夏季施工用混凝土	缓凝	缓凝减水剂、缓凝剂
冬季施工用混凝土	1. 加快施工进度，提高构件早期强度 2. 防止冻害	不受冻害的地区：冬季施工中应用早强减水剂或单掺早强剂 有防冻要求的地区：应选用防冻剂 早强剂＋防冻剂 引气减水剂＋早强剂＋防冻剂

2. 外加剂掺量的确定

外加剂品种选定后，还需认真确定外加剂的掺量，掺量太小，将达不到所期望的效果；反之掺量过大，不仅造成材料浪费，甚至可能影响混凝土质量，造成事故。一般外加剂产品说明书都列出推荐的掺量范围，可参照其选定外加剂掺量。若没有可靠的资料为参考依据时，应尽可能通过试验来确定外加剂掺量。

3. 外加剂掺入方法

外加剂的掺入方法对其作用效果有时影响颇大。因此应根据外加剂的种类、形态及具体情况选用掺入方法。

外加剂的掺量很少，必须保证其均匀分散，一般不能直接加入混凝土搅拌机内。对于可溶于水的外加剂，应先配成一定浓度的溶液，随水加入搅拌机。对于不溶于水的外加剂，应与适量水泥或砂混合均匀后，再加入搅拌机内。另外，外加剂的掺入时间，对其效果的发挥也有很大影响。各种外加剂的具体掺入方法及使用要求，详见有关产品说明书。

5.8 混凝土质量控制与强度评定

5.8.1 混凝土的质量控制

在实际工程中，由于原材料质量的波动、施工配料称量误差、施工条件和试验条件的变异等许多复杂因素的影响，混凝土质量必然产生一定程度的波动。为了使所生产的混凝土能按规定的保证率满足设计要求，必须加强混凝土的质量控制，也就是要从原材料开始到混凝土施工的全过程进行必要的质量检验和控制。混凝土质量控制，包括以下三个方面：

1. 初步控制

指在混凝土生产之前，对混凝土的原材料、配合比和施工工艺进行的控制。主要包括人员配备、设备调试、组成材料的检验、配合比的确定与调整及施工工艺参数确定等项内容。

2. 生产控制

指在混凝土生产过程中，根据混凝土强度、原材料性能和工艺参数的试验数据，借助质量管理图等质量控制工具对生产过程加以控制，保证混凝土强度维持在稳定的正常状态。包括控制称量、搅拌、运输、浇筑、振捣及养护等多项内容。

3. 合格控制

混凝土强度的验收评定。包括批量划分、确定批取样数、确定检测方法和验收界限等项内容。

工程中通常以混凝土抗压强度作为评定和控制其质量的主要指标。这是因为混凝土抗压强度与其他性能之间有良好的相关性，混凝土抗压强度的波动，既反映了混凝土强度的变异，又能较好地反映混凝土质量的波动。在以上过程的任一步骤中

（如原材料质量、施工操作、试验条件等）都存在着质量的随机波动，故进行混凝土质量控制时，要用数理统计方法才能对其质量作出评定。

5.8.2 混凝土强度质量的评定

1.混凝土的取样及混凝土强度代表值的确定

混凝土试样应在混凝土浇筑地点随机抽取，取样频率应符合下列规定：每100盘，但不超过100m^3的同配合比的混凝土，取样次数不得少于一次；每一工作班拌制的同配合比的混凝土不足100盘时其取样次数不得少于一次；每组三个试件，应在同一盘混凝土中取样制作。试样的制作、养护、试验应符合有关国家标准规定。

每组试样的强度代表值应符合下列规定：取三个试件强度的算术平均值作为每组试件的强度代表值；当一组试件中强度的最大值或最小值与中间值之差超过中间值的15％时，取中间值作为该组试件的强度代表值；当一组试件中强度的最大值和最小值与中间值之差均超过中间值的15％时，该组试件的强度不应作为评定的依据。

当采用非标准尺寸试件时，应将其抗压强度折算为标准试件抗压强度。折算系数为：对边长为100mm的立方体试件取0.95，对边长为200mm的立方体试件取1.05。

2.混凝土强度的波动规律

在混凝土生产中，每一种组成材料性能的变异、工艺过程变动及试件制作和试验操作等误差，都会使混凝土强度产生波动。实践结果证明，同一等级的混凝土，在施工条件基本一致的情况下，其强度的波动是服从正态分布规律的。正态分布是一形状如钟形的曲线，以平均强度为对称轴，距离对称轴越远，强度概率值越小。对称轴两侧曲线上各有一个拐点，见图5-19。拐点至对称轴的水平距离等于标准差(σ)，曲线与横坐标之间的面积为概率的总和，等于100％。在数理统计方法中，常用强度平均值、标准差、变异系数和强度保证率等统计参数来评定混凝土质量。

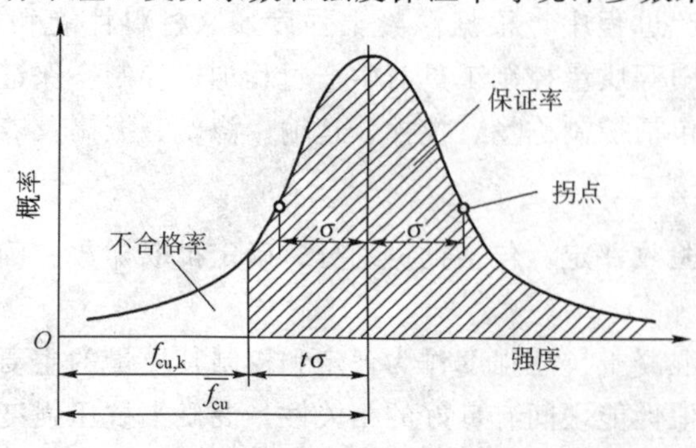

图5-19 混凝土强度正态分布曲线及保证率

(1) 强度平均值（$\overline{f}_{cu}$）

它代表混凝土强度总体的平均水平，其值按下式计算：

$$\overline{f}_{cu}=\frac{1}{n}\sum_{i=1}^{n}f_{cu,i} \tag{5-10}$$

式中：n——试件组数；

$f_{cu,i}$——第 i 组试件强度值，MPa。

平均强度反映混凝土总体强度的平均值，但并不反映混凝土强度的波动情况。

(2) 标准差（σ）

标准差又称均方差，反映混凝土强度的离散程度，即波动程度。σ 值越大，强度分布曲线就越宽而矮，离散程度越大测混凝土质量越不稳定。σ 是评定混凝土质量均匀性的重要指标，可按下式计算：

$$\sigma=\sqrt{\frac{\sum_{i=1}^{n}(f_{cu,i}-\overline{f}_{cu})^2}{n-1}}=\sqrt{\frac{\sum_{i=1}^{n}(f_{cu,i}^2-n\overline{f}_{cu}^2)}{n-1}} \tag{5-11}$$

式中：n——试件组数（$n\geqslant 25$）；

$f_{cu,i}$——第 i 组试件的抗压强度，MPa；

$\overline{f}_{cu}$——n 组试件抗压强度的算术平均值，MPa；

σ——n 组抗压强度的标准差，MPa。

(3) 变异系数（C_v）

又称离差系数，也是说明混凝土质量均匀性的指标。在相同生产管理水平下，混凝土的强度标准差会随强度平均值的提高或降低而增大或减小，它反映绝对波动量的大小，有量纲。对平均强度水平不同的混凝土之间质量稳定性的比较，可考虑用相对波动的大小，即以标准差对强度平均值的百分率表示的标准差，即变异系数 C_v 来表征，C_v 值越小，说明该混凝土强度质量越稳定。C_v 可按下式计算：

$$C_v=\frac{\sigma}{\overline{f}_{cu}} \tag{5-12}$$

3. 混凝土强度保证率（P）

在混凝土强度质量控制中，除了要考虑到所生产的混凝土强度质量的稳定性之外，还必须考虑符合设计要求的强度等级的合格率，此即强度保证率。它是指混凝土强度总体分布中，不小于设计要求的强度等级标准值（$f_{cu,k}$）的概率 P（%）。以正态分布曲线下的阴影部分来表示，如图 5-19。强度正态分布曲线下的面积为概率的总和，等于 100%。强度保证率的计算方法如下：

首先，计算出概率度 t，即

$$t=\frac{\overline{f}_{cu}-f_{cu,k}}{\sigma} \tag{5-13}$$

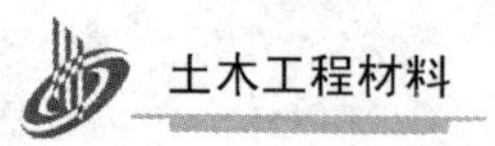

或

$$t = \frac{\overline{f}_{cu} - f_{cu,k}}{C_v \cdot \overline{f}_{cu}} \tag{5-14}$$

再根据 t 值，由表 5-20 查得保证率 P（%）。

不同 t 值的保证率 P 表 5-20

t	0.00	0.50	0.84	1.00	1.20	1.28	1.40	1.60
P（%）	50.0	69.2	80.0	84.1	88.5	90.0	91.9	94.5
t	1.645	1.70	1.81	1.88	2.00	2.05	2.33	3.00
P（%）	95.0	95.5	96.5	97.0	97.7	99.0	99.4	99.87

工程中 P（%）值可根据统计周期内，混凝土试件强度不低于要求强度等级标准值的组数 N 与试件总数 N（$N \geqslant 25$）之比求得，即：

$$P = \frac{N_0}{N} \times 100\% \tag{5-15}$$

式中：N_0——统计周期内，同批混凝土试件强度大于或等于规定强度等级值的组数；

N——统计周期内，同批混凝土试件总组数，$N \geqslant 25$。

我国在《混凝土强度检验评定标准》（GBJ 107—87）中规定，根据统计周期内混凝土强度的 σ 值和保证率 P（%），可将混凝土的生产质量水平划分为优良、一般及差三个等级，见表 5-21。

混凝土生产质量水平 表 5-21

评定指标	生产单位（场所）	生产质量水平					
		优良		一般		差	
		<C20	≥C20	<C20	≥C20	<C20	≥C20
混凝土强度标准差 σ（MPa）	预拌混凝土和预制混凝土构件厂	≤3.0	≥3.5	≤4.0	≥5.0	>5.0	>5.0
	集中搅拌混凝土的施工现场	≤3.5	≥4.0	≤4.5	≥5.5	>4.5	>5.5
强度等于或高于要求强度等级的百分率 P（%）	预拌混凝土和预制混凝土构件厂及集中搅拌混凝土的施工现场	≥95		>85		≤85	

4. 混凝土配制强度

由于混凝土施工过程中原材料性能及生产因素的差异，会出现混凝土质量的不稳定，如果按设计的强度等级（$f_{cu,k}$）配制混凝土，则在施工中将有一半的混凝土达不到设计强度等级，即保证率只有 50%。为使混凝土强度保证率满足规定的要求，在设计混凝土配合比时，必须使配制强度高于混凝土设计要求的强度。令混凝土的配制强度等于平均强度，即 $f_{cu,o}=\overline{f}_{cu}$，则有：

$$f_{cu,o} = f_{cu,k} + t\sigma \tag{5-16}$$

式中：$f_{cu,o}$——混凝土配制强度，MPa；

$f_{cu,k}$——混凝土立方体抗压强度标准值，MPa；

其余符号意义同前。

由此可见，设计要求的保证率越大，配制强度就要越高；强度质量稳定性越差，配制强度就提高得越多。

根据《普通混凝土配合比设计规程》（JGJ 55—2000）规定，工业与民用建筑及一般构筑物所采用的普通混凝土，设计要求的混凝土强度保证率为95%，由表5-21可查得 $t=1.645$，由上式可得配制强度为：

$$f_{cu,o} = f_{cu,k} + 1.645\sigma \tag{5-17}$$

式中 σ 值可根据混凝土配制强度的历史统计资料得到。若无资料时，可参考如下数据取值：

混凝土设计强度等级低于 C20 时，$\sigma=4.0$MPa；

混凝土设计强度等级为 C20～C35 时，$\sigma=5.0$MPa；

混凝土设计强度等级高于 C35 时，$\sigma=6.0$MPa。

5.混凝土强度的评定

硬化混凝土的质量控制，主要是检验混凝土的抗压强度。混凝土强度的检验评定，应根据设计要求和抽样检验原理划分验收批，确定验收规则。一个验收批的混凝土应由强度等级相同，龄期相同以及生产工艺条件和配合比基本相同的混凝土组成。不同行业使用的混凝土强度验收规则有所不同，对于建筑工程，根据《混凝土强度检验评定标准》（GBJ 107—87）规定，混凝土强度检验评定可分统计方法和非统计方法两种。商品混凝土厂、预制混凝土构件厂和采用现场集中搅拌混凝土的施工单位，应按统计方法评定混凝土强度。对零星生产的预制构件混凝土或现场搅拌批量不大的混凝土，可按非统计方法评定。

（1）统计方法评定

由于混凝土生产条件不同，混凝土强度的稳定性也不同，统计方法评定又分为以下两种情况：

①标准差已知时的统计评定方法

当混凝土的生产条件在较长时间内能保持一致，且同一品种混凝土的强度变异性能保持稳定，标准差可根据前一时期生产积累的同类混凝土强度数据而确定时，则每批混凝土的强度标准差可按常数考虑。强度评定应由连续的三组试件组成一个验收批，其强度应同时满足下列要求：

$$\overline{f}_{cu} \geqslant f_{cu,k} + 0.7\sigma_0 \tag{5-18}$$

$$f_{cu,min} \geqslant f_{cu,k} - 0.7\sigma_0 \tag{5-19}$$

式中：$\overline{f}_{cu}$——同一验收批混凝土立方体抗压强度的平均值，MPa；

$f_{cu,k}$——混凝土立方体抗压强度标准值，MPa；

σ_0——验收批混凝土立方体抗压强度的标准偏差，MPa；

$f_{cu,min}$——同一验收批混凝土立方体抗压强度的最小值，MPa。

同时，混凝土强度的最小值尚应满足下列要求：

$$f_{cu,min} \geqslant 0.85 f_{cu,k}（当混凝土强度等级 < C20 时） \tag{5-20}$$

$$f_{cu,min} \geqslant 0.90 f_{cu,k}（当混凝土强度等级 > C20 时） \tag{5-21}$$

验收批混凝土立方体抗压强度的标准差，根据前一检验期内（不应超过三个月）同一品种混凝土试件的强度数据，按下式确定：

$$\sigma = \frac{0.59}{m}\sum_{i=1}^{m}\Delta f_{cu,i} \tag{5-22}$$

式中：$\Delta f_{cu,i}$——第 i 批试件立方体抗压强度中最大值与最小值之差，MPa；

m——用以确定验收批混凝土立方体抗压强度标准差的数据总批数，$m \geqslant 15$。

②标准差未知时的统计评定方法

当混凝土的生产条件在较长时间内不能保持一致，且同一品种混凝土的强度变异性不能保持稳定，或在前一个检验期内的同一品种混凝土没有足够的数据用以确定验收混凝土的标准差时，检验评定只能直接根据每一验收批抽样的强度数据来进行。

评定时，应由不少于 10 组的试件组成一个验收批，其确定应同时满足下列公式要求：

$$\overline{f}_{cu} - \lambda_1 S_{f_{cu}} \geqslant 0.9 f_{cu,k} \tag{5-23}$$

$$f_{cu,min} \geqslant \lambda_2 f_{cu,k} \tag{5-24}$$

式中：$S_{f_{cu}}$——同一验收批混凝土立方体抗压强度标准差（MPa），按式（5-11）计算，当计算值小于 $0.06 f_{cu,k}$ 时，取 $S_{f_{cu}} = 0.06 f_{cu,k}$；

λ_1、λ_2——合格判断系数，按表 5-22 取用。

混凝土强度合格判断系数 表 5-22

合格判定系数	试件组数		
	10～14	15～24	≥25
λ_1	1.70	1.65	1.60
λ_2	0.90	0.85	

(2) 非统计方法评定

对试件数量有限，不具备按统计方法评定混凝土强度条件的工程，可按非统计方法评定混凝土强度，其强度应同时满足下列条件要求：

$$\overline{f}_{cu} \geqslant 1.15 f_{cu,k} \tag{5-25}$$

$$f_{cu,min} \geqslant 0.95 f_{cu,k} \tag{5-26}$$

(3) 混凝土强度的合格性判定

混凝土强度应分批进行检验评定，当检验结果能满足上述规定时，则该批混凝土强度判为合格；反之，则判为不合格。由不合格批混凝土制成的结构或构件，应进行鉴定。对不合格的结构或构件，必须及时处理。当对混凝土试件强度的代表性有怀疑时，可采用从结构或构件中钻取试件的方法或采用非破损检验方法按有关标准的规定对结构或构件混凝土的强度进行推定。

5.9 普通混凝土的配合比设计

混凝土配合比是指混凝土中各组成材料数量之间的比例关系。确定配合比的工作，称为配合比设计。混凝土配合比设计优劣不仅影响混凝土的性能，而且影响工程造价，是混凝土配制工艺中最重要的项目之一。混凝土配合比通常有以下两种表示方法：一种方法是以每立方米混凝土中各材料用量表示，如：水泥 300kg，水 165kg，砂 750kg，石子 1230kg；另一种方法是以各材料之间的质量比表示（以水泥质量为 1)，将上例换算成质量比为：

水泥：砂：石子：水＝1∶2.5∶4.1∶0.55

5.9.1 混凝土配合比设计的基本要求

配合比设计的任务，就是根据原材料的技术性能及施工条件，确定出能满足工程所要求的技术经济指标的各项组成材料的用量。配合比设计的基本要求包括以下四个方面：

(1) 满足结构设计所要求的混凝土强度等级；

(2) 满足混凝土施工所要求的和易性；

(3) 满足工程所处环境和使用条件要求的混凝土耐久性；

(4) 在满足上述要求的前提下，尽可能节约水泥，降低成本，符合经济性原则。

5.9.2 混凝土配合比设计中的三个参数

混凝土配合比设计，实质上就是确定水泥、水、砂与石子这四项基本组成材料用量之间的三个比例关系。即：水与水泥之间的比例关系，常用水灰比表示；砂与石子之间的比例关系，常用砂率表示；水泥浆与骨料之间的比例关系，常用单位用水量来反映。水灰比、砂率、单位用水量是混凝土配合比的三个重要参数，在配合比设计中正确地确定这三个参数，就能使混凝土满足配合比设计的四项基本要求。

1. 水灰比

水灰比是影响混凝土强度及耐久性最为重要的因素，水灰比较小时，混凝土的强度、密实性及耐久性较高，但耗用水泥较多，混凝土发热量也较大。因此，在满足强度及耐久性要求的前提下，应尽可能采用较大的水灰比，以节约水泥。水灰比较大时，混凝土强度较低，耐久性变差。水灰比过大，混凝土拌合物的黏聚性及保水性难以得到满足，将会影响混凝土质量并给施工造成困难。因此，对于强度及耐久性要求均较低的混凝土（如大体积内部混凝土），在确定水灰比时，还需要考虑混凝土的和易性，不宜选用过大的水灰比。

满足强度要求的水灰比，可由使用本工程原材料进行试验所建立的混凝土强度与水灰比关系曲线求得。也可参照混凝土强度公式初步确定，然后再进行试验校核。

混凝土的水灰比不仅要满足强度要求，还要满足耐久性要求。为了保证混凝土具有足够的耐久性，水灰比值不得超过施工规范所规定的最大允许值。

2. 用水量

用水量是决定混凝土拌合物流动性的基本因素，确定混凝土单位用水量应根据施工要求的混凝土拌合物流动性和骨料的级配与最大粒径、水泥需水性及使用外加剂情况等条件决定。对于具体工程，可根据原材料情况，总结实际资料得出单位用水量经验值。当缺乏资料时，可根据混凝土坍落度要求和粗骨料的粒径大小，参照表 5-24、表 5-25 初步估计单位用水量，再按此单位用水量试拌混凝土，测定其坍落度。

3. 砂率

砂率对混凝土和易性的影响，已在前面讲述过。合理的砂率值应根据拌合物的坍落度、黏聚性和保水性等特征来确定，在保证拌合物不离析，又能很好地浇灌、捣实的条件下，应尽量选用较小的砂率，这样可节约水泥。

由于影响合理砂率的因素很多，目前尚不能用计算方法准确求得其值。对于混凝土数量比较大的工程应通过试验找到合理砂率，其方法是：预先参照经验图表估计几个砂率，拌制几组混凝土，进行和易性对比试验，从中选出合理砂率。当混凝土数量比较小或无使用经验时，可按骨料的品种、规格及混凝土的水灰比值参照表5-26选用合理的数值。

5.9.3 混凝土配合比设计的方法步骤

1.配合比设计前的准备工作

进行混凝土配合比设计之前，必须详尽地了解必要的信息。首先，要了解和明确混凝土的各项技术要求。如：了解工程设计要求的混凝土强度等级、质量稳定性的强度标准差，以便确定混凝土配制强度；了解工程所处环境对混凝土耐久性的要求（如抗渗等级、抗冻等级以及抗磨性、抗侵蚀性等），以便确定所配制混凝土的最大水灰比和最小水泥用量；了解结构构件断面尺寸及钢筋配置情况，以便确定混凝土骨料的最大粒径；了解混凝土施工方法及管理水平，以便选择混凝土拌合物坍落度及骨料最大粒径；了解混凝土拌合物的坍落度指标及混凝土的其他性能要求（如变形特性指标等）。

其次，要掌握原材料的性能指标，正确地选择原材料品种，进行各项物理力学性能试验，检验原材料质量。主要包括：水泥品种、强度等级、密度；砂的细度模数及级配情况；石子的种类（卵石或碎石）、最大粒径及级配；是否掺用外加剂及掺合料，外加剂的品种、性能、适宜掺量等；砂石的视密度、堆积密度及饱和面干吸水率；拌和用水的水质情况等。

2.混凝土配合比设计的算料基准

（1）计算 $1m^3$ 混凝土拌合物中各材料的用量，以质量计。

（2）计算时，骨料以干燥状态质量为基准。所谓干燥状态，是指细骨料含水率小于0.5%，粗骨料含水率小于0.2%。

3.普通混凝土配合比设计的方法与步骤

混凝土配合比的设计方法很多，但基本上大同小异，其主要步骤可归纳为：首先利用经验公式和图表进行计算，得到“初步计算配合比”；再经试验室试拌调整，得出满足和易性要求的“基准配合比”；然后检验强度及耐久性，确定出满足各项设计指标和施工要求的“试验室配合比”；最后根据现场原材料实际情况（如砂、石的实际含水率等）修正试验室配合比从而得出“施工配合比”。

1）初步计算配合比的确定

（1）确定配制强度

在实验室配制强度能满足设计强度等级的混凝土，但应考虑到实际施工条件与实验室条件的差别。在实际施工中，影响混凝土强度的因素较复杂，混凝土强度难免有波动。为使混凝土强度保证率能满足规定的要求，在混凝土配合比设计时，必须使混凝土的配制强度高于设计强度等级。根据《普通混凝土配合比设计》（JGJ 55—2000）的规定，混凝土配制强度应按下式计算：

$$f_{cu,o} \geqslant f_{cu,k} + t\sigma \tag{5-27}$$

式中：$f_{cu,o}$——混凝土配制强度，MPa；

$f_{cu,k}$——混凝土立方体抗压强度标准值，MPa；

t——强度保证率系数，当强度保证率为95%时，t 取1.645；

σ——混凝土强度标准差，MPa。

$t\sigma$ 是强度平均值比强度最低值高出的范围，标准差 σ 大小取决于混凝土生产水平的高低。当施工单位具有近期的同一品种混凝土强度资料时，其混凝土强度标准差按式（5-11）计算，并且当混凝土强度等级为C20或C25时，如计算值 $\sigma<$ 2.5MPa，取 $\sigma=2.5$MPa；当强度等级等于或大于C30时，如计算值 $\sigma<3.0$MPa，取 $\sigma=3.0$MPa；当无统计资料计算混凝土强度标准差时，其值应按规范规定取用，见表5-23。

普通混凝土强度标准差 σ 取值 表5-23

混凝土强度等级	＜C20	C20～C25	＞C35
σ（MPa）	4.0	5.0	6.0

正常情况下，式（5-27）可取等号。但在现场条件与试验条件有显著差异时，或重要工程对混凝土有特殊要求时，或强度等级C30及其以上的混凝土在工程验收可能采用非统计方法评定时，则应采用大于号，即应提高混凝土配制强度。

（2）初步确定水灰比（W/C）

首先根据混凝土配制强度、水泥实际强度（f_{ce}）及石子类型，按混凝土强度经验公式（5-7）计算水灰比，即：

由
$$f_{cu,o} = Af_{ce}\left(\frac{C}{W} - B\right)$$

推得水灰比计算公式为：

$$\frac{W}{C} = \frac{Af_{ce}}{f_{cu,o} + ABf_{ce}} \tag{5-28}$$

然后根据混凝土使用环境条件及结构类型，由表5-16查出相应的最大水灰比限值［参见《普通混凝土配合比设计规程》（JGJ 55—2000）］。

最后，在分别由强度和耐久性要求所求得的两个水灰比中，选取其中较小者作为所求水灰比。

（3）确定1m^3 混凝土的用水量（m_{w0}）

每立方米混凝土用水量的确定，应根据施工要求的坍落度值、已知的粗骨料种类及最大粒径、水灰比大小及所掺外加剂的性质等因素来合理确定，并应符合下列规定：

①干硬性和塑性混凝土用水量的确定

a. 水灰比在0.40～0.80范围时，根据粗骨料的品种、粒径及施工要求的混凝土拌合物稠度，其用水量可按表5-24、表5-25选取。

干硬性混凝土的用水量（kg/m^3） 表5-24

拌合物稠度		卵石最大粒径（mm）			碎石最大粒径（mm）		
项目	指标	10	20	40	16	20	40
维勃稠度（s）	16～20	175	160	145	180	170	155
	11～25	180	165	145	185	175	160
	5～10	185	170	155	190	180	165

塑性混凝土的用水量（kg/m^3） 表5-25

拌合物稠度		卵石最大粒径（mm）				碎石最大粒径（mm）			
项目	指标	10	20	31.5	40	16	20	31.5	40
坍落度（mm）	10～30	190	170	160	150	200	185	175	165
	35～50	200	180	170	160	210	195	185	175
	55～70	210	190	180	170	220	205	195	185
	75～90	215	195	185	175	230	215	205	195

注：①本表用水量系采用中砂时的平均值。采用细砂时，每立方米混凝土用水量可增加5～10kg；采用粗砂时，则可减少5～10kg。

②掺用各种外加剂或掺合料时，用水量应相应调整。

b. 水灰比小于0.40的混凝土以及采用特殊成型工艺的混凝土的用水量，应通过试验确定。

②流动性和大流动性混凝土的用水量计算：

a. 以表5-25中坍落度90mm的用水量为基础，按坍落度每增大20mm，用水量增加5kg，计算出未掺外加剂时混凝土的用水量。

b. 掺外加剂时的混凝土用水量按下式计算：

$$m_{wa} = m_{w}(1-\beta) \tag{5-29}$$

式中：m_{wa}——掺外加剂时，每1m^3混凝土的用水量（kg/m^3）；

m_{w0}——未掺外加剂时，每1m^3混凝土的用水量（kg/m^3）；

β——外加剂的减水率（%），应经试验确定。

（4）确定1m^3混凝土的水泥用量（m_{c0}）

根据已初步确定的水灰比（W/C）和选用的单位用水量（m_{w0}），可由下式计算出水泥用量（m_{c0}）：

$$m_{c0}=\frac{m_{w0}}{W/C} \tag{5-30}$$

为保证混凝土的耐久性，由上式计算得出的水泥用量还应满足表5-16规定的最小水泥用量的要求，如计算得出的水泥用量少于规定的最小水泥用量，则应取规定的最小水泥用量值。

(5) 确定砂率（β_s）

使混凝土具有良好和易性（特别是黏聚性、保水性）的合理砂率，应通过试验求出。若无历史资料，则坍落度为10～60mm的混凝土砂率可根据粗骨料的种类、最大粒径及已确定的水灰比，在表5-26中给出的范围内选定。

混凝土砂率选用表（%）(JGJ 55—2000)　　表5-26

水灰比(W/C)	卵石最大粒径（mm）			碎石最大粒径（mm）		
	10	20	40	16	20	40
0.4	26～32	25～31	24～30	30～35	29～34	27～32
0.5	30～35	29～34	28～33	33～38	32～37	30～35
0.6	33～38	32～37	31～36	36～41	35～40	33～38
0.7	36～41	35～40	34～39	39～44	38～43	36～41

注：①本表数值系中砂的选用砂率，对细砂或粗砂，可相应地减小或增大砂率。
②对坍落度大于60mm的混凝土，可经试验确定，也可在上表的基础上，按坍落度每增大20mm，砂率增大1%的幅度予以调整；坍落度小于10mm的混凝土，其砂率应经试验确定。
③只用一个单粒级粗骨料配制混凝土时，砂率应适当增大。
④对薄壁构件砂率应取偏大值。

(6) 计算粗、细骨料的用量

计算粗、细骨料用量的方法有质量法和体积法两种。

①质量法

质量法（又称假定表观密度法）的基本原理是：如果原材料情况比较稳定，所配制的混凝土拌合物的表观密度将接近一个固定值，这样可以先假设一个1m³混凝土拌合物的质量值（表观密度），并可列出以下两式：

$$\begin{cases} m_{c0}+m_{g0}+m_{s0}+m_{w0}=m_{cp} \\ \beta_s=\dfrac{m_{s0}}{m_{s0}+m_{g0}}\times 100\% \end{cases} \tag{5-31}$$

式中：m_{c0}——1m³混凝土的水泥用量，kg/m³；

m_{g0}——1m³混凝土的粗骨料用量，kg/m³；

m_{s0}——1m³混凝土的细骨料用量，kg/m³；

β_s——砂率（%）；

m_{cp}——1m³混凝土拌合物的假定质量，kg/m³，其值可取2400～2450kg/m³。

解联立两式，即可求出 m_{g0}、m_{s0}。

②体积法

体积法（又叫绝对体积法），它是假定混凝土拌合物的体积，等于各组成材料绝对体积和混凝土拌合物中所含空气体积之总和。因此，在计算 $1m^3$ 混凝土拌合物的各材料用量时，可列出以下两式：

$$\begin{cases} \dfrac{m_{c0}}{\rho_c}+\dfrac{m_{g0}}{\rho_g}+\dfrac{m_{s0}}{\rho_s}+\dfrac{m_{w0}}{\rho_w}+0.01\alpha=1 \\ \beta_s=\dfrac{m_{s0}}{m_{s0}+m_{g0}}\times 100\% \end{cases} \tag{5-32}$$

式中：ρ_c——水泥密度，可取 2900～3100kg/m³；

ρ_g——粗骨料的表观密度，kg/m³；

ρ_s——细骨料的表观密度，kg/m³；

ρ_w——水的密度，可取 1000kg/m³；

α——混凝土的含气量百分数，在不使用引气型外加剂时可取 1。

解联立两式，即可求出 m_{g0}、m_{s0}。

应该指出的是，以上混凝土配合比计算公式和表格，均以干燥状态骨料（系指含水率小于 0.5%的细骨料和含水率小于 0.2%的粗骨料）为基准。当以饱和面干骨料为基准进行计算时应做相应的修正。

通过以上计算得到的 $1m^3$ 混凝土各材料的用量，即为初步计算配合比。因为此配合比是利用经验公式或经验资料获得的，因而由此配成的混凝土有可能不符合实际的要求，所以须对初步计算配合比进行试配、调整，进而确定基准配合比和实验定配合比。

2）基准配合比的确定

先按初步计算配合比进行试拌，检查该混凝土拌合物的和易性是否符合要求。试拌时应注意混凝土的搅拌方法，应与生产时使用的方法相同。当所用骨料最大粒径 $D_{max}\leqslant 31.5$mm 时，试配的最小拌合量为 15L；当 D_{max} 为 40mm，试配的最小拌合量为 25L。混凝土搅拌均匀后，检查拌合物的性能。若流动性太大，可在砂率不变的条件下，适当增加砂、石；若流动性太小，可保持水灰比不变，增加适量的水和水泥；若黏聚性和保水性不良，可适当增加砂率，直到和易性满足要求为止。调整和易性后提出的配合比，即为可供混凝土强度试验用的基准配合比。

3）试验室配合比的确定

由基准配合比配制的混凝土虽满足了和易性要求，但是否满足强度要求尚未可知。检验强度时至少用三个不同的配合比，其中一个是基准配合比，另外两个配合比的水灰比可较基准配合比分别增加和减少 0.05，其用水量与基准配合比相同，砂率可分别增加或减小1%。制作混凝土强度试件时，应检验相应配合比的拌合物性能（和易性和表观密度）以作备用。每个配合比至少按标准方法制作一组试件，标准养护28d试压。接着通过将所测混凝土强度与相应的水灰比作图或计算，求出混凝土配制强度（$f_{cu,o}$）相对应的水灰比。最后按以下原则确定1m³混凝土的各材料用量。

（1）各材料用量的调整

①用水量（m_w）：应取基准配合比中的用水量，并根据制作强度试件时测得的坍落度或维勃稠度进行调整。

②水泥用量（m_c）：以用水量乘以选定的水灰比计算确定。

③粗、细骨料用量（m_g、m_s）：应取基准配合比中的粗、细骨料用量，并按选定的灰水比作适当调整。

（2）混凝土表观密度的校正及试验室配合比的确定

经试配、调整得到的配合比，还应根据实测的混凝土拌合物的表观密度（$\rho_{c,t}$）作校正，以确定1m³混凝土拌合物的各材料用量。其步骤如下：

①计算出混凝土拌合物的计算表观密度（$\rho_{c,c}$），

$$\rho_{c,c} = m_w + m_c + m_g + m_s \tag{5-33}$$

②计算混凝土配合比校正系数（δ），

$$\delta = \frac{\rho_{c,t}}{\rho_{c,c}} \tag{5-34}$$

③确定试验室配合比

当混凝土表观密度实测值（$\rho_{c,t}$）与计算值（$\rho_{c,c}$）之差的绝对值不超过计算值的2%时，由以上定出的配合比即为试验室配合比；当二者之差超过计算值的2%时，应将配合比中的各项材料用量均乘以校正系数δ，即为确定的混凝土试验室配合比。

4.混凝土的施工配合比

混凝土的试验室配合比中砂、石是以干燥状态计量的，然而工地上使用的砂、石都含有一定的水分。因此，工地上实际的砂、石称量应按含水情况作修正，同时用水量也应作相应修正，修正后的1m³混凝土各材料用量称为施工配合比。

假定工地上使用的砂的含水率为a（%），石子的含水率为b（%），则将上述试验室配合比换算为施工配合比，各材料的称量为：

$$\left.\begin{aligned} m'_c &= m_c \\ m'_s &= m_s(1+a\%) \\ m'_g &= m_g(1+b\%) \\ m'_w &= m_w - m_s a\% - m_g b\% \end{aligned}\right\} \tag{5-35}$$

5. 掺减水剂的混凝土配合比设计

为了增大混凝土流动性、提高强度、减小水泥用量，施工时往往在混凝土中掺用减水剂。无论何种考虑，掺减水剂混凝土的配合比可在基准混凝土（不掺减水剂的普通混凝土）配合比的基础上加以调整，减水剂所占的重量和体积不计。

掺减水剂混凝土的施工配合比设计可根据掺入减水剂所要达到的不同目的加以调整。

(1) 以减水增强为目的的混凝土配合比

为了提高混凝土强度等级，掺用减水剂时混凝土的配合比应按如下原则进行调整：

①水泥用量与不掺减水剂的普通混凝土相同。

②坍落度与不掺减水剂的混凝土相近，利用减水剂的分散作用，充分减少单位体积混凝土中的用水量，从而降低水灰比，达到提高强度的目的。一般普通减水剂的减水率在8%左右，28d抗压强度可提高10%～15%。若使用高效减水剂，减水率可达15%左右，龄期1d或3d强度提高30%以上，28d强度提高15%以上。

③由于水灰比减小，混凝土拌合物的黏聚性和保水性得到改善，砂率可适当减小1%～3%。

假定基准混凝土的各材料用量：水泥、砂、石子、水分别为 m_c、m_s、m_g、m_w，砂率为 β_s，混凝土的实测表观密度为 $\rho_{c,t}$；拟掺减水剂的减水率为 $d\%$，掺量为 $e\%$，掺减水剂混凝土的砂率确定为 β'_s。则掺减水剂混凝土的各材料用量：水泥（m''_c）、砂（m''_s）、石子（m''_g）、水（m''_w）、减水剂用量 m_j 等按下式计算：

$$\left.\begin{aligned}
m''_c &= m_c \\
m''_w &= m_w(1-d\%) \\
m''_s + m''_g &= \rho_{c,t} - m''_c - m''_w \\
m''_s &= (m_s + m_g)\beta'_s \\
m''_g &= (m_s + m_g)(1-\beta'_s) \\
m_j &= m''_c e\%
\end{aligned}\right\} \tag{5-36}$$

以上计算出的配合比，经试拌调整后即为设计的掺减水剂混凝土配合比。

(2) 以节省水泥为目的的混凝土配合比

任何一种减水剂都可用来节省混凝土中的水泥用量，但从技术经济角度考虑，应采用价廉且掺量较低的木钙等普通减水剂或具有缓凝作用的糖蜜类减水剂较为有利。配合比调整方法为：

①和易性保持不变，水灰比稍有减小（普通减水剂）或保持不变（高效减水剂），混凝土中水泥用量和用水量可减少5%～15%。

②砂率保持不变，所减少的水泥和水的体积分别由砂、石来补充。则掺减水剂混凝土各材料用量：水泥（m''_c）、砂（m''_s）、石子（m''_g）、水（m''_w）、减水剂用量 m_j 等按下式计算：

$$\left.\begin{aligned}
&m''_w = m_w(1-d\%)\\
&m''_c = \frac{m''_w}{W/C}\\
&m''_s + m''_g = \rho_{c,t} - m''_c - m''_w\\
&m''_s = (m_s + m_g)\beta_s\\
&m''_g = (m_s + m_g)(1-\beta_s)\\
&m_j = m''_c e\%
\end{aligned}\right\}\tag{5-37}$$

试拌中发现和易性不符合要求时，应在保持水灰比不变的情况下，调整用水量及砂率或调整高效减水剂的掺量（在适量范围内，对和易性影响较大，而对凝结及强度等方面的影响较小，但对普通减水剂的掺量应严格控制，切忌过量）。当强度不符合要求时，主要通过调整水灰比或改用引气量小的减水剂来解决。

在施工中要求注意的是水泥用量不得低于表 5-15 规定的最小值（因除了对混凝土有强度要求外，还有耐久性要求问题）。在大体积混凝土中为了避免节省水泥用量后，胶凝材料太少产生的问题，可适量掺加粉煤灰等掺合料。

（3）以提高新拌混凝土流动性为目的的混凝土配合比

任何一种减水剂均可用来改善新拌混凝土的和易性，使用较为广泛的是木钙减水剂，当要求和易性提高幅度更大时宜选用高效减水剂，配合比可按如下方法调整：

保持水泥用量和水灰比不变（或水灰比稍有减小），适当增大砂率，并保持骨料总用量不变。配制大坍落度混凝土时砂率可增大 3%～5%，即达 40%左右，并同时加入适量粉煤灰。

试拌时若坍落度过大，可减少减水剂掺量。当保水性较差时，减少用水量或适当增加砂率。当和易性不能满足设计要求时，可改用高效减水剂或普通减水剂与高效减水剂复合使用。

施工中常被忽视的是砂率不作调整，从而使有些新拌混凝土的保水性及黏聚性较差，导致坍落度无法测试。

另外，要实现既提高混凝土强度又节省水泥，既提高流动性又节省水泥，既提高流动性又提高强度等目的，均可参照上述三种情况，对配合比加以调整。

（4）掺减水剂的混凝土施工配合比

假定工地上使用的砂的含水率为 a（%），石子的含水率为 b（%），拟掺减水剂的减水率为 d%，掺量为 e%，则将上述掺减水剂的试验室配合比换算为施工配合比，各材料的称量为：

$$\left.\begin{aligned} m'''_c &= m''_c \\ m'''_s &= m''_s(1+a\%) \\ m'''_g &= m''_g(1+b\%) \\ m'''_w &= m''_w - m_s a\% - m_g b\% \\ m_j &= m''_c e\% \end{aligned}\right\} \tag{5-38}$$

5.9.4 普通混凝土配合比设计实例

【例题】某现浇钢筋混凝土柱，混凝土设计要求强度等级 C25，坍落度要求 35～50mm，使用环境为干燥的办公用房内。所用原材料情况如下：

水泥：强度等级 42.5 的普通水泥，密度 $\rho_c=3.00\text{g/cm}^3$，强度等级富余系数为 1.06；

砂：$M_x=2.6$ 的中砂，为 II 区砂，表观密度 $\rho_s=2650\text{kg/m}^3$；

石子：碎石，粒径 5～40mm，表观密度 $\rho_g=2700\text{kg/m}^3$；

水：自来水

试求：

(1) 混凝土的试验室配合比；

(2) 若已知现场砂子含水率为 3%，石子含水率为 1%，试计算混凝土施工配合比；

(3) 为了提高混凝土强度，施工时在上述砂石含水率的基础上再掺入减水率为 10%、掺量为水泥用量 0.5%的某种减水剂，试计算混凝土施工配合比。

【解】1. 确定混凝土的试验室配合比

(1) 确定初步计算配合比

①确定配制强度（$f_{cu,o}$）

将有关参数代入式（5-27），则

$$f_{cu,o} \geqslant f_{cu,k} + t\sigma = 25 + 1.645 \times 5.0 = 33.225(\text{MPa})$$

②确定水灰比（W/C）

将有关参数代入式（5-28），则

$$\frac{W}{C} = \frac{Af_{ce}}{f_{cu,o} + ABf_{ce}} = \frac{0.46 \times 42.5 \times 1.06}{33.225 + 0.46 \times 0.07 \times 42.5 \times 1.06} = 0.598$$

由表 5-15 查得，在干燥环境中要求 $\frac{W}{C} \leqslant 0.65$，所以可取水灰比为 0.60。

③确定用水量（m_{w0}）

查表 5-25，按坍落度要求 35～50mm，碎石最大粒径为 40mm，则 1m^3 混凝土

的用水量可选用 $m_{w0}=175\text{kg}$。

④确定水泥用量（m_{c0}）

将有关参数代入式（5-30），则

$$m_{c0}=\frac{m_{w0}}{W/C}=\frac{175}{0.60}=292(\text{kg})$$

由表 5-15 查得，在干燥环境中，要求最小水泥用量为 260kg/m^3。所以，取水泥用量为 $m_{c0}=292\text{kg}$。

⑤确定砂率（β_s）

查表 5-26，$W/C=0.60$ 和碎石最大粒径为 40mm 时，可取 $\beta_s=33\%$。

⑥确定 1m^3 混凝土砂、石用量（m_{g0}、m_{s0}）

采用体积法，按式（5-32）有：

$$\begin{cases}\dfrac{292}{3000}+\dfrac{m_{g0}}{2700}+\dfrac{m_{s0}}{2650}+\dfrac{175}{1000}+0.01\times1=1\\[2ex] 33\%=\dfrac{m_{s0}}{m_{s0}+m_{g0}}\times100\%\end{cases}$$

联立解得 $m_{g0}=1289\text{kg}$、$m_{s0}=635\text{kg}$。

综上计算，得混凝土初步计算配合比 1m^3 混凝土的材料用量为：

水泥：292kg；砂：635kg；石子：1289kg；水：175kg。

或表示为：　　$m_{c0}:m_{s0}:m_{g0}:m_{w0}=1:2.17:4.41:0.60$

$$m_{c0}=292\ (\text{kg/m}^3)$$

（2）配合比的试配、调整

①调整和易性

按计算配合比取样 25L，各材料用量为：

水泥：0.025×292=7.30（kg）

砂：0.025×635=15.88（kg）

石子：0.025×1289=32.23（kg）

水：0.025×175=4.38（kg）

经试拌，测得坍落度为 20mm，达不到规定值要求的 35～50mm。因而增加水泥浆量 3%，并测得坍落度为 35mm，保水性和黏聚性均良好。经调整后，试样的实际各材料用量为：

水泥：7.52kg；砂：15.88kg；石子：32.23kg；水：4.51kg，其总量为 60.14kg。

应注意到，该拌合物的实际体积是未知的，若假设为 V_0（m^3），测基准配合比 1m^3 各材料用量为：

水泥：7.52/V_0（kg）；砂：15.88/V_0（kg）；石子：32.23/V_0（kg）；水：4.51/V_0（kg）。而其计算表观密度为60.14/V_0（kg/m^3）。

②校核强度

用0.55、0.60和0.65三个水灰比，分别拌制三个试样（其中0.55和0.65做和易性调整后，满足要求），测得其表观密度分别为2420、2410和2400（kg/m^3），然后做成试块，实测28d抗压强度结果如表5-27：

混凝土强度试验结果 表5-27

组　别	W/C	C/W	f_{cu28}（MPa）	$\rho_{c,t}$（kg/m^3）
I	0.55	1.82	37.8	2420
II	0.60	1.67	33.4	2410
III	0.65	1.54	28.2	2400

根据混凝土配制强度要求 $f_{cu,o}=33.2$MPa，故第II组满足要求。

(3) 确定混凝土试验室配合比

由上知第II组拌合物的表观密度实测值为 $\rho_{c,t}=2410$kg/m^3，其计算表观密度为 $\rho_{c,c}=60.14/V_0$（kg/m^3），所以配合比校正系数为：

$$\delta=\frac{\rho_{c,t}}{\rho_{c,c}}=\frac{2410}{60.14/V_0}=\frac{2410}{60.14}V_0$$

则校正后的试验室配合比1m^{3}混凝土各材料用量为：

水泥：$$m_c=\frac{7.52}{V_0}\times\frac{2410}{60.14}V_0=301\text{（kg）}$$

砂：$$m_s=\frac{15.88}{V_0}\times\frac{2410}{60.14}V_0=636\text{（kg）}$$

石子：$$m_g=\frac{32.23}{V_0}\times\frac{2410}{60.14}V_0=1292\text{（kg）}$$

水：$$m_s=\frac{4.51}{V_0}\times\frac{2410}{60.14}V_0=181\text{（kg）}$$

2. 计算混凝土施工配合比

将试验室配合比换算成现场施工配合比时，用水量应扣除砂、石所含的水量，而砂、石用量则应增加砂、石含水的质量。所以，施工配合比（1m^{3}混凝土各材料用量）为：

水泥：　$m'_c=m_c=301$（kg）

砂：　$m'_s=m_s$（$1+a\%$）$=636$（$1+3\%$）$=655$（kg）

石子：　$m'_g=m_g$（$1+b\%$）$=1292$（$1+1\%$）$=1305$（kg）

水：　$m'_w=m_w-m_sa\%-m_gb\%=181-636\times3\%-1292\times1\%=149$（kg）

3. 计算掺减水剂的混凝土施工配合比

掺减水剂后，$1m^3$ 混凝土各材料用量为：

①水泥用量不变，即　　$m'''_c = m'_c = 301$ (kg)

②用水量：$m'''_w = m_w(1-d\%) - m_s a\% - m_g b\%$

$= 181(1-10\%) - 636\times3\% - 1292\times1\% = 130.9$ (kg)

③减水剂用量：　　$m_j = 301\times0.5\% = 1.51$ (kg)

④砂率减小 2%，即　　$\beta_s^1 = 33\% - 2\% = 31\%$

⑤砂石总用量：$m'''_s + m'''_g = 2410 - 301 - 130.9 = 1978.1$ (kg)

⑥砂的用量：　　$m'''_s = 1978.1\times31\% = 613.2$ (kg)

⑦石子的用量：$m'''_g = 1978.1(1-31\%) = 1364.9$ (kg)

5.10 其他品种混凝土

5.10.1 轻混凝土

凡干表观密度小于 $1950kg/m^3$ 的混凝土称为轻混凝土。轻混凝土按原材料与制造方法不同可分为三大类：轻骨料混凝土、多孔混凝土和无砂大孔混凝土。

1. 轻骨料混凝土

用轻粗骨料、轻细骨料（或普通砂）和水泥配制而成的混凝土，称为轻骨料混凝土。轻骨料混凝土按细骨料种类又分为：全轻混凝土（粗、细骨料均为轻骨料）和砂轻混凝土（细骨料全部或部分为普通砂）。

1）轻骨料

（1）轻骨料的分类

①轻骨料按其粒径大小可分为：轻粗骨料和轻细骨料。凡粒径大于 5mm，堆积密度小于 $1000kg/m^3$ 的轻质骨料，称为轻粗骨料；凡粒径不大于 5mm，堆积密度小于 $1000kg/m^3$ 的轻质骨料，称为轻细骨料（或轻砂）。

②轻骨料按其来源可以分为以下三类：

a. 天然轻骨料　天然形成的多孔岩石，经加工而成的轻骨料，如浮石、泡沫熔岩、火山渣、火山凝灰岩、多孔石灰岩等。

b. 工业废料轻骨料　以粉煤灰、矿渣、煤歼石等工业废料为原料，经过加工而成的多孔轻骨料，如粉煤灰陶粒、膨胀矿渣珠、烧结煤矸石陶粒、炉渣、煤渣等。

c. 人造轻骨料　以利土、页岩、板岩等地方材料为原材料，经过加工而成的多孔材料，如页岩陶粒、科土陶粒、膨胀珍珠岩、沸石岩轻骨料、聚苯乙烯泡沫轻骨料等。

③轻粗骨料按材料粒型不同分为：圆球型、普通型和碎石型三种。

a. 圆球型　原材料经造粒工艺加工呈圆球状的轻骨料，如粉煤灰陶粒和磨细成球的页岩陶粒等。

b. 普通型　原材料经破碎加工而成的、呈非圆球状的轻集料，如膨胀珍珠岩、页岩陶粒等。

c. 碎石型　由天然轻骨料或多孔烧结块经破碎加工而成的、呈碎石状的轻集料，如浮石、自然煤歼石、煤渣等。

(2) 轻骨料的技术性能要求

轻骨料的技术性能主要以颗粒级配、堆积密度、筒压强度和吸水率作为控制轻骨料质量要求和配制轻骨料混凝土时选择轻骨料品种的依据。

①最大粒径与颗粒级配

骨料不同粒径颗粒的搭配情况称为级配，级配的均匀性对混凝土的工作性和强度都有极大的影响，尤其是粗骨料的最大粒径，对轻骨料混凝土的工作性、耐久性、强度等影响最大，即粗骨料的粒径越大，其强度和耐久性越低，工作性越差。因此，我国规范规定：结构轻骨料混凝土用的轻粗骨料，其最大粒径不宜大于20mm；保温及结构保温轻骨料混凝土用的粗骨料，其最大粒径不宜大于40mm。

轻粗骨料的级配，应符合表5-28的要求，且其自然级配的空隙率不应大于50%。轻砂的细度模数不宜大于4.0；其大于5mm的累计筛余量不宜大于10%。

轻粗骨料的级配　　表5-28

筛孔尺寸		d_{min}	$0.5d_{max}$	d_{max}	$2d_{max}$
圆球型的及单一粒级	累计筛余（按质量计）(%)	≥90	不规定	≤10	0
普通型的混合粒级		≥90	3070	≤10	0
碎石型的混合粒级		≥90	4060	≤10	0

②堆积密度

堆积密度是表示轻骨料在某一级配条件下，自然堆积状态时单位体积的质量。堆积密度不仅能反映轻骨料的强度，还能反映轻骨料的颗粒密度、粒形、级配、粒径的变化。轻骨料的堆积密度越大，则其强度越高，堆积密度小于300kg/m^{3}者只能配制非承重的、保温用的轻骨料混凝土。在级配和粒形相同的情况下，轻骨料的堆积密度与其密度成比例，一般为密度的50%左右。轻骨料的粒径不同，其堆积密度也不同，粒径越大，堆积密度越小。颗粒形状对堆积密度也有很大影响，呈圆球形的堆积密度较大，而碎石型的则较小。

国家规定，轻粗骨料按其堆积密度（kg/m^3）分为 300、400、500、600、700、800、900、1000 八个密度等级；轻细骨料分为 500、600、700、800、900、1000、1100、1200 八个密度等级。

③强度

如何评价轻骨料的强度，至今尚无公认的、满意的试验方法，现有的试验方法，其结果相差很大，无法估计轻骨料强度对混凝土强度的影响。特别对于轻细骨料的强度，至今尚无试验方法。

我国规定用筒压法测定粗骨料的强度。筒压强度的测试，是将 10～20mm 粒级的粗骨料，装入截面积为 100cm^2 的带底圆筒内，上面加冲压模，作抗压试验，取压入深度为 20mm 时的抗压强度（即冲压模上的压力值除以承压面积）为该轻骨料的筒压强度。对不同密度等级的轻粗骨料，其筒压强度应符合表 5-29 的规定。

轻粗骨料的筒压强度及强度标号 表 5-29

密度等级	筒压强度（MPa）		强度标号（MPa）	
	碎石型	普通和圆球型	普通型	圆球型
300	0.2/0.3	0.3	3.5	3.5
400	0.4/0.5	0.5	5.0	5.0
500	0.6/1.0	1.0	7.5	7.5
600	0.8/1.5	2.0	10.0	15.0
700	1.0/2.0	3.0	15.0	20.0
800	1.2/2.5	4.0	20.0	25.0
900	1.5/3.0	5.0	25.0	30.0
1000	1.8/4.0	6.5	30.0	40.0

注：筒压强度碎石型天然轻骨料取斜线以左值；其他碎石型轻骨料取斜线以右值。

由于轻骨料在筒内为点接触，而骨料在混凝土内被水泥石填充和包围，混凝土受压时，骨料处于三向受力状态。因此，筒压强度不是轻骨料的极限抗压强度，它不能直接反映轻骨料在混凝土中的真实强度，它是一项间接反映轻骨料颗粒强度的指标，它只是反映骨料颗粒强度的相对值。因此，规程还规定了采用强度等级（标号）来评定粗骨料的强度，见表 5-29。

粗骨料的强度标号，是按标准方法测得的轻骨料混凝土合理强度值。在轻骨料混凝土内，骨料周围包围着一层较坚硬的水泥石外壳，故轻骨料混凝土的强度随水泥砂浆强度的提高而提高。然而轻骨料混凝土强度又受轻骨料本身强度影响，当混凝土强度提高到某极限值后，即使增加水泥砂浆强度，也并不能以相同速度使混凝土强度提高，而只是稍有提高。这个极限值即为合理强度值，所配制的混凝土的强度不宜超过此值。它主要决定于粗骨料的强度。不同颗粒形态轻粗骨料的强度标号应不小于表5-29的数值。

④吸水率

轻骨料与普通骨料相比具有较大的吸水率，轻骨料吸水率的大小，主要取决于轻骨料的生产工艺及内部的孔隙结构和表面状态。通常，孔隙率越大，吸水率越高，特别是具有开孔的轻骨料，其吸水率往往都比较大。吸水率过大的轻骨料，会给混凝土的性质带来不利影响。如轻骨料吸水率过大；施工时混凝土拌合物的和易性很难控制；硬化后的混凝土会降低保温性能、抗冻性和强度。一般轻骨料 lh 的吸水率几乎达到24h吸水率的60%～95%以上，24h的吸水率可接近饱和。因此，国家标准规定，除天然轻粗骨料外，其他轻粗骨料吸水率不应大于22%。

⑤有害物质含量

轻骨料中严禁混入煅烧过的石灰石、白云石及硫化铁等不稳定的物质。轻骨料的有害物质含量应不大于国家标准中的规定值，如含泥量应小于3%，氯盐含量（按 Cl^- 计）应小于0.02，硫酸盐含量（按 SO_3 计）应小于1%。

2）轻骨料混凝土的技术性质

（1）表观密度

轻骨料混凝土按干表观密度的大小划分为12个等级，见表5-30。某一密度等级轻骨料混凝土的密度标准值，可取该密度等级干表观密度变化范围的上限值。

轻骨料混凝土的表观密度等级 表5-30

密度等级	干表观密度的变化范围（kg/m³）	密度等级	干表观密度的变化范围（kg/m³）
800	760～850	1 400	13 601 450
900	860～950	1 500	1 460～1 550
1 000	960～1 050	1 600	1 560～1 650
1 100	1 060～1 150	1 700	1 660～1 750
1 200	1 160～1 250	1 800	1 760～1 850
1 300	1 260～1 350	1 900	1 860～1 950

（2）和易性

轻骨料具有表观密度小、表面多孔粗糙、吸水性强等特点，因此，其拌合物的和易性与普通混凝土有明显的不同。轻骨料混凝土拌合物的黏聚性和保水性好，但流动性差。若加大流动性，则骨料上浮，易离析。同时，因骨料吸水率大，使得加在混凝土中的水一部分将被轻骨料吸收，余下部分供水泥水化和赋予拌合物流动性。因而拌合物的用水量应由两部分组成，一部分为使拌合物获得要求流动性的用水量，称为净用水量；另一部分为轻骨料1h的吸水量，称为附加水量。

（3）强度

轻骨料混凝土强度等级，与普通混凝土相似，按边长 150mm 立方体试件，在 28d 龄期用标准试验方法测得的具有 95％保证率的抗压强度值（MPa）确定，分为 CL5.0、CL7.5、CL10、CL15、CL20、CL25、CL30、CL35，CL40、CL45 及 CL50 等。

轻骨料混凝土的强度取决于水泥砂浆的强度和轻粗骨料的强度，随水泥石强度和水泥用量的增加而提高；当水泥石强度和水泥用量一定时，其强度又随轻骨料本身强度的增加而增大。轻骨料的性质及用量是影响混凝土强度的重要因素，轻混凝土强度与其表观密度关系密切，一般来说，表观密度大者强度较高。轻粗骨料颗粒坚强者，所配出的混凝土强度较高；反之，则混凝土强度较低。全轻混凝土的抗压强度低于砂轻混凝土。

轻骨料强度虽低于普通骨料，但轻骨料混凝土仍可达到较高强度。原因在于轻骨料表面粗糙而多孔，轻骨料的吸水作用使其表面呈低水灰比，提高了轻骨料与水泥石的界面黏结强度，使弱结合面变成了强结合面，混凝土受力时不是沿界面破坏，而是轻骨料本身先遭到破坏。对低强度的轻骨料混凝土，也可能是水泥石先开裂，然后裂缝向骨料延伸。

工程实践表明，欲获得高强度轻骨料混凝土，宜采用粒径小、外观呈圆球形的高强度陶粒为粗骨料，采用普通砂为细骨料，采用高等级水泥和较小水灰比进行配制。中、低强度等级的轻骨料混凝土的抗拉强度与抗压强度的比值，为 7/100～14/100（与普通混凝土相似）。强度等级较高的混凝土，其拉压比值略低于上述数值。轻骨料混凝土干燥后，抗拉强度明显降低。

不同用途的轻骨料混凝土强度等级的合理范围，见表 5-31。

轻骨料混凝土的用途及强度等级的合理范围 表 5-31

混凝土名称	混凝土强度等级的合理范围	混凝土密度等级的合理范围	用　途
保温轻骨料混凝土	CL5.0	800	主要用于保温的围护结构或热工构筑物
结构保温轻骨料混凝土	CL5.0～CL15	800～1 400	主要用于既承重又保温的围护结构
结构轻骨料混凝土	CL15～CL50	1 400～1 900	主要用于承重构件或构筑物

（4）弹性模量与变形

轻骨料混凝土的弹性模量小，一般为同强度等级普通混凝土的 50％～70％。其大小与强度和干表观密度有关。弹性模量小有利于改善建筑物的抗震性能和抵抗动荷载的作用。增加混凝土组分中普通砂的含量，可以提高轻骨料混凝土的弹性模量。

轻骨料混凝土的收缩和徐变，约比普通混凝土相应大 20%～50%和 30%～60%，热膨胀系数比普通混凝土小 20%左右。收缩与徐变是混凝土的一个重要技术指标。它对结构的变形性能、裂缝及预应力损失等都有很大影响。轻集料混凝土的收缩与徐变比普通混凝土大得多，对结构性能影响会更大。

(5) 热工性质

与普通混凝土相比，轻骨料混凝土具有良好的保温性能。当其表观密度为 1000kg/m^3 时，导热系数为 0.28W/（m·K），当表观密度为 1400kg/m^3 和 1800kg/m^3 时，导热系数相应为 0.49W/（m·K）和 0.87W/（m·K）。当含水率增大时，导热系数也将随之增大。

3）轻骨料混凝土的配合比设计及施工要点

(1) 轻骨料混凝土的配合比设计，除应满足强度、和易性、耐久性、经济等方面的要求外，还应满足表观密度的要求。

(2) 轻骨料混凝土的水灰比以净水灰比表示，净水灰比，是指不包括轻骨料 1h 吸水量在内的净用水量与水泥用量之比。配制全轻混凝土时，允许以总水灰比表示，总水灰比，是指包括轻骨料 1h 吸水量在内的总用水量与水泥用量之比。

(3) 轻骨料易上浮，不易搅拌均匀。因此，应采用强制式搅拌机，且搅拌时间要比普通混凝土略长一些。

(4) 为减少混凝土拌合物坍落度损失和离析，应尽量缩短运距。拌合物从搅拌机卸料起到浇筑入模的延续时间，不宜超过 45min。

(5) 为减少轻骨料上浮，施工中最好采用加压振捣，且振捣时间以捣实为准，不宜过长。

(6) 浇筑成型后应及时覆盖并洒水养护，以防止表面失水太快而产生网状裂缝。养护时间视水泥品种而不同，应不少于 7～14d。

(7) 轻骨料混凝土在气温 5℃以上的季节施工时，可根据工程需要，对轻粗骨料进行预湿处理，这样拌制的拌合物和易性和水灰比比较稳定。预湿时间可根据外界气温和骨料的自然含水状态确定，一般应提前半天或一天对骨料进行淋水预湿，然后滤干水分进行投料。

4）轻骨料混凝土的应用

轻骨料混凝土的表观密度比普通混凝土减少 1/4～1/3，隔热性能改善，可使结构尺寸减小，增加建筑物使用面积，降低基础工程费用和材料运输费用，其综合效益良好。因此，轻骨料混凝土主要适用于高层和多层建筑、软土地基、大跨度结构、抗震结构、要求节能的建筑和旧建筑的加层等。不同类型的轻骨料混凝土的用途，见表 5-32。

2. 大孔混凝土

大孔混凝土是由水泥、粗骨料和水拌制而成的一种轻质混凝土，又称无砂大孔混凝土。由于其不含细骨料，仅由水泥浆把粗骨料胶结在一起，水泥浆并不填满粗骨料颗粒之间的空隙，所以是一种大孔混凝土。根据无砂大孔混凝土所用骨料品种的不同，可将其分为普通骨料制成的普通大孔混凝土和轻骨料制成的轻骨料大孔混凝土。前者用天然碎石、卵石或重矿渣配制而成，表观密度为1500～1950kg/m³，抗压强度为3.5～10MPa，主要用于承重及保温外墙体。后者用陶粒、浮石、碎砖等轻骨料配制而成，表观密度在800～1500kg/m³，抗压强度为1.5～7.5MPa，主要用于自承重的保温外墙体。

大孔混凝土的导热系数小，保温性能好，吸湿性小。收缩较普通混凝土小20%～50%，抗冻性可达15～20次冻融循环。由于不用砂，故水泥用量较少，1m³混凝土的水泥用量仅150～200kg。大孔混凝土可用于制作墙体用的小型空心砌块和各种板材，也可用于现浇墙体。普通大孔混凝土还可制成渗水管、滤水板等，广泛用于市政工程。

3. 多孔混凝土

多孔混凝土是一种不含骨料且内部分布着大量细小封闭孔隙的轻混凝土。根据孔的生成方式，可分为加气混凝土和泡沫混凝土两种。

（1）加气混凝土

加气混凝土用含钙材料（水泥、石灰）、含硅材料（石英砂、粉煤灰、粒化高炉矿渣等）和发气剂为原料，经过磨细、配料、搅拌、浇注、成型、切割和压蒸养护（0.8～1.5MPa下养护6～8h）等工序生产而成。

发气剂一般是采用铝粉，把它加在加气混凝土料浆中，与含钙材料中的氢氧化钙发生化学反应放出氢气，形成气泡，使料浆体积膨胀形成多孔结构，料浆在高压蒸汽养护下，含钙材料和含硅材料发生反应，产生水化硅酸钙，使坯体具有强度。

加气混凝土的表观密度约为300～1200kg/m³，抗压强度约为0.5～7.5MPa，导热系数约为0.081～0.29W/（m·K）。

加气混凝土孔隙率大，吸水率高，强度较低，便于加工，保温性较好，并且由于加气混凝土能利用工业废料，产品成本较低，能大幅度降低建筑物自重，因此具有较好的技术经济效果。但其抗冻性和耐久性较差。常用作屋面板材料和墙体的砌筑材料。

加气混凝土制品有砌块与条板两种，条板中的钢筋应加工或点焊成网片，并经防腐剂涂刷进行防锈处理。条板可作为墙板或屋面板，是承重与保温合一的板材。砌块按干密度（kg/m³）分为500级和700级，500级一般可砌筑三层或三层以下房屋的承重墙，若用于三层以上房屋的承重墙时，下层墙体可采用 700 级的砌块。加气混凝土砌块可在框架结构中用作填充墙，还可采用加气混凝土和普通混凝土预制复合板作为外墙板，但应注意，凡是有高温、高湿或化学有害介质的车间，则不宜采用加气混凝土配筋构件。

(2) 泡沫混凝土

泡沫混凝土是以水泥浆和泡沫剂为主要原材料，经拌和、成型和硬化制成的一种多孔混凝土。泡沫混凝土中的泡沫剂在机械搅拌作用下，能产生大量均匀而稳定的气泡。常用的泡沫剂有松香泡沫剂及水解性血泡沫剂。使用时先掺入适量水，然后用机械搅拌成泡沫，再与水泥浆搅拌均匀，然后进行蒸汽养护或自然养护，硬化后即为成品。

泡沫混凝土的表现密度为 300～500kg/m^3，抗压强度为 0.5～0.7MPa，在技术性能和应用方面与相同表观密度的加气混凝土大体相同，还可现场直接浇筑，用于屋面保温层。

5.10.2 纤维混凝土

纤维混凝土是一种以普通混凝土为基材，外掺各种短切纤维材料而制成的纤维增强混凝土。

常用的短切纤维品种很多，按材质分有钢纤维、碳纤维、玻璃纤维、石棉及合成纤维等。按纤维弹性模量分有高弹性模量纤维（如钢纤维、玻璃纤维、碳纤维等）和低弹性模量纤维（如尼龙纤维、聚乙烯纤维、聚丙烯纤维等）两类。其中钢纤维在国内外研究和应用较多，因为钢纤维对抑制混凝土裂缝的形成，提高混凝土抗拉和抗弯强度，增加韧性效果最佳。

众所周知，普通混凝土虽然抗压强度较高，但其抗拉、抗弯、抗裂、抗冲击及韧性等性能均较差。在普通混凝土中掺加纤维制成纤维混凝土的目的，就是为了有效地降低混凝土的脆性，提高其抗拉、抗弯、抗冲击、抗裂等性能。纤维混凝土的冲击韧性约为普通混凝土的 5～10 倍，初裂抗弯强度提高 2.5 倍，劈裂抗拉强度提高 1.4 倍。混凝土掺入钢纤维后，抗压强度提高不大，但从受压破坏形式来看，破坏时无碎块、不崩裂，基本保持原来的外形，有较大的吸收变形的能力，也改善了韧性，是一种良好的抗冲击材料。

通常，纤维的长径比为 70～120，掺加的体积率为 0.3%～8%。纤维混凝土中，纤维的掺量、长径比、弹性模量、耐碱性等，对其性能有很大的影响。例如，低弹性模量纤维能提高冲击韧性，但对抗拉强度影响不大；高弹性模量纤维能显著提高抗拉强度，但对抗压强度提高不大。

纤维混凝土目前主要用于非承重结构及对抗冲击性、耐磨性、抗裂性要求高的工程部位及构件，如高速公路、路面、桥面、飞机跑道、管道、屋面板、墙板、桩头、军事工程等，随着纤维混凝土技术提高，各类纤维性能改善，在今后的土木工程建设中将得到更广泛的应用。

5.10.3 聚合物混凝土

聚合物混凝土是由有机聚合物、无机胶凝材料和骨料结合而成的新型混凝土，按其制作的方法不同，可分为聚合物浸渍混凝土（PIC）、聚合物胶结混凝土（PC）和聚合物水泥混凝土（PCC）。

1.聚合物浸渍混凝土

以已硬化的混凝土为基材，经过干燥后浸入有机单体，用加热或辐射等方法使混凝土孔隙内的单体聚合，使混凝土与聚合物形成整体，称为聚合物浸渍混凝土。

由于聚合物填充了混凝土内部的孔隙和微裂缝，从而增加了混凝土的密实度，提高了水泥与骨料之间的黏结强度，减少了应力集中，因此具有高强、耐蚀、抗渗、耐磨、抗冲击等优良的物理力学性能。与基材（混凝土）相比，抗压强度可提高 2～4 倍，一般可达 150MPa 以上，抗拉强度为抗压强度的 1/10，这与普通混凝土的拉压比相似；抗拉强度可高达 24.0MPa。

浸渍所用的单体有：甲基丙烯酸甲酯（MMA）、苯乙烯（S）、丙烯腈（AN）、聚脂—苯乙烯等。对于完全浸渍的混凝土应选用黏度尽可能低的单体，如 MMA，S 等，对于局部浸渍的混凝土，可选用黏度较大的单体如聚脂—苯乙烯、环氧—苯乙烯等。

聚合物浸渍混凝土因造价高、工艺复杂，目前只是利用其高强和耐久性好的特性，应用于一些特殊场合，如隧道衬砌、海洋构筑物（如海上采油平台）、桥面板、输送液体的有筋管道、无筋管、坑道等的制作。

2.聚合物胶结混凝土

聚合物胶结混凝土是一种以合成树脂为胶结材料，以砂、石及粉料为骨料制成的混凝土，又称树脂混凝土。它用聚合物（环氧树脂、聚酯、酚醛树脂等）有机胶凝材料完全取代水泥而引入混凝土。

树脂混凝土与普通混凝土相比，具有强度高和耐化学腐蚀性、耐磨性、耐水性、抗冻性好等优点。但由于成本高，所以应用不太广泛，仅限于要求高强、高耐蚀的特殊工程或修补工程用。另外，树脂混凝土外表美观，称为人造大理石，也被用于制成桌面、地面砖、浴缸等。

3.聚合物水泥混凝土

聚合物水泥混凝土是用聚合物乳液（和水分散体）拌合水泥，并掺入砂或其他骨料而制成的混凝土。聚合物可用天然聚合物（如天然橡胶）和各种合成聚合物（如聚醋酸乙烯、苯乙烯、聚氯乙烯等）。矿物胶凝材料可用普通水泥和高铝水泥。

一般认为：硬化过程中，聚合物与水泥之间没有发生化学作用，只是水泥水化吸收乳液中水分，使乳液脱水而逐渐凝固，水泥水化产物与聚合物相互包裹、填充形成致密的结构，从而改善了混凝土的物理力学性能。与普通混凝土相比，聚合物水泥混凝土具有较好的耐久性、耐磨性、耐腐蚀性和耐冲击性等，但强度提高较少，且强度提高幅度不及浸渍混凝土显著。目前，主要用于地面、路面、桥面及修补工程中。

5.10.4 高强混凝土

高强混凝土在本节是指由常规材料和常规工艺配制的 C60 及以上强度等级的混凝土。应该指出的是，由于混凝土技术在不断发展，各个国家的混凝土技术水平也不尽相同，因此混凝土强度类别在不同时代和不同国家有不同的概念和划分。目前许多国家工程技术人员的习惯是把 C10～C50 强度等级的混凝土称为普通强度混凝土，C60～C90 的称为高强混凝土，C100 以上的称为超高强混凝土。

1. 高强混凝土的特点

高强混凝土具有以下特点：

①高强混凝土的抗压强度高，可大幅度提高钢筋混凝土拱壳、柱等受压构件的承载能力。

②在相同的受力条件下能减小构件体积，降低钢筋用量。

③高强混凝土致密坚硬，其抗渗性、抗冻性、耐蚀性、抗冲击性等诸方面性能均优于普通混凝土。

④高强混凝土的不足之处是脆性比普通混凝土高。

⑤虽然高强混凝土的抗拉、抗剪强度随抗压强度的提高而有所增长，但拉压比和剪压比却随之降低。

2. 高强混凝土的配合比设计原则

1）对原材料的基本要求

（1）水泥

配制高强混凝土时，应选用质量稳定、强度等级不低于 42.5 级的硅酸盐水泥或普通硅酸盐水泥。混凝土的水泥用量不应大于 550km/m^3。

（2）粗骨料

对强度等级为 C60 级的混凝土，其粗骨料的最大粒径不应大于 31.5mm，对强度等级高于 C60 级的混凝土，其粗骨料的最大粒径不应大于 25mm；其中，针、片状颗粒含量不宜大于5.0%；含泥量不应大于0.5%，泥块含量不宜大于0.2%；所用粗骨料除进行压碎指标试验外，对碎石还应进行立方体强度试验，因为高强混凝土破坏时骨料往往也被压裂，因此骨料的强度对混凝土的强度有相当大的影响。其他质量指标应符合现行《建筑用碎石、卵石》(GB/T 14685—2001) 的规定。

(3) 细骨料

细骨料宜采用中砂，其细度模数宜大于2.6，含泥量不应超过2%，泥块含量不应大于0.5%。其他质量指标也应符合现行标准的规定。

(4) 混合材

配制超高强混凝土一般需掺入硅灰等活性掺合料或专用的特殊掺合料。由于硅灰资源少且价格昂贵，采用超细矿渣或超细粉煤灰作为超高强混凝土特殊掺合料。目前国内工程上多采用专用的特殊掺合料配制高强混凝土，专用特殊掺合料已作为独立的产品在市场上销售。

(5) 外加剂

配制混凝土时，宜选用非引气、坍落度损失小的高效减水剂或缓凝高效减水剂。

2) 配合比设计要点

高强混凝土配合比计算方法、步骤与普通混凝土基本相同，可按《普通混凝土配合比设计规程》(JGJ 55—2000) 中的有关规定进行。但应注意以下几点：

(1) 基准配合比的水灰比，不宜用普通混凝土水灰比公式计算。C60以上的混凝土一般按经验选取基准配合比的水灰比；试配时选用的水灰比间距宜为0.02～0.03。

(2) 外加剂和掺合料的掺量及其对混凝土性能的影响，应通过试验确定。

(3) 配合比中砂率可通过试验建立"坍落度—砂率"关系曲线，以确定合理的砂率值。

(4) 混凝土中胶凝材料用量不宜超过600kg/m^3。

(5) 配制C70以上等级的混凝土，须掺用硅灰或专用特殊掺合料。

3.高强混凝土的应用

高强混凝土由于其具有强度高、耐久性好、变形小特点，能适应现代工程结构向大跨度、重载、高耸发展和承受恶劣环境条件的需要，使用高强混凝土可获得明显的工程效益和经济效益。目前，我国应用较广的是C60～C80高强混凝土，主要用于桥梁、轨枕、高层建筑的基础和柱、输水管、预应力管桩等。

5.10.5 抗渗混凝土

抗渗混凝土（也称防水混凝土）是指抗渗等级等于或大于P6级的混凝土。主要用于水工工程、地下基础工程、屋面防水工程等。

抗渗混凝土一般是通过改善混凝土组成材料的质量，合理选择混凝土配合比和骨料级配，掺加适量外加剂，以及采用特殊水泥（如膨胀水泥）等措施，达到混凝土内部密实或是堵塞混凝土内部毛细管通路，使混凝土具有较高的抗渗性。目前，常用的抗渗混凝土有普通抗渗混凝土、外加剂抗渗混凝土和膨胀水泥抗渗混凝土。

1. 普通抗渗混凝土

普通抗渗混凝土是以调整配合比的方法，提高混凝土自身密实性以满足抗渗要求的混凝土。其基本原理是在保证和易性要求的前提下减小水灰比，以减小毛细孔的数量和孔径，同时适当提高水泥用量和砂率，在粗骨料周围形成质量良好和数量足够的砂浆包裹层，使粗骨料彼此隔离，以阻隔沿粗骨料相互连通的渗水孔网。

根据《普通混凝土配合比设计规程》（JGJ 55—2000），普通抗渗混凝土的配合比设计应符合以下技术要求：

（1）水泥强度不应小于 42.5MPa，其品种应按设计要求选用。

（2）粗骨料的最大粒径不宜大于 40mm，其含泥量不得超过 1.0%，泥块含量不得大于 0.5%。

（3）$1m^3$ 混凝土的水泥用量不宜过小，水泥和掺合料用量之和应不小于 320kg。

（4）砂率不宜过小，为 35%～45%，坍落度 30～50mm。

（5）水灰比除应满足强度要求外，不同抗渗等级混凝土的最大水灰比还应符合表 5-32 的规定。

抗渗混凝土的最大水灰比 表 5-32

抗渗等级	最大水灰比	
	C20～C30	C30 以上
P6	0.60	0.55
P8～P12	0.55	0.50
P12 以上	0.50	0.45

2. 外加剂抗渗混凝土

外加剂抗渗混凝土是在混凝土中掺入适宜品种和数量的外加剂，改善混凝土内部结构，隔断或堵塞混凝土中的各种孔隙、裂缝及渗水通道，以达到改善抗渗性的一种混凝土。常用的外加剂有引气剂、防水剂、膨胀剂、减水剂或引气减水剂等。

掺用引气剂的抗渗混凝土，其含气量宜控制在 3%～5%。进行抗渗混凝土配合比设计时，尚应增加抗渗性能试验，并应符合下列规定：

（1）试配要求的抗渗水压值应比设计值提高 0.2MPa。

（2）试配时，宜采用水灰比最大的配合比作抗渗试验，其试验结果应符合下式要求：

$$P_t \geqslant \frac{P}{10} + 0.2 \tag{5-39}$$

式中：P_t——6个试件中4个未出现渗水时的最大水压值，MPa；

P——设计要求的抗渗等级值。

（3）掺引气剂的混凝土还应进行含气量试验，试验结果含气量应符合3%～5%的要求。

3. 膨胀水泥抗渗混凝土

膨胀水泥抗渗混凝土是采用膨胀水泥配制而成的混凝土。由于这种水泥在水化过程中能形成大量的钙矾石，会产生一定的体积膨胀，在有约束的条件下，能改善混凝土的孔结构，使毛细孔径减小，总孔隙率降低，从而使混凝土密实度、抗渗性提高。

5.10.6 防辐射混凝土

能屏蔽X射线、γ射线或中子辐射的混凝土叫防辐射混凝土。材料对射线的吸收能力与其表观密度成正比，因此防辐射混凝土采用重骨料配制，常用的重骨料有：重晶石（表观密度4000～4500kg/m^3）、赤铁矿、磁铁矿、钢铁碎块等。为提高防御中子辐射性能，混凝土中可掺加硼和硼化物及锂盐等。胶凝材料采用硅酸盐水泥或铝酸盐水泥，最好采用硅酸钡、硅酸锶等重水泥。

防辐射混凝土用于原子能工业及国民经济各部门使用放射性同位素的装置，如反应堆、加速器、放射化学装置等的防护结构。

本章小结

混凝土是土木工程中应用最多最广的复合材料之一。本章以普通混凝土为主，是全书的学习重点。通过对普通混凝土较为详尽的阐述，可以了解有关混凝土的种类、组织结构、技术性能和影响性能诸多因素的知识。只有掌握了新拌混凝土和易性、硬化混凝土的力学性能和耐久性等基本原理，才能设计配制出满足工程要求且符合标准的优质混凝土。

在混凝土组成材料中，水泥是最重要的成分，应将已学过的水泥知识运用到混凝土中来。砂和石子是同一性状只是粒径不同的骨料，所起的作用基本相同，应掌握它们在配制混凝土时的技术要求。

混凝土配合比设计是混凝土应用的关键技术，要求掌握水灰比、砂率、用水量及其他一些因素对混凝土全历程性能的影响。正确处理水灰比、砂率和用水量三者之间的关系，掌握合理确定三者大小的方法和原则。应熟练地掌握配合比计算及调整的方法步骤以及施工配合比的换算。同时应当明确，配合比设计合理与否，必须通过试验的检验来确定。

外加剂已成为改善混凝土性能的最简便和最有效的措施之一，在国内外已得到广泛的应用，并被视为混凝土的第五种原材料。应着重了解外加剂的种类、特性、使用条件及它们的作用机理，正确掌握外加剂的选择和使用方法。

为了满足一些特殊工程的需要，在介绍普通混凝土的基础上还介绍了一些其他品种的混凝土。掌握了普通混凝土的基本原理，则对其他品种混凝土的学习就比较容易融会贯通了。通过对比普通混凝土与其他混凝土的异同之处，掌握其他混凝土的特性及配制、施工特点和方法及其应用。

1. 对混凝土用砂为何要提出级配和细度要求？两种砂的细度模数相同，其级配是否相同？反之，如果级配相同，其细度模数是否相同？

2. 某钢筋混凝土梁，断面尺寸 30cm×40cm，钢筋间最小净距为 5cm，试确定粗骨料最大粒径。

3. 改善混凝土拌合物和易性的措施有哪些？若保持混凝土强度基本不变，可采用哪些措施改善其拌合物的流动性？反之若保持混凝土流动性不变，可采用哪些措施改善混凝土强度？

4. 某工地施工人员拟采用下述几个方案提高混凝土拌合物的流动性，试问哪个方案不可行？哪个方案可行？哪个方案最优？并说明理由。(1) 多加水；(2) 保持水灰比不变，增加水泥浆用量；(3) 加入氯化钙；(4) 加入减水剂；(5) 加强振捣。

5. 解释下列关于混凝土抗压强度的名词含义：

(1) 立方体试件强度；(2) 标准立方体试件强度；(3) 抗压强度代表值；(4) 抗压强度标准值；(5) 强度等级；(6) 设计强度；(7) 配制强度；(8) 轴心抗压强度。

6. 影响混凝土强度的主要因素是什么？

7. 进行混凝土抗压强度试验时，在下述情况下，试验值有无变化，如何变化？

(1) 加荷速度加快；(2) 试件尺寸加大；(3) 试件高宽比加大；(4) 试件位置偏离支座中心；(5) 试件受压表面为成型时毛面；(6) 试件表面加润滑剂；(7) 上下两压头平面不平行。

8. 用强度等级 32.5 的普通硅酸盐水泥配制卵石混凝土，灌制 100mm×100mm×100mm 立方体试件三块，在标准条件下养护 7d，测得破坏荷载分别为 140kN，135kN，144kN。

(1) 试估计该混凝土 28 天的标准立方体试件强度；

(2) 估计该混凝土的水灰比值。

9. 经过初步计算所得的配合比，为什么还要试拌调整（从对混凝土的基本要求：强度、耐久性、和易性和经济四个方面分析)?

10. 已知混凝土的水灰比为0.6，单位用水量为180kg/m³，砂率为33%，水泥密度ρ_c=3.1g/cm³，砂子表观密度ρ_s=2.65g/cm³，石子表观密度ρ_g=2.7g/cm³。

(1) 试用绝对体积法计算1m³混凝土中各项材料的用量；

(2) 用假定容重法计算1m³混凝土中各项材料用量（设混凝土密度ρ=2400kg/m³)。

11. 某钢筋混凝土结构，设计要求的混凝土强度等级为C25，从施工现场统计得到平均强度为31MPa，强度标准差σ=6MPa。试问：(1) 此批混凝土的强度保证率是多少？ (2) 如要满足95%强度保证率的要求，应该采取什么措施?

12. 设计要求的混凝土强度等级为C20，要求强度保证率P=95%。若采用强度等级为42.5的普通水泥，卵石，用水量180kg/m³，问当强度标准差σ从5.5MPa降到3.0MPa时，每立方米混凝土可节约水泥多少千克?

13. 某混凝土的设计强度等级为C25，坍落度要求35～50mm。所用原材料为：

水泥：强度等级32.5的普通水泥（富余系数为1.08)，ρ_c=3.10g/m³；

碎石：连续级配5～20mm，ρ_g=2700kg/m³，含水率1.2%；

中砂：M_x=2.6，ρ_s=2650kg/m³，含水率3.5%。

试求：(1) 1m³混凝土各材料用量；(2) 混凝土的施工配合比（设求出的计算配合比符合要求)；(3) 每拌两包水泥的混凝土时，各材料的施工用量。

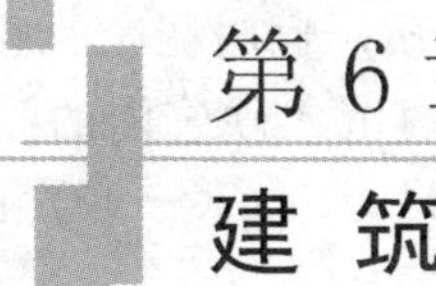

第6章 建筑砂浆

本章概要

1. 介绍砂浆的组成与分类；
2. 重点阐述砌筑砂浆的技术性质与配合比设计方法；
3. 简述抹面砂浆的性能要求和配制方法；
4. 介绍专用特种砂浆的应用；
5. 简述干粉砂浆的特点与应用。

建筑砂浆由胶凝材料、砂子、掺合料、外加剂和水按适当比例配制而成，在土木工程中用途广、用量大，主要用于胶结建筑工程中的砌筑材料（砖、砌块、石块）和墙面、地面、柱面等结构表面的抹面与装饰，还用于砌体勾缝、天然岩石板材和陶瓷墙、地砖及板材的胶结等，起到黏结、衬垫、传递应力、保护主体结构、装饰装修的作用。

建筑砂浆按胶凝材料分水泥砂浆、水泥石灰膏混合砂浆，聚合物水泥砂浆等；按砂浆的制备方法可分现拌砂浆、预拌砂浆，预拌砂浆又分湿拌砂浆和干拌砂浆等；按砂浆用途分为砌筑砂浆、抹面砂浆、装饰砂浆、防水砂浆、保温隔热砂浆等。

6.1 砂浆的技术性质与要求

砂浆的技术性能是建筑质量的基础保证之一。混凝土的技术理论和性质变化规律大都适用于砂浆，只是砂浆由于没有粗骨料，加上施工应用特点，对砂浆技术性质的要求及其影响因素又与混凝土不尽相同。

6.1.1 新拌砂浆的和易性

为了满足施工要求，保证建筑工程质量，新拌砂浆应具有良好的和易性。和易性良好的砂浆，可以在结构基体上铺砌成均匀的薄层，与基体紧密黏结，并利于提高施工速度。砂浆的和易性包括流动性和保水性两方面。

1. 流动性

砂浆流动性是指砂浆在自重或外力作用下产生流动的性质，也叫稠度。评价流动性用砂浆稠度测定仪测定，以标准圆锥体经 10 秒时间自由沉入砂浆内的深度即沉入度值（mm）表示，参照《建筑砂浆基本性能试验方法》（JGJ 70—90）试验，沉入度值越大，流动性越大。

由于砂浆层要求必须均匀密实，而施工时又不能振捣，因此砂浆本身具有的良好流动性就显得尤为重要。砂浆流动性好，便于施工操作，密实填充基底；但流动性过大，可能产生分层、泌水现象，导致砂浆的黏结力和强度降低。

砂浆的流动性与许多因素有关，主要影响因素有胶凝材料的种类与用量、用水量、砂子的粒径、形状和级配、搅拌时间、环境温度和湿度等。

砂浆流动性大小的选择要考虑砌体材料的种类、施工工艺、环境气候等情况，可以参照表 6-1。干燥气候、手工操作要求流动性较大；寒冷气候、机械施工流动性可选小些；也可根据施工经验与要求控制，但应符合《砌体工程施工质量验收规范》（GB 50203—2002）规定。

建筑砂浆流动性的选择 表 6-1

砌筑砂浆		抹面砂浆	
砌体种类	沉入度（mm）	抹灰工程	沉入度（mm）
烧结普通砖砌体	70～90	准备层	80～120
轻骨料混凝土小型空心砌块砌体	60～90	底层	70～80
烧结多孔砖、空心砖砌体	60～80	面层	70～100
烧结普通砖平拱式过梁、空斗墙、筒拱 普通混凝土小型空心砌体砌块 加气混凝土砌体砌块	50～70	石膏浆面层	90～120
石砌体	30～50	—	—

2. 保水性

新拌砂浆保持其内部水分的能力称为保水性。砂浆的保水性参照《建筑砂浆基本性能试验方法》（JGJ 70—90）实验，用砂浆分层度筒测定，以分层度（mm）表示。

一般砂浆的分层度在 10～20mm 为宜，通常水泥砂浆分层度不应大于 30mm，水泥混合砂浆不宜大于 20mm。分层度小于 10mm，砂浆过于干稠，不利于施工；分层度过大，砂浆在施工过程中会出现泌水和分层离析现象，使砂浆流动性变差，并且容易产生干缩裂缝；同时保水性不良的砂浆铺抹于基体后，水分易被砖、砌块等多孔材料快速吸收，从而影响胶凝材料的正常水化与凝结硬化，使砂浆的强度和黏结力大幅下降，导致降低砌体质量。

砂浆的和易性对砂浆强度影响较大，为保证良好的和易性，砂浆必须搅拌均匀，搅拌时间不能过短，也不宜太长，并且应随拌随用，及时用完，不得使用过夜砂浆。

6.1.2 硬化砂浆的强度和强度等级

砂浆以 70.7mm×70.7mm×70.7mm 立方体标准试件一组 6 块、标准养护 28 天的抗压强度（MPa）平均值确定其强度。

标准养护条件：温度为（20±3)℃；相对湿度为水泥砂浆 90%以上，水泥混合砂浆（60～80)%。

砂浆按抗压强度划分 M2.5、M5.0、M7.5、M10、M15、M20 六个强度等级。M10 以下强度等级是常用砂浆，M10 以上强度等级砂浆主要用于强度要求较高的重要建筑物及结构部位。

影响砂浆强度的因素较多，不仅与砂浆的组成材料、配合比和施工工艺等因素有关，还与基体材料的吸水性有关。在实际工程中，一般根据经验和采用试配方法，通过试验确定砂浆的抗压强度。普通水泥配制的砂浆可参考下列公式计算其抗压强度：

1.用于致密材料基体

当砌筑天然岩石等不吸水或吸水率较小的致密材料基体时，砂浆强度的主要影响因素与混凝土相似，主要取决于水泥强度和水灰比。

$$f_{m,cu} = Af_{ce}\left(\frac{C}{W} - B\right) \tag{6-1}$$

式中：$f_{m,cu}$——砂浆 28 天的抗压强度，精确至 0.1MPa；

f_{ce}——水泥的实际强度，精确至 0.1MPa；

$\frac{C}{W}$——灰水比，C 为一立方米砂浆的水泥用量，W 为一立方米砂浆的用水量，精确至 1kg；

A、B——经验系数，A 可取 0.29、B 可取 0.4，也可根据试验统计资料确定。

2.用于多孔材料基体

当砂浆砌筑的基体材料吸水率较大时，如黏土多孔砖、粉煤灰轻质砌块等，这时砂浆的强度与水灰比关系不大，因为砂浆的保水能力一定，多余的水分会被基体吸收，此时砂浆强度主要取决于水泥的强度及水泥用量，可按下式计算：

$$f_{m,cu} = \frac{\alpha f_{ce} Q_C}{1000} + \beta \tag{6-2}$$

式中：$f_{m,cu}$——砂浆28天的抗压强度，精确至0.1MPa；

α、β——砂浆的特征系数，$\alpha=3.03$、$\beta=15.09$，也可由试验确定；

f_{ce}——水泥的实际强度，精确至0.1MPa；

Q_C——为一立方米砂浆的水泥用量，精确至1kg。

6.1.3 砂浆的黏结力

砂浆黏结力是指砂浆与基体的黏结强度。砌体是靠砂浆把砖石等砌筑材料黏结成的一个整体，一般砂浆强度越高，其黏结力越大，砌体的强度也就越高。砂浆黏结力与砌筑的基体材料表面状态、清洁程度、湿润状况等有关。通常建筑施工时，先将多孔的、吸水率大的砌筑材料浇水湿润，其他平整光滑的表面采取凿毛划痕等方法加大基底粗糙度，以提高砂浆与基体的黏结力，保证砌体的质量。砂浆的黏结力直接影响砌体的抗剪强度、稳定性、抗裂性、耐久性及建筑物的抗震能力。

6.1.4 砂浆的变形性

砂浆受到温度和湿度变化以及荷载的影响，均会产生变形，如果变形过大或不均匀，会引起砂浆层收缩开裂、空鼓脱落，降低砌体强度，出现墙体渗漏等工程质量问题。因此，要注重控制砂浆的和易性，加强砂浆的早期养护，防止砂浆产生不均匀变形。

6.1.5 砂浆的耐久性

砂浆应具有良好的耐久性。在有腐蚀冻融作用的工程环境中，砂浆除了应满足强度要求，具备较好的黏结力、较小的收缩变形外，还应具有一定的抗腐蚀、抗冻融能力。有抗冻性要求的砂浆经冻融试验后，质量损失率不得大于5%，抗压强度损失率不得大于25%。砂浆耐久性的影响因素和混凝土的基本相同。

6.2 砌筑砂浆

将砖、石及砌块等黏结为砌体的砂浆称为砌筑砂浆。它起着黏结砌体材料、传递荷载、均匀分布应力、协调变形的作用，是砌体的重要组成部分。

砂浆种类根据砂浆所用建筑结构的部位来合理选择。水泥石灰混合砂浆宜用于砌筑地面以上的干燥环境砌体；对于砌筑地下基础等潮湿环境和强度要求较高的砌体，必须选用水泥砂浆。砂浆施工完毕，应达到《砌体工程施工质量验收规范》（GB 50203—2002）的要求。《砌筑砂浆配合比设计规程》（JGJ 98—2000）规定，砌筑砂浆应符合以下技术条件：

1. 砌筑砂浆划分 M2.5、M5.0、M7.5、M10、M15、M20 六个强度等级。

2. 水泥砂浆拌合物的密度不宜小于 $1900kg/m^3$；水泥混合砂浆拌合物的密度不宜小于 $1800kg/m^3$。

3. 砌筑砂浆应采用机械搅拌，其搅拌时间不得少于 2min；对掺有粉煤灰和外加剂的砂浆，其搅拌时间不得少于 3min。

4. 砌筑砂浆的稠度应按表 6-1 的规定选用，分层度不得大于 30mm，并且稠度、分层度和抗压强度三项技术指标必须同时满足技术要求。

5. 水泥砂浆的水泥用量不应小于 $200kg/m^3$；水泥混合砂浆中水泥与掺合料的总量宜为 $300\sim350kg/m^3$。

6. 处于冻融环境的砌筑砂浆，需经冻融试验，抗冻等级必须符合抗冻性要求。

6.2.1 砌筑砂浆的组成材料

1. 水泥

砌筑砂浆常选用普通硅酸盐水泥、矿渣硅酸盐水泥、粉煤灰硅酸盐水泥及复合硅酸盐水泥，某些特殊工程与结构，可选用专用水泥。水泥用量的多少，直接影响砂浆的和易性、黏结力及砂浆的强度。配制砂浆时，为保证砂浆的综合技术性能，应尽量采用 32.5 低强度等级的水泥；为节约材料，合理利用资源，也可掺入少量石灰膏、黏土膏、粉煤灰等掺合料，这时可选用 42.5 强度等级的水泥。

2. 细骨料

砂浆用细骨料主要为天然河砂。砂子在砂浆中起骨架与填充作用，对砂浆的流动性和强度影响较大，尤其对砂浆的收缩开裂，有较好的抑制作用。

由于砂浆层较薄，对砂子最大粒径应有所限制，一般以中砂为宜。砌筑毛石砌体用的砂最大粒径应小于砂浆层厚度的 1/4～1/5，砖砌体用砂的最大粒径应不大于 2.5mm。

砂浆用砂的技术质量要求与混凝土用砂相同，只是含泥量的要求范围比混凝土更宽，对强度等级为 M2.5 以上的砌筑砂浆，砂的含泥量不应超过 5%；强度等级为 M2.5 的水泥混合砂浆，砂的含泥量不应超过 10%，防止加大砂浆的收缩和降低砂浆的强度与耐久性。

为了降低工程成本，可以就地取材，合理利用人工砂、山砂、特细砂及炉渣等，但应经试验，确定满足技术要求后配用。

3. 掺加料

在水泥砂浆中往往掺入部分熟化石灰膏、黏土膏、粉煤灰等掺合料，以改善砂浆和易性，降低水泥用量，其掺加料的用量及砂浆的技术性能应符合砌筑砂浆的规定要求，粉煤灰的品质应符合《用于水泥和混凝土中的粉煤灰》(GB 1596—2005)的要求，特别是石灰膏必须经“熟化、陈伏”两星期以上使用，用量不宜过多，否则易产生砂浆收缩开裂，降低砂浆强度。

4. 外加剂

为保证砂浆质量，避免石灰膏难以计量的缺陷，改善粉煤灰水泥砂浆易泌水收缩的现象，配制砂浆时多采用在砂浆中掺入适量的塑化剂、增稠剂、减水剂等外加剂，来加大砂浆的流动性，增大砂浆的保水能力，提高砂浆的黏结力和强度。常用的外加剂有微沫剂、纤维素类、木钙粉、FDN 等。掺入的外加剂技术性能和使用要求与混凝土相同，其掺量应严格控制，满足工程设计和施工的要求，并满足砂浆的强度与耐久性要求，且应经检验和试配，符合要求后方可使用。

5. 水

拌和砂浆用水和混凝土拌和水的要求相同。

6.2.2 砌筑砂浆配合比设计

1. 确定砂浆强度等级

根据《砌筑砂浆配合比设计规程》(JGJ 98—2000)，砌筑砂浆配合比设计首先按照工程类别及所用砌体结构部位，选择砂浆的强度等级。一般临时建筑、简易平房、库房采用 M2.5～M5 强度等级；砖混多层结构及混凝土小型空心砌块的砌体应采用 M5.0～M15 强度等级；高层建筑与特别重要的砌体应采用 M15～M20 强度等级的砂浆。

2. 计算砂浆配制强度

根据《砌体工程施工质量验收规范》(GB 50203—2002) 标准规定，砂浆的强度保证率为 85%，而且只提供设计强度，并以砂浆的 28 天抗压强度平均值为依据。因此，可按下式计算砂浆配制强度：

$$f_{m,o} = f_2 + 0.645\sigma \tag{6-3}$$

式中：$f_{m,o}$——砂浆的试配强度，精确至 0.1MPa；

f_2——砂浆设计强度（砂浆抗压强度平均值），精确至 0.1MPa；

σ——砂浆强度标准差，精确至 0.01MPa。

标准差的确定：

（1）有统计资料，按下式计算：

$$\sigma=\sqrt{\frac{\sum_{i=1}^{n} f_{m,i}^{2}-n\mu_{f_m}^{2}}{n-1}} \tag{6-4}$$

式中：$f_{m,i}$——统计周期内同一品种砂浆第 i 组试件的强度，MPa；

μ_{f_m}——统计周期内同一品种砂浆 N 组试件强度得平均值，MPa；

n——统计周期内同一品种砂浆试件得总组数，$n \geqslant 25$。

（2）当不具有近期统计资料时，σ 可按表 6-2 取值。

砂浆强度标准差 σ 选用值 表 6-2

施工水平 \ 砂浆强度等级	M2.5	M5.0	M7.5	M10	M15	M20
优良	0.50	1.00	1.50	2.00	3.00	4.00
一般	0.62	1.25	1.88	2.50	3.75	5.00
较差	0.75	1.50	2.25	3.00	4.50	6.00

3. 计算水泥用量 Q_C（kg/m^3）

每立方米砂浆中的水泥用量 Q_C（kg/m^3）参照公式（6-2）按下式计算：

$$Q_C=\frac{1000(f_{m,o}-\beta)}{\alpha f_{ce}} \tag{6-5}$$

式中：$f_{m,o}$——砂浆的试配强度，精确至 0.1MPa；

f_{ce}——取水泥的实测强度，精确至 0.1MPa，或考虑安全可靠性也可取水泥强度等级对应的强度值。

当计算出的水泥用量小于 $200kg/m^3$ 时，应取 $Q_C=200kg/m^3$。

4. 计算掺合料用量 Q_D（kg/m^3）

配制水泥混合砂浆需加入掺合料时，为保证砂浆强度，每立方米砂浆中掺合料的总量 Q_A 应控制在 $300\sim350kg/m^3$ 之间，则

$$Q_D=Q_A-Q_C \tag{6-6}$$

式中：Q_D——每立方米砂浆的掺合料用量，精确至 1kg；

Q_A——每立方米砂浆中胶凝材料的总量，精确至 1kg；

Q_C——每立方米砂浆中的水泥用量，精确至 1kg。

石灰膏、黏土膏等掺合料用量，宜按稠度 120±5mm 计量。现场施工时当石灰膏稠度与试配不一致时，按表 6-3 进行换算。

石灰膏不同稠度时的换算系数　　表 6-3

石灰膏稠度(mm)	120	110	100	90	80	70	60	50	40	30
换算系数	1.00	0.99	0.97	0.95	0.93	0.92	0.90	0.88	0.87	0.86

5. 确定每立方米砂浆砂子的用量 Q_s（kg/m³）

按 1m³ 砂浆含有 1m³ 堆积体积的砂子、砂浆中的胶凝材料包裹砂子表面并填充砂子的空隙来设计，所以每立方米砂浆中砂子的用量以砂子在干燥状态（含水率小于 0.5%）的堆积密度值作为计算值。

6. 确定用水量 Q_w（kg/m³）

对于砌筑多孔材料，每立方米砂浆用水量是根据砂浆稠度要求选用，一般在 250～330kg 范围；而对于砌筑密实材料则应满足强度要求，同时控制砂浆的稠度，选用合适的单位用水量。混合砂浆的单位用水量不包括掺合料所含水份；采用细砂或粗砂时，用水量分别取上限或下限；稠度小于 70mm 时，用水量可小于下限；施工现场气候炎热或干燥季节，可根据施工经验酌情增加用水量，以满足施工现场所需的稠度为准。

以上计算所得各种材料用量为砂浆设计的初步基准配合比（以水泥为 1，可以换算成质量），然后应采用实际工程材料进行砂浆的试配与调整。

7. 确定砂浆配合比

砂浆的试配应至少制作三组不同配合比的试件，一组为基准配合比，其余二组以基准配合比分别增减 10% 水泥用量及相应调整掺合料与用水量，按《建筑砂浆基本性能试验方法》（JGJ 70—90）规定进行试拌，测定砂浆拌合物的稠度、分层度及砂浆强度，选取符合砂浆技术性能要求且水泥用量又较少的配合比作为砂浆施工配合比。

当砌体结构所需砂浆强度等级较低，现有水泥的强度等级较高时，按配合比规程计算得到的水泥用量偏少，使得砂浆的和易性难以保证。此时水泥砂浆配合比可按表 6-4 直接选用。

每立方米水泥砂浆配合比选用表　　表 6-4

强度等级	水泥用量（kg）	砂子用量（kg）	用水量（kg）
M2.5～M5	200～230	1m³ 砂子的堆积密度	270～330
M7.5～M10	220～280		
M15	280～340		
M20	340～400		

注：①此表水泥强度等级为 32.5，强度较高水泥宜取下限；
②根据施工水平合理选择水泥用量；
③用水量按砂浆技术要求调整。

6.3 抹面砂浆

凡粉抹在土木工程的建（构）筑物或构件表面的砂浆，统称为抹面砂浆或抹灰砂浆。

抹面砂浆兼有保护基底、黏结衬垫、增加美观的作用。根据抹面砂浆的功能，一般分普通抹面砂浆、装饰砂浆和具有特别功能与用途的特种砂浆。

抹面砂浆的组成材料和技术性能要求与砌筑砂浆基本相同，只是与砌筑砂浆相比，抹面砂浆施工后，对砂浆层的平整度、光洁细致、外观状态要求更高。要求抹面砂浆既具有良好的工作性，易于抹成均匀平整的薄层，便于施工，又具有较高的黏结力，保证砂浆层与底面牢固黏结，防止砂浆层空鼓脱落；有时也加入一些纸筋、麻刀、聚丙烯纤维、玻璃纤维等材料，以防止砂浆收缩开裂；为了强化某些功能，还需加入特殊集料（陶砂、膨胀珍珠岩等）。

6.3.1 普通抹面砂浆

普通抹面砂浆是土木工程中常用砂浆，主要用于建筑物的地面、墙面、屋面、台阶踏步、踢脚等结构部位的抹平，起到保护主体结构、提高建筑物耐久性、提供平整与美观的结构表面或作为装饰面层的衬垫层的作用。

常用的普通抹面砂浆有水泥砂浆、水泥粉煤灰砂浆、水泥石灰混合砂浆、麻刀石灰砂浆（简称麻刀灰）、纸筋石灰砂浆（纸筋灰）等。

抹面砂浆一般分底层、中层和面层施工。由于各层的功能作用不同，要求的砂浆性能也就不同。底层砂浆的作用是使砂浆与底面能牢固地黏结，砂浆应有良好的工作性和黏结力，这时要注重防止水分被底面材料吸收而降低黏结力。中层主要是为了找平，有时可省去不做。面层则要达到平整、美观的效果，要求砂浆光洁细腻、抗裂。

随着建筑工程质量要求的提高，对抹面砂浆的质量要求也越高，抹面砂浆的品种与功能也越来越多，应根据基层材料的特性、结构部位，选用抹面砂浆种类。一般底层或中层多用水泥石灰混合砂浆；室内面层抹灰多用石灰石膏混合砂浆、麻刀灰、纸筋灰等；对于在潮湿环境、强度要求较高及容易碰撞的结构部位应选用水泥砂浆，如外墙、地面、墙裙、踢脚、雨棚、窗台、水池、卫生间等。

在加气混凝土砌块墙面上做抹面砂浆时，应采取特殊的抹灰施工方法，如喷水湿润、在墙面上预先刮抹树脂胶、在砂浆层中夹一层预先固定好的钢丝网等，以免日久发生砂浆层剥离脱落现象。在轻骨料混凝土空心砌块墙面上做抹面砂浆时，应注意砂浆和轻骨料混凝土空心砌块的弹性模量尽量一致。否则，极易在抹面砂浆和砌块界面上开裂。普通抹面砂浆的参考配合比见表 6-5。

普通抹面砂浆参考配合比　　表 6-5

材　料	体积配合比	材　料	体积配合比
水泥：砂	1：2～1：3	石灰：石膏：砂	1：0.4：2～1：2：4
石灰：砂	1：2～1：4	石灰：黏土：砂	1：1：4～1：1：8
水泥：石灰：砂	1：2～1：2：9	石灰膏：麻刀	100：1.3～100：2.5（质量比）

6.3.2 装饰砂浆

作为砂浆层的饰面层，粉刷在建筑物内外表面，除了抹面砂浆的功能外，还具有美化装饰特点的砂浆，称为装饰砂浆。装饰砂浆的底层和中层的抹灰与普通抹面砂浆基本相同，主要是面层的装饰砂浆的组成材料和施工工艺有所不同。为了达到装饰艺术效果，装饰砂浆选用的胶凝材料除普通水泥外，还有白色水泥、彩色水泥，或在常用水泥中掺入耐碱矿物颜料着色，集料中除砂子外，有的还加入各种色彩花岗岩、大理石等碎石粒及玻璃或陶瓷碎颗粒等。即装饰砂浆分两类：灰浆类和石渣类。

1. 灰浆类砂浆饰面

以着色的水泥砂浆、石灰砂浆及混合砂浆为装饰材料，通过各种施工手段对装饰面层进行艺术加工，使砂浆饰面具有一定的色彩、线条和纹理，达到装饰效果和要求。常见的施工方法有：

拉毛　先用水泥砂浆做底层，再用水泥石灰砂浆作抹面层，在砂浆未凝结之前，用抹刀将砂浆表面拍拉成凹凸不平的饰面。这种装饰着色容易，质感较强，并具有吸声功能，一般用于外墙面及有吸声要求的内墙面和顶棚（如影剧院等）。

假面砖　将硬化的普通砂浆表面用刀斧锤凿刻划出线条；或在初凝后的普通砂浆表面用木条、钢片压划出线条；也可用涂料画出线条，将墙面装饰成仿砖砌体、仿陶瓷墙面砖、仿石材贴面等艺术效果。

喷涂　用挤压式砂浆泵或喷斗，将聚合物水泥砂浆喷涂在墙面基层或底灰上，待硬化后形成饰面层，多用于外墙面。为提高涂层的耐久性和减少墙面污染，在涂层表面再喷一层甲基硅树脂疏水剂。

2. 石渣类砂浆饰面

石渣类砂浆饰面是采用水泥、石渣（也称石粒、石米）、水等配制石渣浆，待水泥终凝前或硬化后，通过水洗、水磨、斧剁等手段将石粒表面水泥浆除去，造成石粒产生不同的外露形式的一种装饰砂浆。这种装饰手法通过水泥与石粒的色泽对比，还可制作不同图案，构成色泽明亮、质感丰富的装饰效果。此类装饰砂浆强度高，耐久性好，但工效低、造价较高。常见的施工方法有：

水刷石　将水泥和碎石粒（约 5mm）按比例配合拌制成水泥石渣浆，在水泥终凝前，喷水冲刷石粒表面水泥浆，使石粒表面外露。水刷石装饰表现较为粗犷，表面粗糙，质感朴实，主要用于建筑物的外墙面、窗套、腰线、勒脚等，经久耐用，不需维护。

干黏石　在水泥砂浆的面层表面，黏结粒径 5mm 以下的白色或彩色碎石粒、小石子、彩色玻璃、陶瓷碎粒等。要求颗粒黏结均匀、牢固。干黏石的施工效率高，避免了喷水冲洗的湿作业，节约原材料和水，其装饰效果与水刷石相近，且石子表面更洁净艳丽；多于外墙饰面。

水磨石　用水泥和各种色彩的大理石、花岗岩等岩石碎石粒配制石渣浆，水泥浆可着色，碎石粒多采用白色或其他鲜艳亮丽色彩，并设计组成图案，待水泥浆硬化后用打磨机磨平表面。装饰效果美观平整、润滑细腻。水磨石强度高、耐污染、易清洗、耐久性好，主要用于建筑地面、水池等工程部位，还可制作楼梯踏步、窗台板、柱面、踢脚板等构件。

斩假石　又称剁假石、斧剁石。砂浆的配制与水刷石基本一致，施工方法是待砂浆抹面硬化后，用斧刃将表面剁毛并形成一定的纹理，装饰效果与粗面花岗岩相似。一般用于室外局部小面积装饰，如柱面、勒脚、台阶等。

6.3.3　特种砂浆

为了满足某些建筑物或结构部位的建筑功能、性能的特殊要求，而具有防水、保温隔热、吸声、耐酸及装饰等作用的专用砂浆称作特种砂浆。下面介绍几种常用砂浆：

1. 防水砂浆

水泥砂浆中掺入防水剂、聚合物等，使得砂浆具有一定的抗渗能力的砂浆叫做防水砂浆。当抹灰层具有防水、防潮要求时，应采用防水砂浆。

常用的防水剂有氯化物金属盐类防水剂、金属皂类防水剂、有机硅防水剂等。

氯化物金属盐类防水剂为有色液体，主要是在砂浆凝结硬化过程中与氢氧化钙生成不透水、难溶解的胶体物质，填充和封闭砂浆的孔隙，起促进结构密实作用，从而提高砂浆的抗渗性能。氯化物金属盐类防水剂掺加量一般为水泥质量的 3%～5%，可使用在水池和其他地下建筑物。

金属皂类防水剂主要是起填充微细孔隙和堵塞毛细孔作用，掺加量一般为水泥质量的 3%左右。

有机硅防水剂无毒、无味、不挥发、不易燃，有良好的耐候性和耐腐蚀性。将其掺入到水泥砂浆中，可堵塞水泥砂浆内部的毛细孔通道，增强密实性，提高砂浆抗渗能力。并且有机硅防水剂为无色或淡黄色透明液体，不影响饰面原色；由于防水膜的作用，抵抗污水渗透，防止建筑物污染，是外墙饰面防水砂浆的良好材料。

用防水砂浆做的防水层为刚性防水层。这种防水层仅用于不受振动和具有一定刚度的混凝土工程或砌体工程。对于变形较大或可能发生不均匀沉降的建筑物，都不宜采用刚性防水层。对于钢筋混凝土应选用非氯盐型防水剂，防止造成钢筋锈蚀。防水砂浆的抗渗能力与施工质量密切相关，对施工操作要求较高，必须保证砂浆的密实性，才能获得理想的防水效果。

2. 保温砂浆

采用水泥、石灰、石膏等胶凝材料，与膨胀珍珠岩、膨胀蛭石或陶粒、陶砂或聚苯乙烯泡沫颗粒等轻质多孔材料按一定比例配制的砂浆称为保温砂浆，亦称绝热砂浆。保温砂浆质轻，具有良好的保温隔热性能，其技术要求参照《建筑保温砂浆》(GB/T 20473—2006)，可用于屋面隔热层、建筑外墙、工业窑炉、供热管道隔热层等。

3. 吸音砂浆

具有吸声性能的砂浆叫做吸音砂浆。一般绝热砂浆都具有轻质多孔结构，因而也具有吸声功能。工程中常用水泥、石膏、砂、锯末（其体积比为 1∶1∶3∶5）等配成吸声砂浆，或在石灰、石膏砂浆中掺入玻璃纤维、矿物棉及有机纤维等松软纤维材料。吸声砂浆主要用于歌剧院、会议厅等的内墙壁和顶棚的吸声。

4. 膨胀砂浆

在水泥砂浆中加入膨胀剂或使用膨胀水泥，可配制膨胀砂浆。膨胀砂浆具有一定的膨胀特性，可补偿水泥砂浆的收缩，防止干缩开裂。膨胀砂浆还可在修补工程和装配式大板工程中应用，靠其膨胀作用而填充缝隙，达到黏结的目的。

6.4 干粉砂浆

干粉砂浆又称干拌砂浆、干混砂浆。它是将水泥以及其他胶凝材料、砂子、矿物掺合料和功能性添加剂按一定比例，由专业生产厂家在干燥状态下将原材料均匀混合配制成的粉状或颗粒状的混合物，然后以干粉包装或散装的形式运至工地，按规定比例加水拌和后即可使用的砂浆材料。

干粉砂浆是近年随着建筑业科技进步的要求而发展的新型建筑材料。相对于现场配制的传统砂浆工艺，干粉砂浆具有以下主要特点：

1. 品质稳定

施工现场配制砂浆，由于原材料质量与用量难以控制，导致砂浆开裂、渗漏、空鼓、脱落等工程质量问题时有发生，并且已成为建筑质量通病。而干拌砂浆采用工业化生产，对原材料质量和砂浆配合比进行集中控制，建筑砂浆质量控制稳定、可靠。

2. 施工性能良好

砂浆的各种技术性能大大改善，如砂浆的和易性好，易抹易刮，利于挂浆均匀；保水能力与砂浆的附着力强；砂浆抗流挂性提高，施工中不易下垂流挂等。

3. 抗变形能力强

干粉砂浆针对施工要求和用途，优化组成材料，除了能够满足砂浆的不同强度等级要求外，还具有塑性收缩、干缩率低的特性，提高了抗裂、抗渗、抗应变能力。

4. 使用方便

干粉砂浆有散装也有袋装，可以随时随地定量供货，运输、存储方便，节约原材料；既可采用手工操作更利于机械施工，降低劳动强度和成本，提高施工效率。

5. 文明施工

干粉砂浆在现场使用时，只需加水搅拌即可，大大改善施工环境，减少环境污染。

6. 品种丰富

干粉砂浆分普通干粉砂浆（砌筑砂浆、抹灰砂浆、地面砂浆）和特种干粉砂浆（瓷砖黏结类砂浆、界面砂浆、外墙外保温专用砂浆、饰面砂浆、地面自流平砂浆等）两大类，适应不同的用途和性能要求，其品种丰富。

为了使干粉砂浆能够顺利代替传统砂浆，国家与许多省市已经制定了《混凝土小型空心砌块砌筑砂浆》（JC 860—2000）、《蒸压加气混凝土用砌筑砂浆与抹面砂浆》（JC 890—2001）及《预拌砂浆生产与应用技术规程》（DC/TJ 08—502—2000）、《干粉砂浆生产与应用技术规程》（DG/TJ 08—502A—2000）等相应的标准、规程来引导干粉砂浆的发展。

6.4.1 干粉砂浆的组成

1. 分类与标记

普通干粉砂浆—主要按砂浆类别、强度等级、和水泥品种符号的组合表示。标记示例：

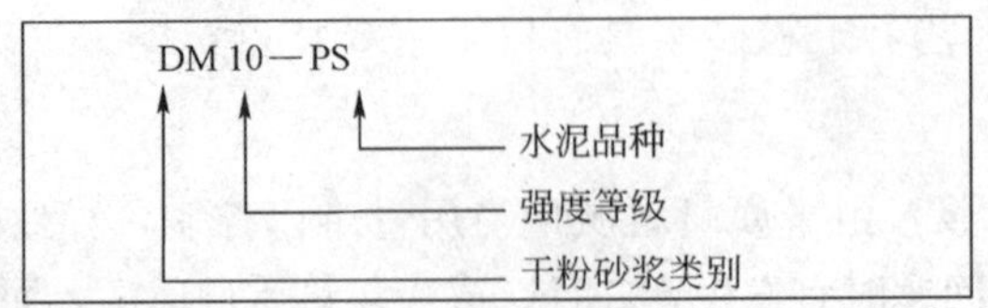

P. I、P. II——硅酸盐水泥，P. O——普通硅酸盐水泥，P. S——矿渣硅酸盐水泥

DM——干粉砌筑砂浆，DP——干粉抹灰砂浆，DS——干粉地面砂浆。

特种干粉砂浆　一般按用途直接标明其产品名称，如墙地砖黏结剂，防水砂浆等，也有用砂浆类别的英语名称缩写表示。如：

DTA——干拌瓷砖黏结砂浆

DEA——干拌聚苯板黏结砂浆

DBI——干拌外保温抹面砂浆

2. 组成

干粉砂浆主要由水泥、砂子、保水增稠材料、矿物掺合料、添加剂以及轻质填料等组成。

水泥宜选用硅酸盐水泥、普通硅酸盐水泥或矿渣硅酸盐水泥，并应符合相应技术标准的规定。外墙抹灰砂浆水泥质量不宜少于物料总质量的15％；地面面层砂浆水泥质量不宜少于物料总质量的18％；且宜采用硅酸盐水泥、普通硅酸盐水泥，矿物掺合料掺量不宜大于水泥质量的15％。

砂子应符合《建筑用砂》（GB/T 14684—2001）的规定，且干燥后砂的含水率应小于0.5％，砂的最大粒径应通过5mm筛孔，并颗粒级配均匀、洁净，严禁混入影响砂浆性能的有害物质。

保水增稠材料主要有消石灰粉、石膏粉、纤维素类（如甲基纤维素醚、羧甲基纤维素、羟乙基纤维素等）、可再分散乳胶粉（醋酸乙烯酯与乙烯共聚胶粉、丙烯酸酯与苯乙烯共聚胶粉等）。消石灰粉、石膏粉既可以作气硬性胶凝材料，也可提高砂浆流动性和保水性。这些保水增稠材料起着改善施工性能等作用，使得砂浆具有良好的保水能力，不至于出现起砂、起粉现象而导致砂浆强度下降；增稠可以使得湿砂浆的黏结性提高，增加内聚力与抗垂性，砂浆强度提高。保水增稠材料用于砌筑砂浆须经砌体力学性能试验验证。

矿物掺合料主要有磨细矿渣粉、粉煤灰、沸石粉等。粉煤灰质量需符合表6-6要求。

粉煤灰品质要求　　表6-6

项　目	45μm筛余（％）	含水率（％）	烧失量（％）	需水量比（％）	f－CaO（％）
质量要求	≤25	≤1	≤8	≤110	≤2.5

添加剂主要是各种粉状的减水剂、引气剂、速凝剂、缓凝剂、触变润滑剂、消泡剂等。这些化学添加剂虽然掺量很小，但能够明显改善砂浆的流动性，提高砂浆的强度，具有防水、抗冻、早强、抗裂和抗渗等作用，其作用机理见混凝土外加剂章节。

填料是为了增加砂浆的特殊性能或功能而掺入的一些细小轻质封闭陶粒、膨胀珍珠岩、各种耐碱纤维（常用5mm左右的短切聚丙烯纤维）等。利用填料的不吸水、耐化学腐蚀、韧性大、保温隔热性能优良等优点，配制防水砂浆、抗裂砂浆、保温隔热砂浆等。

6.4.2 干粉砂浆的技术要求

1.强度等级

干粉砂浆的强度等级分：M5.0、M7.5、M10、M15、M20、M25、M30。砌筑砂浆可在此范围选择，强度等级较高的干粉砂浆用于高强度混凝土空心砌块。抹面砂浆强度等级在M5.0、M10、M15、M20范围选择，地面砂浆强度等级在M15、M20、M25范围选择，其他砂浆可根据强度要求选用各类干粉砂浆。普通干粉砂浆强度等级与传统砂浆的对应关系见表6-7。

普通干粉砂浆与传统砂浆分类对应　　表6-7

种　类	干粉砂浆	传统砂浆
砌筑砂浆	DM5.0	M5.0混合砂浆、M5.0水泥砂浆
	DM7.5	M7.5混合砂浆、M7.5水泥砂浆
	DM10	M10混合砂浆、M10水泥砂浆
抹灰砂浆	DP5.0	1∶1∶6混合砂浆
	DP10	1∶1∶4混合砂浆
	DP15	1∶3水泥砂浆
	DP20	1∶2、1∶2.5水泥砂浆，1∶1∶2混合砂浆
地面砂浆	DS20	1∶2混合砂浆

个别类别砂浆强度等级无现成的配比对应，但干粉砂浆能够方便地配制。

2.和易性

普通干粉砂浆和易性及其他技术要求见表6-8，检验各类砂浆的技术性能的试验方法按《建筑砂浆基本性能试验方法》（JGJ 70—90）进行。

普通干粉砂浆技术要求 表 6-8

种类		砌筑砂浆（DM）	抹灰砂浆（DP）	地面砂浆（DS）
强度等级		M5.0、M7.5、M10、M15、M20、M25、M30	M5.0、M10、M15、M20	M15、M20、M25
稠度（mm）		≤90	≤100	≤50
分层度（mm）		≤25	≤20	≤20
保水性（%）		≥65	≥65	≥65
28 天抗压强度（MPa）		≥其强度等级	≥其强度等级	≥其强度等级
凝结时间（h）	初凝	≥2	≥2	≥2
	终凝	≤10	≤10	≤10
抗冻性		满足设计要求		
收缩率（%）		≤0.5	≤0.5	≤0.5

对于特种干粉砂浆还应满足砂浆特殊功能要求，技术性能应符合相应的国家、行业技术标准及地方技术规程。

3.配合比的确定

干粉砌筑砂浆配合比设计中的试配强度按《砌筑砂浆配合比设计规程》（JGJ/T 98—2000）的规定确定，同 6.2.2 节，干粉抹灰砂浆和干粉地面砂浆的试配强度参照执行。干粉砂浆的配合比设计必须按绝对体积法计算，并经试配调整确定，结果应用质量比表示。

4.应用干粉砂浆的有关问题

干粉砂浆具有较强的专用适应性，我们在大力推广应用的同时，还要注重保证工程质量，应根据施工部位与功能要求，选择干粉砂浆的类型和品种，并在使用过程中特别注意：

（1）干粉砂浆的储存应防雨防潮，严禁混堆混用。

（2）干粉砂浆使用人不得自行添加除水以外的某种成分来变更干粉砂浆的施工性能、用途和强度等级。

（3）干粉砂浆应按规定加水搅拌均匀，随拌随用，并在使用说明书规定的时间内用完，超过初凝时间严禁二次加水搅拌使用。

（4）消石灰粉不得直接使用于砌筑砂浆中，水泥石灰砂浆不得采用脱水硬化的石膏。

（5）干粉砂浆不应涂抹在比其强度低的抹灰砂浆层上。

（6）干粉砂浆的施工方法、质量控制和验收均应按《砌体工程施工质量验收规范》（GB 50203—2002）、《建筑装饰装修工程质量验收规范》（GB 50210—2001）、《建筑地面工程施工质量验收规范》（GB 50209—2002）等相关标准执行。

本章小结

建筑砂浆是土木工程中的大宗建筑材料，其技术性能的优劣，直接影响到建筑工程质量。我们认为砂浆是没有粗骨料的混凝土，但由于砂浆的功能作用和施工方法等与混凝土不同，因此，砂浆的一些技术性质与混凝土有相似之处，更多的是不尽相同，对其技术性能更有它的不同要求和特点。

本章重点介绍了不同种类建筑砂浆的技术性能和应用特点，着重阐述了砌筑砂浆的组成材料、技术性能及其影响因素，还介绍了防水砂浆、保温隔热砂浆等专用砂浆的应用，并且详细介绍了新型干粉砂浆的特点与技术要求。通过本章的学习，应了解建筑砂浆的基本组成材料，掌握砌筑砂浆、抹面砂浆等常用砂浆的技术性质与要求，掌握砂浆的配合比设计方法，掌握检测砂浆技术性能的试验方法，具有分析和解决工程实践中影响建筑砂浆技术性能的问题的能力。

1. 新拌砂浆的和易性对砂浆的技术性能有何作用？如何测定？

2. 抹面砂浆与砌筑砂浆的技术性能要求有何区别？

3. 某工程需要配制强度等级为 M7.5 的水泥石灰混合砂浆，用于砌筑蒸压加气混凝土砌块。采用 32.5 强度等级的普通水泥，石灰膏的稠度为 90mm，砂子：中砂，含水率为 3%，堆积密度 1500kg/m^3，施工水平优良。试确定砂浆配合比。

4. 使用干粉砂浆时又另行添加了其他的组份材料，可能导致砂浆的技术性能发生什么改变？

第7章 墙体材料和屋面材料

本章概要

1. 阐述常用砌墙砖的性能及应用；
2. 重点阐述建筑砌块的技术性质与应用；
3. 简介常用墙用板材的性能及应用；
4. 简介常用的屋面材料性能及应用。

我国建筑用墙体材料主要有砖、砌块、板材三大类，屋面材料有各种类型的黏土瓦、琉璃瓦、混凝土瓦、聚氯乙烯塑料波形瓦等。近年，我国的新型墙体材料生产技术与应用技术得到迅速发展，改变了实心黏土砖一统天下的局面，新型墙体材料的质量和功能得到明显改善与提高，品种多、规格齐全、施工方便，特别是对相关技术标准不断修订完善，对材料的质量与性能要求更加严格、规范，为提高建筑工程质量、实施建筑节能、保护环境奠定了良好基础。

7.1 砌墙砖

目前我国砌墙砖主要有两大类：一类是通过高温焙烧工艺制得的烧结砖，另一类属于非烧结砖，是通过蒸压蒸养工艺制得的蒸压蒸养砖，也称免烧砖。

7.1.1 烧结砖

烧结砖根据砖的孔洞形式有实心砖、多孔砖、空心砖和花格砖。从节约黏土资源及利用工业废渣等方面考虑，提倡大力发展与应用非黏土的、或黏土多孔砖和空心砖。目前，黏土实心砖已经强制限制生产和使用。近年来，我国普遍采用了内燃烧砖法，就是将煤渣、粉煤灰等可燃工业废渣以适量比例掺入制坯黏土原料中作为内燃料，当砖焙烧到一定温度时，内燃料在坯体内也进行燃烧，这样烧成的内燃砖既可节省大量外投煤，节约原料黏土5%～10%，强度提高20%左右，表观密度减小，导热系数降低，又可变废为宝，减少环境污染，可持续发展。

在烧结砖的生产过程中，砖的焙烧温度要适当，以免出现欠火砖或过火砖。欠火砖由于烧成温度过低，制品未烧结烧熟，孔隙率大，导致强度低，耐久性差。过火砖由于烧成温度过高，制品密度加大而产生变形，造成外形尺寸极不规整。欠火砖色浅、声哑，过火砖色较深、声清脆。欠火砖和过火砖都会降低砌体施工质量。

当砖坯在窑内以氧化气氛烧成，则由于黏土中的 Fe_2O_3 着色而制得红砖。若砖坯在氧化气氛中烧成后，再经浇水闷窑，使窑内形成还原气氛，促使砖内的红色高价氧化铁（Fe_2O_3）还原成青灰色的低价氧化铁（FeO），即制得青砖。青砖的强度比红砖高，耐久性强，但价格较贵。

1. 烧结普通砖

以黏土、页岩、煤矸石或粉煤灰为主要原料成型后经焙烧制得的没有孔洞或孔洞率（砖面上孔洞总面积占砖面积的百分率）小于 15％的砖，称烧结普通砖。烧结普通砖按制作原料分为黏土砖（N）、页岩砖（Y）、煤矸石砖（M）、粉煤灰砖（F）。

（1）砖的规格与质量

烧结普通砖的标准尺寸为 240mm×115mm×53mm，考虑 10mm 厚的砌筑灰缝，4 块砖的长、8 块砖的宽、16 块砖的厚均为 1 米，则 $1m^3$ 砖砌体需用砖 512 块，砌筑 $1m^2$ 的 24 墙需用砖 128 块。

烧结普通砖根据尺寸偏差、外观质量、泛霜和石灰爆裂等分为优等品（A）、一等品（B）和合格品（C）三个质量等级，具体要求满足《烧结普通砖》（GB 5101—2003）标准规定。优等品可用于装饰墙和清水墙，一等品和合格品可用于混水墙。不得使用欠火砖、酥砖、螺纹砖，中等泛霜砖不可用于结构潮湿部位。

产品按产品名称、类别、强度等级、质量等级、标准编号顺序标记。例：烧结普通砖，强度等级 MU15，一等品的黏土砖，标记为：烧结普通砖 N 强度等级 MU15B GB 5101。

外观质量包括两条面高度差、弯曲程度、杂质突出高度、缺棱掉角程度、裂纹长度、完整面数和颜色等。

泛霜是指黏土原料中的可溶性盐类（如硫酸钠等）在砖使用过程中，随着砖内水分蒸发而在砖表面产生一些白色结晶粉末的盐析现象，一般为白霜。这些结晶物不仅有损于建筑物的外观，而且会产生体积膨胀引起砖的表层酥松起粉，破坏砖与砂浆的黏结。

石灰爆裂是指砖内的过火石灰吸水消化时产生的体积膨胀导致砖胀裂的现象，这种缺陷会严重降低砖的强度。

（2）强度等级

烧结普通砖根据10块砖的抗压强度划分强度等级，见表7-1。当10块砖抗压强度的变异系数$\delta \leqslant 0.21$时，按强度平均值和标准值评定砖的强度等级；当$\delta > 0.21$时，按强度平均值和单块最小值评定砖的强度等级。

烧结普通砖的强度等级（MPa） 表7-1

强度等级	抗压强度平均值 $\overline{f} \geqslant$	变异系数 $\delta \leqslant 0.21$	变异系数 $\delta > 0.21$
		强度标准值 $f_k \geqslant$	单块最小抗压强度值 $f_{min} \geqslant$
MU30	30.0	22.0	25.0
MU25	25.0	18.0	22.0
MU20	20.0	14.0	16.0
MU15	15.0	10.0	12.0
MU10	10.0	6.5	7.5

烧结普通砖的抗压强度标准值按下式计算：

$$f_k = \overline{f} - 1.8S \tag{7-1}$$

$$S = \sqrt{\frac{1}{9}\sum_{i=1}^{10}(f_i - \overline{f})^2} \tag{7-2}$$

式中：f_i——单块砖样的抗压强度测定值，MPa，精确至0.01；

$\overline{f}$——10块砖样的抗压强度平均值，MPa，精确至0.01；

f_k——砖样的抗压强度标准值，MPa，精确至0.1；

S——10块砖样的抗压强度标准差，MPa，精确至0.01。

强度变异系数δ按下式计算（精确至0.1）：

$$\delta = \frac{S}{f} \tag{7-3}$$

（3）抗风化性能

抗风化性能是指在干湿变化、温度变化、冻融变化等物理因素作用下，材料不破坏并长期保持其原有性质的能力，通常以抗冻性、吸水率和饱和系数（砖在常温下浸水24h后的吸水率与5h沸煮吸水率之比）等指标评定。

烧结普通砖的抗风化性能是根据不同风化区而要求。风化区用风化指数进行划分，风化指数是指日气温从正温降至负温或负温升至正温的每年平均天数与每年从霜冻之日起至消失霜冻之日止这一期间降雨量（以mm计）的平均值的乘积。当风化指数大于或等于12700为严重风化区，风化指数小于12700为非严重风化区，我国风化区的划分见表7-2。用于严重风化区1、2、3、4、5类地区的普通砖必须做冻融试验，经冻融试验的砖样不允许出现裂纹、分层、掉皮、缺棱掉角等冻坏现象，质量损失不得大于2%；用于其他地区的普通砖的抗风化性能应符合表7-3的要求，否则应进行冻融试验。

全国风化区划分表　　表 7-2

严重风化区		非严重风化区		
1. 黑龙江省	6. 宁夏回族自治区	1. 山东省	8. 四川省	15. 海南省
2. 吉林省	7. 甘肃省	2. 河南省	9. 贵州省	16. 云南省
3. 辽宁省	8. 青海省	3. 安徽省	10. 湖南省	17. 广东省
4. 内蒙古自治区	9. 陕西省	4. 江苏省	11. 福建省	18. 上海市
5. 新疆维吾尔自治区	10. 山西省	5. 湖北省	12. 台湾省	19. 重庆市
	11. 河北省	6. 江西省	13. 西藏自治区	
	12. 北京市	7. 浙江省	14. 广西壮族自治区	
	13. 天津市			

烧结普通砖抗风化性能　　表 7-3

砖种类	严重风化区				非严重风化区			
	5h 沸煮吸水率（%）≤		饱和系数≤		5h 沸煮吸水率（%）≤		饱和系数≤	
	平均值	单块最大值	平均值	单块最大值	平均值	单块最大值	平均值	单块最大值
黏土砖	18	20	0.85	0.87	19	20	0.88	0.90
粉煤灰砖	21	23			23	25		
页岩砖 煤矸石砖	16	18	0.74	0.77	18	20	0.78	0.80

注：粉煤灰掺入量（体积比）小于 30%，抗风化性能指标按黏土砖规定判定。

（4）工程应用

烧结普通砖既有较高的强度，又有较好的隔热、隔声性能，耐久性较好，是建筑工程中的常用墙体材料，特别是砌筑柱、拱、烟囱、窑身、沟道及基础等不可缺少的砌筑材料，还可与其他材料配套使用，也可在砌体中配置适当的钢筋或钢筋网成为配筋砌筑体，代替钢筋混凝土柱、过梁等。目前，黏土实心砖因大量消耗资源与能源，已经限制使用，取而代之的是工业废渣砖、空心砖、砌块等，弥补了烧结普通砖尺寸小、自重大、施工效率低等缺点，这也是发展新型建筑材料的必然趋势。

2. 烧结多孔砖和烧结空心砖及空心砌块

烧结多孔砖和空心砖的生产原料及品种与烧结普通砖基本相同，只是外观和形状不同。也分为黏土砖（N）、页岩砖（Y）、煤矸石砖（M）、粉煤灰砖（F）类。

孔的尺寸小而数量多的砖称为多孔砖，常用于承重部位；孔的尺寸大而数量少的砖称空心砖，常用于非承重部位。与普通砖相比，生产多孔砖和空心砖，可节省黏土 20%～30%，节约燃料 10%～20%，采用多孔砖或空心砖砌筑墙体，可减轻自重 1/3 左右，工效提高约 40%，同时还能改善墙体的热工性能。

（1）烧结多孔砖

规格尺寸　烧结多孔砖为直角六面体，孔洞率不小于 25%，其长度、宽度、高度应符合 290、240、190、180；175、140、115、90（mm）的尺寸要求。产品标记按产品名称、品种、规格、强度等级、质量等级和标准编号顺序编写。例：

规格尺寸 290mm×140mm×90mm、强度等级 MU25、优等品的黏土砖。

标记：烧结多孔砖 N290×140×90 25A GB 135 45。

质量等级　烧结多孔砖根据尺寸偏差、外观质量、孔型及孔洞排列、泛霜和石灰爆裂分为优等品（A）、一等品（B）和合格品（C）三个质量等级，具体要求满足《烧结多孔砖》(GB13544—2000）标准规定。

强度等级　烧结多孔砖依据《烧结多孔砖》（GB 13544—2000）按 10 块砖样的抗压强度划分 MU30、MU25、MU20、MU15、MU10 五个强度等级，各强度等级的技术要求同表 7-1，计算及判定方法同烧结普通砖。

抗风化性　能对于严重风化区中的 1、2、3、4、5 地区的砖必须进行冻融试验，其他地区的烧结多孔砖的抗风化性能要求符合表 7-4 规定，否则也必须进行冻融试验。

烧结多孔砖的抗风化性能　表 7-4

砖种类	严重风化区				非严重风化区			
	5h 沸煮吸水率（%）≤		饱和系数≤		5h 沸煮吸水率（%）≤		饱和系数≤	
	平均值	单块最大值	平均值	单块最大值	平均值	单块最大值	平均值	单块最大值
黏土砖	21	20	0.85	0.87	23	25	0.88	0.90
粉煤灰砖	23	25			30	32		
页岩砖	16	18	0.74	0.77	18	20	0.78	0.80
煤矸石砖	19	21			21	23		

（2）烧结空心砖和空心砌块

规格尺寸　烧结空心砖和空心砌块也为直角六面体，孔洞率不小于 40%，其长度、宽度、高度应符合 390、290、240、190、180（175）、140、115、90（mm）的尺寸要求，空心砖的长度不超过 365mm、宽度不超过 240mm、高度不超过 115mm，大于该尺寸则为空心砌块。其外观见图 7-1。

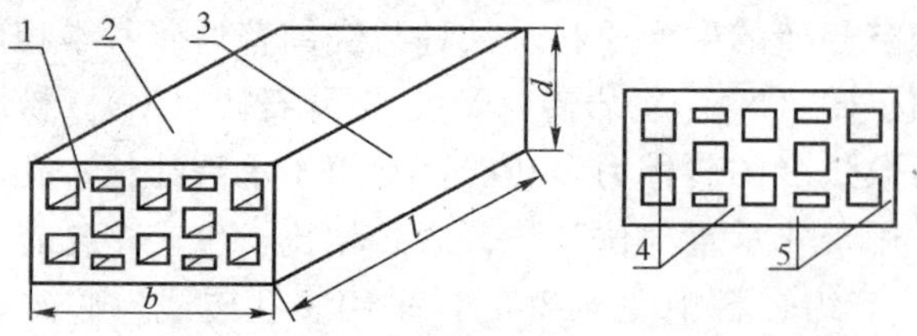

图 7-1　烧结空心砖和空心砌块示意图

1-顶面；2-大面；3-条面；4-肋；5-壁；l-长度；b-宽度；d-高度

质量等级　烧结空心砖和空心砌块按体积密度分为800级、900级、1000级、1100级，根据尺寸偏差、外观质量、孔洞排列及结构、泛霜和石灰爆裂、吸水率分为优等品(A)、一等品(B)和合格品(C)三个质量等级，具体要求满足《烧结空心砖和空心砌块》(GB 13545—2003)标准规定。砖和砌块的产品标记按产品名称、类别、规格、密度等级、强度等级、质量等级和标准编号顺序编写。例：

示例1：规格尺寸290mm×190mm×90mm、密度等级800、强度等级MU7.5、优等品的页岩空心砖。

标记：烧结空心砖Y(290×190×90) 800 MU7.5A GB 13545

示例2：规格尺寸290mm×290mm×190mm，密度等级1000、强度等级MU3.5、一等品的黏土空心砌块。

标记：烧结空心砌块N(290×290×190) 1000 MU3.5B GB 13545

强度等级　根据《烧结空心砖和空心砌块》(GB 13545—2003)标准规定，烧结空心砖和空心砌块按10块样品的大面抗压强度划分MU10、MU7.5、MU5.0、MU3.5、MU2.5五个强度等级，见表7-5。计算与判定方法均同烧结普通砖。

烧结空心砖和空心砌块的强度等级　　表7-5

强度等级	大面抗压强度(MPa)			密度等级范围(kg/m³)
	抗压强度平均值 $\bar{f} \geqslant$	变异系数 $\delta \leqslant 0.21$ 强度标准值 $f_k \geqslant$	变异系数 $\delta > 0.21$ 单块最小抗压强度值 $f_{min} \geqslant$	
MU10	10	7.0	8.0	≤1100
MU7.5	7.5	5.0	5.8	
MU5.0	5.0	3.5	4.0	
MU3.5	3.5	2.5	2.8	
MU2.5	2.5	1.6	1.6	≤800

吸水率　烧结空心砖和空心砌块的吸水率(%)是以5块试样的3小时沸煮吸水率(%)的算术平均值表示，每组砖和砌块的吸水率(%)平均值应符合表7-6的规定。

烧结空心砖和空心砌块的吸水率(%)　　表7-6

等　级	吸水率≤	
	黏土砖和砌块、页岩砖和砌块、煤矸石砖和砌块	黏土砖和砌块
优等品	16.0	20.0
一等品	18.0	22.0
合格品	20.0	24.0

注：粉煤灰掺入量(体积比)小于30%时，按黏土砖和砌块规定判定。

抗风化性能　对于严重风化区中的1、2、3、4、5 地区的砖同样必须做冻融试验，其他地区的烧结空心砖和空心砌块的抗风化性能要求符合表 7-7 规定，否则也必须进行冻融试验。

烧结空心砖和空心砌块抗风化性能　表 7-7

砖种类	饱和系数 ≤			
	严重风化区		非严重风化区	
	平均值	单块最大值	平均值	单块最大值
黏土砖 粉煤灰砖	0.85	0.87	0.88	0.90
页岩砖 煤矸石砖	0.74	0.77	0.78	0.80

烧结多孔砖强度较高，主要用于六层以下建筑物的承重墙体。烧结空心砖自重较轻，强度较低，多用作非承重墙，如多层建筑内隔墙或框架结构的填充墙等。烧结多孔砖和烧结空心砖及空心砌块在泛霜、石灰爆裂、抗冻融等方面的性能要求与烧结普通砖相同，不论采用哪种类型的砖，都应注重材料的耐久性。

7.1.2　非烧结砖

非烧结砖原材料来源广泛，利用工业废渣，节约能源，能够满足建筑技术要求，得到了较快的推广应用。目前土木工程中应用较多的非烧结砖是以石灰、电石渣等钙质材料和砂、粉煤灰、炉渣等硅质材料经压制成型，蒸汽蒸压养护而制成的砖，其主要品种有灰砂砖（《蒸压灰砂砖》GB 11945—1999）、粉煤灰砖（《粉煤灰砖》JC 239—2001）、煤渣砖（《煤渣砖》JC 525—1993）等；还有一种是采用混凝土材料制成的混凝土多孔砖（《混凝土多孔砖》JC 943—2004）。下面介绍常用的粉煤灰砖和混凝土多孔砖，其他的可以参照相关技术标准。

1. 粉煤灰砖

粉煤灰砖是以粉煤灰、石灰或水泥为主要原料，掺加适量石膏、外加剂、骨料及颜料等，经坯料制备、成型、高压或常压蒸汽养护而成的实心砖。粉煤灰砖有青灰色的，还有彩色的，满足建筑装饰的需要。砖的外形为直角六面体，公称尺寸为 240mm×115mm×53mm。

粉煤灰砖表观密度在 1400kg/m^3 ～ 1500kg/m^3 左右，导热系数约为 0.65W/（m·k)。质量等级根据尺寸偏差、外观质量、强度等级、干燥收缩分为：优等品（A)、一等品（B）及合格品（C)。产品标记按产品名称（FB)、颜色、强度等级、质量等级和标准编号顺序编写。

例：强度等级为 MU20 级、优等品的彩色粉煤灰砖。

标记：FB C_0 20 AJ C 239—2001。

粉煤灰砖的主要技术性能要求包括尺寸偏差与外观质量、强度等级、抗冻性、干燥收缩和碳化性能等。

根据《粉煤灰砖》(JC 239—2001）标准规定，粉煤灰砖按 10 块砖的抗压强度和抗折强度划分 MU10、MU15、MU20、MU25、MU30 五个强度等级，见表7-8；粉煤灰砖的抗冻性应符合表 7-9 的要求。

粉煤灰砖的强度等级 表 7-8

强度等级	抗压强度（MPa）		抗折强度（MPa）	
	10 块砖的平均值≥	单块值≥	10 块砖平均值≥	单块值≥
MU30	30	24	6.2	5.0
MU25	25	20	5.0	4.0
MU20	20	16	4.0	3.2
MU15	15	12	3.3	2.6
MU10	10	8	2.5	2.0

粉煤灰砖的抗冻性 表 7-9

强度等级	抗压强度（MPa）平均值≥	单块砖干质量损失（%）≤
MU30	24	2.0
MU25	20	
MU20	16	
MU15	12	
MU10	8	

为防止因砖的收缩引起的墙体裂缝，《粉煤灰砖》(JC 239—2001）标准规定粉煤灰砖的碳化系数不得小于 0.8；优等品和一等品的干燥收缩率应不大于 0.65mm/m，合格品的干燥收缩率应不大于 0.75mm/m。

粉煤灰砖可用于工业与民用建筑的墙体和基础，但用于基础或用于易受冻融和干湿交替作用的建筑部位，必须使用强度等级不小于 MU15 的优等品。粉煤灰砖不得用于长期受热（200℃）及受急冷急热交替作用或有酸性介质侵蚀的建筑部位，为避免或减少收缩裂缝的产生，用粉煤灰砖砌筑的建筑物，应适当增设圈梁及伸缩缝。

2.混凝土多孔砖

混凝土多孔砖是以水泥为胶结材料，以砂、石等为主要集料，加水搅拌、成型、养护制成的一种多排小孔的砖，具有制作简单、强度高、耐久性好的优点，得到广泛应用。但也存在自重大、表面不够平整、尺寸误差较大，干燥收缩大等缺陷。新制定的《混凝土多孔砖》（JC 943—2004）标准根据实际生产与应用需要，并在总结工程应用经验的基础上，参照美国的《混凝土砖》及我国相关技术标准，对混凝土多孔砖的质量和技术性能作了明确的规定，有利于混凝土多孔砖的生产和提高建筑工程质量。

规格与质量等级　根据《混凝土多孔砖》（JC 943—2004）标准，混凝土多孔砖的孔洞率应不小于30%，其长度、宽度、高度应符合290、240、190、180；240、190、115、90；115、90（mm）的尺寸要求，外观形状见图7-2。并且最小外壁厚不应小于15mm，最小肋厚不应小于10mm。

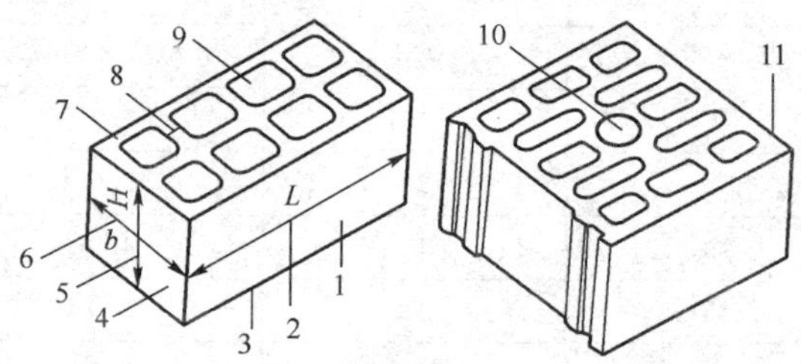

图7-2　混凝土多孔砖各部位名称示意图

1-条面；2-长度（L）；3-铺浆面（外壁、肋的厚度较小的面）；4-顶面；5-高度（H）；6-宽度（b）；7-坐浆面（外壁、肋的厚度较小的面）；8-肋；9-外壁；10-手抓孔；11-槽

混凝土多孔砖按尺寸偏差、外观质量分一等品（B）和合格品（C）二个质量等级，尺寸偏差必须符合表7-10的要求，孔洞排列应符合表7-11的规定，铺浆面应为半盲孔。

混凝土多孔砖尺寸允许偏差（mm）　　表7-10

项目名称	一等品（B）	合格品（C）
长度	±1	±2
宽度	±1	±2
高度	±1.5	±2.5

混凝土多孔砖孔洞排列　　表7-11

孔型	孔洞率	孔洞排列
矩形孔或矩形条孔	≥30%	多排、有序交错排列
矩形孔或其他孔形		条面方向至少2排以上

注：矩形条孔的孔长与孔宽之比≥3。

产品标记按产品名称（代号CPB）、强度等级、外观质量等级和标准编号顺序编写。

例：强度等级为MU10、外观质量为一等品的混凝土多孔砖。

标记：CPB MU10 JC 943—2004。

强度等级 混凝土多孔砖根据10块砖的抗压强度划分MU10、MU15、MU20、MU25、MU30五个强度等级，应符合表7-12的规定。

混凝土多孔砖的强度等级（MPa） 表7-12

强度等级	抗压强度（MPa）	
	平均值 $\bar{f}\geqslant$	单块最小值 $f_{min}\geqslant$
MU30	30.0	24.0
MU25	25.0	20.0
MU20	20.0	16.0
MU15	15.0	12.0
MU10	10.0	8.0

耐久性 混凝土多孔砖的耐久性指标包括干缩率、相对含水率、抗冻性、抗渗性等。规定干缩率不应大于0.045%；对于不同地区，混凝土多孔砖的相对含水率要求不同，以混凝土多孔砖三块试样进行试验，其相对含水率应符合表7-13的规定；抗冻性应符合表7-14。用于外墙的混凝土多孔砖，为防止墙体渗漏，其抗渗性应满足表7-15规定。另放射性应符合GB 6566的规定。

混凝土多孔砖的相对含水率（%） 表7-13

干燥收缩率	相对含水率		
	潮湿	中等	干燥
<0.03	45	40	35
0.03～0.045	40	35	30

注：相对含水率是指混凝土多孔砖含水率与吸水率之比。
潮湿——系指年平均相对湿度大于75%的地区；
中等——系指年平均相对湿度大于50%～75%的地区；
干燥——系指年平均相对湿度小于或等于50%的地区。

混凝土多孔砖的抗冻性 表7-14

使用环境		抗冻标号	指标
非采暖地区		D15	强度损失≤25% 质量损失≤5%
采暖地区	一般环境	D15	
	干湿交替环境	D25	

混凝土多孔砖的抗渗性 表7-15

项目名称	指标
水面下降高度（mm）	3块中任一块不大于10

混凝土多孔砖主要用于工业与民用建筑结构的承重墙，应用时注意运输堆放要采取防雨措施，施工技术要求可以参照普通混凝土小型空心砌块。

7.2 建筑砌块

砌块是在建筑工程中用于砌筑墙体且尺寸较大的人造墙体材料。砌块适应性强，应用范围宽，制作简单，原材料来源广泛，能耗低，污染小，质量易于控制，施工速度快，还可利用大量的工业废渣，节省黏土，改善环境。近年，随着建筑技术的发展，建筑砌块得到了广泛的推广应用。

7.2.1 砌块的种类

砌块按所用的原料分普通混凝土小型空心砌块、轻骨料混凝土砌块、粉煤灰小型空心砌块、蒸压加气混凝土砌块和石膏砌块；按其尺寸规格分为小型砌块（高度 115mm～380mm）、中型砌块（高度 380mm～980mm）和大型砌块（高度大于 980mm）；按用途分为承重砌块和非承重砌块；按孔洞设置状况分为空心砌块（空心率≥25%）和实心砌块（空心率＜25%）。目前我国以中、小型砌块使用较多。

7.2.2 混凝土空心砌块

普通混凝土小型空心砌块和轻骨料混凝土小型空心砌块的总称叫混凝土小型空心砌块，简称小砌块。在沿厚度方向只有一排孔洞的砌块叫单排孔小砌块，沿厚度方向有双排条形孔洞或多排条形孔洞的砌块叫双排孔或多排孔小砌块。

1. 普通混凝土小型空心砌块

普通混凝土小型空心砌块是以水泥、砂、碎石或卵石为原料，加水搅拌、振动加压或冲压成型，再经养护制成的一种墙体材料。

（1）产品规格与等级

混凝土小型空心砌块一般密度为（1100～1500）kg/m^3，主规格尺寸为 390mm×390mm×190mm，最小外壁厚应不小于 30mm，最小肋厚应不小于 25mm，其空心率不小于 25%。其他规格尺寸可由供需双方协商。小砌块属于薄壁空心材料，应避免砌好后打洞、凿槽，损坏砌块的壁和肋，影响砌体强度，严格禁止沿水平方向凿槽危及墙体结构安全。

砌块各部位名称见图 7-3。

砌块按其尺寸偏差、外观质量分为：优等品（A）、一等品（B）及合格品（C），见表 7-16。为防止产生墙体收缩裂缝和外墙渗水，同一单位工程不宜使用两个厂家的小砌块产品，应注重控制砌块的外观质量（表 7-17）。

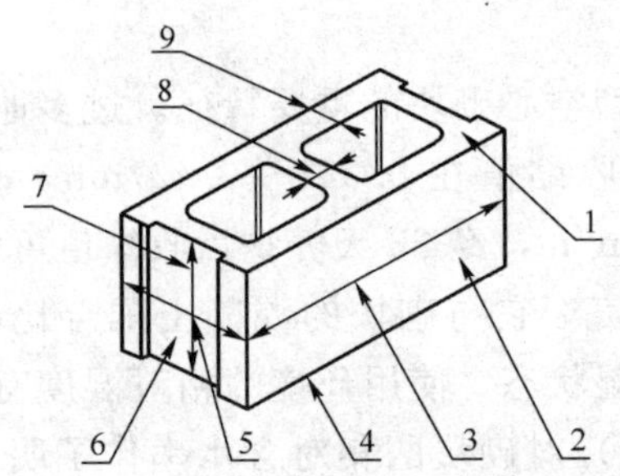

图 7-3　混凝土小型空心砌块各部位名称示意图

1-坐浆面（肋厚较小的面）；2-条面；3-长度；4-铺浆面（肋厚较大的面）；5-宽度；6-顶面；7-高度；8-肋；9-壁

普通混凝土小型空心砌块的尺寸允许偏差　表 7-16

项 目 名 称	优等品（A）	一等品（B）	合格品（C）
长度（mm）	±2	±3	±3
宽度（mm）	±2	±3	±3
厚度（mm）	±2	±3	+3，−4

普通混凝土小型空心砌块的外观质量　表 7-17

项 目 名 称		优等品（A）	一等品（B）	合格品（C）
弯曲，不大于（mm）		2	2	3
缺棱掉角	个数，不大于（个）	0	2	2
	三个方向投影尺寸的最小值，不大于（mm）	0	20	30
	裂纹延伸的投影尺寸累计，不大于（mm）		20	30

砌块产品按产品名称（代号 NHB）、强度等级、外观质量等级和标准编号的顺序标记。例：强度等级为 MU7.5、外观质量为优等品（A）的砌块标记为 NHBMU7.5A GB 8239。

（2）强度等级

混凝土小型空心砌块是以 5 块砌块抗压强度的平均值和单块最小值划分为 MU3.5、MU5.0、MU7.5、MU10、MU15 和 MU20 六个强度等级，见表 7-18。砌块的强度取决于其空心率和混凝土的强度。

普通混凝土小型空心砌块的抗压强度　表 7-18

强度等级（MPa）	砌块抗压强度（MPa）		强度等级（MPa）	砌块抗压强度（MPa）	
	5 块平均值≥	单块最小值≥		5 块平均值≥	单块最小值≥
MU3.5	3.5	2.8	MU10	10	8.0
MU5.0	5.0	4.0	MU15	15	12.0
MU7.5	7.5	6.0	MU20	20	16.0

(3) 砌块的收缩

干燥收缩是混凝土小型空心砌块的重要特征。过多地收缩易引起墙体开裂，我国目前普通混凝土砌块的收缩值在0.235～0.427mm/m，正常生产工艺条件下，小砌块收缩值达到0.37mm/m，经28天养护后收缩值可完成60%。影响收缩的因素比较多，就材料本身而言，它与砌块的混凝土配合比、原材料、养护方法等有关；还与砌筑时砌块的干湿状态，使用环境的相对湿度有关。《普通混凝土小型空心砌块》(GB 8239—1997）对砌块的相对含水率作了明确规定，见表7-19。为控制砌体的收缩值，适当延长砌块的养护时间是比较有效的措施；并且，严禁使用浇过水或表面明显潮湿的小砌块上墙砌筑，防止因湿胀和干缩而产生墙体裂缝。

普通混凝土小型空心砌块的相对含水率（%） 表7-19

使用地区	潮湿	中等	干燥
相对含水率≤	45	40	35

注：潮湿——系指年平均相对湿度大于75%的地区；
中等——系指年平均相对湿度大于50%～75%的地区；
干燥——系指年平均相对湿度小于或等于50%的地区。

(4) 砌块的抗渗与抗冻性

小砌块的抗渗性与建筑物外墙的渗漏密切相关。对于清水墙，普通混凝土小型空心砌块的抗渗性应满足表7-20的要求。砌块的抗冻性应满足表7-21的要求。

普通混凝土小型空心砌块的抗渗性（mm） 表7-20

项目名称	指标
水面下降高度	三块中任一块不大于10

普通混凝土小型空心砌块的抗冻性 表7-21

使用环境条件		抗冻标号	指标
非采暖地区		不规定	—
采暖地区	一般环境	D15	强度损失≤25% 质量损失≤5%
	干湿环境	D25	

(5) 砌块的应用

普通混凝土小型空心砌块可用于多层建筑的内墙和外墙，还适用于高层建筑的填充墙及其他围墙、挡土墙等。普通混凝土小型空心砌块具有良好的耐火性与耐久性，以及强度高、外表尺寸规整、地震荷载较小等优点，且砌块的空洞便于浇筑配筋芯柱，能提高建筑物的延性。但是仍存在自重大，保温隔热性差，现场不便砍削加工等缺点，尤其干燥收缩大是混凝土小型空心砌块的特征缺陷，砌块砌筑的墙体较易产生裂缝和外墙渗水。为保证砌体强度和施工质量，防止墙体开裂，普通混凝土小型空心砌块的应用必须满足如下技术要求：

①砌块龄期应达28天以上，并干燥后方可砌筑。砌块堆放应采取防雨措施，砌筑前不得洒水淋湿，施工时应注意底面朝上砌筑（反砌），砌块之间应对孔错缝搭接；

②砌块强度必须达到设计强度等级要求。五层及五层以上民用房屋的底层墙体，应采用不低于MU7.5的砌块；对于夹心墙，混凝土小砌块的强度等级不应低于MU10；

③小砌块砌体的砌筑砂浆应具有良好的和易性，砂浆稠度宜为50～70mm，分层度不得大于30mm；

④砌筑砂浆强度等级不得低于M5.0，并应符合设计要求；小砌块基础砌体必须采用水泥砂浆砌筑，地坪以上的小砌块墙体应采用水泥混合砂浆砌；

⑤施工中用水泥砂浆代替水泥混合砂浆，应执行现行国家标准《砌体结构设计规范》（GB 50003—2001）。

⑥其他应按照《混凝土小型空心砌块建筑技术规程》（JGJ/T 14—2004）及《砌体工程施工质量验收规范》（GB 50203—2002）执行。

2. 轻骨料混凝土小型空心砌块

轻骨料混凝土小型空心砌块是以浮石、火山渣、煤渣、自然煤矸石、陶粒等为粗骨料制作的混凝土小型空心砌块，主规格尺寸为390mm×390mm×190mm，简称轻骨料小砌块。由于原材料来源广泛，生产工艺较为简单，我国的轻骨料混凝土小型空心砌块生产与应用技术发展较快，取得了许多实践经验，在砌块的强度等级方面突破了国外相应标准中最低强度等级为2.5的规定，利于节能降耗，资源的可持续发展。

（1）分类与表观密度

根据《轻集料混凝土小型空心砌块》（GB/T 15229—2002）的规定，砌块按孔的排数分为五类：实心（0）、单排孔（1）、双排孔（2）、三排孔（3）和四排孔（4）。按砌块尺寸允许偏差和外观质量分为两个等级：一等品（B）、合格品（C）。

轻骨料小砌块依据表观密度分为八个密度等级，见表7-22。小砌块的表观密度对其强度和保温性能有很大影响。不同品种轻骨料的孔结构和堆积密度不同，因而不同品种小砌块的表观密度差别很大，保温隔热性能也就差异很大。目前以超轻陶粒制作的混凝土小砌块表观密度较小，保温性能较好。

轻集料混凝土小型空心砌块密度等级 表7-22

密度等级	砌块干燥表观密度范围（kg/m^3）	密度等级	砌块干燥表观密度范围（kg/m^3）
500	≤500	900	810～900
600	510～600	1 000	910～1 000
700	610～700	1 200	1 010～1 200
800	710～800	1 400	1 210～1 400

轻骨料混凝土小砌块产品按产品名称（代号 LHB)、类别、密度等级、强度等级、质量等级和标准编号的顺序标记。

例：密度等级为 600、强度等级为 1.5、质量等级为一等品（B）的轻骨料混凝土三排孔小砌块。

标记为：LHB（3）6001.5 B GB 15229。

（2）强度等级

小砌块按砌块抗压强度划分六个强度等级，见表 7-23。混凝土表观密度越大，砌块的强度越高。

轻集料混凝土小型空心砌块的强度等级 表 7-23

强度等级	砌块抗压强度（MPa）		密度等级范围（kg/m³）≤
	5 块平均值≥	最小值	
1.5	1.5	1.2	600
2.5	2.5	2.0	800
3.5	3.5	2.8	1 200
5.0	5.0	4.0	1 200
7.5	7.5	6.0	1 400
10.0	10.0	8.0	1 400

注：强度等级符合此表要求为一等品，密度等级范围不满足为合格品。

（3）砌块的耐久性

轻骨料混凝土小砌块吸水率比普通混凝土大，我国（GB/T 15229—2002）标准规定轻骨料小砌块吸水率不应大于 20%，并且明确提出了不同环境条件下的干缩率和相对含水率（见表 7-24）及轻集料混凝土小型空心砌块的抗冻性指标（见表 7-25)。小砌块相对含水率越大，砌筑上墙后的收缩越大，越容易产生墙体裂缝。相对含水率还对砌块的强度、耐水性、抗冻性、抗碳化性等性能影响较大。

轻集料混凝土小型空心砌块的干缩率及相对含水率 表 7-24

干缩率（%）	相对含水率（%）		
	潮湿环境	中等湿度	干燥环境
<0.03	45	40	35
0.03～0.045	40	35	30
0.045～0.065	35	30	25

注：相对含水率是以小砌块出厂时的含水率与其吸水率的比值表示。

水泥混凝土小砌块的抗碳化性比较稳定，耐水性比较好，可以满足建筑要求，而掺粉煤灰的轻骨料混凝土小砌块因受粉煤灰的品质和掺量的影响，耐水性波动较大，抗碳化能力相对较弱。因此，（GB/T 15229—2002）标准规定掺粉煤灰的轻骨料混凝土小砌块的软化系数不应低于0.75，抗碳化系数不应小于0.80。碳化系数是指小砌块碳化后的强度与碳化前的强度之比。

轻集料混凝土小型空心砌块的抗冻性 表7-25

使用环境条件	抗冻标号
非采暖地区	F25
采暖地区：	
1. 相对湿度≤60%	F25
2. 相对湿度>60%	F35
水位变化、干湿循环或粉煤灰掺量≥取代水泥量50%	≥F50

注：非采暖地区指最冷月份平均气温高于−5℃的地区。

（4）砌块的应用

轻骨料混凝土小砌块具有自重轻、保温隔热性能好、抗震性能强、防火、吸声、隔声性能良好、施工方便的优点，在建筑墙体尤其有保温隔热要求的围护结构上，得到了广泛应用。但也存在吸水率较大、强度较低等不足，且小砌块品种规格繁多，性能各异，使用时应严把砌块质量关，并严格控制轻骨料最大粒径不大于10mm。轻骨料混凝土小砌块的砌筑砂浆稠度宜为60～90mm，施工技术要求与普通混凝土小型空心砌块相同，应执行《混凝土小型空心砌块建筑技术规程》（JGJ/T 14—2004）及《砌体工程施工质量验收规范》（GB 50203—2002）的规定。砌块的选用可参照表7-26。

各类轻骨料小砌块的适用范围 表7-26

强度等级	密度等级范围（kg/m^3）	小砌块类别	适用范围
1.5 2.5	≤800	超轻陶粒混凝土小砌块 膨胀珍珠岩粉煤灰混凝土小砌块 黏土陶粒混凝土小砌块 页岩陶粒混凝土小砌块	非承重保温外墙 框架填充墙、隔墙
3.5 5.0	≤1200	火山渣混凝土小砌块 浮石混凝土小砌块 自然煤矸石混凝土小砌块 煤渣混凝土小砌块	承重保温外墙 框架填充墙
7.5 10.0	≤1400	自然煤矸石混凝土小砌块 火山渣混凝土小砌块	承重外墙或内墙

3. 粉煤灰小型空心砌块

粉煤灰小型空心砌块是指以水泥、粉煤灰、各种轻重骨料为主要材料，也可加入外加剂，经配料、搅拌、成型、养护制成的空心砌块。其中粉煤灰用量不低于原材料重量的20%，水泥用量不低于原材料重量的10%。其形状为直角六面体，主规格尺寸为390mm×190mm×190mm，依砌块孔的排数有单排孔、双排孔、三排孔和四排孔四类。

《粉煤灰小型空心砌块》（JC 852—2000）标准规定，粉煤灰小型空心砌块按照尺寸偏差、外观质量、碳化系数分为优等品（A）、一等品（B）和合格品（B）三个等级；并且明确规定砌块的碳化系数优等品（A）应不小于0.8、一等品（B）应不小于0.75、合格品（C）不小于0.70；其软化系数应不小于0.75；干燥收缩率不大于0.060%。

粉煤灰小型空心砌块根据5块试样的抗压强度划分：MU2.5、MU3.5、MU5.0、MU7.5、MU10.0、MU15.0六个等级，应符合表7-27的规定，对于采暖地区还应满足一定的抗冻性要求，同普通混凝土小型空心砌块，见表7-21。

粉煤灰小型空心砌块的强度等级 表7-27

强度等级（MPa）	砌块抗压强度（MPa）		强度等级（MPa）	砌块抗压强度（MPa）	
	5块平均值≥	单块最小值≥		5块平均值≥	单块最小值≥
MU2.5	2.5	2.0	MU7.5	7.5	6.0
MU3.5	3.5	2.8	MU10	10	8.0
MU5.0	5.0	4.0	MU15	15	12.0

粉煤灰小型空心砌块的施工应用要求与普通混凝土小型空心砌块类似，但由于其干缩较大，变形大于同等级的水泥混凝土制品，因此一般不用于长期受高温影响的承重墙，也不用于有酸性介质侵蚀的建筑部位。

7.2.3 蒸压加气混凝土砌块

蒸压加气混凝土砌块是以水泥、矿渣、砂或水泥、石灰、粉煤灰为基本原料，以铝粉等为发气剂，经过搅拌、发气、切割和蒸压养护等工艺制成的块状墙体材料，常用的有粉煤灰加气砌块。

加气混凝土砌块的尺寸有两组系列：一组系列为600mm×100mm（125、150、200、250、300）×200mm（250、300），另一组系列为600mm×120mm（180、240）×200mm（250、300）；按照尺寸偏差与外观质量、体积密度和抗压强度分优等品（A）、一等品（B）、合格品（C）三个质量等级。

根据《蒸压加气混凝土砌块》（GB/T 11968—2006）规定，此类砌块按抗压强度分A1.0、A2.0、A2.5、A3.5、A5.0、A7.5、A10.0七个强度级别；根据体积密度分B03、B04、B04、B05、B06、B07六个等级。技术性能要求见表7-28及表7-29。

蒸压加气混凝土砌块抗压强度 表 7-28

<table>
<tr><th rowspan="2">强度级别</th><th colspan="2">立方体抗压强度（MPa）</th></tr>
<tr><th>平均值≥</th><th>单块最小值≥</th></tr>
<tr><td>A1.0</td><td>1.0</td><td>0.8</td></tr>
<tr><td>A2.0</td><td>2.0</td><td>1.6</td></tr>
<tr><td>A2.5</td><td>2.5</td><td>2.0</td></tr>
<tr><td>A3.5</td><td>3.5</td><td>2.8</td></tr>
<tr><td>A5.0</td><td>5.0</td><td>4.0</td></tr>
<tr><td>A7.5</td><td>7.5</td><td>6.0</td></tr>
<tr><td>A10.0</td><td>10.0</td><td>8.0</td></tr>
</table>

蒸压加气混凝土砌块的体积密度、强度级别及物理性能 表 7-29

<table>
<tr><th colspan="2">体积密度级别</th><th>B03</th><th>B04</th><th>B05</th><th>B06</th><th>B07</th><th>B08</th></tr>
<tr><td rowspan="3">体积密度（kg/m³）</td><td>优等品≤</td><td>300</td><td>400</td><td>500</td><td>600</td><td>700</td><td>800</td></tr>
<tr><td>一等品≤</td><td>330</td><td>430</td><td>530</td><td>630</td><td>730</td><td>830</td></tr>
<tr><td>合格品≤</td><td>350</td><td>450</td><td>550</td><td>650</td><td>750</td><td>850</td></tr>
<tr><td rowspan="3">强度级别</td><td>优等品</td><td rowspan="3">A1.0</td><td rowspan="3">A2.0</td><td>A3.5</td><td>A5.0</td><td>A7.5</td><td>A10.0</td></tr>
<tr><td>一等品</td><td>A3.5</td><td>A5.0</td><td>A7.5</td><td>A10.0</td></tr>
<tr><td>合格品</td><td>A2.5</td><td>A3.5</td><td>A5.0</td><td>A7.5</td></tr>
<tr><td rowspan="2">干燥收缩值（mm/m）</td><td>标准法≤</td><td colspan="6">0.50</td></tr>
<tr><td>快速法≤</td><td colspan="6">0.80</td></tr>
<tr><td rowspan="2">抗冻性</td><td>质量损失（%）≤</td><td colspan="6">5.0</td></tr>
<tr><td>冻后强度（MPa）≥</td><td>0.8</td><td>1.6</td><td>2.0</td><td>2.8</td><td>4.0</td><td>6.0</td></tr>
<tr><td colspan="2">导热系数（干态）[W/（m·k）]≤</td><td>0.10</td><td>0.12</td><td>0.14</td><td>0.14</td><td>—</td><td>—</td></tr>
</table>

蒸压加气混凝土砌块具有体积密度小、保温隔热性能好、防火、可加工性能好等特性，广泛用于工业与民用建筑物的内外墙体。可用于多层建筑物的承重墙和非承重墙及隔墙，体积密度级别低的砌块用于屋面保温。但砌块干燥收缩较大，不得用于长期浸水或经常干湿交替的部位，也不得用于受酸侵蚀的部位，应用于外墙时，应进行饰面处理或憎水处理，防止因风化、日晒雨淋和冻融使蒸压加气混凝土砌块产生开裂。

蒸压加气混凝土砌块的设计、施工、验收应符合《蒸压加气混凝土砌块应用技术规程》和北京市建筑设计研究所主编、中国建筑标准设计研究院出版的《蒸压加气混凝土砌块建筑物构造》（03J104）的要求。

7.3 墙用板材

墙用板材是框架结构建筑的组成部分，起围护和分隔作用，分内墙板或隔墙板。墙用板材品种十分繁多，有混凝土大板、石膏板、加气混凝土板、玻璃纤维增强水泥板、植物纤维板和各种复合板等。内墙板材大多为各种石膏板材和加气混凝土板材等；外墙大多用加气混凝土板、复合板及各种玻璃钢板等，选用板材主要要求是板材轻质高强、保温隔热性能好、抗变形能力强、耐水性及其他耐久性好。下面是几种常用板材。

7.3.1 水泥类墙用板材

水泥类墙板由各种水泥混凝土为主要原料加工制作而成。主要有蒸压加气混凝土板、玻璃纤维增强水泥板、挤压成型混凝土多孔条板、轻骨料混凝土配筋墙板等。

1. 玻璃纤维增强水泥轻质多孔隔墙条板

玻璃纤维增强水泥轻质多孔隔墙条板是以耐碱玻璃纤维与硫铝酸盐水泥为主要原料，还掺入粉煤灰、矿渣、发泡剂、减水剂、水分散聚合物及膨胀珍珠岩等集料而预制的非承重轻质多孔内隔墙条板，也称 GRC 轻质多孔隔墙条板。

根据国家标准《玻璃纤维增强水泥轻质多孔隔墙条板》（GB/T 19631—2005）的规定，GRC 轻质多孔隔墙板按板的厚度分 90 型、120 型，按板型分普通板（PB）、门框板（MB）、窗框板（CB）、过梁板（LB）；按其外观质量、尺寸偏差及物理力学性能分一等品（B）、合格品（C）；物理力学性能应符合表 7-30 的规定，其中如果气干面密度、抗折破坏荷载、含水率三个指标有一个不符合，则为不合格品。

GRC 轻质多孔隔墙条板的物理力学性能　　表 7-30

项　目		一　等　品	合格品
含水率（%）	采暖地区≤	10	
	非采暖地区≤	15	
气干面密度（kg/m^2）	90 型≤	75	
	120 型≤	95	
抗折破坏荷载（N）	90 型≥	2200	2000
	120 型≥	3000	2800
干燥收缩值（mm/m）≤		0.6	
抗冲击性（30kg，0.5m 落差）		冲击 5 次，板面无裂缝	
吊挂力（N）≥		1000	

续上表

项目		一等品	合格品
空气声计权隔声量（dB）	90 型≥	35	
	120 型≥	40	
抗折破坏荷载保留率（耐久性）（%）≥		80	70
放射性比活度	I_R≤	1.0	
	I_r≤	1.0	
耐火极限（h）≥		1	
燃烧性能		不燃	

GRC 轻质多孔隔墙板密度低、质量轻；强度高、韧性好；耐水、不燃烧；可加工性、施工方便，主要用于一般的工业和民用建筑物的内外非承重墙，抗压强度超过 10MPa 的板材也可用于建筑物的加层和两层一下建筑的内外承重。

2. 蒸压加气混凝土板

蒸压加气混凝土板以粉煤灰、砂与石灰、水泥、石膏等加入少量的发泡剂及外加剂和水，经搅拌后浇筑在预先制好的钢筋网的模具中，经成型、切割、蒸压养护而成的轻质板材。该板材具有自重小、保温隔热性能好、吸音性强等特点，同时具有一定的承载能力和耐火性，主要用于工业和民用建筑物的内外墙和屋面。

3. 轻骨料混凝土配筋墙板

轻骨料混凝土配筋墙板是以水泥为胶凝材料，陶粒或天然浮石为粗骨料，陶砂、膨胀珍珠岩砂、浮石砂为细骨料，经搅拌、成型、养护而制成的一种轻质墙板。为增强其抗弯能力，常常在内部轻骨料混凝土浇筑完后可铺设钢筋网片。在每块墙板内均设置六块预埋铁件，施工时与柱或楼板的预埋钢板焊接相连，墙板接缝处需采取防水措施（主要为构造防水和材料防水两种）。

7.3.2 石膏类墙用板材

石膏类墙用板材属于轻质墙板，主要作为内墙板或隔墙板，其品种繁多，有纸面石膏板、纤维石膏板、石膏空心条板、石膏刨花板等。

1. 纸面石膏板

纸面石膏板以熟石膏为主要原料，掺入适量的添加剂和纤维作板芯，以特制的纸板做护面，经连续成型、切割、干燥等工艺加工而成。根据其使用性能分为普通纸面石膏板，耐水纸面石膏板、耐火纸面石膏板三种。纸面石膏板根据其板材的厚度要求断裂荷载符合《纸面石膏板》(GB/T 9775—1999) 技术性能规定。

纸面石膏板适用于建筑物的非承重墙、内隔墙和吊顶，也可以用于活动房、民用住宅、商店、办公楼等。

2. 纤维石膏板

纤维石膏纤维板以熟石膏为主要原料、加入纤维（废纸纤维、木纤维或有机纤维）做增强材料，与多种添加剂和水经铺浆、脱水、成型、烘干等工艺加工而成。按照其结构主要有三种：一种是单层均质板，一种是三层板（上下面层为均质板，芯层为膨胀珍珠岩、纤维和胶料组成），还有一种为轻质纤维石膏板（由熟石膏、纤维、膨胀珍珠岩和胶料组成，主要做天花板）。

纤维石膏纤维板具有较好的尺寸稳定性，防火、防潮、隔音性能良好，可加工性和二次装饰性强，一般用于非承重内隔墙、天棚吊顶、内墙贴面等。

3. 石膏空心板

石膏空心板是以石膏为主要原料，加入少量增强纤维，并以水泥、石灰、粉煤灰等为辅助材料，经浇筑成型、脱水烘干制成。适用于高层建筑、框架轻板建筑及其他各类建筑的非承重内隔墙。

石膏类板材轻质、耐火、可加工性好，施工便利，能够满足建筑防火、隔声、绝热及抗震等技术性能要求，还可与轻钢龙骨配套组成轻质隔墙或吊顶，而且墙面平整、装饰效果好。但是石膏类板材强度低，一般只能作为非承重的隔墙板；耐干湿循环性能差，耐水性差；石膏板具有很强的吸湿性，吸湿后体积膨胀、结构松散、强度下降，故石膏板不宜在洗手间、厨房等潮湿环境及常经受干湿循环的环境中使用。

7.3.3 其他新型复合板材

近年我国的新型复合建筑板材无论在生产品种与规模，还是在板材的技术性能方面都有很大的发展和提高。新型复合板材不仅具有较好的物理、力学性能和耐久性，而且施工简便、快速，在满足建筑墙体的节能、装饰等综合功能要求方面有较大优势。

1. 钢丝网水泥夹芯板

钢丝网水泥夹芯板是由镀锌钢丝桁条与钢丝网形成骨架，中间填以阻燃型聚苯乙烯泡沫塑料、聚氨酯泡沫塑料等轻质保温隔热材料组成的一种复合墙体材料，构造见图 7-4。

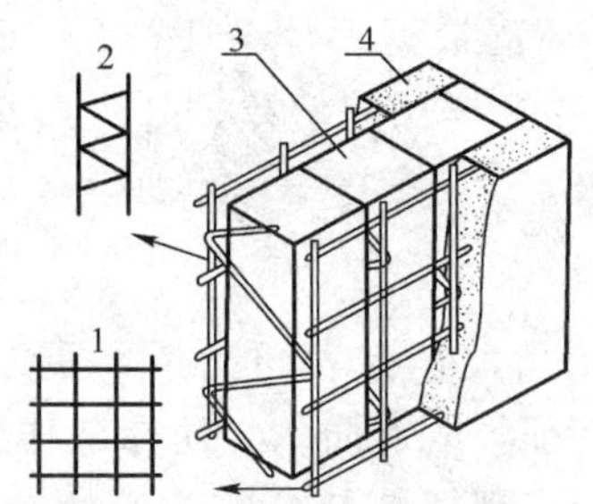

图 7-4 钢丝网泡沫塑料墙板

1-钢丝连接网；2-钢丝桁条；3-泡沫塑料；4-水泥砂浆

钢丝网水泥夹芯板中的聚苯乙烯泡沫塑料表观密度 16～24kg/m³，抗压强度≥0.08MPa，导热系数为 0.047W/（m·k），两面抹以 1∶3 的聚合物水泥砂浆。钢丝网水泥夹芯板加工方便，施工速度快，不仅保温隔热、隔声性能好，而且板材的轴心抗压和横向抗弯强度较高，主要用于宾馆、办公楼等公用建筑的内隔墙等。

2. 金属面夹芯板

金属面夹芯板是外层采用高强度材料（镀锌彩色钢板、不锈钢板、铝板等），内层采用轻质绝热材料（阻燃型发泡聚苯乙烯、聚氨酯、矿棉等）经过组合成型加工的轻质隔热板材。此类板材重量轻，强度高，高效绝热［导热系数约 0.031W/（m·k)］；施工快捷，安装灵活，并具有良好的防潮性能和较高的抗弯与抗剪强度，较好的耐久性，故可多次拆装重复使用，广泛用于厂房、仓库、冷库、仓储式超市、商场、办公楼、洁净室、旧楼房的加层等建筑物的建造。

7.4 屋面材料

屋面材料主要起到防水、隔热保温、防渗漏等作用。这里讲的是块状或板状的型材，我国主要有陶瓷类的黏土瓦和琉璃瓦、水泥类瓦、各种高分子复合材料制成的板状型材。

7.4.1 屋面瓦材

1. 烧结黏土瓦

烧结黏土瓦是我国古老传统的屋面材料，瓦的制作工艺与黏土砖相似，秦砖汉瓦闻名于世，是我国建筑材料发展的重要组成部分。

黏土瓦按颜色分为红瓦和青瓦；按形状分为平瓦和脊瓦。根据国家标准《黏土瓦》(GB 11710-89)规定，平瓦依据尺寸分I、II、III三个型号，分别为400×240、380×225、360×220；并根据尺寸偏差、外观质量、物理力学性质分为优等品、一等品、合格品三个等级。

2. 琉璃瓦

琉璃瓦是一种带釉陶瓷制品，具有表面光滑，质地坚硬、色彩艳丽，不易褪色、造型古朴、耐久性好等特征，既有防水、防渗漏作用又有装饰美化功能，是屋面高档防水装饰材料，多用于表现民族特色的建筑和园林建筑（厅、台、楼、阁）的建造。

琉璃瓦品种繁多，常见的有：筒瓦（盖瓦）、板瓦（底瓦）、滴水（铺在檐口处的一块板瓦）、前端下边连着舌形板、沟头（铺在檐中处的一块筒瓦）、挡沟、脊、吻等。琉璃瓦常用颜色有金黄、翠绿、宝蓝色等。

建筑琉璃制品的质量要求包括尺寸允许偏差、外观质量和物理性能，具体见《建筑琉璃制品》(GB 9197—1988)。

3. 纤维增强水泥瓦

以各种纤维和水泥为原料，经配料、压滤成型、养护而成。该瓦具有防水、防火、防潮，耐寒、耐热、防腐、绝缘、质轻等优点，并且单张面积大，有效利用面积大。一般用于仓库、厂房等跨度较大的工业建筑。

4. 钢丝网水泥大波瓦

钢丝网水泥大波瓦是用水泥、砂，按一定比例配合，中间加一层钢丝网片，浇筑而成，用于一般工业建筑。

其规格有：1700mm×830mm×14mm，波高80mm，每张瓦重约50kg；
1700mm×830mm×12（mm），波高68mm，每张瓦重约45kg。

7.4.2 屋面用轻型板材

1. 聚氯乙烯塑料波形瓦

聚氯乙烯波形瓦也叫塑料瓦楞板，是以聚氯乙烯树脂为原料加入各种配合剂、通过塑化、挤压而得的屋面材料。这种瓦质量轻、色彩鲜艳、耐化学腐蚀、防水、耐老化性能好，一般用于车棚，凉棚等简易建筑物的屋面，也叫做遮阳板。

2. 玻璃钢波形瓦

玻璃钢波形瓦是用不饱和聚酯树脂和玻璃纤维为原料，用手工糊制而成。规格尺寸为长1800～3000mm，宽700～800mm，厚0.5～1.5mm，此瓦质量轻，强度高，耐高温，耐冲击，透光率高。一般用于建筑遮阳、工业厂房的采光带、凉棚屋面等。

本章小结

墙体材料和屋面材料的质量与建筑物的质量有着直接关系，合理选用新型围护、分隔材料，对减轻建筑物自重、节省建筑成本，降低建筑能耗起着重要作用。本章着重阐述了目前我国常用的、宜提倡使用和发展的建筑墙体材料的技术性质与应用要求，简述了屋面材料的种类和应用。通过本章学习，可以了解和掌握我国常用建筑围护、分隔材料的技术性能和使用要求，为建筑结构设计合理选材和现场施工正确用材奠定良好的专业基础知识。

1. 目前所用墙体材料主要有哪几类？试举例说明它们的优缺点。
2. 何谓砖的泛霜和石灰爆裂，它们对建筑物有何影响？
3. 多孔砖与空心砖有何区别，根据什么条件确定其强度等级和质量等级？
4. 什么是砌块，常用的砌块有哪几类？
5. 普通混凝土小型空心砌块有哪几个强度等级？它有哪些优缺点？施工应用时要特别注意哪些技术问题？
6. 什么是蒸压加气混凝土砌块？与其他类型砌块相比有何特点？
7. 粉煤灰混凝土小型空心砌块与普通混凝土小型空心砌块相比，其技术性能有何区别，使用时应特别注意什么问题？
8. 轻集料混凝土小型空心砌块如何划分强度等级，它有哪些技术要求？
9. 石膏类板材有何优缺点？
10. 根据各种不同工程要求，应如何合理选择墙体材料？

第8章 建筑钢材

本章概要

1. 简要介绍钢的冶炼与分类；
2. 叙述钢的晶体组织、化学成分及其对钢材性能的影响；
3. 阐述建筑钢材的主要技术性能（力学和工艺性能），钢材的冷加工强化与热处理；
4. 介绍建筑钢材的标准与选用原则，建筑钢材的腐蚀与防止。

在土木工程中，金属材料有着广泛的用途。金属材料包括黑色金属和有色金属两大类。黑色金属是以铁元素为主要成分的金属及其合金，如铁、钢及合金钢。有色金属是指黑色金属以外的金属及其合金，如铝、铅、锌等金属以其合金。土木工程用钢材是指用于钢结构的各种型材（如圆钢、工字钢、角钢和槽钢等）、钢板和用于钢筋混凝土中的各种钢筋、钢丝、钢绞线等。钢材广泛应用于建筑工程、公路、铁路建设和市政工程中，是最重要的土木工程材料（三大建材）之一。

钢材强度高、品质均匀，弹性和塑性变形能力较强，能承受冲击、振动等荷载；钢材的可加工性能好，可进行各种机械加工，也可以通过铸造的方法，将钢铸造成各种形状；还可以通过切割、焊接或铆接等方式的连接，进行装配法施工。

8.1 钢的冶炼与分类

钢和铁的主要成分都是铁和碳，钢和生铁的主要区别在于碳的质量分数（即含碳量）不同。碳的质量分数小于2.06%的为钢，碳的质量分数大于2.06%的为生铁，常用钢材碳的质量分数在1.3%以下。

生铁的冶炼是将铁矿石、石灰石、焦炭按一定比例装入高炉内，在高温条件下进行还原反应和其他的化学反应，铁矿石中的氧化铁形成金属铁，然后再吸收碳而形成生铁。原料中的杂质硅、锰、硫、磷等与石灰石作用，生成铁渣，溶于铁水表面，铁渣和铁水分别从出渣口和出铁口放出。

8.1.1 钢的冶炼方法

钢的冶炼是将生铁中多余的碳、磷、硫等杂质的含量，经氧化降到各种钢所要求的质量分数以下，有的还加入一些其他成分，使钢具有所需要的特殊性质。常用的冶炼方法有三种。

（1）转炉法　转炉法有空气转炉法和氧气转炉法两种。

①空气转炉法炼钢是将高压热空气由侧面或底部吹入转炉内的铁液中，氧化除去铁液中的碳和磷、硫等杂质。氧化时发生放热反应，使铁液保持熔融状态。由于冶炼时间较短且吹入的空气中含有有害气体，故不易准确控制成分，钢的质量较差。但不需要燃料，速度快，设备投资少，所以成本低。该方法在我国已被淘汰。

②氧气转炉法炼钢是以熔融铁水为原料，由炉顶向转炉内吹入高压氧气，将铁水中的碳、磷、硫等杂质迅速氧化而除去，其优点是冶炼时间短（25～45min），钢的质量好，可以生产优质碳素钢和合金钢，目前是一种最主要的炼钢方法。

（2）平炉法　平炉法是以液态或固体生铁、废钢铁、及适量的铁矿石为原料，以煤气或重油为原料，依靠废钢铁、铁矿石中的氧气或空气中的氧，使杂质氧化而被除去。平炉法冶炼时间长（4～12h），易调整和控制成分，杂质少、质量好。可用于制造优质碳素钢、合金钢及有特殊要求的钢种。

（3）电炉法　电炉法炼钢是以废钢和生铁为原料，利用电加热进行高温冶炼。该方法炼钢产量低、质量好、但成本最高。

8.1.2 钢的分类

根据 GB/T 13304—91）《钢分类》标准的要求，钢的分类常根据不同的需要而采用不同的分类方法，常用的分类方法有以下几种。

1. 按脱氧程度分类

在炼钢过程中，部分铁被氧化成氧化铁，这会影响钢的质量，为使氧化铁重新还原成金属铁，在浇注钢锭之前要先进行脱氧，常用的脱氧剂有铝、锰铁、硅铁等。其中脱氧效果最好的是铝，硅铁次之，锰铁排第三。根据脱氧程度将钢分为：

（1）沸腾钢（F）　沸腾钢是脱氧不完全的钢。钢液在凝结过程中氧化铁与碳发生化学反应，产生大量的气体；凝固时，气泡从钢液中冒出，液面好像沸腾，故称为沸腾钢，代号为“F”。这种钢的成分分布不均，密实度较差，因而钢的质量较差，但成本较低、产量高、塑性好，有利于冲压，可广泛用于一般建筑结构中。

（2）镇静钢（Z）　镇静钢是脱氧完全的钢。钢液在凝固时不会逸出气体，钢液表面比较平静，故称为镇静钢，代号为“Z”。镇静钢的质量均匀、结构致密、可焊性好，但成本高，故仅用于承受冲击荷载或其他重要结构中。

(3) 半镇静钢　半镇静钢的脱氧程度和材质介于沸腾钢和镇静钢之间，代号为“B”。

(4) 特殊镇静钢　特殊镇静钢是比镇静钢脱氧程度还要充分彻底的钢，故称为特殊镇静钢，代号为“TZ”。特殊镇静钢的质量最好，适用于特别重要的结构工程。

2. 按化学成分分类

(1) 碳素钢　碳素钢的化学成分主要是铁，其次是碳，故也称为铁碳合金，其碳的质量分数为 0.02%～2.06%。此外碳素钢中还含有少量硅、锰及少量的硫、磷等元素。碳素钢按碳的质量分数的不同又可分为：

①低碳钢：碳的质量分数<0.25%；

②中碳钢：碳的质量分数为 0.25%～0.6%；

③低碳钢：碳的质量分数>0.6%。

(2) 合金钢　合金钢是在炼钢过程中，为改善钢材的性能，特意加入某些合金元素而制得的一种钢。常用合金元素有硅、锰、钛、钒等。钢中加入少量元素后，既能改善钢的力学性能和工艺性能，也能获得某种特殊的理化性能。按照合金元素掺入的总量，可将合金钢分为：

①低合金钢　合金元素的总质量分数<5%；

②中合金钢　合金元素的总质量分数为 5%～10%；

③高合金钢　合金元素的总质量分数>10%。

3. 按有害杂质的质量分数分类

按钢中有害杂质硫（S）和磷（P）的质量分数多少，可分为以下四类：

(1) 普通钢　P 的质量分数 0.045%；S 的质量分数≤0.050%；

(2) 优质钢　P 的质量分数 0.035%；S 的质量分数≤0.035%；

(3) 高级优质钢　P 的质量分数 0.025%；S 的质量分数≤0.025%；

(4) 特殊优质钢　P 的质量分数 0.025%；S 的质量分数≤0.015%。

4. 按用途分类

按用途的不同，钢可以分为以下三类：

(1) 结构钢　它是主要用于结构构件及机械零件的钢，一般为低碳钢或中碳钢；

(2) 工具钢　它是主要用于各种工具、量具及模具的钢，一般为高碳钢；

(3) 特殊钢　它是具有特殊的物理、化学或机械性能的钢，如不锈钢、耐磨钢、耐酸钢、耐热钢、磁性钢等，一般为合金钢。

土木工程中常用的钢种有普通碳素结构钢中的低碳钢和普通合金结构钢中的低合金钢。

8.2 钢的晶体组织和化学成分

8.2.1 钢的晶体组织及其对钢材性能的影响

钢的基本成分是铁和碳，铁原子和碳原子之间的结合有三种基本形式：固溶体、化合物和二者的机械混合物。由于铁和碳结构方式的不同，碳素钢在常温下形成的基本晶体有三种：

(1) 铁素体　铁素体是碳溶于 a-Fe 晶格中的固溶体。由于 a-Fe 体心立方晶格的原子间空隙很小，故溶碳能力较差（常温下碳的质量分数仅为 0.006%）。所以铁素体的强度和硬度低，但塑性和韧性很好。

(2) 渗碳体　渗碳体是铁和碳的化合物 Fe_3C，其碳的质量分数高达 6.67%，其晶体结构复杂、塑性差、性硬脆、抗拉强度低。

(3) 珠光体　珠光体是铁素体和渗碳体组成的机械混合物，碳的质量分数 0.8%，为层状结构，铁素体和珠光体相间分布，两者不互溶也不化合，各向保持原有的晶格和性质，并有珍珠似的光泽。珠光体塑性较好，强度和硬度较高。

碳素钢中基本晶体组织及性能与碳的相对质量分数关系密切，如图 8-1 所示。当碳的质量分数小于 0.8%时，钢的基本晶体组织由铁素体和珠光体组成，这种钢称为亚共析钢。随着碳的质量分数的增加，铁素体逐渐减少，而珠光体逐渐增多，钢材的强度、硬度逐渐提高，而塑性和韧性逐渐下降。当碳的质量分数为 0.8%时，钢的基本晶体组织仅为珠光体，钢的性质由珠光体的性质所决定，这种钢材称为共析钢。当碳的质量分数为 0.8%～2.06%时，钢的晶体组织由珠光体和渗碳体组成，称为过共析钢。此时，随着碳的质量分数的增加，珠光体减少，渗碳体含量相应增加，从而使钢的强度略有增加，但碳的质量分数超过 1%后，受渗碳体影响，强度有降低的趋势，但硬度增大，塑性和韧性降低（脱性增加）。

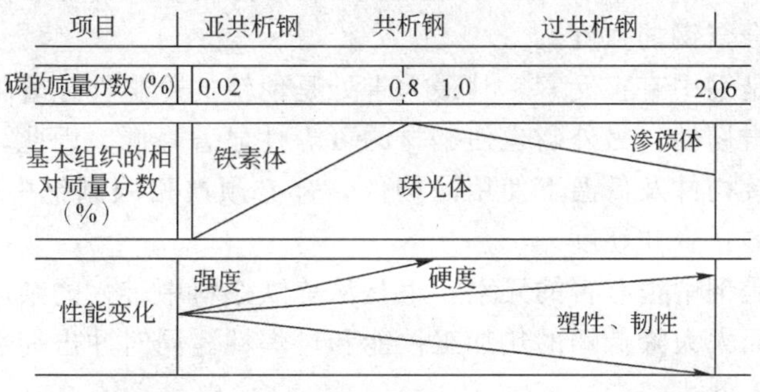

图 8-1　碳素钢的碳的质量分数与基本组织及性能之间的关系

8.2.2 钢的化学成分对钢材性能的影响

钢中除铁和碳外，还含有其他少量元素，如硅、锰、磷、硫、氧、氮、钛、钒等，现就一些主要元素在钢中的作用和影响介绍如下：

（1）碳　碳是影响钢材性能的最重要元素，在碳素钢中，随着碳的质量分数的增加，其强度和硬度提高，塑性和韧性降低。当碳的质量分数大于 0.3%时，钢的可焊性显著降低。另外，碳的质量分数增加，钢的冷脱性和时效敏感性增加，耐大气锈蚀性降低，如图 8-2 所示。

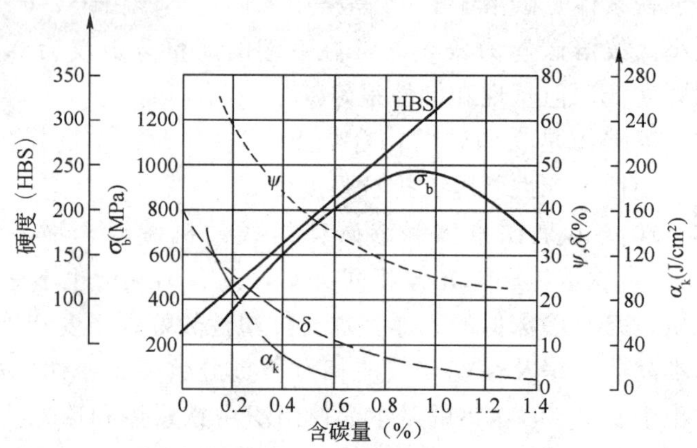

图 8-2　碳的质量分数对碳素钢性能的影响

σ-抗拉强度；α_k-冲击韧性；δ-伸长率；ψ-断面收缩率；HBS-硬度

（2）锰　锰是炼钢时为脱氧去硫而加入的。可提高钢材的强度、硬度和耐磨性，消除钢的热脱性，改善钢的热加工性能。锰可作为合金元素，提高合金钢的强度。

（3）硅　硅是炼钢时为脱氧而加入的。当钢中硅的质量分数小于 1%时，能提高钢的强度、疲劳极限、耐腐蚀性及抗氧化性，对塑性和韧性影响不大。当硅的质量分数超过 1%时，钢的塑性和韧性明显降低，冷脆性增加，可焊性变差。硅可作为合金元素提高合金钢的强度。

（4）磷　磷是钢中有害元素，其最大害处是使钢的冷脆性显著增加，大大降低钢在低温下的冲击韧性。另外磷也使钢材的可焊性显著降低。因此，对于承受冲击荷载的构件、焊接构件及低温下使用的构件，都必须严格限制钢中磷的质量分数。但磷可以提高钢的强度和硬度。

（5）硫　硫是钢中很有害的元素，也是从炼铁原料中带入的杂质，它能增大钢材的热脆性，从而大大降低钢的热加工性能和可焊性。同时冲击韧性、耐疲劳性和抗腐蚀性等都要降低。

（6）氧　氧是钢中的有害元素，氧含量增加，降低钢的机械性能，特别是韧性。氧还有促进时效倾向的作用，不能使热脆性增加，焊接性能变差。

(7) 氮　氮对钢性质的影响与碳、磷相似，它可以使钢的强度提高，塑性特别是韧性下降。氮还可加剧钢的时效时效敏感性和冷脆性，降低可焊性。在钢中，氮若与铝或钛元素反应，生成的化合物能使晶粒细化，可改善钢的性能。

(8) 钛　钛强脱氧剂，能细化晶粒，显著提高强度改善韧性。钛还能减少时效倾向，改善可焊性，是常用的微量合金元素。

(9) 钒　钒是弱脱氧剂，钒加入钢中可减弱碳和氮的不利影响，细化晶粒，有效地提高强度，减少时效敏感性，但有增加焊接时的淬硬倾向。钒也是合金钢常用的微量合金元素。

8.3 建筑钢材的主要技术性能

钢材的技术性质主要包括力学性能（如抗拉性能、冲击韧性、耐疲劳强度和硬度）和工艺性能（如冷弯性能和焊接性能等）。

8.3.1 力学性能

1. 抗拉性能

抗拉性能是钢材最主要的技术性能。图 8-3 为低碳钢受拉时的应力—应变曲线，根据曲线特征，由屈服点、极限抗拉强度和伸长率等指标反映钢材的力学性能。由图 8-3 分析，低碳钢在受拉过程中经历了弹性、屈服、强压及颈缩四个阶段。

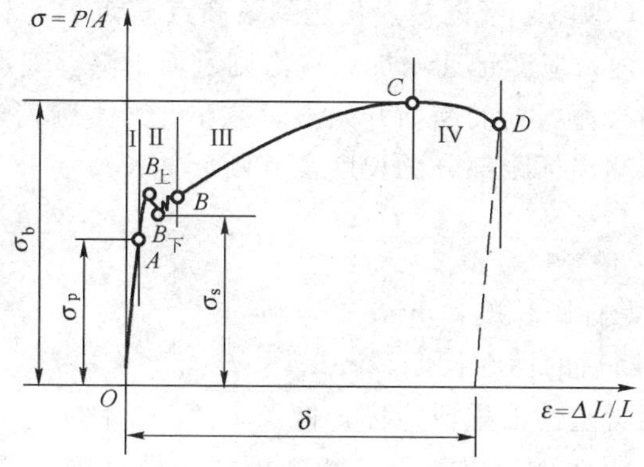

图 8-3　低碳钢受拉时应力—应变曲线

(1) 弹性阶段（OA 段）在 OA 段内，随着荷载的增加，应力和应变成比例增加，如卸去荷载，试件将恢复原状，故称为弹性变形。与 A 点对应的应力称为弹性极限，用 σ_p 表示。由图可知，OA 为一直线，在这一范围内，应力与应变成正比，其比值为常量，称为弹性模量，以 E 表示，即 $E=\sigma/\varepsilon$。弹性模量反映钢材抵抗变形的能力，是计算结构受力变形的重要指标。常用低碳钢的弹性模量 $E=(2.0\sim2.1)\times10^5$MPa。

(2) 屈服阶段（AB 段）当应力超过 σ_p 后，应力与应变不再成正比关系。此时应力在不大的范围内波动，而应变却迅速增加。这说明钢材暂时失去了抵抗变形的能力，这种现象叫屈服。AB 段称为屈服段。当达到 $B_{上}$ 点时所对应的应力称为上屈服点；达到 $B_{下}$ 点时所对应的应力称为下屈服点。因 $B_{下}$ 点比较稳定易测，故一般以 $B_{下}$ 点对应的应力作为屈服点（也称屈服强度），以 σ_s 表示。钢材受力达到屈服点后，由于变形迅速发展，尽管尚未破坏，但已不能满足使用要求。故在设计中一般以下屈服点作为强度取值的依据。常用的低碳钢的 $\sigma_s=185\sim235$MPa。

(3) 强化阶段（BC 段）当荷载增大，应力超过屈服点后，钢材的内部组织结构重新建立了平衡，又恢复了抵抗外力的能力，此时曲线又向上上升，直到最高点 C。C 点对应的应力就是应力极限强度，又叫抗拉强度，以 σ_b 表示。BC 段称为强化阶段。在工程上，不仅希望钢材具有较高的 σ_s，而且应具有一定的屈强比（σ_s/σ_b），屈强比是反映钢材利用率和安全可靠程度的一个指标。屈强比越小，钢材在受力超过屈服点工作时的可靠性越大，结构越安全。但屈强比太小，则钢材有效利用率太低，造成浪费，所以应合理选用屈强比，兼顾安全性和钢材的利用率。常用碳素钢的屈强比一般为 0.85～0.63，低合金钢为 0.65～0.75。

对于在外力作用下屈服现象不明显的硬钢类，规定产生残余变形为 0.2%时的应力作为屈服强度，以 $\sigma_{0.2}$ 表示。

(4) 颈缩阶段（CD 段）当钢材强化达到最高点 C 点后，材料抵抗变形能力明显降低。在 CD 范围内，应变迅速增加，应力则反而下降，变形不再是均匀的。钢材被拉长，在试件的某薄弱处的断面开始显著减小，产生颈缩现象，直至断裂。将拉断的试件拼合后，测出标距部分的长度，其断后伸长率为

$$\delta=\frac{l_1-l_0}{l_0}\times100\% \tag{8-1}$$

式中：l_0——试件原始标距长度，mm；

l_1——试件拉断后的标距长度，mm。

伸长率是表明钢材塑性的重要指标，伸长率大，塑性大。结构塑性变形大，影响使用。伸长率小，塑性小，超载后易断裂破坏。虽然钢结构是在弹性范围内工作，但在应力集中处，应力值可能超过屈服点，产生一定的塑性变形，可使应力产生重新分布，从而可避免结构破坏。通常钢材拉伸试验取 $l_0=5d_0$ 或 $=10d_0$，其伸长率分别以 δ_5 和 δ_{10} 表示。对于同一钢材，$\delta_5>\delta_{10}$。

2. 冲击韧性

冲击韧性是指钢材抵抗冲击荷载作用的能力。钢材的冲击韧性是用标准试件（中部加工成V形或U形缺口），在冲击试验机的一次摆锤冲击下，以破坏后缺口处单位面积上所能消耗的功来表示的，即

$$\alpha_k=\frac{\omega}{A} \tag{8-2}$$

式中：α_k——钢材的冲击韧性，J/cm^2；

ω——摆锤所做的功，J；

A——试件缺口处的最小横截面积，cm^2。

钢材的冲击试验，如图8-4所示。α_k 值越大，冲击韧性越好。对于经常受较大冲击荷载作用的结构，要选用 α_k 值较高的钢材。

钢材冲击韧性的高低，不仅取决于其化学成分、冶炼质量、还与环境温度有关。有些钢材在常温下（20℃左右）冲击韧性值并不低，破坏时是韧性断裂，而当温度下降到一定范围时，α_k 突然下降，发生脆性断裂，这种性质称为钢材的冷脆性。如图8-5所示，表示钢材由塑性状态转变为脆性状态的规律。钢材冲击韧性急剧下降时温度称为脆性转变温度。脆性转变温度越低的钢材，越能在低温下承受冲击荷载。北方寒冷地区需要检验钢材的冷脆性，应选用脆性转变温度低于使用温度的钢材，并满足规范规定的－20℃或－40℃下冲击韧性指标的要求。

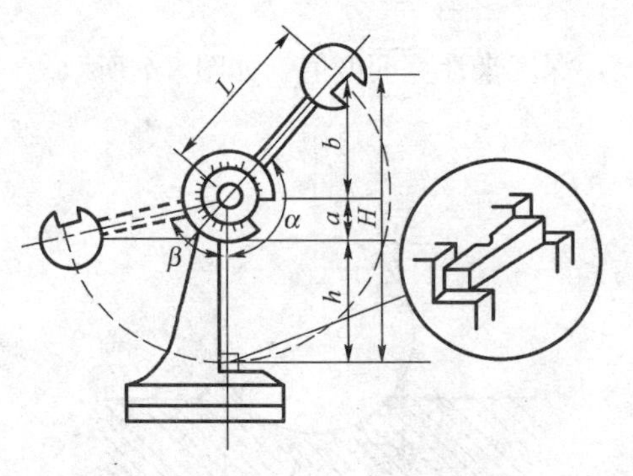

图8-4 冲击韧性试验示意图

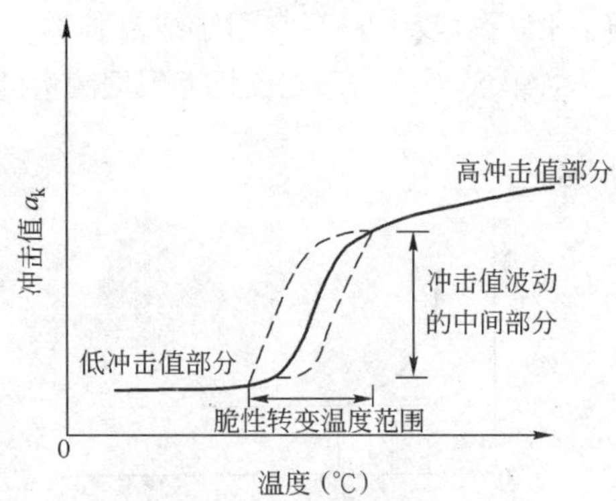

图8-5 钢材冲击韧性与温度的关系

3. 疲劳强度

钢材在交变荷载反复作用下，往往在远小于其抗拉强度时发生突然破坏，这种现象现象称为疲劳破坏。疲劳破坏的危险应力用疲劳强度表示。它是指钢材在交变荷载作用下于规定的周期基数内不发生断裂所能承受的最大应力。疲劳强度是衡量钢材耐疲劳性的指标。在设计承受交变荷载作用且须进行疲劳验算的结构时，应当

了解所用钢材的疲劳强度。

试验证明，钢材承受的交变应力越大，则钢材至断裂时所受的交变应力循环次数越少，反之则多。当交变荷载降到一定值时，钢材可经受交变应力循环达无数次而不发生疲劳破坏。通常取交变应力应力循环次数 $N=10^7$ 时试件不发生破坏的最大应力作为疲劳强度，如图 8-6 所示。

钢材的疲劳破坏是由于在长期交变应力作用下，在应力较高的点或材料有缺陷的点，逐渐形成微细裂缝，裂缝尖端严重的应力集中，致使裂缝逐渐扩大，而产生突然断裂。从断口处可明显分辨出疲劳裂缝扩展区和残留部分的瞬时断裂区。

钢材疲劳强度的大小与内部组织状态、成分偏析、夹杂物的多少及其他各种缺陷有关。此外，钢材的表面质量、截面变化和受腐蚀程度也对疲劳强度有影响。一般钢材的抗拉强度高，耐疲劳强度也较高。

4. 硬度

硬度是指钢材抵抗硬物压入表面的能力，是衡量钢材软硬程度的一个重要指标。

测定钢材硬度的方法有布氏法、洛氏法和维氏法三种。常用的测定方法是布氏法和洛氏法。

布氏法是在布氏硬度机上用一定直径的硬质钢球，以一定荷载将其压入试件表面，持续至规定的时间后卸去载荷，使形成压痕，将荷载除以压痕面积，所得应力值为该钢材的布氏硬度值（HBS）。数值越大，表示钢材越硬。布氏硬度法比较准确，但压痕较大，不宜用于成品检验。

洛氏法是在洛氏硬度机上根据测量的压痕，深度来计算硬度值，如图 8-7 所示。

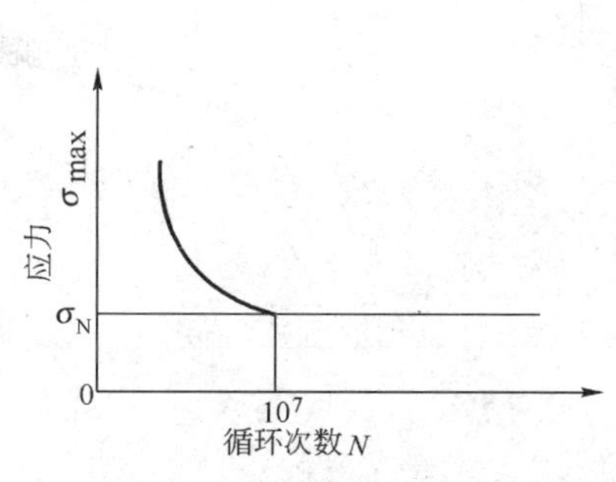

图 8-6　钢材的疲劳曲线

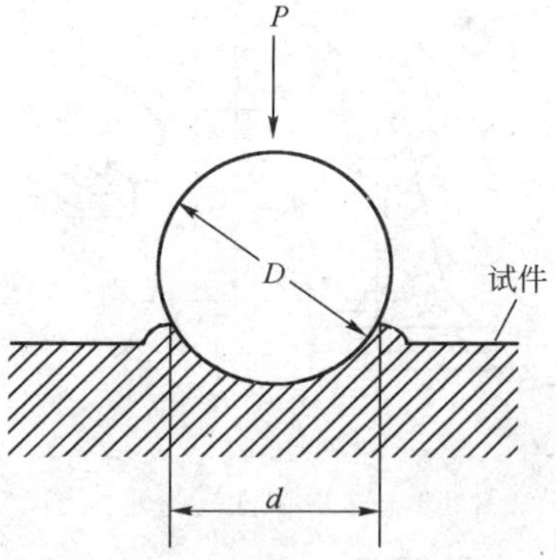

P
D
试件
d

图 8-7　布氏硬度测定示意图

8.3.2　工艺性能

1. 冷弯性能

冷弯性能是指钢材在常温下承受弯曲变形的能力，是检验钢材缺陷的一种重要工艺性能。

钢材的冷弯性能以试验时的弯曲角度和弯心直径来检验受弯部位的外拱面和两侧面，不发生裂纹、起层或断裂为合格，弯曲角度越大，弯心直径与试件厚度（或直径）的比值愈小，则表示钢材冷弯性能愈好。

冷弯是钢材处于不利变形条件下的塑性，与表示在均匀条件下的塑性（断后伸长率）不同，在某种程度上，冷弯更能反映钢材内部的组织状态、内应力及夹杂物等缺陷。如图 8-8 所示。

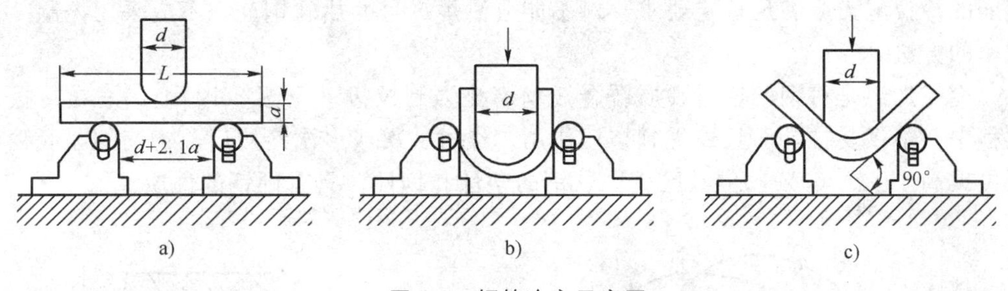

图 8-8　钢筋冷弯示意图

2. 可焊性

土木工程中，钢材间的连接绝大多数采用焊接方式来完成。因此要求钢材具有良好的可焊性。钢材在焊接过程中，由于高温作用和焊接后急剧冷却作用，会在焊缝及其附近形成过热区，使内部晶体组织发生变化，易在焊缝周围产生硬脆倾向，降低焊件质量、可焊性良好的钢材，焊接处性质应与钢材尽可能相同，焊接才牢靠。

钢材的可焊性，主要受其化学成分及质量分数的影响，碳的质量分数小于 0.25％的碳素钢具有良好的可焊性。碳的分数超过 0.3％的碳素钢，可焊性变差。磷、硫气体杂质会使得可焊性变差，加入过多的合金元素，也要使可焊性变差。采用焊前预热和焊后热处理的方式，可以使可焊性较差的钢材的可焊性得到保证。此处正确使用焊条和焊接工艺也是保证焊接质量的重要措施。

8.4　钢材的冷加工强化与热处理

8.4.1　钢材的冷加工强化和时效处理

将钢材于常温下进行冷拉、冷拔、冷轧等，使之产生塑性变形，强度和硬度明显提高，塑性、韧性和弹性模量则有所下降，这个过程称为钢材的冷加工。

土木工程中使用的钢筋，往往是冷加工和时效处理同时采用。常用的冷加工方法是冷拉和冷拔。

冷拉加工就是将钢筋拉至强化阶段的某一点 K（见图 8-9），然后卸去荷载，钢筋则沿着 KO'恢复部分弹性，保留 OO'残余变形，KO'大致与 BO 平行。若此时将试件再拉伸，则新的屈服点将升高到 K_1 点，以后的应力—应变关系将与原来曲线 KCD 相似。可见，钢材通过冷拉后，屈服强度有所提高，即称为冷加工强化。

钢筋的冷拉可采用控制应力或控制冷拉率的方法。当采用控制应力方法时，在控制应力下的最大冷拉率应满足规定要求，当最大冷拉率超过规定要求时，应进行力学性能检验。当采用控制冷拉率方法时，冷拉率必须由试验确定，测定冷拉率时钢筋的冷拉应力应满足规定要求。对不能分清炉罐号的热轧钢筋，不应采用控制冷拉率的方法。

冷拔加工是将钢筋通过硬质合金拔丝模孔强制拉拔（见图 8-10），钢筋在冷拔过程中，不仅受拉，而且还受到挤压作用。经过一次或多次冷拔后，钢筋的屈服强度可提高 40％～60％，但其已失去软钢的塑性和韧性，具有硬钢的性质。

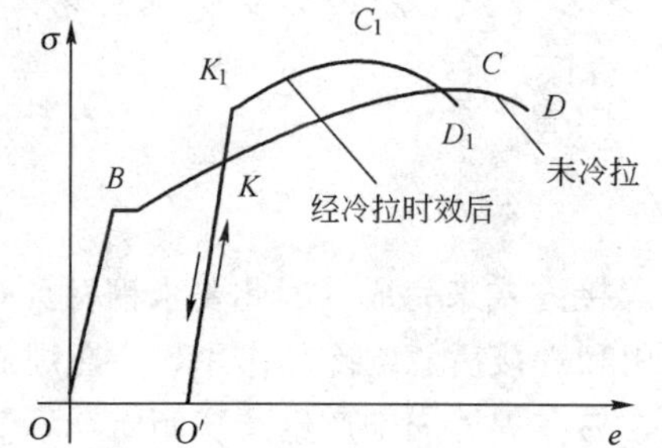

图 8-9　钢筋经冷拉时效后应力—应变图的变化

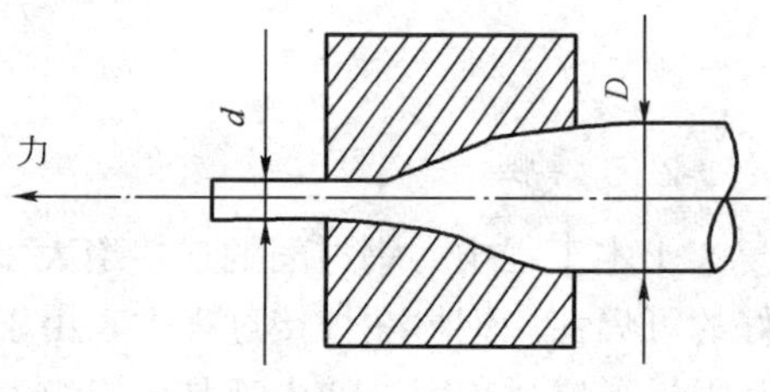

图 8-10　冷拔加工示意图

一般认为，钢材产生冷加工强化的原因是：钢筋经冷加工后，在变形区域内的晶粒相对滑移，导致滑移面处的晶粒破碎，晶格歪扭，从而对继续滑移造成阻力；要使它重新产生滑移就必须增加外力，这就意味着屈服强度有所提高，但由于减少了可以利用的滑移面，故钢筋的塑性降低。另外在塑性变形中产生了内应力，钢材的弹性模量降低。

8.4.2　钢材的冷拉与时效后的技术特性

钢材经过冷加工后，在常温下存放 15～20d，或加热至 100～200℃并保持 2h 左右，这个过程称为时效处理。前者称为自然时效，后者称为人工时效。

钢材在冷加工时（见图 8-9），如果在 K 点卸载后不立即重新拉伸，而将试件进行自然时效或人工时效，然后再拉伸，则其屈服点又进一步提高至 K_1 点，继续拉伸时曲线沿 $K_1C_1D_1$ 发展。这表明钢筋经冷拉与时效处理后，屈服强度得到进一步提高，抗拉强度亦有所提高，塑性和韧性相应降低。

钢材产生时效强化的主要原因是：时效处理期间，溶于 a-Fe 中氮、碳原子，有向滑移面等缺陷处移动、富集的倾向，使晶格歪扭和畸变加剧，因而进一步提高了屈服强度，同时使抗拉强度有所提高，但使塑性和韧性进一步降低。时效处理后，可使冷拉损失的弹性模量基本恢复。

在土木工程中大量使用的钢筋，同时采用冷拉与时效处理可取得明显的经济效益，它可使钢筋的屈服强度提高 20%～50%，可节约钢材 20%～30%。通常对强度较低的钢筋可采用自然时效，强度较高的钢筋则采用人工时效。

8.4.3 应用冷拉钢筋的技术要求

钢筋在常温条件下，受外力拉伸后可以提高钢筋的强度，虽对钢筋的塑性及韧性有一定的影响，但在预应力混凝土中所用的钢筋，主要要求强度，而对塑性及韧性要求不高，因此为了提高钢筋的强度和节省钢材，常应用冷拉钢筋。

冷拉可简化施工工艺。冷拉一方面提高了强度，节约了钢材，同时可使盘条钢筋的开盘、矫治、冷拉三道工序合为一道工序，直条钢筋可使矫直、除锈、冷拉合为一道工序。

经冷拉后的钢筋，其强度继续随时间的延长而提高，即称为时效，冷加工和时效一般同时采用。一般来讲，强度较低的钢筋宜采用自然时效，强度较高的钢筋则采用人工时效，为了加速时效的效果，多采用人工加热的方法来处理冷拉后的预应力钢筋。

钢筋的冷拉可采用控制应力或控制冷拉率的方法。当采用控制应力方法冷拉钢筋时，其冷拉控制应力下的最大冷拉率应符合表 8-1 的规定，若冷拉率超过规定时，应进行力学性能检验；当采用控制冷拉率方法冷拉钢筋时，冷拉率应由试验确定，且按该冷拉率作为控制指标冷拉钢筋时，钢筋的冷拉应力应符合表 8-1 的规定。

根据钢筋的实际长度和应控制的冷拉率可计算出控制拉长值；根据钢筋截面积和应控制的应力可计算出控制冷拉力。控制拉应力可用冷拉控制器或其他测力计。冷拉到控制值时应停 2～3min，以使晶格变形完全，减少弹性回缩。冷拉后的钢筋性能应符合表 8-2 的规定。表 8-1 为冷拉钢筋的直径范围、控制应力和冷拉率。

冷拉钢筋的控制参数（GB 50204—2002） 表 8-1

钢筋级别	直径范围（mm）	控制应力法		控制冷拉率
		控制应力（MPa）	控制冷拉率（%）	冷拉应力（MPa）
I级	≤12	280	10.0	310
II级	≤25	450	5.5	480
	28～40	430	5.5	460
III级	28～40	500	5.0	530
IV级	10～28	700	4.0	730

冷拉钢筋的力学性能（GB 50204—2002） 表 8-2

钢筋级别	钢筋直径（mm）	屈服强度（MPa）	抗拉强度（MPa）	伸长率 δ_{10}（%）	冷弯	
		≮			弯曲角度	弯曲直径
I 级	≤12	280	370	11	180°	$3d$
II 级	≤25	450	510	10	90°	$3d$
	28～40	430	490	10	90°	$4d$
III 级	28～40	500	570	8	90°	$5d$
IV 级	10～28	700	835	6	90°	$5d$

注：d 为钢筋直径（mm）。

8.4.4 钢材的冷拔加工与应用

根据钢材冷作硬化的原理，将普通碳钢 Q235A，通过拔丝机上的拔丝模，经强力拉拔后，抗拉强度可得到大幅提高，通常可提高 40%～60%，高时达 90%。

国家标准 GB 50204—2002 规定，冷拔低碳钢丝根据抗拉强度不同分为两级：甲级为预应力钢丝，乙级为非预应力钢丝，各级技术性能如表 8-3。

冷拔钢丝技术性能（GB 50204—2002） 表 8-3

钢筋种类	直径（mm）	抗拉强度（MPa）		伸长率 δ_{10}（%）	180°反复弯曲（次数）
		I 组	II 组		
		不小于			
甲级	5	650	600	3.0	4
	4	700	650	2.5	4
乙级	3～5	550		2.0	4

冷拔钢丝一般都组成钢绞线，由于其强度高，与混凝土结合力大，所以多用于大跨度、重荷载的预应力混凝土结构中的配筋。

8.4.5 钢材的热处理

1. 钢材的热处理

热处理是将钢材按一定程序加热、保温和冷却，以改变其组织，从而获得需要性能的一种加工过程。热处理的方法分为正火、退火、淬火和回火。

(1) 正火 钢材经过加热至相变（即铁素体组织转变）温度以上，组织变为奥氏体之后，置于空气中冷却，可使钢材晶粒细化，调整碳化物大小和分布，再结晶可除掉内部应力。对于经过压延难于除掉应力和淬火、回火有困难的大型钢件，特别是铸钢件，正火是重要的热处理工艺。正火处理后，钢材的强度提高，塑性降低。碳的质量分数低的钢材常用正火的方法提高其强度。

(2) 退火　退火分低温退火和完全退火等。低温退火的加热温度在相变温度以下，其目的是利用加热使原子活跃，从而使加工中产生的缺陷减少，晶格畸变减轻和内应力基本消除。完全退火的加热温度为800～850℃，高于基本组织转变温度经保温后以适当速度缓冷，从而达到改变组织并改变性能的目的。例如，碳的质量分数较高的高强度钢筋，焊接中容易形成很脆的组织，故必须紧挨着进行完全退火以消除这一不利的转变，保证焊接质量。

(3) 淬火和回火　淬火和回火通常是两道相连的加工过程。淬火的加热温度在基本组织转变温度以上保温，使组织完全转变，即投入选定的介质中急冷，使其转变为不稳定组织，淬火即结束。随后进行回火，加热温度在转变温度以下(150～650℃)。保温后按一定速度冷却到室温。其目的是促进不稳定组织转变为需要组织，并消除淬化产生的内应力。我国目前生产的热处理钢筋，一般是采用中碳低合金钢经油浴淬火和铅浴高温（500～600℃）回火制得的，它的组织为铁素体和均匀分布的细颗粒渗碳体。

2. 钢材的焊接

土木工程中用钢材的焊接方法主要有两种：焊接钢结构用的电弧焊和钢筋焊接用的接触对焊。焊接质量主要由焊接工艺、焊接材料和钢材本身的焊接性等因素决定。

电弧焊是在焊接时产生高温电弧，使焊条金属熔化在焊件上，成为连接焊件的焊缝金属。同时，电弧的高温使焊件边缘金属熔化，与熔化的焊条金属由于扩散作用而均匀地密切融合，有助于金属间牢固连接。接触对焊是利用电流通过两个焊件的接触面所产生的高温熔融，将其对接加压成一体，接触对焊不用焊条。

在焊接过程中，焊件中产生复杂的、不均匀的反应和变化。这是由于瞬间的高温使金属熔化，而且金属的传热和冷却速度很快，导致变热部位金属的剧烈膨胀和收缩，因此极易产生变形、内应力和组织的变化。

焊接不良容易造成各种缺陷，常见的缺陷有焊缝金属缺陷（热裂纹、夹杂物和气孔）和基体金属热影响区的缺陷（冷裂纹、晶粒粗大、碳化物和氮化物析出）。对焊接质量影响最大的缺陷是上裂纹和缺口，会降低焊接的质量、塑性、韧性和疲劳性。

8.5 建筑钢材的标准与选用

8.5.1 钢结构用钢材

土木工程中钢结构用钢材主要有碳素结构钢、优质碳素结构钢和低合金高强度结构钢三类。

1. 碳素结构钢

在土木工程中，碳素结构钢适用于一般结构和工程。构件可进行焊接、栓接和铆接。碳素结构钢由氧气转炉、平炉或电炉冶炼。

（1）碳素结构钢的牌号

碳素结构钢的牌号由四部分组成，依次为：屈服点字母（Q）、屈服点数值、质量等级符号（A、B、C、D）和脱氧程度符号（F、Z、b、TZ）。

碳素结构钢的质量等级是按钢中硫、磷的质量分数由大到小划分的，随A、B、C、D的顺序质量逐级提高。当为镇静钢或特殊镇静钢时，用牌号表示时Z、TZ可省略。

根据《碳素结构钢》（GB/T 700—2006），我国碳素结构钢共分为五个牌号，即Q159、Q215、Q235、Q225和Q275。例如Q235—AF，表示屈服强度为235MPa的A级沸腾钢；Q215—C表示屈服强度为215MPa的C级镇静钢。

（2）碳素结构钢的技术要求

根据《碳素结构钢》（GB/T 700—2006）规定，碳素结构钢的技术要求主要包括化学成分、力学性能及冷弯性能，其指标要求分别见表8-4～表8-6。

（3）碳素结构钢的性能与选用。

由表8-4～表8-6中可以看出，碳素结构钢随着牌号的增大，碳的质量分数和锰的质量分数也随之增大，抗拉强度和屈服强度逐步提高，但伸长率和冷弯性能则随着牌号的增大而降低。

Q195和Q215钢：强度较低，但塑性和韧性较好，易于冷弯和焊接，一般用于受荷载较小及焊接结构中，也可制作铆钉和地脚螺钉等。

Q235钢：强度较高，又具有良好的塑性和韧性，可焊性也好，综合性能好。所以能较好地满足一般钢结构和钢筋混凝土结构的用钢要求，且成本较低。Q235钢用于轧制各种型钢、钢板、钢管和钢筋。其中A、B级钢，一般仅适用于承受静荷载作用的结构；C、D级钢可用于重要的焊接结构。

碳素结构钢的化学成分 表 8-4

牌号	等级	化学成分（%）					脱氧方法
		C	Mn	Si	S	P	
				≤			
Q195	—	0.06～0.12	0.25～0.50	0.30	0.050	0.045	F、b、Z
Q215	A	0.09～0.12	0.25～0.55	0.30	0.050	0.045	F、b、Z
	B				0.045		
Q235	A	0.14～0.22	0.30～0.65①	0.30	0.050	0.045	F、b、Z
	B	0.12～0.20	0.30～0.70①		0.045		
	C	≤0.18	0.35～0.80		0.040	0.040	Z
	D	≤0.17			0.035	0.035	TZ
Q255	A	0.18～0.28	0.40～0.70	0.30	0.050	0.045	Z
	B				0.045		
Q275	—	0.20～0.38	0.50～0.80	0.35	0.050	0.045	Z

注：Q235A、B级沸腾钢锰含量上限为0.60%。

碳素结构钢的力学性能 表 8-5

牌号	等级	拉伸试验													冲动试验	
		屈服点 σ_s（N/mm）						抗拉强度 σ_b（N/mm）	伸长率 δ_s（%）						温度（℃）	V型冲击（纵向）J
		钢材厚度（直径）（mm）							钢材厚度（直径）（mm）							
		≤16	>16～40	>40～60	>60～100	>60～100	>100～150		≤16	>16～40	>40～60	>60～100	>60～100	>100～150		
		≥							≥							≥
Q195	—	(195)	(185)	—	—	—	—	315～390	33	32	—	—	—	—	—	—
Q215	A	215	205	195	185	175	165	335～410	31	30	29	28	27	26	—	—
	B														20	27
Q235	A	235	225	215	205	195	185	375～460	26	25	24	23	22	21	—	—
	B														20	27
	C														0	
	D														−20	
Q255	A	255	245	235	225	215	205	410～510	24	23	22	21	20	19	—	—
	B														20	27
Q275	—	275	265	255	245	235	225	490～610	20	19	18	17	16	15	—	—

钢材抗弯试验指标　　表 8-6

牌　号	试样方向	冷弯试验 $B=2a180°$		
		钢材厚度（直径）（mm）		
		60	>60～100	>100～200
		弯心直径 d		
Q195	纵 横	0 0.5a	—	—
Q215	纵 横	0.5a a	1.5a 2a	2a 2.5a
Q235	纵 横	a 1.5a	2a 2.5a	2.5a a
Q255 Q275	纵 横	2a 3a	3a 2a	3.5a 4.5a

注：B 为试样宽度，d 为钢材厚度（直径）。

Q255 和 Q275 钢：强度较高，但塑性、韧性和可焊性较差，不易焊接和冷加工，可用于钢筋混凝土结构中的钢筋及钢结构构件和制造螺栓。

碳素结构钢的选用主要根据结构的重要性、荷载类型（动荷载或静荷载）、连接方式（焊接、非焊接）、工作温度（正温、负温）等来选择钢号和材质（沸腾钢或镇静钢）。

受动荷载作用结构、焊接结构及低温下工作的结构，不能选用 A、B 质量等级的钢及沸腾钢。

2. 优质碳素结构钢

优质碳素结构钢在生产过程中对有害杂质的质量分数控制严格（P 的质量分数≤0.035%，S 的质量分数≤0.035%），质量稳定，性能优于碳素结构。按照《优质碳素结构钢》（GB/T 699—1999）规定，优质碳素结构钢共有 31 个牌号，除 3 个牌号是沸腾钢外，其余都是镇静钢。

优质碳素结构钢的牌号由数字和字母两部分组成。两位数字表示平均碳的质量分数的万分数；字母分别表示锰的质量分数、冶金质量等级、脱氧程度。锰的质量分数为 0.25%～0.8%时，不注“Mn”；质量分数为 0.70%～1.2%时，两位数字后加注“Mn”。如果是沸腾钢，则在数字后加注“F”。例如，45—表示平均碳的质量分数为 0.45%的镇静钢；45Mn—表示平均碳的质量分数为 0.45%，锰的质量分数较高的 45 号镇静钢；15F—表示平均碳的质量分数为 0.15%沸腾钢。

在土木工程中，优质碳素结构钢主要用于重要结构的钢铸件及高强螺栓，常用的是 30～45 号钢。生产预应力钢筋混凝土用的碳素钢丝、刻痕钢丝和钢绞线用 65～80 号钢。

3. 低合金高强度结构钢

低合金高强度结构钢是在碳素结构钢的基础上，添加少量的一种或几种合金元素制成的一种结构钢。常用的合金元素有硅、锰、钛、钒、铬、镍、铌及稀土元素等。大多数合金元素不仅可以提高钢的强度和硬度，还能改善塑性和韧性。低合金高强度结构钢是脱氧完全的镇静钢。

（1）低合金高强度结构钢的牌号

根据国家标准《低合金高强度结构钢》（GB/T 1591—1994）规定，共 5 个牌号，即 Q295、Q345、Q390、Q420 和 Q460，钢的牌号的表示由屈服点字母 Q、屈服点数值、质量等级（A、B、C、D、E）3 个部分按顺序排列。如 Q390B 的含义为屈服点为 390MPa，质量等级为 B 的低合金高强度结构钢。

（2）低合金高强度结构钢的技术要求

根据 GB/T 1591—1994 规定，低合金高强度结构钢的化学成分与力学性能满足表 8-7 和表 8-8 的要求。

低合金高强度结构钢的化学成分（引自 GB 1591—94）　表 8-7

牌号	质量等级	化学成分（%）										
		C≤	Mn	Si	P≤	S≤	Vb	Nb	Ti	Ai≥	Cr≤	Ni≤
Q295	A	0.16	0.18～1.50	0.55	0.045	0.045	0.02～0.15	0.015～0.060	0.02～0.20	—		
	B	0.16	0.18～1.50	0.55	0.040	0.040	0.02～0.15	0.015～0.060	0.02～0.20	—		
Q345	A	0.02	1.00～1.60	0.55	0.045	0.045	0.02～0.15	0.015～0.060	0.02～0.20	—		
	B	0.02	1.00～1.60	0.55	0.040	0.040	0.02～0.15	0.015～0.060	0.02～0.20	—		
	C	0.20	1.00～1.60	0.55	0.035	0.035	0.02～0.15	0.015～0.060	0.02～0.20	0.015		
	D	0.18	1.00～1.60	0.55	0.030	0.030	0.02～0.15	0.015～0.060	0.02～0.20	0.015		
	E	0.18	1.00～1.60	0.55	0.025	0.025	0.02～0.15	0.015～0.060	0.02～0.20	0.015		
Q390	A	0.20	1.00～1.60	0.55	0.045	0.045	0.02～0.20	0.015～0.060	0.02～0.20	—	0.30	0.70
	B	0.20	1.00～1.60	0.55	0.040	0.040	0.02～0.20	0.015～0.060	0.02～0.20	—	0.30	0.70
	C	0.20	1.00～1.60	0.55	0.035	0.035	0.02～0.20	0.015～0.060	0.02～0.20	0.015	0.30	0.70
	D	0.20	1.00～1.60	0.55	0.030	0.030	0.02～0.20	0.015～0.060	0.02～0.20	0.015	0.30	0.70
	E	0.20	1.00～1.60	0.55	0.025	0.025	0.02～0.20	0.015～0.060	0.02～0.20	0.015	0.30	0.70
Q420	A	0.20	1.00～1.70	0.55	0.045	0.045	0.02～0.20	0.015～0.060	0.02～0.20	—	0.40	0.70
	B	0.20	1.00～1.70	0.55	0.040	0.040	0.02～0.20	0.015～0.060	0.02～0.20	—	0.40	0.70
	C	0.20	1.00～1.70	0.55	0.035	0.035	0.02～0.20	0.015～0.060	0.02～0.20	0.015	0.40	0.70
	D	0.20	1.00～1.70	0.55	0.030	0.030	0.02～0.20	0.015～0.060	0.02～0.20	0.015	0.40	0.70
	E	0.20	1.00～1.70	0.55	0.025	0.025	0.02～0.20	0.015～0.060	0.02～0.20	0.015	0.40	0.70
Q460	C	0.20	1.00～1.70	0.55	0.035	0.035	0.02～0.20	0.015～0.060	0.02～0.20	0.015	0.70	0.70
	D	0.20	1.00～1.70	0.55	0.030	0.030	0.02～0.20	0.015～0.060	0.02～0.20	0.015	0.70	0.70
	E	0.20	1.00～1.70	0.55	0.025	0.025	0.02～0.20	0.015～0.060	0.02～0.20	0.015	0.70	0.70

注：表中的 A1 为全铝含量。如化验酸溶铝时，其含量应不小于 0.010%。

低合金高强度结构钢的力学性能（引自 GB 1591—1994） 表 8-8

牌号	质量等级	屈服点 σ_s（MPa）				抗拉强度 σ_b（MPa）	伸长率 δ_s（%）	冲击功（AkV）（纵向）（J）				180°弯曲试验 d=弯心直径；a=试样厚度（直径）	
		厚度（直径，边长）（mm）						+20℃	0℃	−20℃	−40℃	钢材厚度（直径）（mm）Q	
		≤15	>16～35	>35～50	>50～100			不小于				≤16	>16～100
		不小于											
Q295	A	295	275	255	235	390～570	23					d=2a	d=3a
	B	295	275	255	235	390～570	23	34				d=2a	d=3a
Q345	A	345	325	275	275	470～630	21					d=2a	d=3a
	B	345	325	275	275	470～630	21	34				d=2a	d=3a
	C	345	325	275	275	470～630	22		34			d=2a	d=3a
	D	345	325	275	275	470～630	22			34		d=2a	d=3a
	E	345	325	275	275	470～630	22				27	d=2a	d=3a
Q390	A	390	370	350	330	490～650	19					d=2a	d=3a
	B	390	370	350	330	490～650	19	34				d=2a	d=3a
	C	390	370	350	330	490～650	20		34			d=2a	d=3a
	D	390	370	350	330	490～650	20			34		d=2a	d=3a
	E	390	370	350	330	490～650	20				27	d=2a	d=3a
Q420	A	420	400	380	360	520～680	18					d=2a	d=3a
	B	420	400	380	360	520～680	18	34				d=2a	d=3a
	C	420	400	380	360	520～680	19		34			d=2a	d=3a
	D	420	400	380	360	520～680	19			34		d=2a	d=3a
	E	420	400	380	360	520～680	19				27	d=2a	d=3a
Q460	C	460	440	420	400	550～720	17		34			d=2a	d=3a
	D	460	440	420	400	550～720	17			34		d=2a	d=3a
	E	460	440	420	400	550～720	17				27	d=2a	d=3a

（3）低合金高强度结构钢的选用

低合金高强度结构钢的强度高、耐腐蚀、耐低温性能好，还有良好的塑性和韧性，其碳的质量分数不大于0.2%，具有较好的可焊性。

低合金高强度结构钢主要用于轧制各种型钢、板钢、钢管和钢筋，广泛用于钢结构和钢筋混凝土结构中，特别适用高层建筑、大柱网结构和大跨度结构等。采用低合金高强度结构钢，可以减轻结构自重，节约钢材（20%～25%）。

4. 钢结构用钢材品种

我国钢结构采用的钢材品种主要有热轧型钢、冷弯薄壁型钢、热（冷）轧钢板和钢管等。

（1）热轧型钢

常用的热轧型钢有角钢、工字钢、槽钢、H 型钢和 T 型钢。热轧型钢主要采用碳素结构钢 Q235—A，低合金高强度结构钢 Q345 和 Q390 热轧成型。

碳素结构钢 Q235A 制成的热轧型钢，强度适中，塑性和可焊性较好，冶炼容易，成本低，适用于土木工程中的各种钢结构。低合金高强度结构钢 Q345 和 Q390 制成的热轧型钢，性能较前者好，适用于大跨度、承受动荷载的钢结构。

热轧型钢的标记方式为一组符号中需要标出型钢名称、横截面主要尺寸、型钢标准号及钢牌号与钢种标准。例如，用碳素结构钢 Q235—A 轧制的横截面尺寸为 160mm×160mm×16mm 的等边角钢，应标记为：

$$\text{热轧等边角钢}\frac{160\times160\times16-\text{GB }798-2006}{\text{Q235}-\text{A}-\text{GB }700-2006}$$

(2) 冷弯薄壁型钢

土木工程中使用的冷弯薄壁型钢是用 2～6mm 的薄钢板或钢带经冷轧（弯）或模压而成。冷弯薄壁型钢（GB 50018—2002）属于高效经济截面，由于壁薄，刚度好，能高效地发挥材料的作用，节约钢材。

建筑用压型钢板是冷弯型钢的另一种形式。它是用厚度为 0.4～2mm 的钢板、镀锌钢板、彩色涂层钢板经冷压（轧）成的各种类型的波形板，它具有单位质量轻、强度高、施工快、外形美观等优点，主要用于围护结构、楼板、屋面等，我国已制定了 26 种压型钢板型号，各种型号的技术性能要求详见《建筑用压型钢板》(GB/T 12755—1991)。

(3) 钢板和钢管

①钢板

钢结构使用的钢板是由碳素结构钢和低合金高强度结构钢轧制而成的扁平钢材。按轧制方式分为冷轧钢板（GB 708—2006）和热轧钢板（GB 709—2006）两类，以平板状态供货的称为钢板，以卷状态供货的称为带钢。厚度小于或等于 4mm 的为薄板，厚度大于 4mm 的为厚板。钢板的规格表示方法为：宽度（mm）×厚度（mm）×长度（mm）。

热轧碳素结构钢厚板，是钢结构的主要钢材，薄板用于屋面、墙面或压型板原料。低合金高强度结构钢厚板，用于重型结构、大跨度桥梁和高压容器等。

②花纹钢板

钢板表面轧有防滑花纹者称为花纹钢板（GB/T 3277—1991），花纹钢板可用碳素结构钢、船体用结构钢、高耐候性结构钢热轧成扁豆形、菱形、圆豆形花纹，主要用于平台过道及楼梯的铺板。

③钢管

钢管有无缝钢管和焊接钢管两种，无缝钢管以优质碳素结构钢或低合金高强度结构钢为原料，采用热轧、冷拔工艺制造。热轧无缝钢管具有良好的力学性能和工艺性能。无缝钢管主要用于压力管道。焊接钢管采用优质带材焊接而成，表面镀锌或不镀锌。按其焊缝形式分为直缝焊钢管和螺旋焊钢管两类。钢管规格用“d”后面加外径×厚度来表示。如 $d185\times7.5$ 表示外径 185mm、厚度 7.5mm 的钢管。焊管成本低、易加工，但一般抗压性能较差。

8.5.2 钢筋混凝土用钢材

混凝土结构用钢材，主要有热轧钢筋、冷加工钢筋、热处理钢筋、预应力混凝土用钢丝和钢绞线等。

1. 热轧钢筋

热轧钢筋是土木工程中用量最大的钢材品种之一，主要用于钢筋混凝土结构和预应力钢筋混凝土结构的配筋。按力学性能热轧钢筋可分为四个等级，各级钢筋的主要性能分别符合《钢筋混凝土用热轧光圆钢筋》(GB 13013—1991)、《钢筋混凝土用热轧带肋钢筋》(GB 1499—1998) 之规定 (见表 8-9)。

热轧钢筋性能指标 表 8-9

钢筋级别	表面形状	强度等级代号	公称直径 (mm)	屈服强度 (MPa)	抗拉强度 (MPa)	伸长率 (%)	冷弯 180°	主要用途
				≥				
I	光圆	R235	8～20	235	370	25	$d=1d_0$	非预应力钢筋
II	月牙肋	HRB335	6～25	335	490	16	$d=2d_0$	非预应力钢筋
			28～50				$d=3d_0$	和预应力钢筋
III	月牙肋	HRB400	6～25	400	570	14	$d=4d_0$	非预应力钢筋
			28～50				$d=5d_0$	和预应力钢筋
IV	月牙肋	HRB500	6～25	500	630	12	$d=6d_0$	预应力钢筋
			28～50				$d=7d_0$	

I 级钢筋：是用 Q235 碳素结构钢轧制而成的光圆钢筋。它的强度较低，但具有可塑性好，伸长率高 ($\delta_5=25\%$)，便于弯折成型、容易焊接等特点。I 级钢筋可用作中、小型钢筋混凝土结构主要受力钢筋、构件的箍筋，也可作为冷轧带肋钢筋的原材料。

II、III 级钢筋：是用低合金镇静钢和半镇静钢轧制而成的。其强度等级代号中的 H、R、B 分别热轧 (Hot Rolled) 带肋 (Ribbed) 和钢筋 (Bers) 三个英语的首字母。其强度高，塑性和可焊性较好，钢筋表面轧有通长的纵肋和均匀分布的横肋，从而增强了钢筋与混凝土之间的黏结力。带肋钢筋根据外形分为月牙肋和等高肋（见图 8-11）。用 II、III 级钢筋作为钢筋混凝土结构受力钢筋，比使用 I 级钢筋可节约钢材 40%～50%。因此，II、III 级钢筋广泛用于大、中型钢筋混凝土结构的主筋。另外，II、III 级钢筋经冷拉后，也可作预应力钢筋。

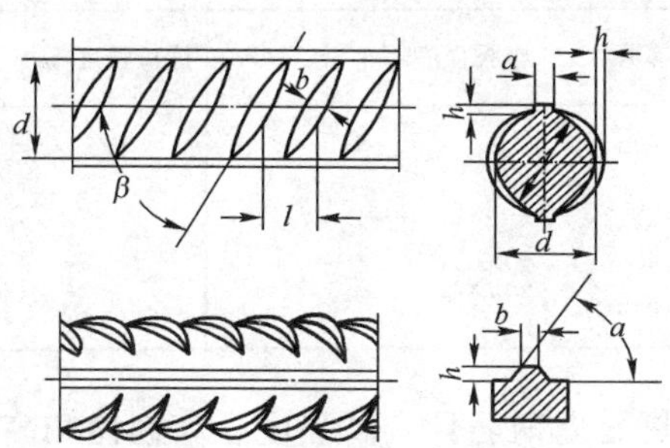

图 8-11　带肋钢筋

Ⅳ级钢筋：用中碳低合金镇静钢轧制而成，表面也轧有纵肋和横肋，是房屋建筑的主要预应力钢筋。使用前可进行冷拉处理，以提高屈服点，达到节约钢材的目的。

2. 冷轧带肋钢筋

冷轧带肋钢筋是热轧圆盘条经冷轧或冷拔减径后在其表面冷轧成两面或三面横肋（月牙肋）的钢筋。根据《冷轧带肋钢筋》（GB 13788—2000）的规定，冷轧带肋钢筋共有五个牌号：CRB 550、CRB 650、CRB 800、CRB 970 和 CRB 1170，其中 C、R、B 分别表示“冷轧”、“带肋”、“钢筋”的英文首位字母，后面的数字表示钢筋抗拉强度最小值。只有 CRB 550 是用于非预应力混凝土的，其余是预应力混凝土使用的。冷轧带肋钢筋的力学性能和工艺性能要求见表 8-10。

冷轧带肋钢筋的力学性能和工艺性能　　表 8-10

牌号	反复弯曲次数	抗拉强度 σ_b（MPa）	伸长率（%）		冷弯（180°）（D 为弯心直径；d 为钢筋公称直径）	初始应力松弛（%）$\sigma_{com}=0.7\sigma_b$	
			δ_{10}	δ_{100}		1000h	10h
CRB 550	—	≥550	≥8	—	$D=3d$	—	—
CRB 650	3	≥650	—	≥4	—	≤8	≤5
CRB 800	3	≥800	—	≥4	—	≤8	≤5
CRB 970	3	≥970	—	≥4	—	≤8	≤5
CRB 1170	3	≥1170	—	≥4	—	≤8	≤5

3. 预应力混凝土用热处理钢筋

预应力混凝土用热处理钢筋是由热轧螺纹钢筋（即普通热轧中碳低合金钢筋）经淬火和回火等调质处理制成。按其螺纹外形分为有纵肋和无纵肋两种（均有横肋)，其代号为 RB150。根据《预应力混凝土用热处理钢筋》（GB 4463—1992）规定，其力学性能应符合表 8-11 要求。

预应力混凝土用热处理钢筋的力学性能 表 8-11

公称直径（mm）	钢材牌号	屈服强度不小于（MPa）	抗拉强度不小于（MPa）	伸长率不小于（%）
6	$40Si_2Mn$	1 325	1 476	6
8.2	$48Si_2Mn$			
10	$45Si_2Mn$			

预应力混凝土用热处理钢筋具有高强度、高韧性和高握裹力等优点，主要用于预应力混凝土桥梁、轨枕，还用于预应力梁、板结构及吊车梁等。预应力混凝土用热处理钢筋成盘供应，开盘后能自行伸直，不需调直和焊接，施工方便，且节约钢材。

4. 预应力混凝土用钢丝

预应力混凝土用钢丝是用优质碳素结构钢经冷拉或再经回火等工艺处理制成。其强度高，柔性好，适用于大跨度屋架、吊车梁等大型构件的预应力结构。根据《预应力混凝土用钢丝》（GB/T 5223—2002）规定：按加工状态分为冷拉钢丝（WCD）和消除应力钢丝两类，消除应力钢丝按松弛性能又分为低松弛钢丝（WLR）和普通松弛钢丝（WNR）。按外形分为光面钢丝（P）、螺旋肋钢丝（H）、刻痕钢丝（I）。经低温回火消除应力后钢丝的塑性比冷拉钢丝要高。刻痕钢丝是经压痕轧制而成，刻痕后与混凝土握裹力大，可减少混凝土裂缝。上述钢丝应力应符合表 8-12、表 8-13 中所要求的力学性能和机械性能。

预应力混凝土用冷拉钢丝的力学性能 表 8-12

名称代号	公称直径（mm）	抗拉强度 σ_b（MPa）	屈服强度 $\sigma_{0.2}$（MPa）	伸长率（l_0=200mm）δ_2（%）	弯曲试验 次数（180°）	弯曲试验 断面收缩率 Z（%）	弯曲试验 弯曲半径（mm）	应力松弛性能 初始应力（σ_b）	应力松弛性能 1 000h后应力松弛率（%）
		≥			≥				≤
WCD	3.00	1 470 1 570 1 670 1 770	1 100 1 180 1 250 1 330	1.5	4	—	7.5	0. 7	8
	4.00					35	10		
	5.00						15		
	6.00	1 470 1 570 1 670 1 770	1 100 1 180 1 250 1 330		5	30	15		
	7.00						20		
	8.00								

预应力混凝土用消除应力钢丝的力学性能 表 8-13

名称代号	公称直径(mm)	抗拉强度 σ_b（MPa） ≥	屈服强度 $\sigma_{0.2}$（MPa） WLR ≥	屈服强度 $\sigma_{0.2}$（MPa） WNR ≥	伸长率（l_0=200mm）σ（%） ≥	弯曲试验 次数（180°） ≥	弯曲试验 弯曲半径（mm）	应力松弛性能（对所有规格） 初始应力 σ_b	100h后应力松弛率（%） WLR ≤	100h后应力松弛率（%） WNR ≤
P，H	4.00 4.80 5.00	1470 1570 1670 1770 1860	1290 1380 1470 1560 1640	1250 1330 1410 1500 1580	3.5	3（4.00） 4	10（4.00） 15（4.80、5.00）	0.6	1.0	4.5
	6.00 6.25 7.00	1470 1570 1670 1770	1290 1380 1470 1560	1250 1330 1410 1500		4	15（6.00） 20（6.25、7.00）	0.7	2.0	8
	8.00 9.00	1470 1570	1290 1380	1250 1330			25	0.8	4.5	12
	10.00 12.00	1470	1290	1250			30			
I	≤5.00	1470 1570 1670 1770 1860	1290 1380 1470 1560 1640	1250 1330 1410 1500 1580	3.5	3	15	0.6 0.7	1.5 2.5	4.5 8
	>5.00	1470 1570 1670 1770	1290 1380 1470 1560	1250 1330 1410 1500			20	0.8	4.5	12

5. 预应力混凝土用钢绞线

预应力混凝土用钢绞线是由若干根直径为2.5～5.0mm的高强碳素钢丝绞捻后消除内应力而制成。钢绞线强度高、柔性好，与混凝土黏结性能好。它多用于大型屋架、薄腹梁、大跨度桥梁等大负荷的预应力结构。按照《预应力混凝土用钢绞线》（GB/T 5224—2003）规定，预应力钢绞线的力学性能和机械性能应符合表8-14的要求。

在动荷载、焊接结构或严寒低温条件下工作时，往往限制沸腾钢的使用。沸腾钢的限制条件是：

（1）直接承受动荷载的焊接结构；（2）直接承受动荷载的非焊接结构，而计算温度等于或低于－20℃；（3）承受静荷载及间接动荷载作用，而计算温度等于或低于－30℃时的焊接结构。因此，质量较差、时效敏感性大、钢材性能不够稳定的沸腾钢，仅用于除上述限制条件外的一般结构工程使用。由于 Q235-D 钢含有足够的形成细晶粒结构的元素，同时对硫、磷元素控制较严格，故其冲击韧性好，抵抗振动冲击荷载能力较强，尤其在一定低温条件下选用更为合理。质量等级为 A 的钢，一般仅适用于受静荷载作用的结构。

预应力混凝土用钢绞线尺寸及拉伸性能 表 8-14

钢绞线结构	钢绞线公称直径（mm）		强度级别（MPa）	整根钢绞线的最大负荷（kN）	屈服负荷（kN）	伸长率（%）	1 000h 松弛率（%）≤			
							I 级松弛		II 级松弛	
							初始负荷			
				≥			70%公称最大负荷	80%公称最大负荷	70%公称最大负荷	80%公称最大负荷
1×2	10.00		1 720	67.9	57.7	3.5	8.0	12	2.5	4.5
	12.00			97.9	83.2					
1×3	10.80			102	86.7					
	12.90			147	125					
1×7	标准型	9.5	1 860	102	86.6					
		11.10		138	117					
		12.70		184	156					
		15.20	1 720	239	203					
			1 860	259	220					
	模拔型	12.7	1 860	209	178					
		15.2	1 820	300	255					

我国生产供应的低合金高强度结构钢，由于碳含量小于 0.02%，因而有较好的韧性、可焊性和冷弯性能。掺入元素锰又能够使珠光体细化，强度和韧性提高；掺入钒、铌等元素后，钢的强度进一步提高；掺入稀土（RE）、铜（Cu）等特定元素可改善钢的加工性能和提高其耐腐蚀性能。所以，按主要性能和特性分类，称它为可焊接低合金高强度结构钢。低合金高强度结构钢比碳素结构钢强度高，高强度结构钢塑性和韧性好，而且抗冲击、耐低温、耐腐蚀能力强，并且质量稳定。在钢结构中，常采用低合金高强度结构钢轧制的型钢、钢板和钢管来建造桥梁、高层建筑及大跨度钢结构建筑。

8.5.3 钢材的选用原则

在土木工程中，可选用的钢材种类较多，这里主要介绍常用的钢材选用原则。

1. 碳素结构钢（非合金结构钢）的选用原则

土木工程中主要应用的碳素钢是 Q235 号钢。在非预应力混凝土中，使用最多的一级钢筋即由Q235号钢热轧而成。在钢结构中，各种型钢、钢板和钢管，主要也是应用Q235号钢轧制而成的。Q235号钢之所以普遍应用于建筑中，主要是它的机械强度、韧性和塑性以及加工等综合方面的性能好，而且冶炼方便，成本较低。Q215号钢机械强度低、塑性大，受力后产生变形大。经冷加工和时效处理后可代替Q235号钢使用。Q275号钢机械强度高，但塑性较差，以前曾轧制成人字纹钢筋，用于钢筋混凝土中。在选用钢的牌号时，还必须熟悉钢的质量。质量等级为D和C的钢优于B和A的钢，特殊镇静钢、镇静钢优于半镇静钢，更优于沸腾钢。质量好的钢，成本较高。工程结构的荷载类型、连接方式（焊接或非焊接）及环境温度等条件，对钢材性能有不同的要求，是选用钢材时必须注意的。

2. 低合金高强度结构钢的选用原则

在钢结构中常采用低合金高强度结构钢轧制型钢、钢板，来建筑桥梁、高层及大跨度建筑。在重要的钢筋混凝土结构或预应力钢筋混凝土结构中，主要应用低合金加工成的热轧带肋钢筋。

3. 钢筋混凝土结构用钢筋和钢丝的选用原则

钢筋混凝土结构用钢筋和钢丝，主要是碳素结构钢和低合金结构钢的产品。目前普遍使用的有热轧钢筋、冷拔低碳钢丝、碳素钢丝、钢绞线和热处理钢筋等。

（1）热轧钢筋的选用　HPB235级钢筋是用碳素钢Q235—B轧制的，宜作非预应力钢筋；HRB335、HRB400级钢筋是用普通质量低合金钢轧制的，适合用作非预应力钢筋和预应力钢筋；HRB500级钢筋是用优质合金钢轧制的，强度高，质量好，适宜用作预应力钢筋。

（2）冷拔低碳钢丝的选用　GB 50204—2002规定，冷拔低碳钢丝按机械强度分为两级，乙级为非预应力钢丝，直径为3～5mm；甲级为预应力钢丝，直径为4mm和5mm，其强度更高。伸长率应不低于1.0%～2.5%。混凝土构件厂自行拔制的钢丝，表面不准有锈蚀、伤痕、油污、皂渍和裂纹等外观缺陷，伸长率不合格者不准用于预应力混凝土构件中。

（3）预应力混凝土用钢丝及钢绞线的选用　预应力混凝土用钢丝及钢绞线由含碳量较高的优质碳素钢盘条筋，经酸洗、冷拔或者再回火处理而制成，具有强度高、柔性好、无接头、施工方便、安全可靠等特点，适用于大跨度屋架、吊车梁等大型构件及V形折板配筋。碳素钢丝按冷拔和矫直回火两种方式由钢厂供货，成本较高。还可以将碳素钢丝压制成刻痕钢丝并经低温回火后成盘供应，用于预应力混凝土中。

若将7根直径为2.5～5mm的碳素钢丝绞捻后，清除内应力，制成钢绞线，可用于大型屋架、薄腹梁、大跨桥梁等大承载力的后张法预应力重型或大跨混凝土结构中。钢绞线直径 9～15mm，破坏荷载达 220kN，屈服荷载达 185kN，其柔性好，无接头，质量稳定。

(4) 热处理钢筋的选用　热处理钢筋强度高，综合性能好，质量稳定，锚固性好，节省钢材，主要用于预应力钢筋混凝土轨枕和其他预应力混凝土构件中。

8.6　建筑钢材的腐蚀与防止

8.6.1　钢材的腐蚀

钢材表面与周围介质发生化学反应而遭到的破坏，称为钢材的腐蚀。钢材的腐蚀，轻者使钢材性能下降，重者导致结构破坏，造成工程损失。引起钢材腐蚀的原因很多，根据其与建筑介质的作用分为化学腐蚀和电化学腐蚀两类。

1. 化学腐蚀

化学腐蚀是指钢材直接与周围介质发生化学反应而产生的腐蚀。这种腐蚀多数是由氧化作用在钢材表面形成疏松的氧化物，在干燥环境中钢材腐蚀反应缓慢，但在温度和湿度较高的环境条件下，腐蚀发展迅速。

2. 电化学腐蚀

电化学腐蚀是指钢材与电解质溶液接触，形成微电池而产生的腐蚀。存放于湿润空气的钢材在其表面覆盖一层极薄的电解质膜，由于表面成分或者受力变形的不均匀，使邻近的局部产生电极电位的差别，形成了许多微电池，在阳极区，铁被氧化成 Fe^{+2} 离子进入水膜。因为水中溶有来自空气中的氧，在阴极区，原为 HO^{-} 离子，两者结合成不溶于水的 $Fe(OH)_2$，并进一步氧化成疏松易剥落的红棕色铁锈 $Fe(HO)_3$。在工业大气条件下，钢材较易锈蚀。

钢材在大气的腐蚀，实际上是化学腐蚀和电化学腐蚀同时作用所致，但以电化学为主。

8.6.2　防止腐蚀的方法

钢材的腐蚀有材质原因，也有使用环境和接触介质等原因。因此，防腐蚀的方法也应有所侧重。常用的防止腐蚀的方法有如下几种：

(1) 合金化　在碳素钢中加入能提高抗腐蚀能力的合金元素，如铬、镍、钛和铜，制成不同的合金钢，以提高其防腐蚀能力。

(2) 保护层法式　钢结构防止锈蚀通常采用表面刷防锈漆，常用的底漆有红丹、环氧富锌漆、铁红环氧底子薄漆等。面漆有调和漆、醇酸磁漆等。薄壁钢材可采用热浸镀锌后加涂塑料涂层。

(3) 电化学保护法式　对于一些不易或不能覆盖保护层的地方，可采用电化学保护法。即在钢铁结构上接一块比钢铁更为活泼的金属（如锌、镁）作为阳极来保护钢结构。

一般混凝土配筋的防锈措施是：保证混凝土的密实度，保证钢筋保护层的厚度和限制氯盐外加剂的掺量或使用防锈剂。预应力混凝土用钢筋，由于易被腐蚀，故应禁止使用氯盐外加剂。

本章小结

钢材是建筑工程中最重要的金属材料，是三大建材之一。在工程中应用的钢材主要是碳素结构钢和低合金高强度结构钢。钢材具有强度高，塑性及韧性好，可焊可铆，易于加工、装配等优点，在建筑工程中，钢材用来制作钢结构构件及做混凝土结构中的增强材料，已成为常用的重要的结构材料。

近年迅速发展的低合金高强度结构钢，是在碳素钢的基本成分中加入5%以下的合金元素的新型材料。其强度得到显著提高，同时具有良好的塑性、冲击韧性、耐蚀性、耐低温冲击等优良性能，所以在预应力钢筋混凝土结构中，取得良好的技术经济效果，因而是大力推广的钢种。

为了更好地利用钢材，因此，在学习本章时，应掌握钢材的成分、组织结构、制作对技术性能的影响，了解各品种钢材的特性及其正确合理的应用方法，如何防止锈蚀，使结构物经久耐用。

本章的难点是钢材的塑性、韧性、耐疲劳性，以及微量组分对钢材性能的影响。建议在学习中需联系钢材的组成结构分析其性能，来理解其应用。

1. 简述钢材的主要技术指标。
2. 钢的冶炼方法有哪几种？说出依据脱氧程度钢的分类名称。
3. 化学成分对钢材的性能有何影响？
4. 什么是钢材的屈强比？它在工程设计中有何实际意义？
5. 何谓钢材的冷加工时效？钢材经冷加工和时效处理后性能有何变化？
6. 钢筋混凝土用热轧钢筋有哪几个牌号？其含义是什么？
7. 试述钢材锈蚀的原因。如何防止钢材的锈蚀？

第9章 木材

本章概要

1. 简要介绍了木材的宏观、微观构造；
2. 叙述木材的化学、物理和力学等主要性质及其影响因素；
3. 介绍木材的防护措施、木材在建筑工程中的主要用途及木材的综合利用途径。

木材是人类最早使用的建筑材料。由于其性能优异，在当代建筑工程中仍被广泛使用，与水泥、钢材并称为三大材。我国在木材建筑技术和木材装饰艺术上都有很高的水平和独特的风格。如世界闻名的天坛祈年殿完全由木材构造，而全由木材构造的山西佛光寺正殿保存至今已达千年之久。过去木材是重要的结构用材，而现在则主要用于室内装饰和装修。

木材作为建筑和装饰材料具有一系列的优点：比强度大，具有轻质高强的特点；弹性韧性好，能承受冲击和振动作用；导热性低，具有较好的隔热、保温性能；在适当的保养条件下，有较好的耐久性；纹理美观、色调温和、风格典雅，极富装饰性；易于加工，可制成各种形状的产品；绝缘性好、无毒性；木材的弹性、绝热性和暖色调的结合，给人以温暖和亲切感。

木材的主要缺点是：构造不均匀，呈各向异性；湿胀干缩大，处理不当易翘曲和开裂；天然缺陷较多，降低了材质的利用率；耐火性差，易着火燃烧；使用不当，易腐朽、虫蛀；如果经常处于干湿交替的环境中，耐久性较差。

9.1 木材的分类及构造

9.1.1 木材的分类

木材的种类较多，按树种可分为针叶树和阔叶树两大类。

1. 针叶树

针叶树树叶如针状（如松）或鳞片状（如侧柏），习惯上也包括扇形叶的银杏。

针叶树树干通直高大，枝杈较小分布较密，易得大材，其纹理顺直，材质均匀。大多数针叶树材的木质较轻软而易于加工，故针叶树材又称软材。针叶树材强度较高，胀缩变形较小，耐腐蚀性强，建筑上广泛用做承重构件和装修材料。我国常用的针叶树树种有杉木、云杉、冷杉、红豆杉、红松、马尾松和福建柏等。

2. 阔叶树

阔叶树树叶多数宽大、叶脉成网状。阔叶树树干通直部分一般较短，枝杈较大，数量较少。相当数量阔叶树材的材质重硬而较难加工，故阔叶树材又称硬材。阔叶树材强度高，胀缩变形大，易翘曲开裂。材板面通常较美观，具有很好的装饰作用，适于做家具、室内装修及胶合板等。我国常用的阔叶树树种有水曲柳、槐树、栎木、樟木、黄菠萝、榆木、核桃木、酸枣木、柞木、梓木和檫木等。

9.1.2 木材的构造

木材的性质取决于木材的构造（结构）。由于树种和树木生长环境不同，构造差异颇大，因而性质也不同。所以了解木材的构造是掌握木材性质的重要手段。木材的构造分为宏观构造和微观构造。

1. 宏观构造

木材宏观构造是指用肉眼或放大镜看到的木材内部构造。生长的树木有树根、树干和树枝三部分，由树干可获取 60%～90%的木材。为便于了解木材的宏观构造，一般可从下述三个切面来进行剖析（见图 9-1）：即横切面（垂直于树干主轴的切面）、径切面（通过髓心，与树干平行的纵平面）和弦切面（与髓心有一定距离，与树干平行的纵切面）。从横切面观察树木的构造，可见树木是由树皮、木质部和髓心组成的。

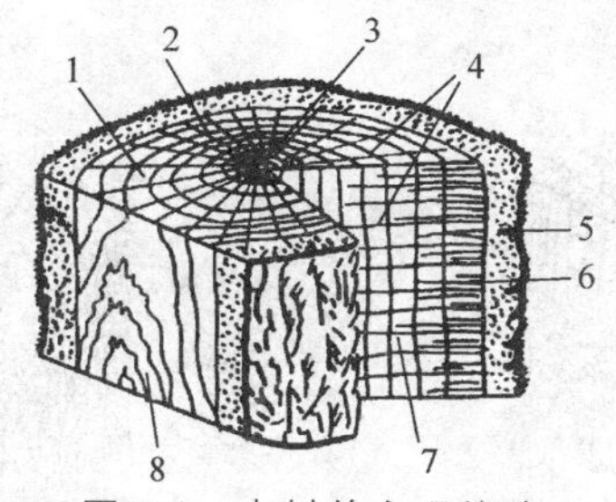

图 9-1 木材的宏观构造

1-横切面；2-年轮 ；3-髓心；4-髓线；5-树皮；6-木质部；7-径切面；8-弦切面

（1）树皮

树皮起保护树木的作用，建筑上用途不大。栓皮林和黄波萝的树皮用来制作软木板，是较好的绝热材料。

（2）木质部

木质部是指髓心和树皮之间的部分，是使用的主要部位。一般木材的构造即指木质部的构造。木质部靠近髓心部分呈深色，称为心材。靠近树皮部分呈浅色，称为边材。具有边材和心材的木材称为心材类，如松、柞和水曲柳等。另一些木材的木质部颜色基本一样，无边材和心材之分，这种木材称为边材类，如杉、杨和桦等。

（3）年轮

在木材的木质部有深浅相间的同心圆环，称为年轮。一般树木每年生长一圈。同一年轮内有深浅两部分。春天生长的木质，色浅，质较，称为春材（早材）。夏秋两季生长的木质，色深，质硬，称为夏材（晚材）。相同树种，年轮越密越均匀，质量越好。夏材部分越多，木材强度越高。

（4）髓心

髓心是指木材第一年生的部分，材质松软，强度低，容易被腐蚀和虫蛀。

（5）髓线

髓线是以髓心为中心，呈放射状分布。它是由联系很弱的薄壁细胞所组成，在径切面上呈带状，它的功能为横向传递养分和贮存养分。木材的变形和开裂常由它引起，阔叶树的髓线比针叶树发达。

2. 微观构造

木材的微观构造是指在显微镜下观察到的木材内部构造。在显微镜下可以观察到，木材是由无数管状细胞紧密结合而成，它们绝大多数纵向排列，少数横向排列（髓线）。每个细胞有细胞壁和细胞腔，细胞壁由纤维素（约占 1/2）、半纤维素（约占 1/4）和木质素（约占 1/4）组成。木材的细胞壁愈厚，细胞腔愈小，木材愈密实，强度愈大，但胀缩也大。

细胞因功能不同，可分为许多种，树种不同，其构成细胞也不同，见图 9-2 和图 9-3。

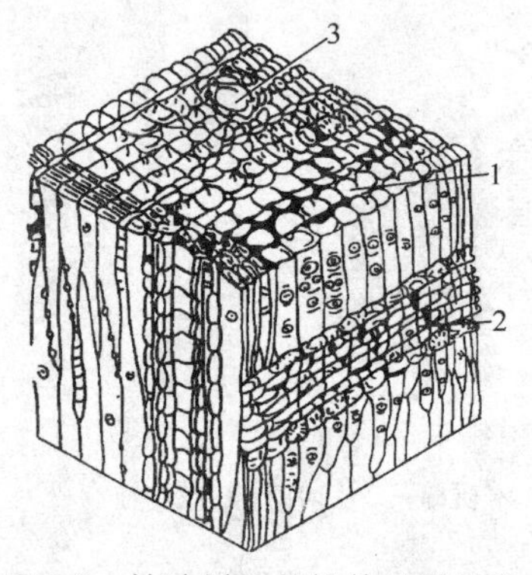

图 9-2　针叶树马尾松的显微构造

1-管胞；2-髓线；3-树脂道

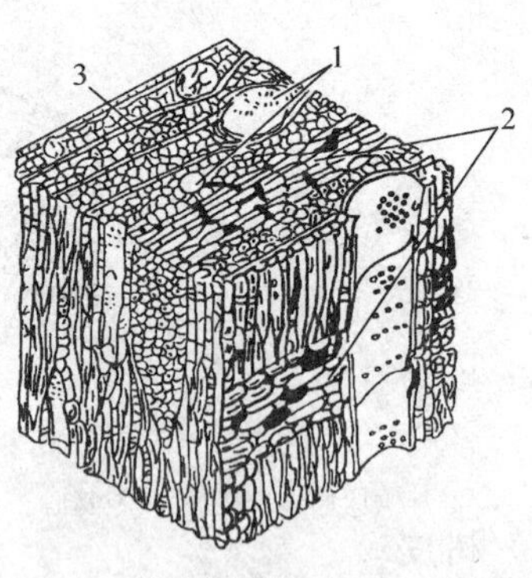

图 9-3　阔叶树柞木的显微构造

1-导管；2-髓线；3-木纤维

（1）针叶树

针叶树主要由管胞组成，占木材总体积的 90%以上，起支撑和输送养分的作用，此外还有少量的纵行和横行薄壁细胞起储存和输送养分作用。

①管胞　由细胞壁和细胞腔所组成。春材壁薄腔大，夏材壁厚腔小，壁越厚纤维越多，木材越密实，强度越高。管胞起支持作用，输送养分。

②树脂道　某些树种的夏材管胞间有充满树脂的细胞，起保护作用，当树木受损伤，树脂包覆在受伤表面，以免腐蚀。

③髓线横向传递养分和贮存养分。

(2) 阔叶树

阔叶树由导管分子、木纤维、纵行和横行薄壁细胞组成。导管分子是构成导管的一个细胞，导管约占木材体积的 20%。木纤维是一种壁厚腔小的细胞，起支撑作用，其体积占木材体积的 50%以上。

①导管　只有阔叶树有，薄壁大腔细胞，输送养分。阔叶树有散孔材和环孔材。散孔材导管分布散乱，如桦木。环孔材导管粗大且集中在春材上，如柞木。

②髓线　与针叶树髓线相同，但粗大明显。

③木纤维　比管胞小，壁厚腔小，起支撑作用。

9.2　木材的主要性质

9.2.1　化学性质

木材是一种天然生长的有机材料，由高分子物质和低分子物质组成。构成木材细胞壁的主要物质是纤维素、半纤维素和木质素三种高聚物，一般总量占木材的 90%以上。在高聚物中以纤维素和半纤维素两种多糖居多，占木材的 65%～75%。除高分子物质外，木材中还含有少量低分子物质，如抽提物、灰分等。木材的化学性质，不仅取决于其组织中各种化学成分的相对含量，而且与各组分的分布和相互间的联系相关。

1. 木材的化学组成

在木材细胞壁中，纤维素起骨架作用，半纤维素起黏结作用，木质素起硬固作用，它们在细胞壁中纵横交错，排列和组合复杂，其分布是不均匀的。

(1) 纤维素

纤维素是由许多 β-D-吡喃式葡萄糖通过 1→4 苷键联接形成的线型高聚物。分子式为 (C6H1005) n。n 为聚合度，随原料种类变化，天然纤维素的平均聚合度为 7000～10000（木材纤维素约为 10000）。纤维素分子链沿着链长方向彼此近似平行地排列着，借分子间的醇羟基形成强有力的氢键聚集成微纤维。它是不溶于水的均一聚糖。

纤维素具有吸湿性，木材的吸湿性与纤维素的吸湿有密切关系。此外纤维素在受各种化学、物理、机械和光作用时，容易发生降解，会影响木材的加工和使用性能。

（2）半纤维素

半纤维素是木材细胞壁中具有支键和侧链且分子量较低的非纤维素杂高聚糖，通常含有100～200个糖基，分子量较低，聚合度小，大多带有支链，可用水或碱液直接从木材或从纤维素中提取。半纤维素具有吸湿性强、耐热性差、容易水解等特点，在外界条件的作用下易于发生变化，对木材的某些性质和加工工艺产生影响，尤其是木材半纤维素中的木聚糖类，对木材的制浆造纸过程和产品质量有重要影响。

（3）木质素

木质素是由苯基丙烷结构单元通过醚键和碳－碳键联接而成、具有三维结构的芳香族高分子化合物，结构单元的类型、数目和连接方式随树种变化很大。木质素在木材中的分布不均匀，一般采集部位愈高，木质素含量愈低。木质素在植物结构中的分布是有一定规律的，胞间层的木质素浓度最高，细胞内部浓度则减小，次生壁内层又增高。

木质素的一些物理和化学特性与木材性质和木材加工工艺有密切关系。如木质素的化学结构与木材树种分类有关，对木材颜色有重要影响；木质素的紫外光谱特性对木材表面劣化和木材保护有重要作用；木质素的高聚物特性对木材及木质基材料的胶合性能产生影响等。

（4）木材抽提物

木材抽提物是存在于木材组织中分子量较低的非细胞壁组成物，是用乙醇、苯、乙醚、丙酮或二氯甲烷等有机溶剂以及水抽提出来的物质的总称。木材抽提物包含许多种物质，主要有脂肪族化合物、萜类化合物和酚类化合物三类。提取物的组成随树种而异，因此可作为木材化学分类的依据，也可反映木材利用上的特点。它不仅影响木材的色泽、香味、抗病虫害能力，而且也影响木材机械加工和化学加工过程和产品。

2. 木材的酸碱性质

世界上绝大多数木材呈弱酸性，仅有极少数木材呈碱性。这是由于木材中含有天然的酸性成分。木材的主要成分是高分子的碳水化合物，它们是由许许多多失水糖基联结起来的高聚物。每个糖基都含有羟基，其中一部分羟基与醋酸根结合形成醋酸酯，醋酸酯水解能放出醋酸，使得木材中的水分常有酸性。木材的酸性对木材的某些性质、加工工艺和木材利用有重要影响。如木材的酸性导致寄生于木材内的真菌易于生长繁殖，使木材易受菌腐虫蛀；木材的酸性会引起对金属的腐蚀等。

9.2.2 物理性质

1. 木材的基本物理性质

木材是由同一物质即纤维素组成，因而密度波动不大，约为1.54g/cm³。木材的体积密度波动颇大，即使同一树种也有差异。由于木材生长的土壤、气候等环境不同，导致其构造和孔隙率不同，致使体积密度有很大差别，约为280～980kg/m³。木材的孔隙率也在很大范围内变化，为30％～80％。

2. 木材的含水率与吸湿性

木材吸附水的性能很强，因为木纤维素存在大量的羟基（—OH），是亲水性物质。其对水吸附程度与所处环境的湿度有关。木材所含水的质量占干燥木材质量的百分率，称为木材含水率。

(1) 木材中水的存在形式

木材内部所含的水分，可以分为以下三种形式：

①自由水　指存在于细胞腔中和细胞的间隙之中的水。自由水影响木材的表观密度、保存性、抗腐蚀性和燃烧性。

②吸附水　指被吸附在细胞壁内细纤维间的水。直接影响到木材的强度和体积的胀缩。

③化合水　指木材化学成分中的结合水，对木材的性能无大的影响。

(2) 纤维饱和点

水分进入木材后，首先形成吸附水，吸附水饱和后，多余的水称为自由水。木材干燥时，首先失去自由水，然后失去吸附水。当木材中的吸附水达到饱和，而尚无自由水时的含水率称为纤维饱和点。纤维饱和点随树种而异，一般在25％～35％之间，平均为30％左右。纤维饱和点是木材物理力学性质是否随含水率而发生变化的转折点。在纤维饱和点之上，含水量变化是自由水含量的变化，它对木材强度和体积的影响甚微；在纤维饱和点之下，含水量变化是吸附水的变化，它对木材强度和体积等会产生很大的影响。见图9-4。

(3) 平衡含水率

木材具有纤维状结构和很大的孔隙率，其内表面积极大，因此易于从空气中吸收水分。潮湿的木材会向干燥的空气中蒸发水分，干燥的木材也会从潮湿的空气中吸收水分。木材长时间处于一定的温度和湿度的空气中，当水分蒸发和吸收达到动态平衡时，其含水率相对稳定，此时木材的含水率称为平衡含水率。木材平衡含水率随周围环境的温度和相对湿度变化而改变，见图9-5。由于不同地区的气候不同，所以不同地区、不同季节的木材平衡含水率也常不相同，见表9-1。

新伐木材含水率常在35％以上，风干木材含水率在15％～25％，室内干燥木

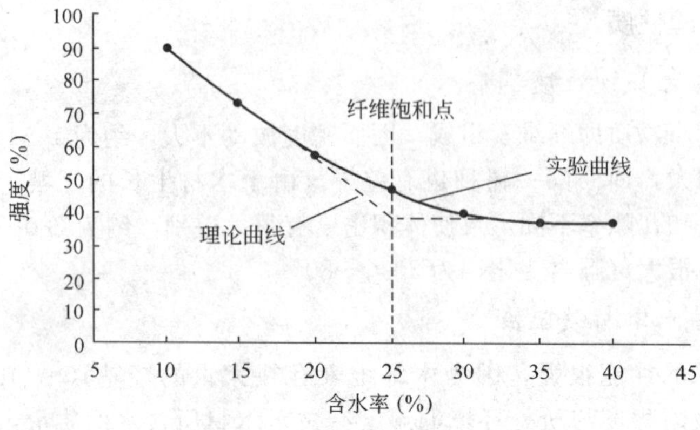

图 9-4 纤维饱和点示意图

材含水率常为8%～15%。为避免木材在使用过程中因含水率变化太大引起变形或开裂，木材使用前，须干燥至使用环境长年平均的平衡含水率。

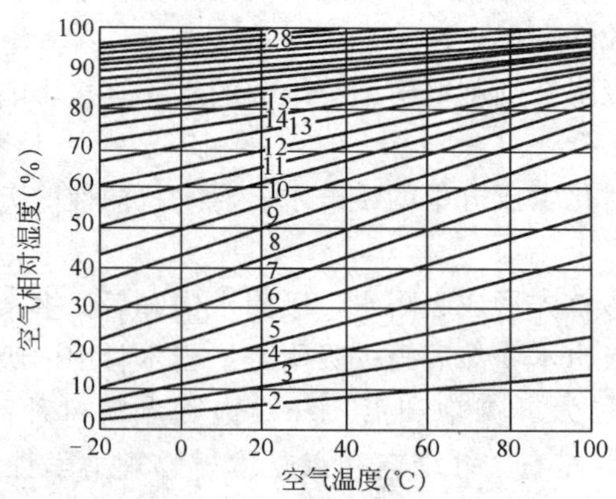

图 9-5 木材的平衡含水率

我国部分城市木材平衡含水率（%） 表 9-1

城市	月份												全年平均
	1	2	3	4	5	6	7	8	9	10	11	12	
广州	13.3	16.0	17.3	17.6	17.6	17.5	16.6	16.1	14.7	13.0	12.4	12.9	15.1
上海	15.8	16.8	16.5	15.5	16.3	17.9	17.5	16.6	15.8	14.7	15.2	15.9	16.0
北京	10.3	10.7	10.6	8.5	9.8	11.1	14.7	15.6	12.8	12.2	12.2	10.8	11.4
拉萨	7.2	7.2	7.6	7.7	7.6	10.2	12.2	12.7	11.9	9.0	7.2	7.8	8.6
徐州	15.7	14.7	13.3	11.8	12.4	11.6	16.2	16.7	14.0	13.0	13.4	14.4	13.9

3. 湿胀与干缩

木材细胞壁内吸附水含量的变化会引起木材的变形，即湿胀干缩。当木材含水量大于纤维饱和点时，木材内的含水率除吸附水达到饱和外，还有一定数量的自由水，此时木材如受到干燥或受潮，只是自由水改变，木材不会发生变形。但含水率小于纤维饱和点时，则表明水分都吸附在细胞壁的纤维上，当吸附水增加，细胞壁纤维间距离增大，细胞壁厚度增加，则体积膨胀，尺寸增加。当吸附水被蒸发，细胞壁厚度减小，则体积收缩，尺寸减小。通常细胞壁愈厚，则胀缩愈大。故表观密度大、夏材含量多的木材胀缩变形较大。

木材因构造不均匀，各方向、各部位胀缩也不同，其中弦向最大，径向次之，纵向最小，边材大于心材。通常新伐木材完全干燥时，弦向收缩 6%～12%，径向收缩3%～6%，纵向收缩 0.1%～0.3%，体积收缩 9%～14%。弦向最大，主要是受髓线所影响，因为髓线是由联结很弱的薄壁细胞所组成，其次是边材的含水量高于心材的含水量，故弦向较容易产生翘曲变形。含水量对木材胀缩变形的影响，见图 9-6。

湿胀干缩将影响到木材的使用，湿胀会造成木材凸起，干缩会导致木结构连接处松动。如长期湿胀干缩交替作用，会使木材产生翘曲开裂。为了避免这种情况，潮湿的木材在加工或使用之前应预先进行干燥处理，使木材内的含水率与将来使用的环境湿度相适应，因此木材应预先干燥至平衡含水率后才能加工使用。

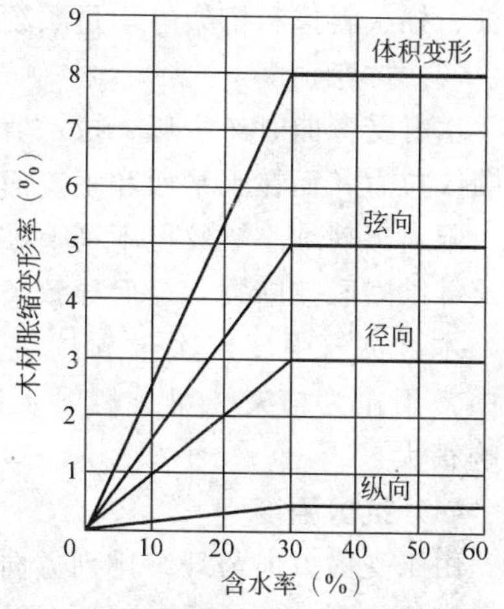

图 9-6　含水量对松木胀缩变形的影响

9.2.3　力学性质

1. 木材的各种强度

由于木材构造各向不同，所以木材在力学性质上也具有明显的各向异性特点。木材的强度与外力性质、受力方向及纤维排列的方向有关。木材所受的外力主要有：拉力、压力、弯曲和剪切力。当受力方向与纤维方向一致时，为顺纹受力。当受力方向垂直于纤维方向时，为横纹受力。木材强度按受力状态分为抗拉、抗压、抗弯和抗剪四种强度，而各种强度又有顺纹和横纹之分。木材的顺纹与横纹强度有很大差别，这与木材细胞结构及细胞在木材中的排列有关。

（1）抗拉强度

木材的抗拉强度可分为顺纹和横纹两种。顺纹抗拉强度是木材所有强度中最大的。顺纹受拉破坏，往往是木纤维未被拉断而纤维间先被撕裂。顺纹抗拉强度为顺纹抗压强度的 2～3 倍。横纹抗拉强度则很小，为顺纹抗拉强度的 2.5%～10%，因为木材纤维之间横向联接薄弱。

木材在实际使用中，很少用作受拉构件。因为构件受力时两端点只能通过横纹受压或顺纹受剪的方式传递拉力，而横纹受压和顺纹受剪的强度均较低。此外，木材的疵病和缺陷如木节、斜纹和裂缝等会严重降低其顺纹抗拉强度。

(2) 抗压强度

木材抗压强度可分为顺纹抗压强度和横纹抗压强度。木材的顺纹抗压强度较高，仅次于顺纹抗拉强度和抗弯强度。顺纹受压破坏是管状细胞受压失稳的结果，而不是纤维的断裂。横纹受压，细胞腔被压扁。起初，变形与压力成正比关系，超过比例极限后，细胞壁失稳，细胞腔被压扁。所以，木材的横纹抗压强度以使用中所限制的变形量来决定，通常取其比例极限作为横纹抗压强度极限指标。木材的横纹抗压强度比例极限较低，通常只有其顺纹抗压强度的 10%～20%。工程中常见的桩、柱、斜撑和桁架等均是顺纹受压，而枕木、垫板是横纹受压。

(3) 抗弯强度

木材受弯曲时产生压、拉、剪等复杂的应力。在梁的上部产生顺纹压力，下部为顺纹拉力，而在水平面和垂直面上则产生剪切力。木材受弯时，上部首先达到强度极限，出现细小皱纹但不马上破坏，当外力增大，下部达到强度极限时，纤维本身及纤维间联接断裂，最后导致破坏。

木材抗弯强度仅次于顺纹抗拉强度，为顺纹抗压强度的 1.5～2.0 倍。工程中常用作为桁架、梁、桥梁及地板，但要注意木材的疵病和缺陷对抗弯强度影响很大。

(4) 抗剪强度

由于受力方向与纤维排列方向不同，木材的抗剪强度可分为顺纹剪切、横纹剪切和横纹切断。顺纹受剪时，绝大部分纤维本身并不破坏。所以顺纹抗剪强度很小，仅为顺纹抗压强度的 15%～30%。横纹受剪时，剪切面中纤维的横向联接受破坏，横纹剪切强度低于顺纹剪切强度。横纹切断时，即将木材纤维横向切断，这种剪切强度最高，是顺纹剪切强度的 4～5 倍。

为了便于比较，将木材各种强度的特征及应用列于表 9-2 中。

木材强度等级按无疵标准试件的弦向静曲强度来评定，见表 9-3。木材强度等级代号中的数值为木结构设计时的强度设计值，它要比试件的实际强度低数倍，这是因为木材的实际强度会受到各种因素的影响。

木材各强度的特征及应用　　表 9-2

强度类型	受力破坏原因	无缺陷标准试件强度相对值	我国主要树种强度值范围（MPa）	缺陷影响程度	应　用
顺纹抗压	纤维受压失稳，甚至折断	1	25～85	较小	木材使用的主要形式，如柱、桩等
横纹抗压	细胞腔被压扁，所测为比例极限强度	1/10～1/3		较小	应用形式有枕木和垫木等
顺纹抗拉	纤维间纵向联系受拉破坏，纤维被拉断	2～3	50～170	很大	构件连接处首先因横纹受压或顺纹受剪破坏，难以利用
横纹抗拉	纤维间横向联系脆弱，纤维极易被拉断	1/20～1/2			不允许使用
顺纹抗剪	剪切面上纤维纵向连接破坏	1/7～1/3	4～23	大	木构建的榫、销连接处
横纹抗剪	剪切面平行于木纹，剪切面上纤维横向连接破坏	1/14～1/6			不宜使用
横纹切断	剪切面垂直于木纹，纤维被切断	1/2～1			构建先被横纹受压破坏，难以利用
抗　弯	在试件上部受压首先达到强度极限，产生褶皱；最后在试件下部受拉区因纤维断裂或撕开而破坏	3/2～2	50～170	很大	应用广泛，如梁、桁条、地板等

注：以顺纹抗压强度相对值为 1。

木材强度等级评定标准　表 9-3

名　称	木材种类								
	针叶树材				阔叶树材				
强度等级	TC11	TC13	TC15	TC17	TB11	TB13	TB15	TB17	TB20
静曲强度最低值（MPa）	48	54	60	74	58	68	81	92	104

2. 影响木材强度的主要因素

木材的强度首先决定于树种及材质。即使同一木材，它的强度随其含水率、所处环境的温度和受力时间长短等外在因素的变化而改变。

(1) 含水量

木材内含水量的多少对强度影响很大。当含水率由全干状态逐渐增加到纤维饱和点时，强度随之降低。这是由于细胞壁内纤维吸水软化、松离以及纤维间联接减弱所致。在纤维饱和点以下，随含水率降低，吸附水减少，细胞壁趋于紧密，其强度逐步增加。当含水率超过纤维饱和点后，所增加的则是自由水，对强度不再产生影响。含水率变化对各种强度的影响是不同的，对抗弯强度和顺纹抗压强度的影响最大，对顺纹抗剪强度影响小，而对顺纹抗拉强度几乎没有影响，如图 9-7 所示。

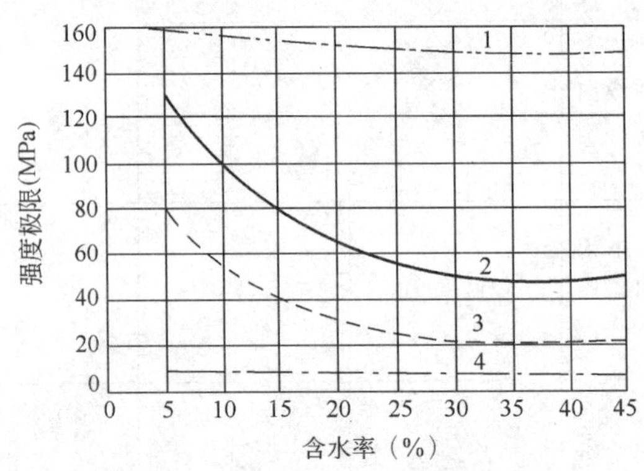

图 9-7　含水量对木材强度的影响

1-顺纹受拉；2-受弯；3-顺纹受压；4-顺纹抗剪

为了进行比较，国家标准规定木材强度以含水率为 12%时的强度为标准值，其他含水率时的强度，应按下式换算：

$$\sigma_{12}=\sigma_{w}\left[1+\alpha\left(W-12\right)\right] \tag{9-1}$$

式中：σ_{12}——含水率为 12%时的木材强度；

σ_{W}——含水率为 W%时的木材强度；

W——试验时的木材含水率；

α——含水率校正系数，随外力作用方式不同而异，当木材含水率在 9%～15%范围内时，α 的取值如下：

顺纹抗压：$\alpha=0.05$；顺纹抗拉：$\alpha=0.015$，针叶树 $\alpha=0$；顺纹抗剪：$\alpha=0.03$；抗弯：$\alpha=0.04$；

横纹抗压：$\alpha=0.045$。

(2) 温度

温度对木材强度有直接影响。木材受热后，木纤维及细胞壁中胶结物质会软化，由此引起木材强度降低。试验表明，当温度从 25℃升高至 50℃时，木材的顺纹抗压强度会降低 20%～40%，抗拉强度和抗剪强度下降 12%～20%。当温度在 100℃以上时，木材中部分组织会分解、挥发、木材变黑，强度明显下降。因此，环境温度长期超过 50℃时，不应采用木结构。

(3) 荷载作用时间

长期受力的木材强度较短期受力的木材强度低得多。木材在外力长期作用下，只有当其应力远低于强度极限的某一范围以下时，才可避免木材因长期负荷而破坏。木材在长期荷载作用下，能无限期负荷而不破坏的最大应力，称为木材的持久强度。持久强度仅为极限强度的 50%～60%。木材在外力作用下会产生等速蠕滑，应力不超过持久强度时，变形到一定限度后趋于稳定；应力超过持久强度时，变形不断增加，经一定时间后，变形急剧增加，从而导致木材破坏。因此，设计木结构时，应以持久强度为依据。

(4) 缺陷

木材的强度是以无缺陷标准试件测得的，而实际木材在生长、采伐、储存、加工和使用过程中会产生一些缺陷，如木节、弯曲、斜纹、裂纹、腐朽和虫蛀等。这些缺陷或破坏组织或造成构造上的不连续性，从而使木材的强度降低，其中对抗拉和抗弯强度影响最大。

除了上述影响因素外，树木的种类、生长环境、树龄以及树干的不同部位均对木材强度有影响。

9.3 木材的防护

9.3.1 木材的干燥

木材在加工和使用之前，经干燥处理后可以有效地防止腐朽、虫蛀和变形，能提高木材的强度、耐久性和使用寿命。

木材的干燥可采用自然干燥和人工干燥两种方法。自然干燥法是将木材堆垛，避免雨淋与阳光直射，利用空气对流作用，使水分自然蒸发，直到平衡含水率。自然干燥时间长，但干后木材质量好。人工干燥法是将木材置于密闭干燥室内，通入蒸汽使木材水分逐渐扩散。人工干燥速度快、效率高。但应适当地控制干燥温度与湿度，如控制不当，会因收缩不匀而导致木材开裂和变形。家具、门窗及室内建筑用木材干燥至含水率6%～10%，室外建筑用木料干燥至含水率8%～15%。

9.3.2 木材的防腐

1. 木材腐朽的原因和条件

木材受到真菌侵害后，其细胞改变颜色，结构逐渐变松、变脆，强度和耐久性下降，这种现象称为木材的腐蚀。侵蚀木材的真菌主要有霉菌、变色菌和木腐菌三种。霉菌一般只寄生在木材表面，并不破坏细胞壁，对木材强度几乎无影响。变色菌多寄生于边材，对木材力学性质影响不大，但因侵入木材较深，难以除去，损害木材外观质量。木腐菌侵入木材时，会分泌酶把细胞壁物质分解为供自身生长发育的养料，腐朽初期仅改变木材颜色，随后真菌逐渐深入内部，使木材强度下降，至腐朽后期，木材呈海绵状、蜂窝状等，颜色大变，材质极松软，甚至可用手捏碎。

真菌在木材中生存和繁殖必须同时具备三个条件：适当的水分、足够的空气和适宜的温度。当空气相对湿度在90%以上，木材的含水率在35%～50%，环境温度在24～30℃时，适宜真菌繁殖，木材最易腐蚀。若含水率在20%以下，温度高于60℃，真菌将停止生存和繁殖。因此，若木材能经常保持干燥、完全浸入水中或深埋地下使木材缺氧，均可不致腐朽。

2. 虫害

因各种昆虫危害而造成的木材缺陷称为木材虫害。往往木材内部已被蛀蚀一空，而外表依然完整，几乎看不出破坏的痕迹，因此危害极大。白蚁喜温湿，在我国南方地区种类多、数量大，常对建筑物造成毁灭性的破坏。甲壳虫（如天牛、蠹虫等）则在气候干燥时猖獗，它们危害木材主要在幼虫阶段。

木材中被昆虫蛀蚀的孔道称为虫眼或虫孔。虫眼对材质的影响与其大小、深度和密集程度有关。深的大虫眼或深而密集的小虫眼能破坏木材的完整性，降低其力学性质，也成为真菌侵入木材内部的通道。

3. 防腐防虫措施

木材的防腐通常采取两种措施，一种是创造条件，使木材不适于真菌寄生和繁殖；另一种是进行药物处理，消灭或抑制真菌生长，防止昆虫蛀蚀。具体措施如下：

（1）干燥

采用气干法或窑干法将木材干燥至较低的含水率，在设计和施工时注意通风除湿，如在地面设防潮层，木地板下设通风洞，木屋顶采用山墙通风等，使木材常保持干燥。

（2）涂料覆盖

采用耐水性好的涂料，涂敷在木材表面。涂料本身无杀菌杀虫能力，但涂料可在木材表面形成保护膜，阻隔空气和水分，并防止真菌和昆虫的入侵。

(3) 化学处理

将对真菌和昆虫有毒害作用的化学防腐剂注入木材中，使真菌和昆虫无法寄生。防腐剂的种类很多，主要有水溶性、油溶性和油质防腐剂三种。防腐剂注入方法主要有表面涂刷、常温浸渍、冷热槽浸透和压力渗透法等。

9.3.3 木材的防火

木材为易燃物质，应进行防火处理，以提高其耐火性。木材防火处理的方法通常有两种，即在木材表面涂刷或覆盖防火涂料，或用防火浸剂浸渍木材。

通过防火处理能推迟或消除木材的引燃过程，降低火焰在木材上蔓延的速度，延缓火焰破坏木材的时间，从而给灭火或逃生提高更多机会。但应注意：防火涂料或防火浸剂中的防火组分随着时间的延长和环境因素的作用会逐渐减少或变质，从而导致其防火性能不断减弱。

9.4 木材的应用

木材生长缓慢，而使用范围广泛，需求量大，如何合理地使用木材以及木材的综合利用，是节约木材的有效途径。

9.4.1 木材的种类与规格

常用木材按加工程度和用途不同，分为圆条、原木和锯材三类，见表 9-4。承重结构用的木材，其材质按缺陷（木节、腐朽、裂纹、夹皮、虫害、弯曲和斜纹等）状况分为三个等级，各等级木材的应用范围见表 9-5。

木材的分类及用途 表 9-4

木材种类		说明	应用
圆条		除去根、梢、枝的伐倒木	用作进一步加工的原材料
原木		除去根、梢、枝和树皮并加工成一定长度和直径的木段	用作屋架、柱、桩木等，也可用于加工锯材和胶合板等
锯材	板材（宽度为厚度的 3 倍或 3 倍以上）	薄板：厚度 12～21mm	门芯板、隔断、木装修等
		中板：厚度 25～30mm	屋面板、装修、地板等
		厚板：厚度 40～60mm	门窗
	方材（宽度小于厚度的 3 倍）	小方：截面积 $54cm^2$ 以下	椽条、隔断木筋等
		中方：截面积 55～$100cm^2$	支撑、搁栅、扶手、檩条等
		大方：截面积 101～$225cm^2$	屋架、椽条
		特大方：截面积 $226cm^2$ 以上	木或钢木屋架

各质量等级木材的应用范围　　表 9-5

木材等级	I	II	III
应用范围	受拉或拉弯构件	受弯或压弯构件	受压构件及次要受弯构件

9.4.2　木材的综合利用

木材的综合利用就是将木材枝丫、废材及木材加工过程中产生的大量边角、碎料、刨花、木屑等废料，经过再加工处理，制成各种人造板材，有效提高木材利用率。

1. 木质人造板

(1) 胶合板

原木经蒸煮软化处理后，用旋切、刨切、弧切及锯切等方法制成的薄片状木材，称为单板，由一组单板按相邻层木纹方向互相垂直组坯经热压胶合而成的板材即为胶合板，通常其表板和内层板对称地配置在中心层或板芯的两侧。胶合板的构造见图 9-8。胶合板一般为 3～13 层，工程上常用的是三夹板和五夹板。胶合板多数为平板，也可经一次或多次弯曲处理制成曲形胶合板。针叶树和阔叶树均可制作胶合板。

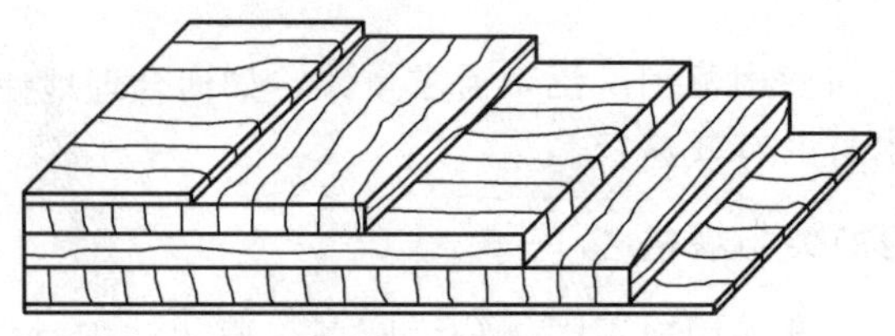

图 9-8　胶合板构造

胶合板的特点是：材质均匀，强度高，无明显纤维饱和点存在，吸湿性小，不翘曲开裂，无疵病，幅面大，使用方便，装饰性好。它克服了木材的天然缺陷和局限，大大提高了木材的利用率。

胶合板广泛用作建筑室内隔墙板、护壁板、天花板、门面板以及各种家具和装修。

胶合板的分类、特性及适用范围见表 9-6。

胶合板分类、特性及适用范围　　表 9-6

分　类	名　称	特　性	适用范围
I	耐气候胶合板（NQF）	耐久、耐煮沸或蒸汽处理、耐干热、抗菌	室外工程
II	耐水胶合板（NS）	耐冷水浸泡及短时间热水浸泡、抗菌	室外工程
III	耐潮胶合板（NC）	耐短期冷水浸泡	室内工程 常态使用
IV	不耐潮胶合板（BNC）	有一定的胶合强度，不耐水	室内工程 常态使用

(2) 纤维板

纤维板是以植物纤维为主要原料，经切片、浸泡、磨浆、施胶、成型及干燥或热压等工序制成的人造板材。纤维板原料丰富，木材采伐加工剩余物如板皮、刨花、树枝、稻草、麦秸、玉米秆、竹材等均可使用。纤维板的特点是：材质均匀，完全避免了节子、腐朽、虫眼等缺陷，且胀缩小、不翘曲开裂。

纤维板按体积密度分为硬质纤维板、中密度纤维板和软质纤维板，按表面分为一面光板和两面光板，按原料分为木材纤维板和非木材纤维板。

①硬质纤维板　密度大、强度高、耐磨、不易变形，主要用作壁板、门板、地板、家具和室内装修等。

②中密度纤维板　表面光滑、材质细密、性能稳定、边缘牢固，且板材表面的再装饰性能好，是家具制造和室内装修的优良材料。

③软质纤维板　表观密度低、结构松软、强度低，但吸声、绝热性能好，主要用作吸声和绝热材料。

(3) 刨花板、木丝板和木屑板

刨花板、木丝板和木屑板是利用木材加工中产生的大量刨花碎片、木丝、木屑为原料，经干燥、拌胶料辅料，经热压成型制得的板材。所用胶料有动植物胶（如豆胶、血胶等）、合成树脂胶（酚醛树脂、脲醛树脂等）和无机胶凝材料（水泥、菱苦土等）。

表观密度小、强度低的板材主要用作吸声和绝热材料。经饰面处理后，还可用作吊顶板材等；表观密度大、强度高的板材经饰面处理可用作隔断板材等。

(4) 细木工板

细木工板属于特种胶合板的一种，芯板用木板拼接而成，两面胶黏一层或两层木质单板，经热压黏合制成。细木工板按结构不同，可分为芯板条不胶拼的和芯板条胶拼的两种。它集木板与胶合板之优点于一身，具有质坚、吸声、隔热等特点，适用于家具和建筑物内装修。

2. 木质复合材料

木质复合材料是以木质材料为主，复合其他材料而构成的具有特殊微观结构和性能的新型材料。通过利用木材与其他材料的复合效果，可根据用途改良天然木材固有的缺点，改善木材的使用性能，赋予木材新的功能，提高木材的使用价值和利用率，扩大木材的使用范围和延长其使用寿命，实现低质材的优化利用。因此，木质复合材料的研究和开发，对高效利用木材资源、保护生态环境和促进社会持续发展具有重要意义，是木材工业的主要发展方向。

木质复合材料按其复合形态可分为层积复合、混合复合和渗透复合等三种。

(1) 层积复合材料

层积复合是由一定形状的板材，经涂胶层积、加压胶合而成的具有层状结构和一定规格、形状的结构材料。它可利用低品质小径木或速生材为原料，复合制成具有规格大、强度高、材质变异小、耐久性能好、尺寸稳定性高的复合材料。常见的层积复合材料有单板层积材、平行定向成材、集成材、木材层积塑料等。

（2）混合复合材料

混合复合材料是以刨花、木丝、锯末、木粉等木碎料与其他物质如无机物质等相混合，或木质纤维与非木质纤维之间相混合，加压成板或熔融成型而制得产品，如石膏刨花板、水泥木丝板、矿渣刨花板、木质与非木质纤维复合板、木塑复合材料等，可用于建筑、装饰、交通等领域。

（3）渗透复合材料

渗透复合是通过向实木或木质材料中渗入其他物质（有机物、无机物），使之与木材形成一定的化学或物理结合，从而改善木材的性质和使用性能的一类处理方法。已经得到的渗透复合材料有塑化木材、酰化木材、酯化木材、醚化木材、金属化木材等，可用于高档建筑材料，工艺材料等领域。

除上述木质复合材料外，尚有其他多种形式的复合方法处在研究开发之中。如木材纤维与金属丝、金属网、金属框架等的复合；木材与玻璃纤维的复合；木材与织物的复合；木材与其他有机高分子材料的复合；以及将纳米科技导入木材领域的木材——无机纳米复合材料等。预计未来的木质复合材料将朝着多功能化和生态型的方向发展，前景广阔。

3. 木质地板

木材具有天然的花纹，良好的弹性，给人以淳朴、典雅的质感。用木材制成的木质地板作为室内地面装饰材料具有独特的功能和价值，得到了广泛的应用。

木地板是由软木树材（如松、杉等）和硬木树材（如水曲柳、榆木、柚木、橡木、枫木、樱桃木、柞木等）经加工处理而制成的木板拼铺而成。木地板可分为：条木地板、拼花木地板、漆木地板、复合木地板等。

①条木地板　是使用最普遍的木质地板。条木地板自重轻，弹性好，脚感舒适，其导热性小，冬暖夏凉，且易于清洁。条木地板被公认为是良好的室内地面装饰材料，它适用于办公室、会议室、会客室、休息室、旅馆客房、住宅起居室、卧室、幼儿园及实验室等场所。

②拼花木地板　是较普通的室内地面装修材料，它是由水曲柳、柞木、胡桃木、柚木、枫木、榆木、柳桉等优良木材，经干燥处理后，加工出的条状小木板。它具有纹理美观、弹性好、耐磨性强、坚硬、耐腐等特点，且拼花木地板一般均经过远红外线干燥，含水率恒定（约12%），因而变形稳定，易保持地面平整、光滑而不翘曲变形。拼花木地板适用于高级楼宇、宾馆、别墅、会议室、展览室、体育

馆和住宅等的地面装饰。可根据装修等级的要求，选择合适档次的木地板。

③漆木地板　是国际上最新流行的高级装饰材料。这种地板的基板选用珍贵树种，如水曲柳、香柏、金丝木等，经先进设备严格按规定进行锯割、干燥、定型、定湿等科学化处理，再进行精细加工而成为精密的企口地板基板，然后对企口基板表面进行封闭处理，并用树脂漆进行涂装，从而得到。漆木地板特别适合高档的住宅装修，容易与室内其他装饰产生和谐感，不论应用在客厅、餐厅、卧室，都能使人仿佛置身于大自然中。

④复合地板　随着木材加工技术和高分子材料应用的快速发展，复合地板作为一种新型的地面装饰材料得到了广泛的开发和应用。在我国木材资源（尤其是珍贵木材资源）相对缺乏的情况下，采用复合地板代替木质地板不失为节约天然资源的好方法。复合地板分为两类：实木复合地板和耐磨塑料贴面复合地板。

实木复合地板一般为三层结构：表层 4～7mm，选用珍贵树种如榉木、橡木、枫木、樱桃木、水曲柳等的锯切板；中间层 7～12mm，选用一般木材如松木、杉木、杨木等；底层（防潮层）2～4mm，选用各种木材旋切单板。也有以多层胶合板为基层的多层实木复合地板。

耐磨塑料贴面复合地板简称复合地板。它是以防潮薄膜为平衡层，以硬质纤维板、中密度纤维板、刨花板为基层，木纹图案浸汁纸为装饰层，耐磨高分子材料面层复合而成的新型地面装饰材料。该地板的主要特点是避免了木材受气候变化而产生的变形、虫蛀，以及防潮和经常性保养等问题。而且，复合地板耐磨、阻燃、防潮、防静电、防滑、耐压、易清理、花纹整齐、色泽均匀，但其弹性不如实木地板。复合地板适用于铺设实木地板的场所，还可以用于具有洁净要求的车间、实验室、游乐场所的健身房及医院等。但用在湿度较大的场所，应先作防潮处理。

本章小结

木材是人类最早使用的建筑材料。由于其性能优异，在当代建筑工程中仍被广泛使用，与水泥、钢材并称为三大材。但由于木材生长周期长，大量砍伐对保持生态平衡不利，且因木材也存在易燃、易腐以及各向异性等缺点，所以在工程中应尽量以其他材料代替，以节省木材资源。

木材的性质取决于木材的构造。木材的构造分为宏观构造和微观构造。木材因树种不同、取材位置不同而造成的材质不匀，以致使其各项性能相差悬殊。在同一木材中，不同方向的抗拉、抗压、抗剪强度也各不相同，这是由于木材的构造决定的。影响木材物理力学性能的因素有多种，含水量是其中之一，而纤维饱和点则是木材物理力学性质是否随含水率而发生变化的转折点。只有正确认识木材的这些特点，掌握木材的工程性能，方可在选材、制材和工程施工中扬长避短，做到物尽其用，杜绝浪费。

木材使用或保管不当易引起腐朽或虫蛀，使用时应采取措施加以保护。除了直接使用木材制造构件和制品外，还应将采伐、制材和加工中的剩余物质或废弃物充分加以利用，发展人造板材，以提高木材综合利用率，减少资源消耗。

练习题

1. 木材按树种分为哪几类？其特点和用途如何？
2. 试述木材的宏观构造和微观构造。
3. 何谓木材的纤维饱和点和平衡含水率？各有什么实用意义？
4. 木材含水率的变化对物理、力学性能和耐久性有何影响？说明原因。
5. 影响木材强度的因素有哪些？是如何影响的？
6. 木材为什么会腐朽？造成腐朽的条件是什么？如何防止？
7. 简述木材综合利用的方法和实际意义。

第10章 沥青材料及其制品

本章概要

1. 介绍了石油沥青组分与结构概念、沥青防水材料的类型；
2. 重点阐述了石油沥青有关技术性质、技术标准；
3. 介绍了沥青混合料分类及沥青混合料的组成材料要求；
4. 阐述了混合料组成设计；
5. 简述了沥青码蹄脂碎石。

沥青与混凝土、石料、钢材、木材等材料之间具有良好的黏结性，它是土木工程中常用的胶凝材料和防水、防腐材料，广泛用于建筑物和构筑物的防水、防潮和外观质量要求不高的表面防腐工程以及各种类别的道路工程。目前常用于土木工程防水材料和道路沥青混合料的是石油沥青，应用于防腐工程的多用石油沥青或煤沥青。

10.1 沥青

沥青是高分子碳氢化合物及其非金属（氧、氮、硫等）衍生物组成的极其复杂的混合物，在常温下呈黑色或黑褐色的固体、半固体或液体。能溶于多种有机溶剂，如汽油、柴油等。它具有不导电、不吸水、不透水、耐酸、耐碱和耐腐蚀等特性。

沥青按产源分类如下：

- 沥青
  - 地沥青
    - 天然沥青——由沥青湖或含有沥青的砂岩等提炼而得
    - 石油沥青——由石油原油蒸馏后的残留物经加工而得
  - 焦油沥青
    - 煤沥青——由煤焦油蒸馏后的残留物加工而得
    - 页岩沥青——油页岩炼油工业的副产品

土木工程中，主要应用石油沥青，石油沥青是石油原油经蒸馏提炼出各种轻质油（如汽油、煤油、柴油等）及润滑油以后的残留物，或再经加工而得的产品。根据石油沥青的生产加工工艺不同，可分别制得蒸馏沥青、氧化沥青、溶剂沥青等。

10.1.1 石油沥青的组分与结构

1. 石油沥青的组分

石油沥青是由多种碳氢化合物及其非金属（氧、硫、氨）衍生物组成的混合物，主要组分为碳（占 80%～87%）、氢（占 10%～15%），其余为氧、硫、氮（约占 3%以下）等非金属元素，此外还含有微量金属元素。

石油沥青的化学组成非常复杂，通常难以直接确定化学成分及含量与石油沥青工程性能之间的相互关系。为反映石油沥青组成与其性能之间的关系，通常是将其化学成分和物理性质相近，且具有某些共同特征的部分，划分为一个化学成分组，并对其进行组分分析，以研究这些组分与工程性质之间的关系。依据石油沥青不同的组分特征，所采用的组分分析方法也不同，通常采用的是三组分分析法或四组分分析法。

(1) 三组分分析法

石油沥青的三组分分析法是将石油沥青分离为油分（Oil）、树脂（Resin）和沥青质（Asphaltene）三个组分。因为这种方法兼用了选择性溶解和选择性吸附的方法，所以又称为溶解—吸附法。三组分分析法对各组分进行区别的性状见表 10-1。

石油沥青的主要组分特征和作用 表 10-1

组　分	碳氢比	性质与状态	分子量	含量	作用
油分	0.5～0.7	浅黄—红褐色液体，可溶于大部分溶剂，密度约 0.91～0.93	300～500	40%～60%	使沥青具有流动性
树脂	0.7～0.8	黄—黑色黏稠半固体，温度敏感性强，密度 1.0 以上	600～1 000	15%～30%	使沥青具有黏性和塑性
沥青质	0.8～1.0	深褐—黑色固体颗粒，加热不熔，不溶于溶剂，密度大于 1	>1 000	10%～30%	决定沥青的稳定性

不同组分对石油沥青性能的影响不同。油分赋予沥青流动性；树脂使沥青具有良好的塑性和黏结性；地沥青质则决定沥青的稳定性（包括耐热性、黏性和脆性），其含量愈多，软化点愈高，黏性愈大，愈硬脆。

石油沥青三组分分析法的组分界限明确，不同组分间的相对含量可在一定程度上反映沥青的工程性能；但采用该方法分析石油沥青时分析流程复杂，所需时间长。对于石蜡基沥青和中间基沥青，在其油分中往往含有蜡（Paraffin），故在分析时还应提前进行油蜡分离。

（2）四组分分析法　四组分分析法是将石油沥青分离为沥青质（At）、饱和分（S）、芳香分（A）和胶质（R）四种组分，并分别研究不同组分的特性及其对沥青工程性质的影响。各组分性状见表 10-2。

石油沥青四组分分析法的各组分性状　　表 10-2

组　分	外观特征	平均相对密度	平均分子量	主要化学结构
饱和分	无色液体	0.89	625	烷烃、环烷烃
芳香分	黄色至红色液体	0.99	730	芳香烃、含 S 衍生物
胶质	棕色黏稠液体	1.09	970	多环结构含 S、O、N 衍生物
沥青质	深棕至黑色液体	1.15	3 400	缩合环结构含 S、O、N 衍生物

在沥青四组分中，各组分相对含量的多少决定了沥青的性能。若饱和分适量，且芳香分含量较高时，沥青通常表现为较强的可塑性与稳定性；当饱和分含量较高时，沥青抵抗变形的能力就较差，虽然具有较高的可塑性，但在某些环境条件下稳定性较差；随着沥青中胶质和沥青质的增加，沥青的稳定性越来越好，但其施工时的可塑性却越来越差。

2. 石油沥青的结构

在沥青中，油分与树脂互溶，树脂浸润地沥青质。因此，石油沥青的结构是以地沥青质为核心，周围吸附部分树脂和油分，构成胶团，无数胶团分散在油分中而形成胶体结构。

当地沥青质含量相对较少时，油分和树脂含量相对较高，胶团外膜较厚，胶团之间相对运动较自由。这时沥青形成的胶体结构叫溶胶结构。具有溶胶结构的石油沥青黏性小，流动性大，开裂后自行愈合能力较强，但对温度的敏感性强，温度过高时易发生流淌。大部分直馏沥青都属于溶胶型沥青。

当地沥青质含量较多而油分和树脂较少时，胶团外膜较薄，胶团靠近聚集，移动比较困难，这时沥青形成的胶体结构叫凝胶结构。具有凝胶结构的石油沥青弹性和黏结性较高，温度稳定性较好，但塑性较差。

当地沥青质含量适当，并有较多的树脂作为保护膜层时，胶团之间保持一定的吸引力，这时沥青形成的胶体结构叫溶胶—凝胶结构。溶胶—凝胶型石油沥青的性质介于溶胶型和凝胶型两者之间。

石油沥青胶体结构的三种类型示意图如图 10-1 所示。

10.1.2 石油沥青的技术性质

1. 黏滞性（简称黏性）

石油沥青的黏滞性是反映沥青材料内部阻碍其相对流动的一种特性。也就是说，它反映了沥青软硬、稀稠的程度，是划分沥青牌号的主要技术指标。

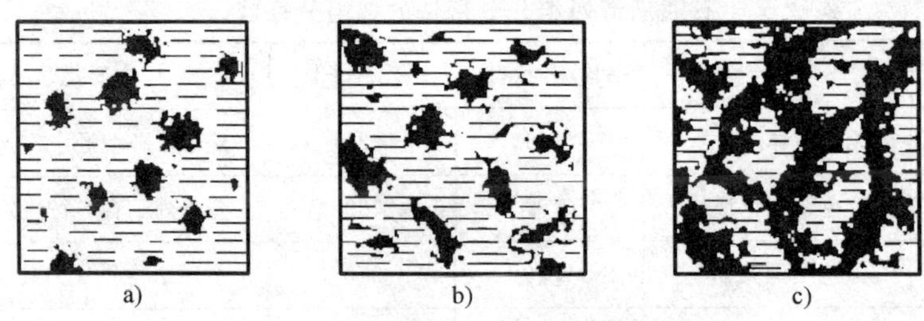

图 10-1 石油沥青胶体结构的类型示意图

a）溶胶型；b）溶胶—凝胶型；c）凝胶型

工程上，液体石油沥青的黏滞性用标准黏度指标表示，它表征液体沥青在流动时的内部阻力；对于半固体或固体的石油沥青则用针入度指标表示，它反映石油沥青抵抗剪切变形的能力。

标准黏度是在规定温度 T（通常为 20℃、25℃、30℃或 60℃）下，规定直径 d（为 3mm、5mm 或 10mm）的孔流出 50cm^3 沥青所需的时间（秒）。常用符号"$C_{T,d}$"表示（T 为试验温度,℃，d 为孔径，mm）。标准黏度测定示意图见图 10-2。

针入度是在规定温度（25℃）条件下，以规定重量（100g）的标准针，在规定时间 5s 内贯入试样中的深度（1/10mm 为 1 度）表示。针入度测定示意图见图 10-3。显然，针入度越大，表示沥青越软，黏度越小。

一般而言，地沥青质含量高，有适量的树脂和较少的油分时，石油沥青黏滞性大。温度升高，其黏性降低。

2. 塑性

塑性是指石油沥青在外力作用时产生变形而不破坏，除去外力后仍保持变形后的形状不变的性质。它是石油沥青的重要指标之一。

石油沥青的塑性用延度表示。沥青的延度是把沥青试样制成∞字形标准试样（中间最小截面积为1cm²），在规定的拉伸速度（5cm/min）和规定温度（15℃、25℃）下拉断时的伸长长度，以cm为单位。延度测试的示意图见图10-4。延度值越大，表示沥青塑性越好。

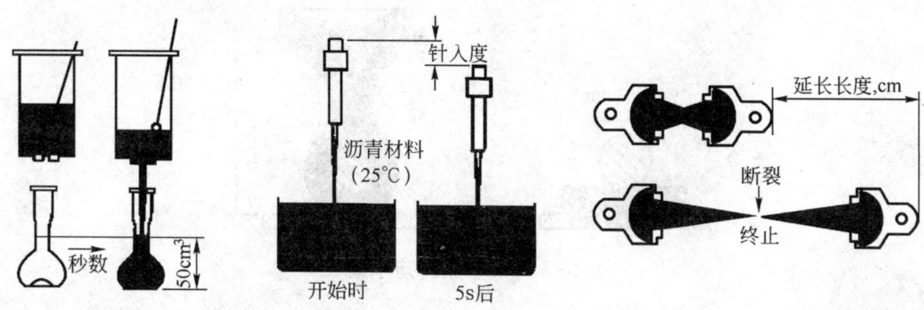

图10-2 黏滞度测定示意图 图10-3 针入度测定示意图 图10-4 延度测定示意图

一般来说，沥青中油分和地沥青质含量适当，树脂含量越多，延度越大，塑性越好。温度升高，沥青的塑性随之增大。

3. 温度敏感性

温度敏感性（温度稳定性）是指石油沥青的黏滞性和塑性随温度升降而变化的性能，是沥青的重要指标之一。

沥青是高分子非晶态热塑性物质的混合物，没有固定的熔点。当温度升高时，沥青由固态或半固态逐渐软化，使沥青分子之间发生相对滑动，像液体一样发生黏性流动，称为黏流态。当温度降低时，沥青又逐渐由黏流态转变为固态（或称高弹态），甚至变硬变脆（像玻璃一样硬脆称作玻璃态）。因此，沥青随着温度的上升或下降，其黏滞性和塑性将发生相应的变化。在相同的温度变化间隔里，各种沥青黏滞性和塑性的变化幅度不同，土木工程要求沥青随着温度变化其黏滞性和塑性的变化要小，即温度敏感性较小。

评价沥青温度敏感性的指标很多，常用的是软化点和针入度指数。

(1) 软化点

沥青软化点是反映沥青温度敏感性的重要指标。沥青材料从固态转变至黏流态有一定的间隔，因此，规定其中某一状态作为从固态转到黏流态（或某一规定状态）的起点，相应的温度称为沥青软化点。

软化点的数值随采用的仪器不同而异，我国采用环球法测定（见图10-5）。这是把沥青试样装入规定尺寸（直径为16mm，高为6mm）铜环内。试样上放置一个标准钢球（直径9.53mm，质量3.5g），浸入水中或甘油中，以规定的升温速度

(5℃/min) 加热，使沥青软化下垂，当沥青下垂量达 25mm 时的温度（℃），即为沥青软化点。一般认为，软化点越高，沥青的耐热性越好，温度敏感性越小。已有研究表明：大部分沥青在软化点时的黏度约为 1200Pa•s，相当于针入度值 800（1/10mm）。因此，可以认为软化点是一种人为的“等黏温度”。

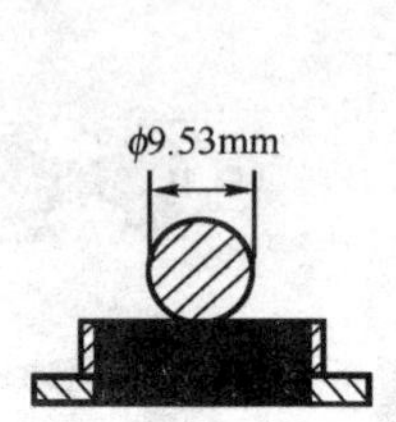

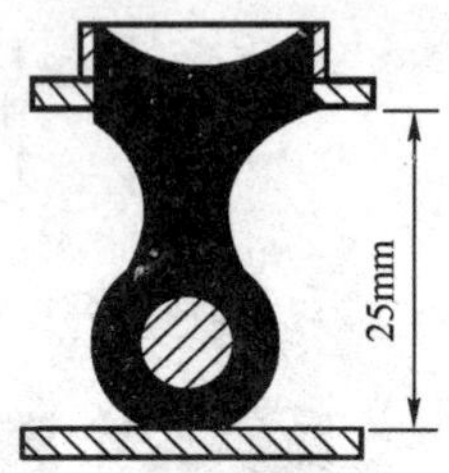

图 10-5　软化点测定示意图

(2) 针入度指数

软化点是沥青性能随着温度变化过程中重要的标志点。但它是人为确定的温度标志点，单凭软化点这一性质，来反映沥青性能随温度变化的规律，并不全面。目前用来反映沥青温度敏感性的常用指标为针入度指数 PI。

针入度指数（简称 PI）是基于以下基本事实的：根据大量试验结果，沥青针入度值的对数（$\lg P$）与温度（T）具有线性关系：

$$\lg P = A \cdot T + K \tag{10-1}$$

式中：A——直线斜率；

K——直线截距（常数）。

直线斜率 A 表征沥青针入度（$\lg P$）随温度（T）的变化率，其数值越大，表明温度变化时，沥青的针入度变化得越大，沥青的温度敏感性越大。因此，可以用直线斜率 A 来表征沥青的温度敏感性，故称 A 为针入度温度敏感性系数。

为了计算 A 值，可以根据已知 25℃时的针入度值 $P_{(25℃,100g,5s)}$ 和软化点 $T_{R\&B}$，并假设软化点时的针入度值为 800，按下式计算针入度温度敏感性系数 A：

$$A = \frac{\lg 800 - \lg P_{(25℃,100g,5s)}}{T_{R\&B} - 25} \tag{10-2}$$

式中：$P_{(25℃,100g,5s)}$——在 25℃，100g，5s 的条件下测定的针入度值，0.1mm；

$T_{R\&B}$——环球法测定的软化点，℃。

按式（10-2）计算得到的 A 值均为小数，为使用方便起见，改用针入度指数（PI）表示，按式（10-3）计算：

$$PI = \frac{30}{1 + 50A} - 10 = \frac{30}{1 + 50\left(\dfrac{\lg 800 - \lg P_{(25℃,100g,5s)}}{T_{R\&B} - 25}\right)} - 10 \tag{10-3}$$

由式（10-3）可知，沥青的针入度指数范围是－10～20；针入度指数是根据一定温度变化范围内，沥青性能的变化来计算出的。因此，利用针入度指数来反映沥青性能随温度的变化规律更为准确；针入度指数（PI）值愈大，表示沥青的温度敏感性愈低。以上针入度指数的计算公式是以沥青在软化点时的针入度为800为前提的。实际上，沥青在软化点时的针入度波动于600～1000之间，特别是含蜡量高的沥青，其波动范围更宽。因此，我国现行标准中规定，针入度指数是利用15℃、25℃和30℃（5℃）的针入度回归得到的。

针入度指数不仅可以用来评价沥青的温度敏感性，同时也可以用来判断沥青的胶体结构。当$PI<-2$时，沥青属于溶胶结构，温度敏感性大；当$PI>2$时，沥青属于凝胶结构，温度敏感性低；介于其间的属于溶胶－凝胶结构。

石油沥青温度敏感性与地沥青质含量和蜡含量密切相关。地沥青质增多，温度敏感性降低。工程上往往用加入滑石粉、石灰石粉或其他矿物填料的方法来减小沥青的温度敏感性。沥青中含蜡量多时，其温度敏感性大。

4.沥青黏附性

黏附性是指石油沥青与其他材料（主要指集料、基层等）的界面黏性能或抗剥落性能。它直接影响沥青的使用质量和耐久性。黏附性不良的沥青与集料黏接不牢，很容易脱落而丧失使用性能，并使空气或水渗透到空隙中而加快其老化，对于路面沥青混合料用石油沥青应采用水煮法或水浸法检验其与集料的黏附性（JTJ 052 2000 T0616）。当用于路面沥青混合料的粗集料最大粒径大于13.2mm时，所用沥青的黏附性采用水煮法检验；当沥青混合料的粗集料最大粒径小于或等于13.2mm时，所用沥青的黏附性采用水浸法检验。水煮法是选取接近正方体的规则集料5个，经沥青充分裹覆后，在蒸馏水中沸煮3min，再按沥青膜剥落情况分5个等级来评价沥青与集料的黏附性。水浸法是选取9.5～13.2mm集料100g，与5.5g沥青在规定温度下拌和，配制成沥青—集料混合料，冷却后浸入80℃蒸馏水中保持30 min，然后按剥落面积百分率评价其黏附性。

5.大气稳定性

大气稳定性是指石油沥青在热、阳光、氧气和潮湿等因素长期综合作用下抵抗老化的性能。

在大气因素（热、阳光、氧气和水分）的综合作用下，沥青中的低分子量组分会向高分子量组分逐步转化，发生递变，即油分→树脂→地沥青质。由于树脂向地沥青质转化的速度远比油分变为树脂的速度快得多，因此，石油沥青会随着使用时间的延长，树脂显著减少，地沥青质显著增加。沥青的塑性降低，脆性增加，亦即“老化”。

石油沥青的大气稳定性以沥青试样在加热前后的质量、针入度、延度和软化点等性能的变化来评定。其方法是先测定沥青试样的质量、针入度、延度和软化点等性能，然后，根据沥青的品种和用途，将试样置于烘箱或薄膜加热烘箱或旋转薄膜烘箱中，在163℃下加热蒸发一定时间（5h或85min），待冷却后再测定其质量、针入度、延度和软化点等性能，用蒸发损失百分率、蒸发后针入度比、蒸发后延度、蒸发后软化点增值、60℃黏度比等指标来评价沥青的耐老化性能。常用的是蒸发损失百分率和蒸发后针入度比：

$$\text{蒸发损失百分率}=\frac{\text{蒸发前质量}-\text{蒸发后质量}}{\text{蒸发前质量}}\times 100\% \tag{10-4}$$

$$\text{蒸发后针入度比}=\frac{\text{蒸发后针入度}}{\text{蒸发前针入度}}\times 100\% \tag{10-5}$$

蒸发损失百分率越小，蒸发后针入度比越大，则表示沥青大气稳定性越好，亦即耐老化性能越好，老化得越慢。

以上四项性质是石油沥青的主要性质，是鉴别土木工程中常用石油沥青品质的主要依据。

6. 溶解度、闪点和燃点

为了全面评定石油沥青的质量和保证安全，还需了解石油沥青的溶解度、闪点和燃点等性质。

溶解度是指石油沥青在三氯乙烯、四氯化碳和苯中溶解的百分率。用以限制有害的不溶物（如沥青碳或似碳物）含量。不溶物会降低沥青的黏结性。溶解度越高，沥青越纯，其值不能低于标准要求。

闪点或燃点的高低表明沥青引起火灾或爆炸的可能性的大小，它关系到运输、储存和加热使用等方面的安全。为此，沥青在使用前应检测闪点和燃点，以便指导施工。闪点也称闪火点，是指加热沥青产生的气体和空气的混合物，在规定的条件下与火焰接触，初次产生蓝色闪光时的沥青温度。若按规定继续加热至沥青试样表面发生燃烧火焰，并持续5s以上，此时的温度即为燃烧点（即燃点）。

10.1.3 石油沥青的技术标准与选用

石油沥青按用途不同分为道路石油沥青、建筑石油沥青和液体石油沥青，由于其应用范围和要求不同，分别制定了不同的技术标准，以利工程控制。

1. 建筑石油沥青的标准与选用

对建筑石油沥青，按沥青针入度值划分为40号、30号和10号三个标号。建筑石油沥青针入度较小、软化点较高，但延度较小。它们主要用于屋面及地下防水、沟槽防水与防腐、管道防腐蚀等工程，还可用于制作油毡、油纸、防水涂料和沥青玛蹄脂等建筑材料。建筑沥青在使用时制成的沥青胶膜较厚，增大了对温度的敏感性，同时沥青表面又是较强的吸热体，一般同一地区的沥青屋面的表面温度比当地最高气温高25～30℃。为避免夏季流淌，用于屋面的沥青材料的软化点应比本地区屋面最高温度高20℃以上。软化点偏低时，沥青在夏季高温易流淌；而软化点过高时，沥青在冬季低温易开裂。因此，石油沥青应根据气候条件、工程环境及技术要求选用。对于屋面防水工程，主要应考虑沥青的高温稳定性，选用软化点较低的沥青，如10号沥青或10号与30号的混合沥青。对于地下室防水工程，主要应考虑沥青的耐老化性，选用软化点较高的沥青，如40号沥青。建筑石油沥青的技术性能应符合GB 494—1998的规定，见表10-3。

建筑石油沥青技术标准（GB 494—1998）　　表10-3

项　目		质量指标		
		10号	30号	40号
针入度（25℃，100g，5s），1/10mm		10～25	26～35	36～50
延度（25℃，5cm/min），cm	不小于	1.5	2.5	3.5
软化点（环球法），℃	不低于	95	75	60
溶解度（三氯乙烷、三氯乙烯、四氯化碳或苯），%	不小于	99.5		
蒸发损失（163℃，5h），%	不大于	1		
蒸发后针入度比，%	不小于	65		
闪点（开口），℃	不低于	230		
脆点，℃		报告		

2.道路石油沥青的标准与选用

道路石油沥青等级划分除了根据针入度的大小以外，还要以沥青路面使用的气候条件为依据，在同一气候分区内根据道路等级和交通特点再将沥青划分为1～3个不同的针入度等级；同时，按照技术指标将沥青分为三个等级：A、B、C，分别适用于不同范围工程，由A至C，质量级别降低。各个沥青等级的适用范围应符合《道路石油沥青》（JTG F40—2004）的规定，参见表10-4。道路石油沥青的质量应符合表10-5规定的技术要求。经建设单位同意，沥青的*PI*值、60℃动力黏度、10℃延度可作为选择性指标。

沥青路面采用的沥青标号，宜按照公路等级、气候条件、交通条件、路面类型及在结构层中的层位及受力特点、施工方法等，结合当地的使用经验，经技术论证后确定。

对高速公路、一级公路，夏季温度高、高温持续时间长、重载交通、山区及丘陵区上坡路段、服务区、停车场等行车速度慢的路段，尤其是汽车荷载剪应力大的层次，宜采用稠度大、60℃动力黏度大的沥青，也可提高高温气候分区的温度水平选用沥青等级；对冬季寒冷的地区或交通量小的公路、旅游公路宜选用稠度小、低温延度大的沥青；对温度日温差、年温差大的地区宜选用针入度指数大的沥青。当高温要求与低温要求发生矛盾时应优先考虑满足高温性能的要求。

道路石油沥青的适用范围（JTG F40—2004）　　表 10-4

沥青等级	适用范围
A级沥青	各个等级公路，适用于任何场合和层次
B级沥青	1. 高速公路、一级公路沥青下面层及以下层次，二级及二级以下公路各个层次；2. 用做改性沥青、乳化沥青、稀释沥青的基质沥青
C级沥青	三级及三级以下公路的各个层次

3. 沥青的掺配

施工中，若缺乏所需标号的沥青或采用一种沥青不能满足配制沥青胶所要求的软化点时，可用两种或三种沥青进行掺配。掺配时要注意遵循同源原则，即同属石油、沥青或同属煤沥青（或焦油沥青）的才可掺配。掺配后的沥青质量应符合表10-5的要求。不同沥青掺配比例应由试验决定，两种沥青的掺配比例也可用下式估算：

$$Q_1 = \frac{T_1 - T}{T_2 - T} \times 100\% \tag{10-6}$$

$$Q_2 = 100 - Q_1 \tag{10-7}$$

式中：Q_1——较软沥青用量，%；

Q_2——较硬沥青用量，%；

T——要求配制沥青的软化点，℃；

T_1——较软沥青软化点，℃；

T_2——较硬沥青软化点，℃。

道路石油沥青技术要求 表 10-5

指标	单位	等级	沥青标号																	试验方法[1]
			160号[4]	130号[4]	110号			90号					70号[3]					50号[3]	30号[4]	
针入度(25℃,5s,100g)	0.1mm		140～200	120～140	100～120			80～100					60～80					40～60	20～40	T0604
适用的气候分区[6]			注[4]	注[4]	2-1	2-2	2-3	1-1	1-2	1-3	2-2	2-3	1-3	1-4	2-2	2-3	2-4	1-4	注[4]	附录A[6]
针入度指数 PI[2]		A	−0.5																	T0604
		B																		
软化点(R&B)不小于	℃	A	38	40	43			45			44		46		45			49	55	T0606
		B	36	39	42			43			42		44		43			46	53	
		C	35	37	41			42					43					45	50	
60℃动力粘度[2]不小于	Pa·s	A		60	120			160			140		180		160			200	260	T0620
10℃延度[2]不小于	cm	A	50	50	40			45	30	20	30	20	20	15	25	20	15	15	10	T0605
		B	30	30	30			30	20	15	20	15	15	10	20	15	10	10	8	
15℃延度不小于	cm	A、B	100															80	50	
		C	80	80	60			50					40					30	20	

续上表

指标	单位	等级	沥青标号							试验方法[1]
			160号[4]	130号[4]	110号	90号	70号[3]	50号[3]	30号[4]	
蜡含量（蒸馏法）不大于	%	A	2.2							T0615
		B	3.0							
		C	4.5							
闪点 不小于	℃		230			245	260			T0611
溶解度 不小于	%		99.5							T0607
密度(15℃)	g/cm^3		实测记录							T0603
TFOT(或 RTFOT)后[5]										T0610 或 T0609
质量变化 不大于	%		±0.8							
残留针入度(25℃) 不小于	%	A	48	54	55	57	61	63	65	T0604
		B	45	50	52	54	58	60	62	
		C	40	45	48	50	54	58	60	
残留延度(10℃) 不小于	cm	A	12	12	10	8	6	4		T0605
		B	10	10	8	6	4	2		
残留延度(15℃) 不小于	cm	C	40	35	30	20	15	10		T0605

10.1.4 改性沥青

现代土木工程对石油沥青性能要求越来越高。无论是作为防水材料，还是路面胶结材料，都要求石油沥青必须具有更好的使用性能与耐久性。屋面防水工程的沥青材料不仅要求有较好的耐高温性，还要求有更好的抗老化性能与抗低温脆断能力；用作路面胶结材料的沥青不仅要求有较好的抗高温能力，还应有较高的抗变形能力（黏滞性）、抗低温开裂能力、抗老化能力和较强的黏附性。但仅靠现有石油沥青的性质已难以满足这些要求，因此只有对现有沥青的性能进行改进，才能满足现代土木工程的技术要求，这些经过性能改进的沥青称为改性沥青。

对石油沥青改性的方法通常是采用适当加工工艺，在石油沥青中掺入人工合成的有机或无机材料，使其熔融或分散于石油沥青之中，从而获得技术性能更好的石油沥青混合物，所添加的改性材料则称为改性剂。

1.石油沥青常用改性剂

石油沥青改性剂主要有两类：一类是高分子聚合物。主要品种有热塑性橡胶类聚合物、橡胶类聚合物和热塑性树脂类聚合物，加入聚合物后，可以显著改善石油沥青的高温稳定性、低温抗裂性和抗疲劳性；另一类是各种辅助添加剂。如抗氧剂、抗剥落剂以及各种矿物料、纤维等，加入这些物质后也能改善沥青的某些物理力学性能。

聚合物改性石油沥青的作用机理主要是聚合物的掺入改变了沥青体系结构，分散于沥青体系之中的聚合物形成了三维网状结构，提高了体系的结构黏度和韧性，并在体系承受应力时对其进行再分配。当沥青材料因变形而产生开裂趋势时，高模量的聚合物三维网状结构就会表现出对开裂的阻碍作用，使材料具有较好的弹性及抗变形能力。

热塑性橡胶类改性剂是目前最常用的石油沥青改性剂，用得最多的是高分子共聚物苯乙烯一丁二烯一苯乙烯嵌段共聚物，简称 SBS。SBS 的最大特点是弹性高、耐久性好，高温下不软化，低温下不易脆断，且有良好的弹性恢复性能，因此，利用 SBS 改性后的沥青具有良好的综合性能。从而适用于各种气候条件，尤其适用于冬夏温差较大路面、屋面或地面材料。此外，它也可提高石油沥青与集料或基层的黏附能力。

橡胶类改性剂主要有丁苯橡胶及其乳液。丁苯橡腔简称 SBR，它是丁二烯一苯乙烯单体的共聚物。当 SBR 掺入沥青后，在沥青中会形成一种共轭结构，使其黏度提高，低温性能得到明显改善。因此，橡胶类改性石油沥青特别适合用作寒冷气候条件下的路面面层材料，也适合用于铺筑屋面、排水性路面基层的防水层、应力缓冲层等，具有较好的综合性能。

热塑性树脂类常用的改性剂有乙烯—醋酸乙烯共聚物（EVA）、聚乙烯（PE）、无规聚丙烯（APP）等。热塑性树脂类改性石油沥青的主要特点是其耐高温性能更好，可适于炎热气候使用。其中，EVA 树脂柔软、无毒、有弹性，且化学稳定性好，具有较强的抗老化性能，此外，它还有较宽的橡胶态温度区域，其弹性与橡胶相近。而其抗臭氧和抗高温性优于橡胶。沥青中掺加 PE 树脂和 APP 树脂进行改性后可使沥青的软化点提高，高温稳定性和韧性有明显改善。

2.改性石油沥青的应用

（1）选用原则　对石油沥青进行改性的目的主要是为了改善其使用性能或延长其使用寿命，如提高其抗高温流淌、抗低温开裂、抗车辙变形、抗疲劳应力、抗老化性等。但不同类别的改性剂对沥青的改性效果有较大差别。即使将多种改性剂同时掺加，也难以全面改善沥青的各种性能。因此，在应用改性剂对石油沥青改性时，应该以工程急需解决的主要问题为主攻目标，适当选择一种或几种改性剂，以获得较好的技术经济效果。此外，改性沥青的性能还取决于改性剂与沥青的混溶状态及体系的稳定性。选择改性剂时应考虑它们与石油沥青的相容性。所谓相容性是指两种或多种物质混合时的相互亲和性，即分子级的可混性。良好的相容性能够使其形成融溶混合体系。考虑相容性时，溶度参数是重要的参考数据，它可定量反映物质的极性。根据一般的规律，极性越接近时，两物质间的溶度参数差越小，则它们越容易互溶。也就是说，聚合物溶度参数与沥青的溶度参数越接近，则相容性越好。

聚合物的融溶行为与低分子的溶解有许多不同之处，除了化学组成外，结构形态、链的长短、链的柔性和结晶性等均对融溶性有显著影响。因此，一种改性剂并不一定对所有的沥青都合适；反之，一种沥青也并不一定适用于所有的改性剂，而关键在于两者之间的相容性。此外，同一种改性剂，可能有若干种品牌，不同的品牌可能具有不同的特性及适用范围，选择与使用时应了解各种品牌的性能，并明确其适应性要求。

（2）选用步骤　为满足某一具体工程对沥青性能的要求，一般可参照以下步骤对石油沥青进行改性：

根据当地的气候条件和使用条件，选择适当的基质沥青；根据对沥青进行改性目的和技术经济性能的要求，在改性剂的合理的范围内，选择一个初始剂量；按照改性沥青的加工工艺，采用适宜的方法制作改性沥青样品；测点改性沥青的 15℃，25℃，30℃针入度，计算相应的针入度指数，确定属于哪一等级；按照各类改性沥青对关键性技术指标的要求进行试验检验，以确定其各项性能，评定其是否合格；如果达不到要求的指标，或指标过高，可以适当调整改性剂的剂量，以符合标准要求；也可以在试配时就同时试验几个不同剂量配比的改性沥青，从中选择一个适宜剂量；在已经确定主要指标满足要求的前提下，通过试验检验其他指标是否符合要求。

10.2 沥青防水材料

10.2.1 沥青类防水卷材

1. 沥青防水卷材

沥青防水卷材是用原纸、纤维织物、纤维毡等胎体浸涂沥青，用粉状、粒状、片状矿物粉或合成高分子膜、金属膜作为隔离材料制成的可卷曲的片状防水材料。常用的有石油沥青纸胎油毡、石油沥青石棉纸油毡、石油沥青玻璃布油毡、石油沥青麻布油毡和石油沥青铝箔油毡等。

石油沥青纸胎油毡是最具代表性的沥青防水卷材，是用高软化点的石油沥青涂盖油纸两面，再涂撒隔离材料制成的一种纸胎防水卷材。油毡按原纸 $1m^2$ 的重量克数分为 200 号、300 号和 500 号三种标号。纸胎油毡的防水性能与原纸的质量、浸渍材料和涂盖材料的重量有着密切关系。200 号油毡适用于简易防水、临时性建筑防水、建筑防潮及包装等；350 号和 500 号油毡适用于一般的屋面和地下防水。

纸胎油毡的抗拉能力低、易腐烂、耐久性差，为了改善沥青防水卷材的性能，通常是改进胎体材料，如玻璃布沥青油毡、玻纤沥青油毡、黄麻胎沥青油毡、铝箔胎沥青油毡等一系列沥青防水卷材，其抗拉能力、耐久性等得到改善。常见的沥青防水卷材的特点及适用范围见表 10-6。

常见沥青防水材料的特点和适用范围 表 10-6

卷材名称	特点	适用范围
石油沥青纸胎油毡	资源丰富、价格低廉，抗拉性能低、低温柔性差、温度敏感性大，使用年限较短。是我国传统的防水材料。	三毡四油、二毡三油叠层铺设的屋面工程
石油沥青玻璃布油毡	抗拉强度较高、胎体不易腐烂，柔韧性好，耐久性比纸胎油毡高一倍以上。	用作纸胎油毡的增强附加层和突出部位的防水层
石油沥青玻纤毡油毡	耐腐蚀性和耐久性好，柔韧性、抗拉性能优于纸胎油毡。	常用于屋面和地下防水工程
石油沥青黄麻胎油毡	抗拉强度高，耐水性和柔韧性好，但胎体材料易腐烂。	常用于屋面增强附加层
石油沥青铝箔胎油毡	防水性能好，隔热和隔水汽性能好，柔韧性较好，且具有一定的抗拉强度。	与带孔玻纤毡配合或单独使用，用于热反射屋面和隔气层

2. 聚合物改性沥青防水卷材

聚合物改性沥青防水卷材是以聚合物改性沥青为涂盖层，纤维织物、纤维毡为胎体，粉状、粒状、片状或薄膜材料为覆面材料制成的可卷曲片状防水材料。

聚合物改性沥青防水卷材克服了传统沥青防水卷材的温度稳定性差、延伸率小的不足，具有高温不流淌、低温不脆裂、拉伸强度高、延伸率较大等优异性能。此类防水卷材一般单层铺设，也可复层使用，根据不同卷材可采用热熔法、冷黏法、自黏法施工。

聚合物改性沥青防水卷材常用的胎体有玻纤胎和聚酯胎。与原纸胎相比，玻纤胎不仅防潮性能好，而且容易被沥青浸透，但延伸率小、抗钉刺破强度低。聚酯胎的延伸率大，拉伸强度高，抗顶破强度、撕裂强度和抗钉刺破强度高，耐水性好，不腐烂，有弹性，容易施工，但尺寸稳定性较差。常见的聚合物改性沥青防水卷材的特点和适用范围见表 10-7。

常见聚合物改性沥青防水卷材的特点和适用范围 表 10-7

卷材名称	特点	适用范围
SBS 改性沥青防水卷材	高温稳定性和低温柔韧性明显改善，抗拉强度和延伸率较高，耐疲劳性和耐老化性好	单层铺设的防水层或复合使用，适合寒冷地区和结构变形频繁的结构
APP 改性沥青防水卷材	抗拉强度高、延伸率大，耐老化性、耐腐蚀性和耐紫外线老化性能好，使用温度宽（−15～130℃）	单层铺设或复合使用的防水层，适合紫外线强烈及炎热地区的屋面使用
PVC 改性焦油防水卷材	有良好的耐高温和耐低温性能，最低开卷温度为−18℃，可在低温下施工	单层或复合的防水层，有利于在冬季负温下施工
再生胶改性沥青防水卷材	有一定的延伸性和防腐能力，低温柔性较好，价格低廉	适合变形较大或档次较低的防水工程
废橡胶粉改性沥青防水卷材	抗拉强度、高温稳定性和低温柔性均比沥青防水卷材有明显改善	一般叠层使用，宜用于寒冷地区的防水工程

10.2.2 沥青防水涂料

1. 沥青基防水涂料

沥青基防水涂料是以沥青为基料配制而成的水乳型或溶剂型防水涂料。这类涂料对沥青基本没有改性或改性不多，有石灰乳化沥青、膨润土沥青乳液和水性石棉沥青防水涂料等。

石灰乳化沥青涂料是以石油沥青为基料，石灰膏为乳化剂，在机械强制搅拌下将沥青乳化制成的厚质防水涂料。石灰乳化沥青涂料为水性、单组分涂料，具有无毒、不燃、可在潮湿基层上施工等特点。

2. 聚合物改性沥青防水涂料

聚合物改性沥青防水涂料是以沥青为基料，用合成高分子聚合物进行改性，制成的水乳型或溶剂型防水涂料。这类涂料在柔韧性、抗裂性、拉伸强度、耐高、低温性能和使用寿命等方面比沥青基防水涂料有很大改善。有水乳型氯丁橡胶沥青防水涂料、再生橡胶改性沥青防水涂料、SBS 橡胶改性沥青防水涂料等品种。

水乳型氯丁橡胶沥青防水涂料是以阳离子氯丁胶乳与阳离子石油沥青乳液混合，稳定分散在水中而制成的一种水乳型防水涂料。由于用氯丁橡胶进行改性，与沥青基防水涂料相比，水乳型氯丁橡胶沥青防水涂料无论在柔性、延伸性、拉伸强度，还是耐高低温性能、使用寿命等方面都有很大改善，具有成膜快、强度高、耐候性好、抗裂性好、难燃、无毒等特点。

10.2.3 沥青嵌缝油膏

沥青嵌缝油膏是以石油沥青为基料，加入改性材料（废橡胶粉和硫化鱼油等）、稀释剂（松焦油、松节油和机油等）及填充料（石棉绒和滑石粉等）混合制成的密封膏。沥青嵌缝油膏主要作为屋面、墙面、沟槽的嵌缝密封材料。要求其具有良好的填充性、防水性、机械力学性能、温度稳定性、大气稳定性、柔韧性和黏结力等性能。

10.3 沥青混合料

沥青混合料是指矿物集料与沥青拌和而成的混合料的总称。包括沥青混凝土混合料和沥青碎石混合料。沥青混合料作为路面材料具有良好的力学性质，有一定的高温稳定性和低温柔韧性，铺筑的路面平整无接缝，减震吸声，行车舒适；且具有一定的粗糙度，无强烈反光，利于行车安全。沥青路面的施工方便，不需养护，能及时开放交通；便于分期修建和再生利用。

10.3.1 沥青混合料的分类

热拌沥青混合料（HMA）适用于各种等级公路的沥青路面。其种类按集料公称粒径、矿料级配、空隙率划分，分类见表 10-8。

热拌沥青混合料种类　　表 10-8

混合料类型	密级配			开级配		半开级配	公称最大粒径(mm)	最大粒径(mm)
	连续级配		间断级配	间断级配				
	沥青混凝土	沥青稳定碎石	沥青玛蹄脂碎石	排水式沥青磨耗层	排水式沥青碎石基层	沥青碎石		
特粗式		ATB-40			ATPB-40		37.5	53
粗粒式		ATB-30			ATPB-30		31.5	37.5
	AC-25	ATB-25			ATPB-25		26.5	31.5
中粒式	AC-20		SMA-20			AM-20	19	26.5
	AC-16		SMA-16			AM-16	16	19
细粒式	AC-13		SMA-13			AM-13	13.2	16
	AC-10		SMA-10			AM-10	9.5	13.2
砂粒式	AC-5						4.75	9.5
设计空隙率(%)	3～5	3～6	3～4	>18	>18	6～12		

注：设计空隙率可按配合比设计要求适当调整。

10.3.2　沥青混合料的强度

1. 沥青混合料的抗剪强度

沥青混合料在常温和较高温度下，由于沥青的黏结力不足而产生变形或由于抗剪强度不足而破坏，一般采用库仑理论来分析其强度和稳定性。即对圆柱形试件进行三轴剪切试验，从摩尔圆可得材料的应力情况，如图 10-6 所示。图中应力圆的公切线即摩尔-库仑包络线，即抗剪强度曲线。包络线与纵轴相交的截距表示混合料的黏结力，切线与横轴的交角，表示混合料的内摩阻角：

$$\tau = C + \sigma \tan\varphi \tag{10-8}$$

式中：τ——沥青混合料的抗剪强度，MPa；

C——沥青混合料的黏结力，MPa；

φ——沥青混合料的内摩阻角，rad；

σ——剪切时的压应力，MPa。

从上式中可看出沥青混合料的强度决定于两个参数——黏结力 C 和内摩阻角 φ。

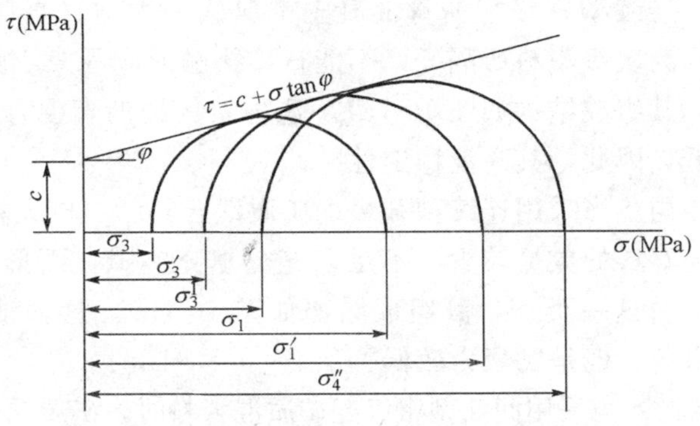

图 10-6　摩尔—库仑包络线图

2. 影响沥青混合料抗剪强度的因素

(1) 沥青黏度的影响

从沥青材料本身来看，沥青的黏度是影响黏结力的重要因素，矿质集料由沥青胶结成整体，沥青的黏度反映沥青在外力作用下抵抗变形的能力，黏度愈大，则抵抗变形的能力愈强，可以保持矿质集料间的相对嵌锁作用。因此，黏结力是随着沥青黏度的提高而增加的，同时内摩阻角亦稍有提高，所以，沥青黏度较大时，沥青混合料的抗剪强度较高。

(2) 集料的粒径、颗粒形状和表面特性的影响

根据研究（如表 10-9），集料颗粒的粒径越大，沥青混合料的内摩阻角越大，粗粒式沥青混凝土的内摩阻角比细粒式和砂粒式沥青混凝土大得多。因此，增大集料粒径是提高内摩阻角的有效途径，但应保证级配良好、空隙率适当。棱角尖锐的颗粒组成的混合料，由于颗粒间相互嵌紧，要比浑圆颗粒的内摩阻角大得多。

矿质混合料的级配对沥青混合料黏结力及内摩阻角的影响　　表 10-9

沥青混合料级配类型	三轴试验结果	
	内摩阻角 φ	黏结力 c（MPa）
某粗粒式沥青混凝土	45°55′	0.076
某细粒式沥青混凝土	35°45′30″	0.197
某砂粒式沥青混凝土	33°19′30″	0.227

(3) 沥青混合料组成结构的影响

沥青混合料按其级配原则可将其结构分为悬浮密实结构、骨架空隙结构和骨架密实结构三类，三种结构组成及其对黏结力 C 和内摩阻角 φ 的影响如下：

①悬浮密实结构　当采用连续型密级配矿质混合料时，矿质材料由大到小形成连续型密实混合料，因较大颗粒都被小一档颗粒挤开，因此，大颗粒以悬浮状态处

于较小颗粒之中。连续型密级配沥青混凝土都属这一类型。此种结构虽然密实度大，但各级集料均为次级集料所隔开，不能直接接触形成骨架，而悬浮于次级集料和沥青胶浆之间，其组成结构如图 10-7a)。这种结构的沥青混合料，黏聚力较高，但是内摩阻角较低，因此，其高温稳定性差。

②骨架空隙结构　当采用连续型开级配矿质混合料时，较大粒径石料彼此紧密相接，而较小粒径石料的数量较少，不足以充分填充空隙，而形成骨架空隙结构，沥青碎石混合料多属这一类型，其组成结构如图 10-7b)。这种结构的沥青混合料具有较高的内摩阻角，但是黏聚力较低。

③骨架密实结构　当采用间断型密级配矿质混合料时，矿质混合料既有一定量的粗集料形成骨架，又根据粗集料空隙的数量加入适量细集料，使之填满骨架空隙，形成较高密实度的结构，间断级配即按此原理构成，其组成的结构如图 10-7c)。这种结构的沥青混合料不仅具有较高的黏聚力，而且具有较高的内摩阻角。

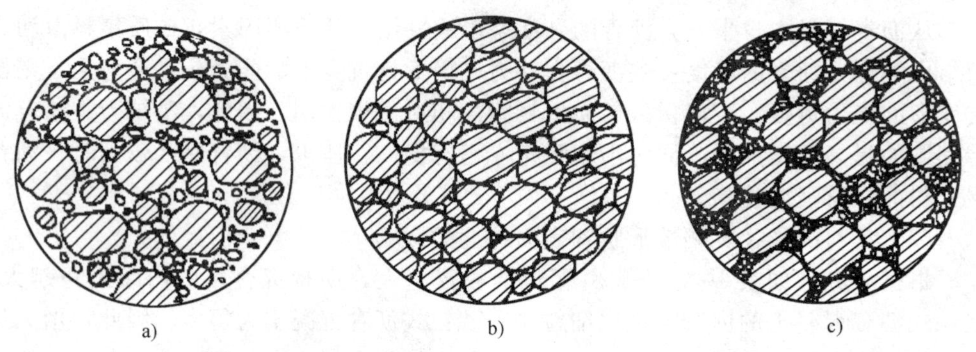

图 10-7　沥青混合料的典型组成结构

a) 密实—悬浮结构；b) 骨架—空隙结构；c) 密实—骨架结构

(4) 矿粉的比表面积和沥青用量的影响

沥青混合料中的矿粉不仅能填充空隙，提高密实度，而且，在很大程度上影响混合料的黏结力。

试验结果表明：由于矿粉对于沥青分子有吸附作用，使靠近矿粉的沥青组分重新排列，黏度变高。愈靠近界面，黏度愈高，形成一层扩散结构膜，在矿粉表面很薄（小于 10μm）的区域内，沥青为“结构沥青”，其黏度较高，具有较强的黏结力。在此区域之外，沥青为“自由沥青”，其黏度较低，则使黏结力降低。密实型的混合料中，矿粉的比表面积一般占矿料总面积的 80%以上，这就大大增强了沥青与集料的相互作用，减薄了沥青膜的厚度。沥青在矿粉表面形成“结构沥青层”，使矿质颗粒能够黏结牢固，构成强度。

在矿粉用量一定时，沥青用量将影响“结构沥青”的相对含量，从而影响沥青混合料的黏结力和内摩阻角，沥青用量对沥青混合料的黏结力和内摩阻角的影响见图 10-8。

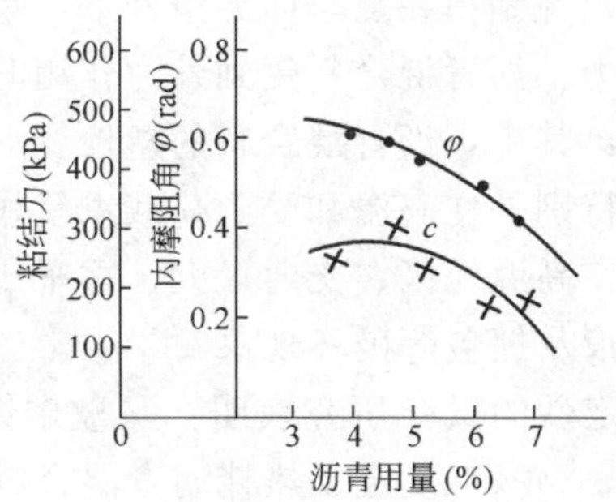

图 10-8　沥青用量对沥青混凝土 c 和 φ 的影响

（5）矿料表面性质的影响

沥青与矿料表面的相互作用对沥青混合料的黏结力和内摩阻角有重要的影响。石油沥青与碱性石料（如石灰石）有较好的黏附性，而与酸性石料则黏附性较差。这是由于矿料表面对沥青的化学吸附是有选择性的。如碳酸盐类或其他碱性矿料能与石油沥青组分中的沥青酸和沥青酸酐产生化学吸附作用，这种化学吸附比石料与沥青之间的分子力吸附（即物理吸附）要强得多，可产生较大的黏结力，而酸性石料与石油沥青之间的化学吸附作用较差。

（6）影响沥青混合料抗剪强度的外因

①温度的影响

沥青混合料是一种热塑性材料，它的抗剪强度随着温度的升高而降低。在材料参数中，黏结力值随温度升高而显著降低，但是，内摩阻角受温度变化的影响较少。

②变形速率的影响

沥青混合料是一种黏—弹性材料，它的抗剪强度与变形速率有密切关系。在其他条件相同的情况下，变形速率对沥青混合料的内摩阻角影响较小，而对沥青混合料的黏结力影响则较为显著。试验资料表明，黏结力值随变形速率的增大而显著提高，而随形变速率的变化很小。

10. 3. 3　沥青混合料的技术性质

沥青混合料作为沥青路面的面层材料，要承受车辆行驶反复荷载和气候因素的作用，而其胶凝材料—沥青具有黏弹塑性的特点，因此，沥青混合料应具有较好的抗高温变形、抗低温脆裂、抗滑性、耐久性和施工和易性等技术性质，以保证沥青路面的施工质量和使用性能。

1. 高温稳定性

沥青混合料的高温稳定性是指在夏季高温条件下，承受多次重复荷载作用而不发生过大的永久变形的能力。沥青混合料受到外力作用时，将产生变形，这种变形包括弹性变形和塑性变形，其中，沥青混合料的塑性变形，会造成沥青路面产生车辙、波浪及拥包等现象。特别是在高温和受到荷载重复作用下，沥青混合料的塑性变形会显著增加。因此，在高温地区、交通量大、重车比例高和经常变速路段的沥青路面，易发生车辙、波浪及拥包等破坏现象。

对沥青混合料高温稳定性的试验研究表明：马歇尔试验方法简便，应用广泛，我国现行规范（JTG F40—2004）规定了热拌沥青混合料马歇尔试验的技术指标和车辙试验的动稳定度指标。

（1）马歇尔稳定度

马歇尔稳定度试验主要测定的指标有马歇尔稳定度（*MS*）、流值（*FL*）和马歇尔模数（*T*）三项指标。稳定度是指在规定温度和加荷速度下，标准尺寸试件的破坏荷载（kN）；流值是最大破坏荷载时，试件的垂直变形（以 0.1mm 计）；而马歇尔模数为稳定度除以流值的商，即

$$T = \frac{MS \times 10}{FL} \tag{10-9}$$

式中：T——马歇尔模数，kN/mm；

MS——稳定度，kN；

FL——流值，0.1mm。

（2）车辙试验

车辙试验的方法是用标准成型方法，制成 300mm×300mm×50mm 的沥青混合料试件，在 60℃的温度条件下，以一定荷载的轮子在同一轨迹上作一定时间的反复行走，形成一定的车辙深度，然后计算试件变形 1mm 所需试验车轮行走次数，即为动稳定度，并以次/mm 表示。

$$DS = \frac{(t_1 - t_2) \cdot N}{d_2 - d_1} \cdot C_1 \cdot C_2 \tag{10-10}$$

式中：DS——沥青混合料动稳定度，次/mm；

d_1，d_2——时间 t_1 和 t_2 的变形量，mm；

N——往返碾压速度，通常为 42 次/min；

C_1，C_2——试验机或试样修正系数。

2. 低温抗裂性

沥青混合料的低温抗裂性是指在低温下抵抗断裂破坏的能力。沥青路面出现裂缝将造成路面的损坏，因此，应限制沥青路面的裂缝率。沥青路面产生裂缝的原因

很复杂，一般有两种类型，一种是重复荷载下产生的疲劳开裂；另一种为温度裂缝，由于沥青混合料在高温时塑性变形能力较强，而低温时较硬脆，变形能力差，所以，裂缝多在低温条件下发生，特别是在气温骤降时，沥青面层受基层和周围材料的约束而不能自由收缩，因而产生很大的拉应力，超过了沥青混合料的允许应力值，就会产生开裂。因此，要求沥青混合料具有一定的低温抗裂性能。

关于沥青混合料的低温抗裂性指标，我国现行规范（JTG F40—2004）规定密级配混合料应做低温弯曲试验（－10℃，加载速度为50mm/min），破坏应变不得低于规定值。

3. 耐久性

沥青混合料的耐久性是指其抵抗长时间自然因素（风、日光、温度、水分等）和行车荷载反复作用，仍能基本保持原有性能的能力。

为保证沥青混合料的耐久性，应选择性能优良的沥青和坚固的集料；拌和过程中，应严格控制加热温度，并保证沥青混合料的密实度。从耐久性角度考虑，可选用细粒密级配的沥青混合料，并增加沥青用量，降低沥青混合料的空隙率，以防止水分的渗入和减少阳光对沥青材料的老化作用。但沥青混合料必须保持一定的空隙和适当的饱和度，以备夏季沥青材料受热膨胀时有一定的缓冲空间。因此，为保证混合料的耐久性，应控制空隙率和饱和度。

目前，评价沥青混合料耐久性的方法有浸水马歇尔试验和采用真空饱水马歇尔试验，此外，还有浸水劈裂试验、冻融劈裂试验、浸水车辙试验等其他方法，规定浸水马歇尔试验残留稳定度、冻融劈裂试验残留强度比不得低于规定值。

4. 抗滑性

沥青混合料路面的抗滑性主要与其矿质集料的表面状态和耐磨性、混合料的级配组成、沥青用量和沥青含蜡量等有关。

为满足路面对混合料抗滑性的要求，我国现行规范（JTG F40—2004）对抗滑层集料提出了磨光值、磨耗值和冲击值等三项指标要求。沥青用量对抗滑性的影响非常敏感，即使沥青用量较最佳沥青用量只增加0.5%，也会使抗滑系数明显降低。因为沥青含蜡量对路面抗滑性有明显的影响，所以，应对沥青含蜡量严格控制，不同级别的沥青应符合表10-5的要求。

5. 施工和易性

沥青混合料应具备良好的施工和易性，使混合料易于拌和、摊铺和碾压。影响沥青混合料施工和易性的因素很多，诸如当地气温、施工条件及混合料性质等。

从混合料性质来看，影响沥青混合料施工和易性的是混合料的级配和沥青用量。粗细集料的颗粒大小相距过大，缺乏中间尺寸，混合料容易离析；细集料过少，沥青层不容易均匀地分布在粗颗粒表面；细集料过多，则使拌和困难。当沥青用量过少或矿粉用量过多时，混合料容易产生疏松不易压实。反之，如沥青用量过多或矿粉质量不好，则容易使混合料结成团块，不易摊铺。另外，沥青的黏度对混合料的和易性也有较大的影响，采用黏度过大的沥青（如一些改性沥青）将给拌和、摊铺和碾压造成困难，因此，应控制沥青在135℃的运动黏度值，并制定相应的施工操作规程。

沥青混合料的施工和易性应根据搅拌和运输条件、压实和摊铺机械、气候情况等确定。

我国现行规范（JTG F40—2004）规定采用马歇尔试验确定密级配沥青混凝土混合料配合比时应符合表10-10对热拌沥青混合料的技术要求。

密级配沥青混凝土混合料马歇尔试验技术标准

（本表适用于公称最大粒径≤26.5mm的密级配沥青混凝土混合料）　　表10-10

试验指标		单位	高速公路、一级公路				其他等级公路	行人道路
			夏炎热区（1-1、1-2、1-3、1-4区）		夏热区及夏凉区（2-1、2-2、2-3、2-4、3-2区）			
			中轻交通	重载交通	中轻交通	重载交通		
击实次数（双面）		次	75				50	50
试件尺寸		mm	ϕ101.6mm×63.5mm					
空隙率 *VV*	深约90mm以内	%	3～5	4～6	2～4	3～5	3～6	2～4
	深约90mm以下	%	3～6		2～4	3～6	3～6	
稳定度 *MS*，不小于		kN	8				5	3
流值 *FL*		mm	2～4	1.5～4	2～4.5	2～4	2～4.5	2～5
矿料间隙率VMA（%）不小于	设计空隙率（%）	相应于以下工程最大粒径（mm）的最小VMA及VFA技术要求						
		26.5	19	16	13.2	9.5	4.75	
	2	10	11	11.5	12	13	15	
	3	11	12	12.5	13	14	16	
	4	12	13	13.5	14	15	17	
	5	13	14	14.5	15	16	18	
	6	14	15	15.5	16	17	19	
沥青饱和度VFA（%）		55～70		65～75			70～85	

注：①对空隙率大于5%的夏炎热区重载交通路段，施工时应至少提高1个百分点；

②当设计的空隙率不是整数时，由内插确定要求的VMA最小值；

③对改性沥青混合料，马歇尔试验的流值可适当放宽。

10.3.4 沥青混合料组成材料的技术要求

1. 对沥青的要求

沥青材料的技术要求，随气候条件、交通性质、沥青混合料的类型和施工条件等因素而异。炎热的气候区、繁重的交通及细粒式或砂粒式的混合料，应采用稠度较高的沥青；反之，则采用稠度较低的沥青。在条件相同的情况下，较黏稠的沥青配制的混合料具有较高的力学强度和稳定性，但如稠度过高，则沥青混合料的低温变形能力较差，沥青路面容易产生裂缝。反之，采用稠度较低的沥青，虽然配制的混合料在低温时具有较好的变形能力，但在夏季高温时，往往稳定性不足，使路面产生推挤现象。

沥青路面的面层用的沥青标号，宜根据气候条件、施工季节、路面类型、施工方法和矿料类型等按现行规范选用。当沥青标号不符合使用要求时，可采用不同标号的沥青掺配，掺配后的技术指标应符合要求。

2. 对粗集料的要求

沥青混合料用粗集料，可以采用碎石、破碎砾石和慢冷矿渣等。沥青混合料用粗集料应该洁净、干燥、无风化、不含杂质。在力学性质方面，压碎值和洛杉矶磨耗率应符合相应道路等级的要求，如表 10-11 所示。

经检验属于酸性岩石的石料（如花岗岩、石英岩等），用于高速公路、一级公路、城市快速路、主干路时，宜使用针入度较小的沥青，并采取抗剥离措施，使其对沥青黏附性符合表 10-11 的要求。常用的抗剥离措施有用干燥的生石灰或消石灰粉、水泥作为矿粉掺入混合料中，在沥青中掺加抗剥离剂或将粗集料用石灰浆处理后使用。

此外，粗集料的规格应按国标（GB 50092—96）沥青面层用粗集料规格的规定选用，如表 10-12。如果不符合表 10-12 的规格，但确认与其他集料配合后的级配符合各类沥青混合料矿料级配要求时，可以使用。

沥青混合料用粗集料质量要求 表 10-11

指　标	单位	高速公路及一级公路		其他等级公路	试验方法
		表面层	其他层次		
石料压碎值，不大于	%	26	28	30	T0316
洛杉矶磨耗损失，不大于	%	28	30	35	T0317
表面相对密度，不小于		2.60	2.50	2.45	T0304
吸水率，不大于	%	2.0	3.0	3.0	T0304

续上表

指　　标	单位	高速公路及一级公路		其他等级公路	试验方法
		表面层	其他层次		
坚固性，不大于	%	12	12		T0314
针片状颗粒含量（混合料），不大于	%	15	18		
其中粒径大于 9.5mm，不大于	%	12	15	20	T0312
其中粒径小于 9.5mm，不大于	%	18	20		
水洗法<0.075mm 颗粒含量，不大于	%	1	1	1	T0310
软石含量，不大于	%	3	5	5	T0320

注：①坚固性试验可根据需要进行；

②用于高速公路、一级公路时，多孔玄武岩的视密度可放宽至 2.45t/m³，吸水率可放宽至 3%，但必须得到建设单位的批准，且不得用于 SMA 路面；

③对 S14 即 3～5 规格的粗集料，针片状颗粒含量不予要求，<0.075mm 含量可放宽到 3%。

沥青面层用粗集料规格与级配范围　　表 10-12

规格	公称粒径（mm）	通过下列筛孔（mm）的质量百分率（%）												
		106	75	63	53	37.5	31.5	26.5	19.0	13.2	9.5	4.75	2.36	0.6
S1	40～75	100	90～100	—	—	0～15	—	0～5						
S2	40～60		100	90～100	—	0～15	—	0～5						
S3	30～60		100	90～100	—	—	0～15	—	0～5					
S4	25～50			100	90～100	—	—	0～15	—	0～5				
S5	20～40				100	90～100	—	—	0～15	—	0～5			
S6	15～30					100	90～100	—	—	0～15	—	0～5		
S7	10～30					100	90～100	—	—	—	0～15	0～5		
S8	15～25						100	90～100	—	0～15	—	0～5		
S9	10～20							100	90～100	—	0～15	0～5		
S10	10～15								100	90～100	0～15	0～5		

续上表

规格	公称粒径 (mm)	通过下列筛孔（mm）的质量百分率（%）												
		106	75	63	53	37.5	31.5	26.5	19.0	13.2	9.5	4.75	2.36	0.6
S11	5～15								100	90～100	40～70	0～15	0～5	
S12	5～10									100	90～100	0～15	0～5	
S13	3～10									100	90～100	40～70	0～20	0～5
S14	3～5										100	90～100	0～15	0～3

3. 对细集料的要求

用于拌制沥青混合料的细集料是指粒径小于2.36mm的天然砂、人工砂或石屑。

细集料应洁净、干燥、无风化、不含杂质，并有适当的级配。对细集料质量的技术要求，见表10-13。其级配要求与水泥混凝土用砂基本相同。

沥青面层用细集料质量技术要求 表10-13

项　　目	单　　位	高速公路及一级公路	其他等级公路	试 验 方 法
表观相对密度，不小于		2.50	2.45	T0328
坚固性（>0.3mm部分），不小于	%	12		T0340
含泥量（<0.075mm的含量），不小于	%	3	5	T0333
沙当量，不小于	%	60	50	T0334
亚甲蓝值，不大于	g/kg	25		T0349
棱角性（流动时间），不小于	s	30		T0345

注：坚固性试验可根据需要进行。

细集料应与沥青有良好的黏结能力，对于高速公路、一级公路、城市快速路和主干路的沥青面层，使用天然砂或用酸性岩石破碎的人工砂或石屑时，由于与沥青的黏结性差，应采用与粗集料相同的抗剥离措施。

4. 填料的要求

沥青混合料的填料指粒径小于0.075mm的矿质粉末，宜采用石灰岩或岩浆岩中的强碱性岩石（憎水性石料）磨细的矿粉。矿粉要求干燥、洁净，其质量应符合表10-14的技术要求，当采用粉煤灰作填料时，其用量不宜超过填料总量的50%。并要求其烧失量应小于12%，与矿粉混合后塑性指数应小于4%。

沥青面层用矿粉质量技术要求 表 10-14

指 标	单 位	高速公路、一级公路	其他等级公路
视密度，不小于	t/m^3	2.50	2.45
含水量，不大于	%	1	1
粒度范围，<0.6mm <0.15mm <0.075mm	% % %	100 90～100 75～100	100 90～100 70～100
外 观	—	无团粒结块	—
亲水性系数	—	<1	—
塑性指数	%	<4	—
加热安定性	—	实测记录	—

10.3.5 沥青混合料配合比设计

沥青混合料配合比设计包括：目标配合比设计、生产配合比设计和生产配合比验证三个阶段。下面主要介绍目标配合比设计。

1. 矿质混合料的组成设计

矿质混合料组成设计的目的，是选配一个具有足够密实度、并且有较高内摩阻力的矿质混合料。通常是根据道路等级、路面类型、所处的结构层位，按表 10-15 选定沥青混合料的类型。然后，根据已确定的沥青混合料类型，查阅规范推荐的矿质混合料级配范围（密级配沥青混合料级配范围见表 10-16）。采用规范推荐的矿质混合料级配作为设计级配范围；测定矿料的密度、吸水率、筛分情况和沥青的密度；采用图解法或数解法求出粗集料、细集料和填料的配合比例。

①通常情况下，合成级配曲线宜尽量接近设计级配中限，尤其应使 0.075mm、2.36mm、4.75mm（圆孔筛 0.075mm、2.5mm、5mm）筛孔的通过量尽量接近设计级配范围的中限；

② 对交通量大、轴载重的道路，宜偏向级配范围的下（粗）限。对中小交通量或人行道路等宜偏向级配范围的上（细）限；

③ 合成级配曲线应接近连续或合理的间断级配，不得有过多的犬牙交错。当经过再三调整仍有两个以上的筛孔超出级配范围时，必须对原材料进行调整或更换原材料重新设计。

2. 确定沥青混合料的最佳沥青用量

沥青混合料的最佳沥青用量，可以采用马歇尔实验方法确定。该法确定沥青最佳用量步骤如下：

沥青混合料类型 表 10-15

结构层次	高速公路、一级公路、城市快速路、主干路		其他等级公路		一般城市道路及其他道路工程	
	三层式沥青混凝土路面	两层式沥青混凝土路面	沥青混凝土路面	沥青碎石路面	沥青混凝土路面	沥青碎石路面
上面层	AC-13 AC-16 AC-20	AC-13 AC-16 AC-13	AC-16 AC-13	— AC-5	AC-10 AC-13	AM-5 AM-10
中面层	AC-20 AC-25	— —	— —	— —	— —	— —
AC-30 下面层	AC-25 AC-25	AC-20 AC-25 AC-30	AC-20 AM-30 AC-30 AM-25 AM-30	AM-25 AM-25	AC-20 AM-30 AM-25 AM-30	AC-25 AM-40

密级配沥青混凝土混合料矿料级配范围 表 10-16

级配类型	通过下列筛孔（方孔筛，mm）的质量分数（%）												
	31.5	26.5	19.0	16.0	13.2	9.5	4.75	2.36	1.18	0.6	0.3	0.15	0.075
粗 AC-25	100	90～100	75～90	65～83	57～76	45～65	24～52	25～42	12～33	8～24	5～17	4～13	3～7
中 AC-20		100	90～100	78～92	62～80	50～72	26～56	28～46	12～33	8～24	5～17	4～13	3～7
中 AC-16			100	90～100	76～92	60～80	34～62	32～50	13～36	9～26	7～18	5～14	4～8
细 AC-13				100	90～100	68～85	38～68	15～38	24～41	10～28	7～20	5～15	4～8
细 AC-10					100	90～100	45～75	20～44	26～43	13～32	9～23	6～16	4～8
砂 AC-5						100	90～100	35～55	35～55	20～40	12～28	7～18	5～10

（1）制备试样

①按确定的矿质混合料的配合比，计算各种矿质材料的用量。

②以预估的油石比为中值，按一定间隔（对密级配沥青混合料通常为0.5%，对沥青碎石混合料可适当缩小间隔为0.3%～0.4%），取5个或5个以上不同的油石比分别成型马歇尔试件。每一组试件的试样数按现行试验规程的要求确定，对粒径较大的沥青混合料，宜增加试件数量。

说明：5个不同油石比不一定选整数，例如预估油石比4.8%，可选3.8%、4.3%、4.8%、5.3%、5.8%等。

同时实测最大相对密度。

（2）测定物理、力学指标

用已成型的沥青混合料的试件，根据有关规定，采用水中重法、表干法、体积法或封蜡法等方法，测定沥青混合料的表观密度；采用马歇尔试验仪，测定马歇尔稳定度和流值。并计算空隙率、饱和度和矿料间隙率等物理指标。

热拌沥青混合料配合比设计方法：

①按式（10-11）计算矿料的合成毛体积相对密度 γ_{sb}。

$$\gamma_{sb}=\frac{100}{\dfrac{P_1}{\gamma_1}+\dfrac{P_2}{\gamma_2}+\cdots+\dfrac{P_n}{\gamma_n}} \tag{10-11}$$

式中：P_1，…，P_n——各种矿料成分的配合比，其和为100；

γ_1，…，γ_n——各种矿料相应的毛体积相对密度。

说明：沥青混合料配合比设计时，均采用毛体积相对密度（无量纲），不采用毛体积密度，故无需进行密度的水温修正。生产配合比设计时，当细料仓中的材料混杂各种材料而无法采用筛分替代法时，可将0.075mm部分筛除后以统货实测值计算。

②按式（10-12）计算矿料的合成表观相对密度 γ_{sa}。

$$\gamma_{sa}=\frac{100}{\dfrac{P_1}{\gamma'_1}+\dfrac{P_2}{\gamma'_2}+\cdots+\dfrac{P_n}{\gamma'_n}} \tag{10-12}$$

式中：P_1，…，P_n——各种矿料成分的配合比，其和为100；

γ'_1，…，γ'_n——各种矿料按试验规程方法测定的表观相对密度。

③按式（10-13）或按式（10-14）预估沥青混合料的适宜的油石比 P_a 或沥青用量 P_b。

$$P_a=\frac{P_{a1}\times\gamma_{sb1}}{\gamma_{sb}} \tag{10-13}$$

$$P_b=\frac{P_a}{100+P_a}\times 100 \tag{10-14}$$

式中：P_a——预估的最佳油石比（与矿料总量的百分比），%；

P_b——预估的最佳沥青用量（占混合料总量的百分数），%；

P_{a1}——已建类似工程沥青混合料的标准油石比，%；

γ_{sb}——矿料的合成毛体积相对密度；

γ_{sb1}——已建类似工程集料的合成毛体积相对密度。

说明：作为预估最佳油石比的集料密度，原工程和新工程也可均采用有效相对密度。

④确定矿料的有效相对密度

对非改性沥青混合料，宜以预估的最佳油石比拌和 2 组的混合料，采用真空法实测最大相对密度，取平均值。然后由式（10-15）反算合成矿料的有效相对密度 γ_{se}。

$$\gamma_{se}=\frac{100-P_b}{\dfrac{100}{\gamma_t}-\dfrac{P_b}{\gamma_b}}\times 100 \tag{10-15}$$

式中：γ_{se}——合成矿料的有效相对密度；

P_b——试验采用的沥青用量（占混合料总量的百分数），%；

γ_t——试验沥青用量条件下实测得到的最大相对密度，无量纲；

γ_b——沥青的相对密度（25℃/25℃），无量纲。

⑤测定压实沥青混合料试件的毛体积相对密度 γ_f 和吸水率，取平均值。测试方法应遵照以下规定执行：

a. 通常采用表干法测定毛体积相对密度；

b. 对吸水率大于 2%的试件，宜改用蜡封法测定毛体积相对密度。

说明：对吸水率小于 0.5%的特别致密的沥青混合料，在施工质量检验时。允许采用水中重法测定的表观相对密度作为标准密度，钻孔试件也采用相同方法。但配合比设计时不得采用水中重法。

⑥确定沥青混合料的最大理论相对密度

对非改性的普通沥青混合料，在成型马歇尔试件的同时，按上述⑤的要求用真空法实测各组沥青混合料的最大理论相对密度 γ_{ti}。当只对其中一组油石比测定最大理论相对密度时，也可按式（10-16）或式（10-17）计算其他不同油石比时的最大理论相对密度 γ_{ti}。

$$\gamma_{ti}=\frac{100+P_{ai}}{\dfrac{100}{\gamma_{se}}+\dfrac{P_{ai}}{\gamma_b}} \tag{10-16}$$

$$\gamma_{ti}=\frac{100}{\dfrac{P_{si}}{\gamma_{se}}+\dfrac{P_{bi}}{\gamma_b}} \tag{10-17}$$

式中：γ_{ti}——相对于计算沥青用量 P_{bi}时沥青混合料的最大理论相对密度，无量纲；

P_{ai}——所计算的沥青混合料中的油石比,%；

P_{bi}——所计算的沥青混合料的沥青用量，$P_{bi}=P_{ai}/(1+P_{ai})$,%；

P_{si}——所计算的沥青混合料的矿料含量，$P_{si}=100-P_{bi}$，%；

γ_{se}——矿料的有效相对密度，按式（10-15）计算，无量纲；

γ_{b}——沥青的相对密度（25℃/25℃），无量纲。

⑦按式（10-18）、式（10-19）计算沥青混合料试件的空隙率 VV、矿料间隙率 VMA、有效沥青的饱和度 VFA 等体积指标，取 1 位小数，进行体积组成分析。

a. 沥青混合料的空隙率，按式（10-18）计算：

$$VV=\left(1-\frac{\gamma_{f}}{\gamma_{\varepsilon}}\right)\times 100 \tag{10-18}$$

b. 沥青混合料中的矿料间隙率，按式（10-19）计算：

$$VMA=VA+VV=\left(1-\frac{\gamma_{f}}{\gamma_{sb}}\times\frac{P_{s}}{100}\right)\times 100 \tag{10-19}$$

c. 沥青饱和度　沥青混合料中，沥青体积占矿料间隙体积的百分率，称为沥青填隙率，又称沥青饱和度。按式（10-20）计算：

$$VFA=\frac{VMA-VV}{VMA}\times 100 \tag{10-20}$$

式中：VV——试件的空隙率,%；

VMA——试件的矿料间隙率,%；

VFA——试件的有效沥青饱和度（有效沥青含量占 VMA 的体积比例),%；

γ_{f}——按⑤测定的试件的毛体积相对密度，无量纲；

γ_{t}——沥青混合料的最大理论相对密度，按⑥的方法计算或实测得到，无量纲；

P_{s}——各种矿料占沥青混合料总质量的百分率之和，即 $P_{s}=100-P_{b}$,%；

γ_{sb}——矿料的合成毛体积相对密度，按式（10-11）计算。

⑧进行马歇尔试验，测定马歇尔稳定度及流值。

(3) 马歇尔试验结果分析

①绘制沥青用量与物理—力学指标关系图

以油石比或沥青用量为横坐标，以马歇尔试验的各项指标为纵坐标，将试验结果点入图中（图 10-9），连成圆滑的曲线。确定均符合规范（JTG F40—2004）规定的沥青混合料技术标准的沥青用量范围 $OAC_{min}\sim OAC_{max}$。选择的沥青用量范围必须涵盖设计空隙率的全部范围，并尽可能涵盖沥青饱和度的要求范围，并使密度及稳定度曲线出现峰值。如果没有涵盖设计空隙率的全部范围，试验必须扩大沥青用量范围重新进行。

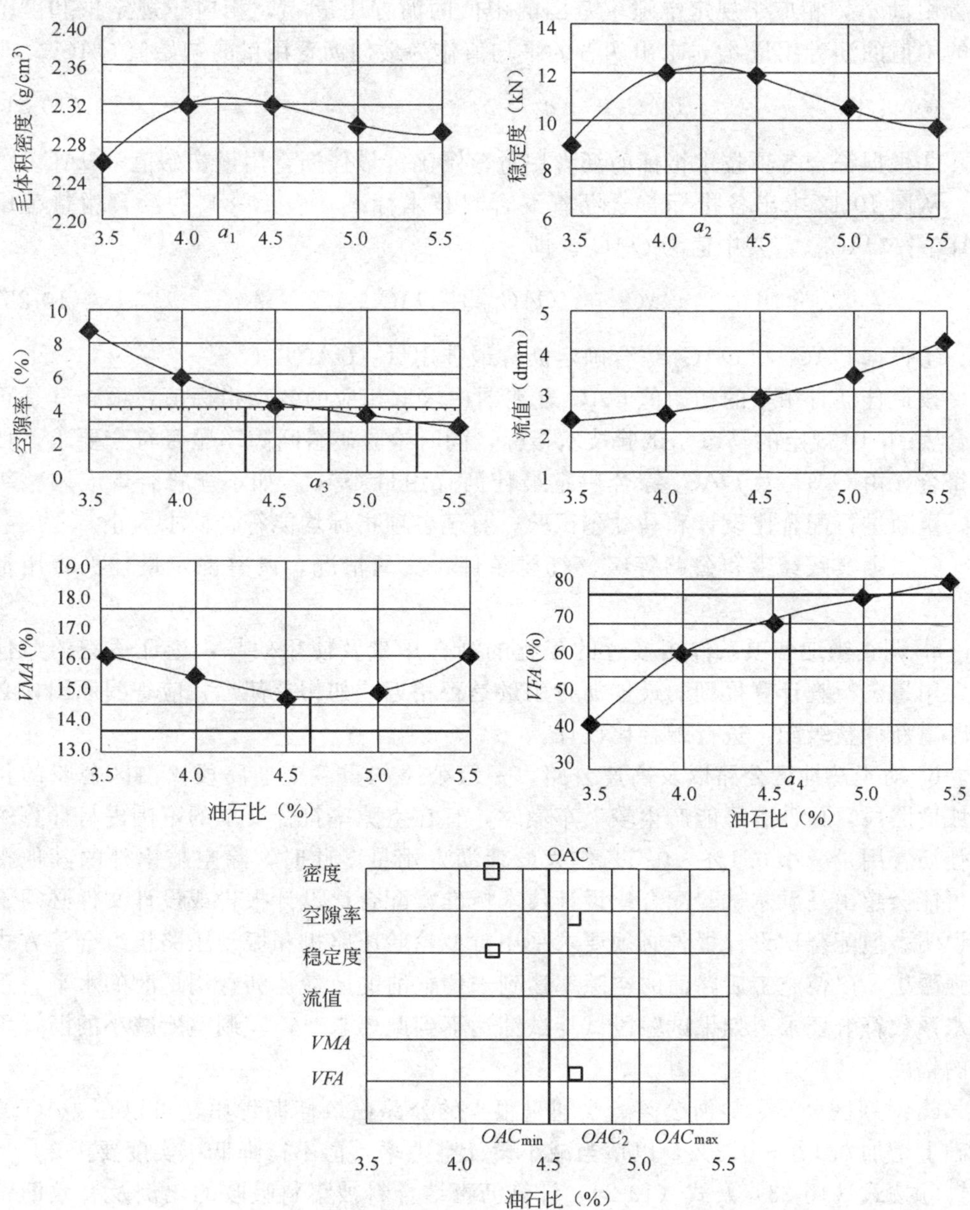

图 10-9 沥青用量与马歇尔稳定度试验物理—力学指标关系图

②根据稳定度、密度和空隙率确定最佳沥青用量初始值（OAC_1）

从图中求取出相应于稳定度最大值的沥青用量 a_1，相应于表观密度最大值的沥青用量 a_2，相应于规定空隙率范围的中值的沥青用量 a_3，相应于规定饱和度范围的中值的沥青用量 a_4，求出四者的平均值作为最佳沥青用量的初始值 OAC_1。即

$$OAC_1 = (a_1 + a_2 + a_3 + a_4)/4 \tag{10-21}$$

③根据符合各项技术指标的沥青用量范围确定最佳沥青用量初始值（OAC_2）

从图 10-12 求出各指标符合沥青混合料技术标准（表 10-8）的沥青用量范围 $OAC_{min} \sim OAC_{max}$，其中值为 OAC_2。即

$$OAC_2 = (OAC_{min} + OAC_{max})/2 \tag{10-22}$$

④根据 OAC_1 和 OAC_2 综合确定沥青最佳用量（OAC）

按最佳沥青用量的初始值 OAC_1，在图中求取相应的各项指标值，检查其是否符合表 10-10 规定的马歇尔试验技术指标，同时检验矿料间隙率是否符合要求，如能符合，由 OAC_1 及 OAC_2 综合决定最佳沥青用量 OAC。如不能符合，应调整级配，重新进行配合比设计和马歇尔试验，直至各项指标均能符合要求为止。

⑤根据实践经验和公路等级、气候条件、交通情况，调整确定最佳沥青用量 OAC。

a. 调查当地各项条件相接近的工程的沥青用量及使用效果，论证适宜的最佳沥青用量。检查计算得到的最佳沥青用量是否相近，如相差甚远，应查明原因，必要时重新调整级配，进行配合比设计。

b. 对炎热地区公路以及高速公路、一级公路的重载交通路段，山区公路的长大坡度路段，预计有可能产生较大车辙时，宜在空隙率符合要求的范围内将计算的最佳沥青用量减小 0.1%～0.5% 作为设计沥青用量。此时，除空隙率外的其他指标可能会超出马歇尔试验配合比设计技术标准，配合比设计报告或设计文件必须予以说明。但配合比设计报告必须要求采用重型轮胎压路机和振动压路机组合等方式加强碾压，以使施工后路面的空隙率达到未调整前的原最佳沥青用量时的水平，且渗水系数符合要求。如果试验段试拌试铺达不到此要求时，宜调整所减小的沥青用量的幅度。

c. 对寒区公路、旅游公路、交通量很少的公路，最佳沥青用量可以在 OAC 的基础上增加 0.1%～0.3%，以适当减小设计空隙率，但不得降低压实度要求。

⑥按式（10-23）及式（10-24）计算沥青结合料被集料吸收的比例及有效沥青含量。

$$P_{ba} = \frac{\gamma_{se} - \gamma_b}{\gamma_{se} \times \gamma_{sb}} \times \gamma_b \times 100 \tag{10-23}$$

$$P_{be} = P_b - \frac{P_{ba}}{100} \times P_s \tag{10-24}$$

式中：P_{ba}——沥青混合料中被集料吸收的沥青结合料比例，%；

P_{be}——沥青混合料中的有效沥青用量，%；

γ_{se}——矿料的有效相对密度，按式（10-22）计算，无量纲；

γ_{sb}——材料的合成毛体积相对密度，按式（10-11）求取，无量纲；

γ_b——沥青的相对密度（25℃/25℃），无量纲；

P_b——沥青含量，%；

P_s——各种矿料占沥青混合料总质量的百分率之和，即 $P_s = 100 - P_b$，%。

⑦检验最佳沥青用量时的粉胶比和有效沥青膜厚度。

a. 按式（10-25）计算沥青混合料的粉胶比，宜符合 0.6～1.6 的要求。对常用的公称最大粒径为

13.2～19mm 的密级配沥青混合料，粉胶比宜控制在 0.8～1.2 范围内。

$$FB = \frac{P_{0.075}}{P_{be}} \tag{10-25}$$

式中：FB——粉胶比，沥青混合料的矿料中 0.075mm 通过率与有效沥青含量的比值，无量纲；

$P_{0.075}$——矿料级配中 0.075mm 的通过率（水洗法），%；

P_{be}——有效沥青含量，%。

b. 按式（10-26）的方法计算集料的比表面，按式（10-27）估算沥青混合料的沥青膜有效厚度。各种集料粒径的表面积系数按表 10-16 采用。

$$SA = \sum (P_i \times FA_i) \tag{10-26}$$

$$DA = \frac{P_{be}}{\gamma_b \times SA} \times 10 \tag{10-27}$$

式中：SA——集料的比表面积，m^2/kg；

P_i——各种粒径的通过百分率，%；

FA_i——相应于各种粒径的集料的表面积系数，如表 10-11 所列；

DA——沥青膜有效厚度，μm；

P_{be}——有效沥青含量，%；

γ_b——沥青的相对密度（25℃/25℃），无量纲。

注：各种公称最大粒径混合料中大于 4.75mm 尺寸集料的表面积系数均取 0.0041，且只计算一次，4.75mm 以下部分的 FA_i 如表 10-17 所示。该例的 $SA=$

$6.60m^2/kg$。若混合料的有效沥青含量为4.65%，沥青的相对密度1.03，则沥青膜厚度为$DA=4.65/(1.03\times6.60)\times10=6.83\mu m$。

集料的表面积系数计算示例 表10-17

筛孔尺寸（mm）	19.0	16.0	13.2	9.5	4.75	2.36	1.18	0.6	0.3	0.15	0.075	集料比表面积总和 SA (m^2/kg)	0.075
表面积系数 FA_i	0.0041	—	—	—	0.0041	0.0082	0.0164	0.0287	0.0614	0.1229	0.3277		3～7
通过百分率（%）	100	92	85	76	60	42	32	23	16	12	6		3～7
比表面 F_{ai}/P_i (m^2/kg)	0.41	—	—	—	0.25	0.34	0.52	0.66	0.98	0.47	1.97	6.60	4～8

3. 配合比设计检验

（1）对用于高速公路和一级公路的密级配沥青混合料，需在配合比设计的基础上按本规范要求进行各种使用性能的检验，不符合要求的沥青混合料，必须更换材料或重新进行配合比设计。其他等级公路的沥青混合料可参照执行。

（2）配合比设计检验按计算确定的设计最佳沥青用量在标准条件下进行。如按照上述方法将计算的设计沥青用量调整后作为最佳沥青用量，或者改变试验条件时，各项技术要求均应适当调整，不宜照搬。

（3）高温稳定性检验。对公称最大粒径等于或小于19mm的混合料，按规定方法进行车辙试验，动稳定度应符合规范（JTG F40—2004）要求。

注：对公称最大粒径大于19mm的密级配沥青混凝土或沥青稳定碎石混合料，由于车辙试件尺寸不能适用，不宜按规范方法进行车辙试验和弯曲试验。如需要检验可加厚试件厚度或采用大型马歇尔试件。

（4）水稳定性检验。按规定的试验方法进行浸水马歇尔试验和冻融劈裂试验，残留稳定度及残留强度比均必须符合本规范（JTG F40—2004）的规定。

注：调整沥青用量后，马歇尔试件成型可能达不到要求的空隙率条件。需要添加消石灰、水泥、抗剥落剂时，需重新确定最佳沥青用量后试验。

（5）低温抗裂性能检验。对公称最大粒径等于或小于19mm的混合料，按规定方法进行低温弯曲试验，其破坏应变宜符合规范（JTG F40—2004）要求。

(6) 渗水系数检验。利用轮碾机成型的车辙试件进行渗水试验检验的渗水系数宜符合本规范（JTG F40—2004）要求。

(7) 钢渣活性检验。对使用钢渣的沥青混合料，应按规定的试验方法检验钢渣的活性及膨胀性试验，并符合规范（JTG F40—2004）要求。

(8) 根据需要，可以改变试验条件进行配合比设计检验，如按调整后的最佳沥青用量、变化最佳沥青用量 OAC±0.3%、提高试验温度、加大试验荷载、采用现场压实密度进行车辙试验，在施工后的残余空隙率（如 7%～8%）的条件下进行水稳定性试验和渗水试验等，但不宜用规范规定的技术要求进行合格评定。

4.配合比设计报告

(1) 配合比设计报告应包括工程设计级配范围选择说明、材料品种选择与原材料质量试验结果、矿料级配、最佳沥青用量，以及各项体积指标、配合比设计检验结果等。试验报告的矿料级配曲线应按规定的方法绘制。

(2) 当按上述调整沥青用量作为最佳沥青用量时，宜报告不同沥青用量条件下的各项试验结果，并提出对施工压实工艺的技术要求。

5.沥青混合料配合比设计例题

【例题】 某高速公路的沥青混凝土路面，公路所处的地区为温和地区，公路修筑所用的原材料技术性能如下：

沥青采用 A-70，经检验技术性能均符合要求，主要技术指标如表 10-18。

A-70 技术指标 表 10-18

15℃时密度（g/cm³）	针入度（1/10mm） *P*（25℃ 100g-5s）	延度（cm） （5cm/min 15℃）	软化点（℃）
1.033	73.6	>100	46.2

粗集料：采用玄武岩 1 号料（19.0～13.2mm），表观密度 2.918g/cm³；2 号料（13.2～4.75mm），表观密度 2.864g/cm³；与沥青的黏附情况评定为 5 级。其他各项技术指标见表 10-19。

粗集料技术指标 表 10-19

压碎值（%）	磨耗值（%）（洛杉矶法）	针片状颗粒含量（%）	磨光值（PSV）	吸水率（%）
14.7	18.8	12.3	46.3	1.3

细集料：石屑采用玄武岩，其表观密度为 2.81g/cm^3，砂子表观密度为 2.63g/cm^3。

矿粉：表观密度为 2.66 g/cm^3，含水量为 0.75%。

粗集料、细集料和矿粉的筛析结果列如表 10-20。

矿质集料筛分结果 表 10-20

原材料	通过下列筛孔（方孔筛，mm）的质量（%）										
	19.0	16.0	13.2	9.5	4.75	2.38	1.18	0.6	0.3	0.15	0.075
1号碎石	100	87.2	43.6	3.4	0.4	0.3	0				
2号碎石	100	100	100	90.1	21.0	5.8	3.0	2.2	1.6	1.2	0
石屑	100	100	100	100	99.2	74.5	48.1	34.8	20.0	13.1	8.7
砂	100	100	100	100	98.3	91.2	74.5	55.8	18.3	5.8	0.5
矿粉	100	100	100	100	100	100	100	100	99.2	95.9	80.0

试用马歇尔法设计该高速公路路面上面层用沥青混合料的配合组成，即确定各种矿质集料的用量比例和确定最佳沥青用量。

【解】 (1) 矿质混合料级配组成的确定

由原始资料可知，沥青混合料用于高速公路三层式沥青混凝土上面层，故参照表 10-15 沥青混合料类型可选用 AC-16。按表 10-16 的要求，中粒式 AC-16 沥青混凝土的矿质混合料级配范围如表 10-21。

矿质混合料要求级配范围 表 10-21

级配类型	通过下列筛孔（方孔筛，mm）的质量（%）										
	19.0	16.0	13.2	9.5	4.75	2.36	1.18	0.6	0.3	0.15	0.075
中粒式 AC-16	100	90～100	76～92	60～80	34～62	32～50	13～36	9～26	7～18	5～14	4～8

用图解法或电算法求出矿质集料的比例关系，并进行调整，使合成级配尽量接近要求级配范围中值。调整后的矿料合成级配列于表 10-22。

由此可得出矿质混合料的组成为：

矿质混合料合成级配计算表

表 10-22

设计混合料配合比(%)	通过下列筛孔(mm)的质量(%)										
	19.0	16.0	13.2	9.5	4.75	2.36	1.18	0.6	0.3	0.15	0.075
1 号碎石 33	33	28.7	14.4	1.1	0.1	0.1	0				
2 号碎石 24	24	24	24	21.6	5	1.4	0.7	0.5	0.4	0.3	0
石屑 23	23	23	23	23	22.8	17.1	11.1	8	4.6	3.0	2.0
砂 14	14	14	14	14	13.8	12.8	10.4	7.8	2.6	0.8	0.1
矿粉 6	6	6	6	6	6	6	6	6	6	5.3	4.8
合成级配	100	95.7	81.4	65.7	47.7	37.4	28.2	22.3	13.6	10.3	6.9
要求级配	100	90～100	76～92	60～80	34～62	32～50	13～36	9～26	7～18	5～14	4～8
级配中值	100	95	84	70	48	34	29.5	17.5	12.5	9.5	6

由于高速公路交通量大、轴载重，为使沥青混合料具有较高的高温稳定性，合成级配应偏向级配曲线范围的下限，由表 10-21 可知，合成级配偏向要求的级配曲线范围的下限，故可不予调整。

(2) 沥青最佳用量的确定

①试件成型

按表 10-13 推荐的沥青用量范围，中粒式沥青混凝土（AC-16）的沥青用量为 4.0%～6.0%，采用 0.5%的间隔变化，与计算的矿质混合料配合比按规定条件制备 5 组马歇尔试件。

②马歇尔试验

a. 物理指标测定

将成型的试件，经 24h 后测定其表观密度、空隙率、沥青饱和度等物理指标。

b. 力学指标测定

测定物理指标后的试件，在 60℃温度下测定其马歇尔稳定度和流值，并计算马歇尔模量。沥青混合料马歇尔试验结果汇总见表 10-23。

沥青混合料马歇尔试验结果汇总表 表 10-23

组数编号	沥青用量 (%)	表观密度 (g/cm^3)	空隙率 (%)	饱和度 (%)	稳定度 (kN)	流值 (dmm)	马歇尔模数 (T) (kN/mm)
1	4.0	2.472	7.5	53.3	10.4	28.8	36.1
2	4.5	2.512	5.5	63.6	11.9	9.3	40.6
3	5.0	2.531	4.1	72.6	12.4	30.7	40.4
4	5.5	2.542	3.4	77.6	10.9	33.2	32.8
5	6.0	2.532	2.6	83.4	9.0	36.2	24.9
技术标准（GB 50092）要求		—	3～6	70～85	7.5	20～40	—

(3) 马歇尔试验结果分析

①绘制沥青用量与物理—力学指标关系图

根据上述马歇尔试验结果汇总表 10-23，分别绘制沥青用量与视密度、空隙率、饱和度、稳定性、流值的关系图，如图 10-10。

②确定沥青用量初始值 OAC_1

从图中相应于稳定度最大值的沥青用量 a_1＝5.0%，相应于表观密度最大值的沥青用量 a_2＝5.5%，相应于规定空隙率范围中值的沥青用量 a_3＝4.7%，相应于规定饱和度范围的中值的沥青用量 a_4＝5.3%，求出四者的平均值作为最佳沥青用量的初始值 OAC_1。即

$$OAC_1 = (a_1 + a_2 + a_3 + a_4)/4 = (5.0\% + 5.5\% + 4.7\% + 5.2\%)/4 = 5.1\%$$

③确定沥青用量初始值 OAC_2

根据沥青混合料马歇尔试验技术标准（见表 10-22）确定各关系曲线上沥青用

量范围，取其共同部分可得：

$OAC_{min}=4.65\%$　　$OAC_{max}=5.55\%$

$OAC_2=(OAC_{min}+OAC_{max})/2=(4.65\%+5.55\%)/2=5.10\%$

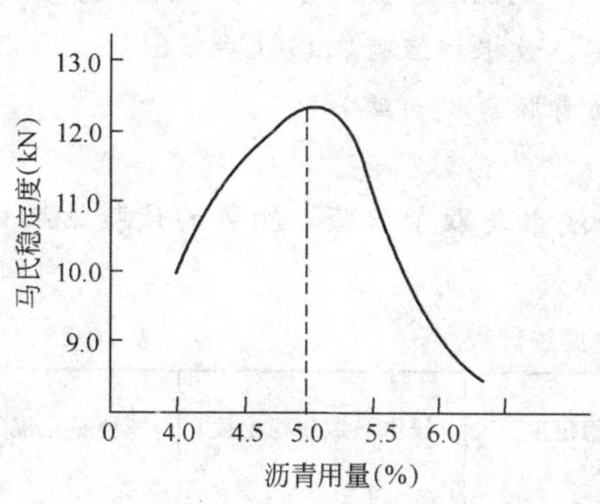

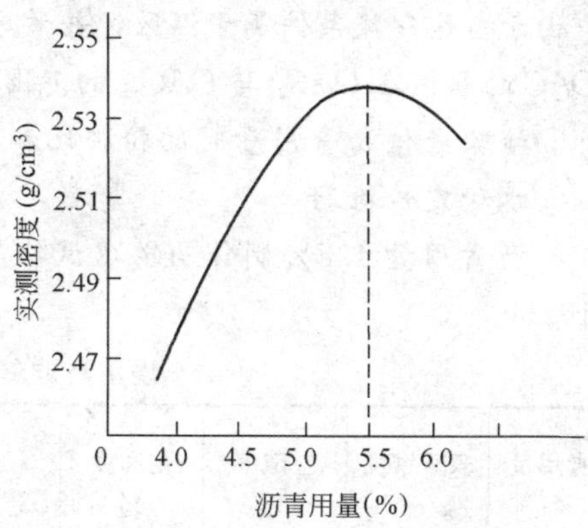

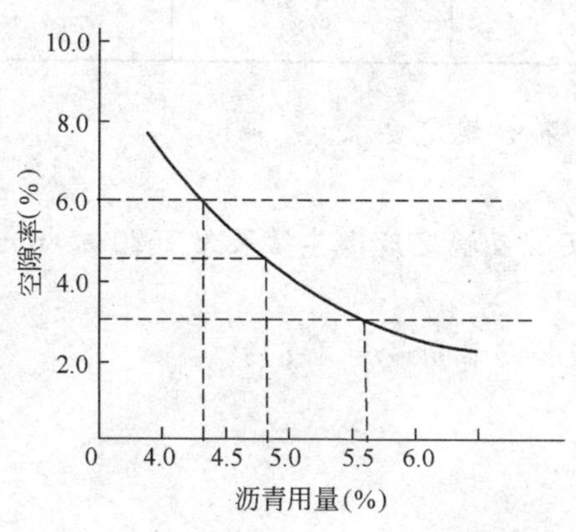

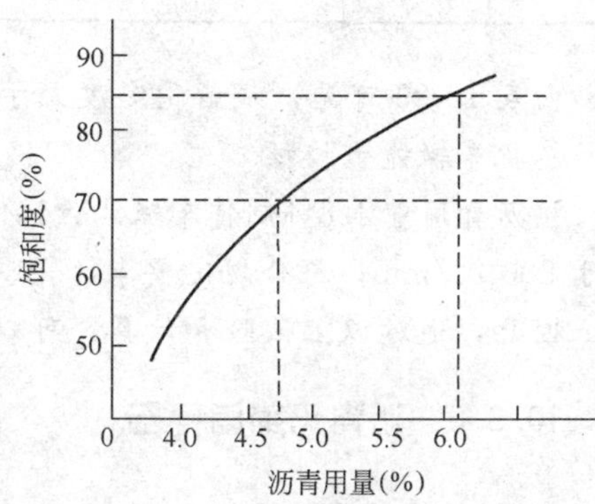

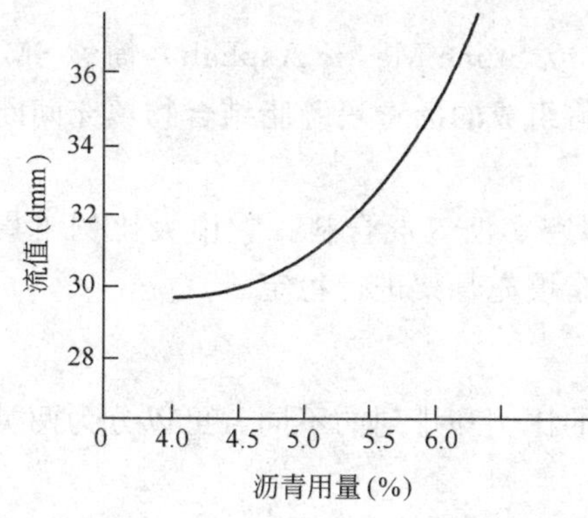

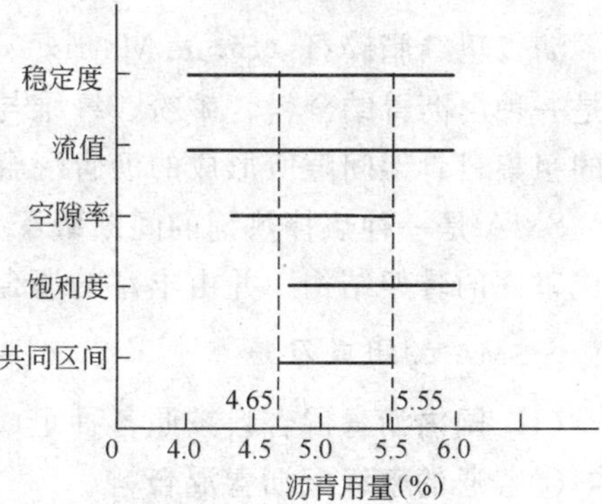

图 10-10　马歇尔试验各项指标与沥青用量关系图

④综合确定最佳沥青用量 OAC

按沥青最佳用量初始值 $OAC_1=5.1\%$ 检查各项指标均能符合要求，由 OAC_1 和 OAC_2 综合确定沥青最佳用量，取 $OAC=5.10\%$。

由于当地气候条件属于温区，并考虑高速公路渠化交通，预计有可能出现车辙，则 OAC 的取值在 OAC_2 与 OAC_{min} 的范围内决定，故根据经验取 $OAC=4.8\%$。

⑤检验最佳沥青用量时的粉胶比和有效沥青膜厚度（略）

⑥水稳定性检验

按沥青用量 4.8%制作马歇尔试件，进行浸水马歇尔试验，测得的试验结果见表 10-24。

浸水马歇尔试验数据统计表 表 10-24

沥青用量 %	表观密度 g/cm³	空隙率 %	饱和度 %	马歇尔稳定度 kN	浸水马歇尔稳定度 kN	残留稳定度 %
4.8	2.537	3.7	74.9	12.4	9.8	79

由表 10-23 可见，残留稳定度大于 75%，符合规定要求。

⑦抗车辙能力校核

按沥青用量 4.8%制作车辙试验试件，测定其动稳定度，其结果为 1520 次/mm，大于 800 次/mm，符合规定要求。

因此，通过以上试验和计算，可以确定最佳沥青用量为 4.8%。

10.3.6 沥青玛蹄脂碎石

1. SMA 的基本概念

沥青玛蹄脂碎石（Stone Matrix Asphalt 或 Stone Mastic Asphalt）简称 SMA，它是一种由沥青结合料、矿粉、纤维与细集料组成的沥青玛蹄脂结合物填充间断级配的粗集料骨架间隙所形成的沥青混合料。

SMA 是一种热拌热铺的间断级配骨架型密实沥青混合料。它由大比例粗集料构成坚固的骨架结构，并由丰富的沥青玛蹄脂填充骨架进行稳定。

2. SMA 的组成及特点

（1）国内沥青混合料按照各种组成成分的比例和排列的不同，可以分为两类：

①普通的密级配沥青混合料

密级配沥青混合料是根据连续级配的原理，按照富勒（Fuller equation）曲线的指数构成矿料级配，即 0.45 次方的规律。

$$P_i = 100(\frac{d_i}{D})^{0.45} \quad (10\text{-}28)$$

式中：P_i——相当于矿料总量的某一筛孔的通过百分率（%）；

d_i——该筛孔的尺寸（mm）；

D——最大粒径（mm）。

我国现行《公路沥青路面施工技术规范》（JTG F40—2004）规定的密级配沥青混凝土基本上符合此规律，这种级配的混合料属于悬浮式密实结构。即从理论上讲，粗集料的间隙被小一级的集料填充，小一级的集料又被更小一级的集料填充，直至最小的矿粉为止。但实际上，为了填充上一级集料的空隙，小一级的集料必然较多，已经把上一级集料的间隙挤开了。最终形成粗集料之间接触较少，而几乎是悬浮在沥青胶砂混合料中的状态。混合料有一定空隙，空隙率 *VV* 和矿料间隙率 *VMA* 是最重要的体积指标。悬浮式密实沥青混合料的结构源于粗细集料之间的嵌挤（内摩阻力）和沥青矿粉结合料的黏结力的支撑。

②嵌挤作用沥青混合料

根据集料嵌挤作用的组成的沥青混合料。我国以前常用的贯入式沥青碎石、沥青表面处治，以及拌和式沥青碎石混合料属于此类型。这种混合料实际上是一种骨架空隙结构，其结构原理仅仅来源于集料之间的嵌挤，黏结力充其量只起集料的稳定作用，所以国外将沥青碎石称为沥青稳定碎石，而且一般都作为基层使用。

（2）SMA 沥青玛蹄脂混合料

SMA 则是一种全新意义上的沥青混合料，它是由沥青玛蹄脂填充碎石骨架组成的骨架嵌挤型密实结构混合料，接近于我国的沥青碎石混合料的空隙中用丰富的沥青玛蹄脂填充的情况。

SMA 的组成有以下特点。

①SMA 是一种间断级配的沥青混合料。例如 SMA-16，5mm 以上的粗集料，主要是 4.75mm 以上颗粒的粗集料颗粒的比例高达 70%～80%，其中 9.5mm 以上的占一半，矿粉的用量达 8%～13%，0.075mm 筛的通过率一般高达 10%，粉胶比远超出通常的 1.2 的限制值，由此形成间断级配，很少使用细集料。

②为加入较多的沥青，一方面增加矿粉的用量，同时使用纤维做稳定剂，统称采用木质素纤维，用量为沥青混合料的 0.3%，也可以采用矿物纤维，用量为混合料的 0.4%。

③沥青结合料用量多，比普通混合料要高 1%以上，黏结性要求高。要求选用针入度小，软化点高，温度稳定性好的沥青。最好采用改性沥青，以改善高低温变形性能及与矿料的黏附性。

④SMA 的配合比不能完全依靠马歇尔配合比设计方法，主要由体积指标确定。

马歇尔试件成型双面击实 50 次，目标空隙率 2%～4%，稳定度和流值不是主要指标，沥青用量还可参考高温析漏试验确定，车辙试验是重要的设计手段。

⑤SMA 的材料要求：粗集料必须特别坚硬、表面粗糙，针片状颗粒少，以便嵌挤良好；细集料一般不用天然砂，宜采用坚硬的人工砂；矿粉必须是磨细石灰石粉，最好不使用回收粉尘。

⑥SMA 的施工与普通沥青混凝土相比，拌和时间要适当延长，施工温度要提高。

综合 SMA 的特点，可以归纳为三多一少：粗集料多、矿粉多、沥青结合料多、细集料少。掺纤维增强剂，材料要求高，使用性能全面提高。

3. SMA 的形成机理

(1) SMA 路用性能的机理

根据 SMA 是由沥青、矿粉纤维及少量细集料组成的沥青玛蹄脂填充间断级配的粗集料碎石骨架的间隙形成一体的混合料。其形成机理如图 10-11 所示。

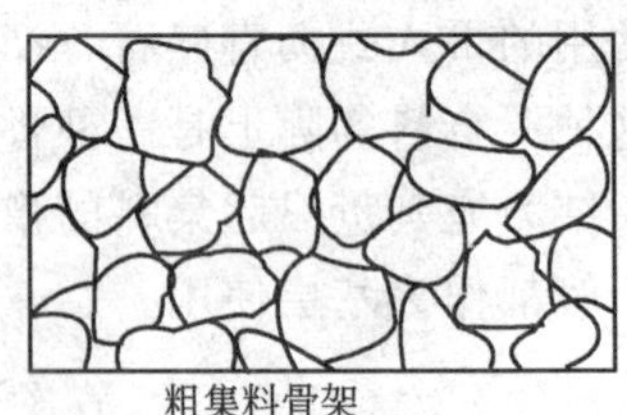

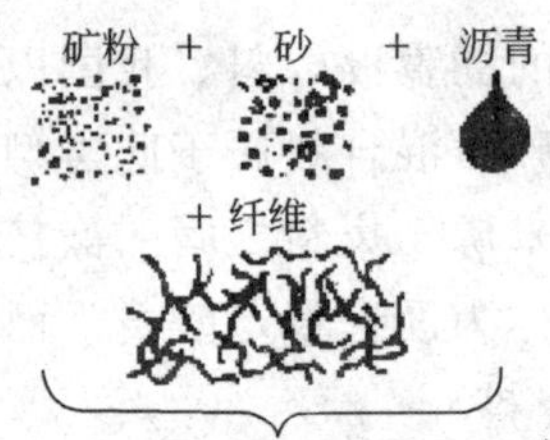

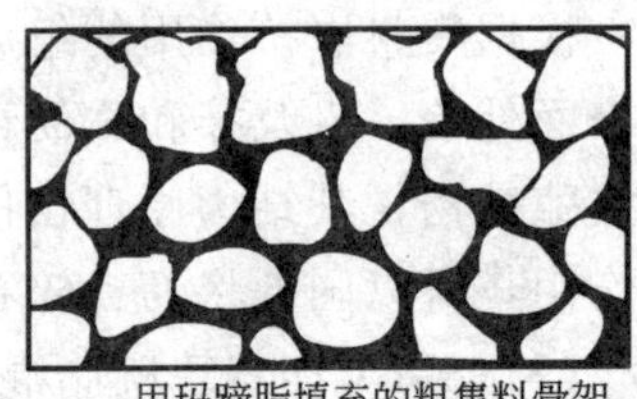

图 10-11 SMA 混合料的形成机理

(2) SMA 与普通沥青混凝土（AC）、沥青碎石混合料（AM）、抗滑沥青混合料（AK）结构比较

① SMA 与普通的密级配沥青混凝土（AC）比较

AC 的组成中，细集料以下的部分大体上占到一半，从钻芯试件可以清楚地看到沥青砂浆已经把粗集料撑开，粗集料实际上是悬浮在沥青砂浆中，彼此互相并未紧密接触。由于粗集料之间有相当大的空隙，故而交通荷载主要是由沥青砂浆承受着，AC 抵抗荷载变形的能力很大程度上受到矿料级配、矿料间隙率（*VMA*）、空隙率以及沥青砂浆的比例的影响。在高温条件下，沥青砂浆的黏度变小，承受变形的能力急剧降低，很容易产生永久变形，造成车辙、推拥等。

SMA 的组成中，粗集料骨架占到 70%以上，混合料中粗集料相互之间的接触面（或支撑点）很多，细集料很少，玛蹄脂部分仅仅填充了粗集料之间的孔隙，交通荷载主要由粗集料骨架承受。由于粗集料颗粒之间互相良好的嵌挤作用，沥青混合料产生非常好的抵抗荷载变形的能力，即使在高温条件下，沥青玛蹄脂的黏度下降，对这种抵抗能力的影响也会减小，因而有较强的高温抗车辙能力。而这一点是极其重要的，即充分利用了集料嵌挤作用，提高了高温抗车辙能力。

②SMA与沥青碎石混合料（AM）比较

AM有相当多的粗集料，也有良好的石料嵌挤作用，但使用沥青太少（因为矿粉很少，沥青想加也加不进去），空隙率太大，沥青与集料的黏结性不足，集料之间充满了水分，水分对混合料的浸蚀使沥青与集料脱开，造成剥落，很容易造成雨季及春融季节的大面积破坏，而且低温抗裂性也不好，所以沥青碎石结构的耐久性很差，逐渐为世界各国淘汰。

③SMA与抗滑表层级配混合料（AK）比较

抗滑表层级配混合料实际上也存在与AM相同的缺点，抗滑与耐久性的矛盾不好解决。

SMA则充分考虑了现在普遍使用的AC和AM、AK等级配的缺点，又力求利用他们的优点，达到最完善的组合。

4. SMA的特性

具有良好的耐久性和路面使用性能的SMA结构，其特性主要表现在以下几个方面：

（1）抗高温稳定性

在SMA的组成中，粗集料骨架占70％以上，混合料中粗集料相互之间的接触面很多，细集料很少，玛蹄脂部分仅填充了粗集料之间的空隙，交通荷载主要由粗集料骨架承受。由于粗集料之间互相嵌挤作用，沥青混合料产生非常好的抵抗荷载变形的能力，即使在高温条件下，沥青玛蹄脂的黏度下降，对这种抵抗能力的影响也会减小，因而有较强的高温抗车辙能力。

（2）抗低温稳定性

低温条件下的沥青混合料抗裂性能主要由结合料的拉伸性能决定。由于SMA的集料之间填充了丰富的沥青玛蹄脂，它包在粗集料表面，随着温度的下降，混合料收缩变形使集料被拉开时，玛蹄脂有较好的黏连作用，它的韧性和柔性使混合料有较好的低温变形性能。若采用改性沥青，则混合料的低温抗裂性能将大幅度提高。

（3）良好的水稳定性

沥青混合料的水稳定性主要是防止水的侵蚀，提高沥青与集料之间的黏附性。SMA混合料的空隙率很小，几乎不透水，混合料受水的影响很小，再加上玛蹄脂与集料的黏结力好，使得混合料的水稳定性有较大改善。

（4）耐久性好

SMA的混合料内部被沥青玛蹄脂充分填充，且沥青膜较厚，混合料的空隙率

很小，沥青与空气的接触少，因而沥青混合料的耐老化性能好；同时由于内部空隙小，其变形率小，因此有良好的耐久性。另外，由于SMA基本上是不透水的，对下面的沥青层和基层都有较强的保护作用和隔水作用，使路面能保持较高的整体强度和稳定性。

(5) 好的表面功能（抗滑、车辙小、平整度高、噪声小、能见度好）

沥青路面良好的表面功能除了集料本身性质外，表面构造也是关键因素。由于SMA采用坚硬的、粗糙的、耐磨的优质石料，又采用间断级配，粗集料含量高，路面压实后表面形成的孔隙大，构造深度大，因此使抗滑性能提高。同时，雨天行车不会产生大的水雾和溅水，粗糙的表面在夜间对灯光反射小，故能见度好，同时噪声也会大为降低。由于SMA具有坚固的集料结构，其压缩性比常规沥青混凝土小很多。同时，由于SMA路面具有很高的抗车辙能力，对路面始终具有很高平整度提供了保证。

综上所述，SMA路面具有极优异的面层功能特性，稳定性好。由于具有高度的抗滑性、平整度和抗车辙能力，降低交通噪声，改善雨天的能见度，所以为车辆行驶提供了优良的安全性和舒适性。同时，由于SMA路面耐久性好，故养护工作少，使用寿命长，综合经济效益和环境效益好。

5. SMA的材料要求

由于SMA优良的抗车辙性能主要来源于集料本身具备的高度的内摩阻力，故对粗细集料的要求较高。

(1) 粗集料质量技术要求

粗集料是构成SMA混合料骨架的主体材料，要求选用质地坚硬、表面粗糙、抗磨耗、耐磨光、形状接近立方体、有良好的嵌挤能力的破碎石料，破碎率一般要求为100%。SMA对粗集料抗压碎的质量要求高，必须使用坚韧的、有棱角的优质石料，并严格限制其针片状含量。

粗集料要求是具有棱角的优质石料，因此SMA粗集料在破碎作业时不得采用颚式破碎机加工，要用反击式或锥式碎石机破碎。另外因为SMA在绝大多数的情况下是作为磨耗层材料，所以要求粗集料具有优良的抗磨耗和耐磨光性。

粗集料选择时考虑花岗岩、石英岩、砂岩等酸性岩石往往质量较好，但是它们与沥青的黏附性很差，因此一般不选择酸性石料作粗集料。但当采用酸性石料作粗集料，沥青与石料的黏附性和沥青混合料的水稳定性不符合要求时，应采取使用改性沥青、掺加适量消石灰或水泥等措施。如使用抗剥离剂时，必须确认抗剥离剂具有长期的抗水损害效果。当采用聚合物改性沥青时，混合料经水稳定性检验合格的也可不再采取其他措施。

我国《公路沥青玛蹄脂碎石路面技术指南》（以下简称《SMA技术指南》）对

SMA 表面层粗集料技术要求如表 10-25。

SMA 表面层用粗集料质量技术要求 表 10-25

指　标	单　位	技术要求	试验方法
石料压碎值 不大于	%	25	T0316
洛杉矶磨耗损失 不大于	%	28	T0317
视密度 不小于	t/m^3	2.60	T0304
吸水率 不大于	%	2.0	T0304
与沥青的黏附性 不小于	级	4	T0616
坚固性 不大于	%	12	T0314
针片状颗粒含量 不大于	%	15	T0312
水洗法<0.075mm 颗粒含量 不大于	%	1	T0310
软石含量 不大于	%	1	T0320
石料磨光值 不小于	BPN	42	T0321
具有一定数量破碎面颗粒的含量 有 1 个破碎面的颗粒 有 2 个或 2 个以上破碎面的颗粒	%	100 90	T0327

(2) 细集料质量技术要求

SMA 细集料一般是指 2.36mm 以下的集料，在 SMA 中所占的比例往往不超过 10%。虽然细集料所占的比例不大，但其性能对 SMA 整体性能的影响也不小。特别是细集料的粗糙度对 SMA 的高温抗车辙能力影响比较大。同时，细集料的缺失也会大大影响混合料的体积参数，使得压实混合料的空隙率与 VMA 都增大，从而导致路面抗渗性减弱。

我国《SMA 技术指南》规定：细集料宜采用专用的细料破碎机（制砂机）生

产的机制砂。当采用普通石屑代替时，宜采用与沥青黏附性好的石灰岩石屑，且不得含有泥土、杂物。与天然砂混用时，天然砂的用量不宜超过机制砂或石屑的用量。天然砂中水洗法小于0.075mm颗粒含量不得大于5%。当采用砂作为细集料使用时，必须测定其粗糙度指标，以表示砂粒的棱角性和表面构造状况。细集料的质量，应符合表10-26的技术要求。

(3) 填料质量技术要求

① 填料技术要求

由于纤维帮助矿粉沥青团粒起到了分散作用的缘故，SMA填料数量远远超过普通沥青混合料。我国《SMA技术指南》对填料的质量技术指标要求如下：

填料必须采用由石灰石等碱性岩石磨细的矿粉。矿粉必须保持干燥，能从石粉仓自由流出，其质量应符合表10-27的技术要求。为改善沥青结合料与集料的黏附性，使用消石灰粉和水泥时，其用量不宜超过矿料总质量的2%。粉煤灰不得作为SMA的填料使用。

SMA面层用细集料质量技术要求 表10-26

指　标	单　位	技术要求	试验方法
视密度不小于	t/m^3	2.50	T0329
坚固性不大于	%	12	T0340
砂当量	%	55	T0334
塑性指数	%	无	T0118或0119
粗糙度	s	实测	T0345

SMA面层用填料质量技术要求 表10-27

指　标	单　位	技术要求	试验方法
视密度不小于	t/m^3	2.50	T0352
含水量不大于	%	1	烘干法
粒度范围 ＜0.6mm ＜0.15mm ＜0.075mm	%	 100 90～100 75～100	T0351
外观	%	无团粒，不结块	
亲水系数不大于		1	T0353
塑性指数不大于	%	4	T10118或0119

②回收粉尘的使用规定

SMA使用除尘装置回收的粉尘时，回收粉用量不得大于矿粉总量的25%，使用回收粉后的0.05mm通过部分的塑性指数不得大于4。

(4) 沥青结合料质量技术要求

SMA混合料需要采用比常规AC混合料黏度（稠度）更大的沥青结合料。我国《SMA技术指南》规定如下：

①用于SMA沥青结合料必须具有较高的黏度，与集料有良好的黏附性，以保证有足够的高温稳定性和低温韧性。对高速公路等承受繁重交通的重大工程，在夏季特别炎热或冬季特别寒冷的地区，宜采用改性沥青。

②当不使用改性沥青结合料时，沥青的质量必须符合《重交通道路沥青技术要求》，并采用比当地常用沥青标号稍硬一级或两级的沥青。

③当使用改性沥青时，用于改性沥青的基质沥青，必须符合《重交通道路沥青技术要求》。基质沥青的标号应通过试验确定，通常采用与普通沥青标号相当或针入度稍大的等级。沥青改性以后的针入度等级，在我国南方和中部地区宜为40～60，北方地区宜为40～80，东北寒冷地区宜为60～100。

④用于SMA的聚合物改性沥青的质量应符合《公路改性沥青施工技术规范》(JTJ 036—2002）规定的技术要求。以提高沥青混合料的抗车辙能力作为主要目的时，宜要求改性沥青的软化点温度高于年最高路面温度。

⑤各类改性沥青改性剂的合理剂量，除特殊情况外，宜在下列范围向选择：

对SBS及SBR类改性沥青，按内插法计算的改性剂剂量宜为3.5%～5%，对EVA或PE类改性沥青，剂量宜为4%～6%。

(5) 纤维稳定剂

在沥青混合料中使用的纤维种类较多，主要有木质素纤维、矿物纤维、有机纤维三大类。

纤维稳定剂主要作用：

①加筋作用。在SMA混合料中掺加纤维，纤维在混合料中以一种三维的分散相存在，犹如农民盖土坯房时向抹墙的灰泥中掺加草筋一样，也和各种钢纤维混凝土、土工格栅、土工布等加筋材料一样，可以起到加筋作用。

②分散作用。如果没有纤维，用量颇大的沥青矿粉很可能成为胶团，不能均匀地分散在集料之间，铺筑在路面上将清楚地看见“油斑”存在，纤维可以使胶团适当分散。

③吸附及吸收沥青作用。在SMA混合料中加入纤维稳定剂，其作用在于充分吸附（表面）及吸收（内部）沥青，从而使沥青用量增加，沥青油膜变厚，提高混合料的耐久性。

④稳定作用。纤维使沥青膜处于比较稳定的状态，尤其是在夏天高温季节，沥青受热膨胀时，纤维内部的空隙还将成为一种缓冲的余地，不致成为自由沥青而泛油，对高温稳定性也有好处。

⑤增黏作用，提高黏结力。纤维将增加沥青与矿料的黏附性，通过油膜的黏结，提高集料之间的黏结力。

纤维的基本性质应符合规范要求，且在250℃的干拌温度不变质、不发脆，使用纤维必须符合环保要求，不危害身体健康。纤维必须在混合料拌和过程中能充分分散均匀。矿物纤维宜采用玄武岩等矿石制造，易影响环境及造成人体伤害的石棉纤维不宜直接使用。纤维应存放在室内或有棚盖的地方，松散纤维在运输及使用过程中应避免受潮，不结团。纤维稳定剂的掺加比例以沥青混合料总量的质量百分率计算，通常情况下，SMA路面的木质素纤维不宜低于0.3%，矿物纤维不宜低于0.4%，必要时可适当增加对木质素纤维、矿物纤维、聚合物纤维的用量。

6. SMA混合料的级配要求

(1) SMA混合料的最大粒径

SMA混合料的最大粒径影响沥青路面的热稳定性和行车噪声。SMA混合料的最大粒径较大时，路面的热稳定性较好，但行车噪声较大；而最大粒径较小时，行车噪声较小，但热稳定性会有所降低。由于我国大部分地区的气候条件是夏季高温持续时间长，沥青路面容易出现泛油和车辙。因此，SMA混合料宜采用相对较大的粒径。一般来说，在行驶载重汽车的道路上宜采用粒径较大的SMA，而行驶以小汽车为主的道路，则可采用粒径相对较小的SMA。根据使用场合和交通组成的不同，可以参照表10-28选择SMA的类型。

SMA适用的道路 表10-28

道路类型	主要行驶车辆	适用表面层SMA类型	适用中面层SMA类型
城市街道、高架道路	小汽车、轻型货车	SMA-13 SMA-10	—
城市干道、高等级公路	公交车辆、载重汽车 混合车辆	SMA-16 SMA-13	SMA-19 SMA-25
高速公路、重交通道路	重型载重货车	SMA-16	SMA-19
			SMA-25

(2) 混合料的集料级配

SMA混合料的集料级配，与普通沥青混合料有很大的区别。普通热拌沥青混合料(AC)，其4.75mm以上的粗颗粒一般仅占30%～50%；防滑磨耗层集料级配（AK），其4.75mm以上的粗集料占50%～70%，细集料占有很大的比例。然而，SMA混合料中4.75mm以上颗粒含量则高达70%～80%，可见它们的差别是十分明显的。

根据国内外工程经验及有关规范，推荐的沥青玛蹄脂碎石混合料（SMA）的间断级配如表 10-29 所示。根据铺筑层厚度及材料情况选择，其中 SMA-10 适用于城市道路或公路薄层罩面，表中的最小层厚接近公称最大粒径的 2 倍。在矿质集料的级配中，4.75mm 及 9.5mm 以上的粗集料用量和 0.075mm 以下的矿粉用量特别重要。

沥青玛蹄脂碎石混合料（SMA）矿料级配的范围 表 10-29

筛 孔（mm）	规 格（按公称最大粒径分）		
	SMA-16	SMA-13	SMA-10
19	100	100	100
16	90～100	100	100
13.2	65～85	90～100	100
9.5	45～65	50～75	90～100
4.75	20～32	20～32	22～36
2.36	15～24	15～26	18～28
1.18	14～22	14～24	14～26
0.6	12～18	12～20	12～22
0.3	10～15	10～16	10～18
0.15	7～14	8～15	8～16
0.075	7～12	8～12	8～12
适用的层厚（mm）	32～45	27～40	20～30

7.SMA 混合料的配合比设计

SMA 混合料配合比设计主要有马歇尔试验法和旋转搓揉压实机试验法。目前，我国很少单位有旋转搓揉压实机，而马歇尔试验仪已很普及，试验方法也为大家所熟悉，本节只简单介绍马歇尔试验法。

（1）SMA 混合料技术要求

为保证 SMA 路面的使用性能，SMA 混合料应具有较好的稳定性，马歇尔稳定度宜大于 6.0kN，流值宜控制在 20～40mm 范围内。空隙率宜控制在 3.5%～5.5%范围内。SMA 混合料的沥青用量有一个最小值，最小沥青用量宜为 5.5%。为了保证粗集料相互接触和紧密嵌挤形成骨架结构，粗集料骨架间隙率应大于沥青混合料粗集料骨架间隙率。与普通的沥青混合料一样，SMA 混合料还应有良好的抗车辙性能，有足够的动稳定度（>1500 次/mm）；良好的水稳定性，冻融劈裂强度比（>70%）；足够的抗滑性，不析漏，不泛油；以及良好的低温黏结性，温度在－10℃以下的肯塔堡飞散损失率小于 20%。

SMA 混合料的综合技术要求如表 10-30 所示，该表是我国的研究成果和工程实践经验的总结。在 SMA 混合料的配合比设计时，可参考使用。

（2）SMA 混合料配合比设计步骤

①选择确定原材料

所有原材料试验值均应符合相应技术要求。

②确定试配的矿料级配，测定矿料的性能

在表 10-26 的级配范围内，以 4.75mm 通过率为基准，选用 3 个不同级配，同时使 9.5mm 的通过率在要求范围的中值附近。按我国《公路工程集料试验规程》(JTJ 058) 的方法，测定 3 种配比矿料的毛体积相对密度和 4.75mm 以上粗集料的捣实密度，计算粗集料骨架间隙率。

③选择初试沥青用量，测定试件的体积参数

选择初试沥青用量，一般可选油石比为 5.8%或 6.0%，成型 3 组马歇尔试件，采用表干法测定试件的毛体积相对密度，实测最大相对密度或计算理论密度，计算试件的空隙率、矿料间隙率及沥青混合料粗集料骨架间隙率，根据矿料间隙率大于 17%及沥青混合料粗集料骨架间隙率小于粗集料骨架间隙率的要求，确定设计级配，必要时作适当调整。

SMA 混合料技术要求 表 10-30

技术指标		要求值
锤击次数，次		两面各 75
马歇尔稳定度，kN	大于	6.0
流值，0.1mm		20～40
空隙率 Va，%		3.5～5.5
矿料间隙率 VMA，%	大于	17
沥青饱和度，%		70～85
沥青用量，%	大于	5.5
谢伦堡沥青析漏率，%	小于	0.2
肯塔堡飞散损失率（-10℃），%	小于	20
马歇尔残留稳定度，%	大于	80
冻融劈裂强度比，%	大于	70
动稳定度 DS，次/mm	大于	1 500

④确定沥青用量

取 3～5 个不同的沥青用量，沥青用量间隔为 0.3%～0.4%，进行马歇尔试验，根据空隙率，确定最佳沥青用量，同时马歇尔试验的各项指标应符合 10-27 的技术要求。

⑤检验 SMA 混合料的性能

a. 车辙试验

按沥青最佳用量和设计级配，拌制 SMA 混合料，成型一组轮辙试验试件，在

60℃温度下进行轮辙试验，测定其动稳定度。

b. 析漏试验

按沥青最佳用量拌制试样，在 170℃下测试析漏率。

c. 肯塔堡试验

按沥青最佳用量拌制混合料，成型马歇尔试件，在－10℃冰箱中放置 2.5h，然后进行飞散试验。

d. 水稳性试验

以沥青最佳用量拌制混合料，成型马歇尔试件，进行残留稳定度试验和冻融循环试验。

⑥配合比的确定

根据实测的各项性能，选择符合表 10-27 的技术要求的配合比。

本章小结

本章主要介绍了土木工程使用的沥青材料及其制品，重点阐述了石油沥青有关技术性质、技术标准、石油沥青组分与结构以及沥青混合料分类及沥青混合料的组成材料要求，同时介绍了公路工程使用的沥青混合料组成设计，并简述了沥青防水材料的类型和沥青码碲脂碎石。要求学生掌握沥青材料的技术性质，并能正确选择、合理使用沥青材料。

1. 从石油沥青的主要组分说明石油沥青三大指标与组分之间的相互关系？
2. 试述石油沥青的胶体结构，并据此说明石油沥青各组分的相对比例的变化对其性能的影响。
3. 石油沥青的牌号如何划分？牌号大小与沥青的性质有何关系？
4. 石油沥青为什么会老化？如何延缓其老化？
5. 何谓沥青混合料？沥青混凝土混合料与沥青碎石混合料有什么区别？
6. 沥青混合料的组成结构有哪几种类型，它们的特点如何？
7. 按我国现行沥青混凝土配合比设计方法，沥青最佳用量 *OAC* 是怎样确定的？
8. SMA 混合料的组成特点及技术特性是什么？

第11章 合成高分子材料

本章概要

1. 介绍了合成高分子材料的分类与特点；
2. 阐述了土木工程常用的合成高分子材料的性质及要求。

合成高分子材料是指其基本组成物质为人工合成高分子化合物的各种材料。合成高分子材料主要包括合成树脂、合成橡胶和合成纤维三大类。在土木工程中，合成树脂主要用于建筑塑料、建筑涂料和胶黏剂等，是用量最大的合成高分子材料。合成橡胶主要用于防水密封材料、桥梁支座和沥青改性材料等，用量仅次于合成树脂。合成纤维主要用于土工织物、纤维增强水泥、纤维改性沥青、纤维增强塑料和膜结构用膜材料等，用量也在不断增加。

11.1 高分子化合物基本知识

11.1.1 聚合物基本概念

组成单元相互多次重复连接而构成的物质称为高分子化合物。或称为高聚物，是指许多大分子组成的物质（分子量达 $10^4 \sim 10^6$）。包括塑料、橡胶、纤维和涂料或胶黏剂。一般来说分子量小于500的为低分子化合物，高分子化合物其分子量总是在1 000以上，但二者之间没有严格界限。

1. 单体：能组成高分子化合物的低分子化合物为单体。

$$\left[CH_2 — CH_2 \right]_n$$

如聚乙烯：$\left[CH_2 — CH_2 \right]_n$，其中 $CH_2 = CH_2$ 为乙烯单体。

2. 链节：组成高聚物最小的重复结构单元。

如—CH_2—CH_2—。

3. 聚合度：聚合物中所含链节的数目（n）。

反映了大分子链的长短和分子量大小。聚合物分子量 $M=m \cdot n$，m 为链节分子量。

4. 多分散性：聚合物由大量分子链组成，各个分子链的链节数不相同，长短不一样，分子量不相等。聚合物中各个分子的分子量不相等的现象称为分子量的多分散性。聚合物的多分散性决定了它的物理——机械性能的大分散度。聚乙烯分子量与性能见表 11-1。

聚乙烯的分子量与熔点和物态关系 表 11-1

聚合度 n	分子量 M	熔点 (℃)	常温下的物态
1	30	−183	气体
3	86	−94	液体
10	282	38	蜡状
60	1 682	104	蜡状固体
100	2 802	106	脆性固体
1 000	28 002	110	坚硬固体

5. 平均分子量：

由于多分散性，聚合物分子量用平均分子量表述。一般多用平均分子量 $\overline{M}_w$，即按大分子的质量分布求出的统计平均分子量。

$$\overline{M}_w=\sum W_p M_p=\frac{\sum n_p M_p^2}{n_p M_p}\text{（复合力学理论）} \tag{7-1}$$

式中：W_p——分子量为 M_p 的分子所占的质量份数；

n_p——分子量为 M_p 的分子数；

M_p——聚合度为 P 的大分子的分子量。

11.1.2 聚合物反应类型及命名

1. 聚合物反应类型

低分子化合物（单体）聚合起来形成高分子化合物的过程，其所进行的反应称为聚合反应。常见的聚合反应有加成聚合反应（加聚反应）和缩合聚合反应（简称缩聚反应）。

1）加聚反应：指不饱和烯类单体通过加成聚合而成聚合物的反应。在反应过程中无小分子伴生。

（1）均聚反应：只有一种单体进行的聚合反应。

$nA \longrightarrow [A]_n$，其产物称为均聚物。

（2）共聚反应：由两种或两种以上的单体进行的聚合反应。其产物为共聚合物。共聚合物通过单体的改变，可以改进聚合物的性能，同时克服了某些单体不能进行均聚反应的缺陷，扩大了制造聚合物的原料来源。

2）缩聚反应：指一种或多种单体相互混合而连接成聚合物，同时析出（缩去）某种低分子物质（如水、氯、醇、氯化氢等）的反应。

（1）均缩聚反应：同一种单体（含有多种或多种以上官能团）分子间进行的缩聚。通式为：

na—A—b→a$\lbrack$ A $\rbrack_n$b+(n−1) ab，式中 a—A—b 为低分子原料，a、b 为官能团，ab 为反应析出的低分子化合物，a$\lbrack$A$\rbrack_n$b 为均缩聚物。如：氨基己酸经缩聚生成聚酰胺 6（即尼龙 6）。

（2）共缩聚反应：含有不同反应基团的两种或两种以上的单体进行的缩聚反应。

a—A—a+c—C—c→a$\lbrack$A—C$\rbrack_n$C+小分子，如己二胺和己二酸缩聚生成尼龙 6。

（3）混缩聚反应：两种不同单体分子之间进行的缩聚反应。

na—A—a+nb—B—b→a$\lbrack$A—B$\rbrack_n$b+（2n−1）ab，如二元酸和二元醇经缩聚生成聚酯。

2. 聚合物的命名

1）习惯命名：按原料单体的名称，在其前冠以“聚”字

如 $CH_2=CH_2$（单体乙烯）　　$\lbrack CH_2-CH_2 \rbrack_n$（聚乙烯）

$CH_2=CH(Cl)$（氯乙烯）　　$\lbrack CH_2-CH(Cl) \rbrack_n$（聚氯乙烯）

部分缩聚物在原料后附以“树脂”二字命名：

如：苯酚与甲醛缩聚后，称为酚醛树脂。

2）商品命名法：

聚乙内酰胺称为尼龙 6，聚氯丁二烯为氯丁橡胶。

3）系统命名法（较少用）

国际化学联合会命名：将聚合物的重复结构单元按照有机化合物系统法命名，最后再在前面冠以“聚”字。

4）英文缩写：如聚乙烯用 PE、聚丙烯用 PP、氯丁橡胶用 CR、丁苯橡胶用 SBR、苯乙烯—丁二烯—苯乙烯嵌段共聚物用 SBS 表示。

11.1.3 聚合物分类

1. 按高聚物材料的性能和用途可分为三类：

塑料——具有可塑性的高聚物材料。可塑性是指当材料在一定温度下受到外力作用时，可产生变形，外力除去后仍能保持受力时的形状。按其能否进行二次加

工，又可分为：热塑性塑料（线型结构高聚物材料）和热固性塑料（体型结构高聚物材料）。

橡胶——具有显著高弹性的高聚物材料。在外力作用下，可产生较大的变形，当外力卸除后又能回复原来的形状。按其产源可分为天然和合成橡胶两类。

纤维——是柔韧、纤细而且均匀的线状或丝状高聚物材料。($l_f/d_f \geqslant 100$) 分为天然纤维和化学纤维（包括人造纤维和合成纤维）两类。

2. 按大分子主链中元素分类：

(1) 碳链有机聚合物 大分子主链全部由碳原子组成：

—C—C—C—C—或—C—C ═C—C—

(2) 杂链有机聚合物 大分子中除碳原子外还有氧、氮、硫、磷等原子：

—C—C—O—C—，—C—C—N—C—

杂原子存在，能大大地改变聚合物的性能。如氧能提高聚合物的弹性；磷和氯能提高耐火、耐热性；硫能增大不透气性等等。

(3) 元素有机聚合物 这类聚合物的主链不一定含有碳原子，而由无机元素硅、钛、铝、硼等原子和有机元素氧原子构成，它的侧基一般为有机基团。有机基团使聚合具有强度和弹性；无机原子则能提高耐热性。如有机硅树脂。有机硅是一大类主链含硅的高分子化合物，属于元素有机高分子；主要有聚有机硅氧烷（SI），它的主链由硅氧键$\lbrack$Si—O—Si—O$\rbrack$构成，侧基为有机基团。这种结构使硅化合物具有良好的化学稳定性，以及耐氧化、臭氧和紫外线照射，使用温度范围宽（－50℃～200℃），憎水性高等一系列的独特性能。

(4) 无机聚合物 主链和侧基均由无机元素或基团构成，如石墨（碳链无机聚合物）和无机耐火橡胶：

$$\left[\begin{array}{c} Cl \\ | \\ P{=}N \\ | \\ Cl \end{array} \right]_n$$

11.1.4 聚合物结构和基本性质

1. 聚合物结构和物理力学状态

1) 聚合物聚集态结构的类型

聚集态结构指高聚物内部大分子之间的几何排列和堆砌方式。高聚物按其分子在空间排列的规则与否可分为：晶态和非晶态两类，但往往是晶态与非晶态并存。

2) 线型非晶相聚合物的力学特征

分子运动的特性主要决定于温度。温度变化时受力行为发生变化，呈现不同的力学状态。

缩聚反应反应产物按几何结构不同可分为线型缩聚（生成的产物其分子链为线状的）和体型（网状）缩聚（生成的产物其分子链为交联成网状或空间三维交联的）。

图 11-1 为线型非晶相聚合物受恒定应力作用时变形量与温度的关系曲线，也叫热力学曲线。

由图 11-1 可知，在不同温度下有下列三种物理状态：

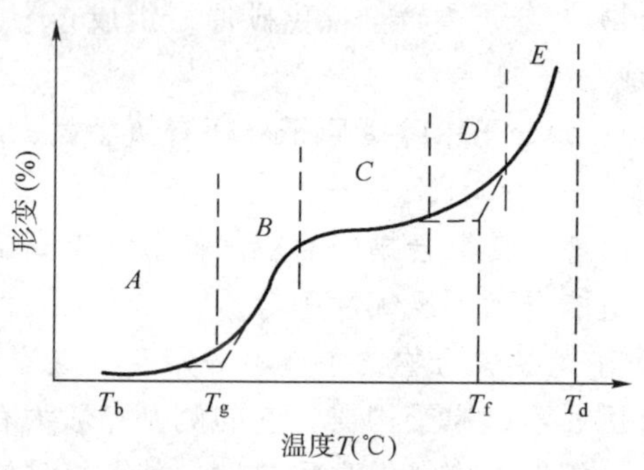

图 11-1　线型非晶相聚合物热力学曲线

①玻璃态：当温度很低时，分子链间作用力很大，分子链和链段不能运动，高聚物呈非晶相的固体称为“玻璃体”，在玻璃态时，链段开始运动的温度称为“玻璃化转变温度”简称“玻璃化温度”（T_g）。温度继续下降，当高聚物表现为不能拉伸或弯曲的脆性时的温度，称为“脆化温度”简称“脆点”（T_b）。

②高弹态：随温度升高，当超过玻璃化温度高聚物的链段可以旋转，高聚物变得柔软，而且具有较大的弹性（可达 1 000%），外力作用产生的形变卸荷后又能恢复原状，高聚物这种形态称为“高弹态”。

③黏流态：当达到“流动温度”（T_f）后，高聚物呈极黏的液体，这种状态称为“黏流态”。此时分子可互相滑动，分子链和链段可以移动。外力作用时，分子间相互滑动产生形变，外力卸除后，形变不能回复。这种形变不可逆，故称为“黏性流动形变”。

综上所述：常温下处于玻璃态的高聚物，通常作塑料或纤维使用。其使用温度范围在脆化温度（T_b）与玻璃化温度（T_g）之间，通常所指塑料耐热性即指玻璃化温度的高低。

常温下处于高弹态的高聚物，宜作橡胶使用，使用温度在玻璃化 T_g 与流动温度 T_f 之间，常把最低使用温度（T_g）称为橡胶的耐寒指标，最高使用温度 T_f 称为橡胶的耐热指标。

工程中，黏流态不是高聚物的使用状态，而是一种工艺状态。T_f 的高低，决定了聚合物加工成形的难易。在室温下处于黏流态的聚合物是流动性树脂。可以喷丝、吹塑、注射、挤压等方式制成各种制品。

2. 聚合物的老化

聚合物在使用过程中由于光、热、空气（氧和臭氧）等的作用而发生结构或组成的变化，从而出现各种性能劣化现象，如出现变色、变硬、龟裂、发黏、发软、变形、斑点、机械强度降低等。称为聚合物的老化。

聚合物的老化可分为聚合物分子的交联与降解两种。交联是指聚合物的分子从线型结构变为体型结构的过程。当发生这种老化作用时，表现为聚合物失去弹性、变硬、变脆，并出现龟裂现象。降解是指聚合物的分子链发生断裂，其分子量降低，但其化学组成并不发生变化。当老化过程以降解为主时，聚合物会出现失去刚性、变软、发黏、出现蠕变等现象。

根据老化原因的不同，聚合物的老化分为热老化和光老化两类。光老化是指聚合物在阳光（特别是紫外线）的照射下，部分分子（或原子）被激活而处于高能的不稳定状态，并与其他分子发生光敏氧化作用，致使聚合物的结构和组成发生变化，性能逐渐恶化的现象。热老化是指聚合物在热的作用下，尤其是在较高温度下暴露于空气中时，聚合物的分子链由于氧化、热分解等作用而发生断裂、交联，其化学组成与分子结构发生变化，从而使其各项性能发生变化的现象。因此，大多数聚合物材料的耐高温性和大气稳定性都较差。

11.2　土木工程常用的合成高分子材料

11.2.1　建筑塑料

塑料是以合成树脂为主要成分，在一定条件（温度、压力等）下，可塑成一定形状并在常温下保持其形状的高分子材料。塑料按组成成分分为单一组分塑料和多组分塑料。单一组分塑料基本上为合成树脂，只含少量染料、润滑剂等助剂，如聚乙烯、聚丙烯、聚苯乙烯塑料等。多组分塑料除含有合成树脂外，还含有较多的填料、增塑剂、稳定剂等助剂，如聚氯乙烯、酚醛塑料等。根据用途，塑料可分为通用塑料和工程塑料。根据其受热后性能的不同，塑料还可分为热固性塑料和热塑性塑料。

塑料由于其质轻、比强度高、化学稳定性好、导热系数小、装饰性和加工性能好及耗能较低的特点，已广泛应用土木工程中，作为结构材料和功能材料。

1. 塑料的基本组成

塑料是由合成树脂和各种添加剂所组成。合成树脂是塑料的主要成分，其质量占塑料的40%以上。塑料的性质主要取决于所采用的合成树脂的种类、性质和数量，因此，塑料常以所用合成树脂命名，如聚乙烯（PE）塑料，聚氯乙烯（PVC）塑料。

1）合成树脂

合成树脂的种类很多，而且随着有机合成工业的发展和新聚合方法的不断出现，合成树脂的品种还在继续增加。工程中获得广泛应用的合成树脂大约20种。合成树脂按其可否进行二次加工可分为热塑性树脂和热固性树脂，热塑性树脂可反复加热软化、冷却硬化，热固性树脂初次加热时软化，但固化后再加热时不会软化。根据加入树脂性能的不同，常将塑料分为热固性塑料和热塑性塑料。

2）填料

填料又称为填充料、填充剂或体质颜料，其种类很多。按外观形态，可分为粉状、纤维状和片状三类。一般来说，粉状填料有助于提高塑料的热稳定性，降低可燃性，而片状和纤维状填料，则可明显提高塑料的抗拉强度、抗磨强度和大气稳定性等。

填料一般都比合成树脂便宜，它不仅能提高塑料的强度、硬度和耐热性，还能减少收缩和降低成本。常用的填料主要有木粉、滑石粉、硅藻土、石灰石粉、铝粉、炭黑及玻璃纤维等。

3）增塑剂

增塑剂是能使聚合物塑性增加的物质。它可降低树脂的黏流温度 T_f，使树脂具有较大可塑性，以利于塑料的加工，少量的增塑剂还可降低塑料的硬度和脆性，使塑料具有较好的柔韧性。增塑剂主要为酯类及酮类。

4）稳定剂

稳定剂是指抑制或减缓老化的破坏作用的物质。塑料在加工和使用过程中，由于受热、光、氧的作用，可能发生降解、氧化断链及交联等，使塑料老化。为了提高塑料的耐老化性能，延长使用寿命，通常要加入各种稳定剂，如抗氧剂、光屏蔽剂、紫外光吸收剂及热稳定剂等。

5）固化剂

固化剂又称为硬化剂，主要作用是使某些合成树脂的线型结构交联成体型结构，从而使树脂具有热固性，不同品种的树脂应采用不同品种的固化剂。

6）着色剂

着色剂是使塑料制品具有特定的色彩和光泽的物质，常用的着色剂是一些有机和无机颜料，颜料不仅对塑料具有着色性，同时也兼有填料和稳定剂的作用。

此外，根据建筑塑料使用及成型加工的需要，有时还加入润滑剂、抗静电剂、发泡剂、阻燃剂及防霉剂等。

2. 土木工程常用的塑料制品

1）塑料管

塑料管是以合成高分子树脂为主要原料，经挤出、注塑、焊接等工艺成型的管材和管件。与传统的钢管和铁管相比，塑料管具有耐腐蚀、不生锈、不结垢、质量轻、施工方便和供水效率高等优点，已成为当今土木工程中取代铸铁、陶瓷和钢管的主要材料。

按所用的聚合物划分，常用的塑料管包括硬质聚氯乙烯（PVC）管、聚乙烯（PE）、聚丙烯（PP）、聚丁烯（PB）、玻璃钢（FRP）管以及铝塑等复合塑料管。

2）装饰装修制品

塑料的装饰性和加工性能好，常用来生产装饰装修材料。主要有：

（1）塑料面砖

塑料面砖以 PS、PVC、PP 等为原料制造，模仿传统陶瓷面砖，具有美观适用、厚度小、重量轻、施工方便的特点。它是一种较为理想的超薄型墙面装饰材料。可用于室内墙面、柱面装饰。

（2）塑料壁纸

塑料壁纸是用纸或玻璃纤维布做基材，以聚氯乙烯为主要成分，加入添加剂和颜料等，经涂塑、压花或印花、发泡等工艺制成的塑料卷材。塑料壁纸的花色品种多，可制成仿丝绸、仿织锦缎、仿木纹等花纹图案。塑料壁纸具有美观、耐用、易清洗、施工方便的特点，发泡塑料壁纸还具有较好的吸声性能，因而广泛地应用于室内墙面、顶棚等的装饰。塑料壁纸的缺点是透气性较差。

（3）塑料地面卷材

塑料地面卷材是经混炼、热压或压延等工艺制成的卷材。主要为聚氯乙烯（PVC）塑料地面卷材，有无基层卷材和有基层卷材两种。

无基层卷材质地柔软，有一定弹性，适合于家庭地面装饰。有基层卷材一般由两层或多层复合而成，常见的是三层结构。基层为无纺布、玻璃纤维布，中层为印花的不透明聚氯乙烯塑料，面层为透明的聚氯乙烯塑料。若中层为聚氯乙烯泡沫塑料，则称为发泡塑料地面卷材。塑料地面卷材具有脚感舒适、耐磨、耐腐蚀、隔声和保温等特点。

（4）塑料地板

塑料地板采用聚氯乙烯、重质碳酸钙和添加剂为原料，经混炼、热压或压延等工艺制成。有硬质、半硬质和软质三种；塑料地板制作的图案丰富，颜色多样，并具有耐磨、耐燃、尺寸稳定、价格低等优点，适用于人流不大的办公室、家庭等的地面装饰。

3）隔热保温材料

（1）泡沫塑料

泡沫塑料是在聚合物中加入发泡剂，经发泡、固化或冷却等工序而制成的多孔塑料制品。泡沫塑料的孔隙率高达95%～98%，且孔隙尺寸小，因而具有优良的隔热保温性能，常用的有聚苯乙烯泡沫塑料、聚氯乙烯泡沫塑料、聚氨酯泡沫塑料、脲醛泡沫塑料等。

聚苯乙烯泡沫塑料是应用最广的泡沫塑料，其体积密度为10～20kg/m³，导热系数为0.031～0.045W/（m·K），使用温度范围为－100～＋70℃。主要用作墙体和屋面、地面、楼板等的隔热保温，也可与纤维增强水泥、纤维增强塑料或铝合金板等制成复合墙板。

建筑上使用的聚氯乙烯泡沫塑料体积密度为60～200kg/m³，导热系数为0.035～0.052W/（m·K），使用温度范围为－60～＋60℃。聚氯乙烯泡沫主要用作吸声材料、装饰构件，可作墙体、屋面等的保温材料，也可作为夹层板的芯材。

聚氨酯泡沫塑料，以硬质型应用较多。其体积密度为20～200kg/m³，使用温度范围为－160～＋150℃。与其他泡沫塑料相比，其耐热性好，强度较高。此外，这种泡沫塑料还可采用现场发泡的方法形成整体的泡沫绝热层，绝热效果好。

脲醛塑料是最轻的泡沫塑料之一，建筑中应用的脲醛泡沫塑料的体积密度为10～20kg/m³，导热系数为0.030～0.035W/（m·K），使用温度范围为－200～＋100℃，但强度低，吸湿性大，应用时需注意防潮。脲醛塑料价格低廉，主要用作空心墙和夹层墙板的芯材。也可在现场发泡成为整体泡沫塑料。

（2）蜂窝塑料板

蜂窝塑料板是在蜂窝状的芯材上黏合面板的多孔板材，其孔隙较大（5～20mm），孔隙率很高。蜂窝状的芯材是由浸渍聚合物（酚醛树脂等）的片状材料（牛皮纸、玻璃布、木纤维板）经加工黏合成的形状似蜂窝的六角形空心板材。蜂窝塑料板的抗压强度的抗折强度高，导热系数低，一般为0.046～0.056W/（m·K）。主要用作隔热保温和隔声材料。

4）塑料门窗

塑料门窗是改性后的硬质聚氯乙烯（PVC），加入适量的添加剂，经混炼、挤出等工艺制成的异形材加工而成。改性后的硬质聚氯乙烯具有较好的可加工性、稳定性、耐热性和抗冲击性。制成的塑料门窗外观平整美观，色泽鲜艳，经久不褪，装饰性好，并具有良好的耐水性、耐腐蚀性、隔热保温性、隔声和气密性，使用寿命可达30年以上。

5）纤维增强塑料

纤维增强塑料是一种树脂基复合材料。添加纤维的目的是为了提高塑料的弹性模量和强度。常用纤维材料除玻璃纤维、碳纤维外，还有石棉纤维、天然植物纤维、合成纤维和钢纤维等，目前用得最多的是玻璃纤维和碳纤维。常用的合成树脂有酚醛树脂、不饱和聚酯树脂、环氧树脂等，用量最大的为不饱和聚酯树脂。

纤维增强塑料的性能主要取决于合成树脂和纤维的性能、相对含量以及它们之间的黏结情况。合成树脂及纤维的强度越高，特别是纤维的强度越高，则纤维增强塑料的强度越高。

玻璃纤维增强塑料（GRP），俗称玻璃钢，是由合成树脂胶结玻璃纤维或玻璃纤维布（带、束等）而成的。玻璃纤维增强塑料在性能上的主要优点是轻质高强、耐腐蚀，主要缺点是弹性模量小，变形较大。在土木工程中主要用于结构加固、防腐和管道等。

碳纤维增强塑料是由合成树脂胶结碳纤维而成。具有强度和弹性模量高，耐疲劳性能好，耐腐蚀性好的特点。在土木工程中，碳纤维增强塑料主要用于结构加固，制作碳纤维筋或索用于有腐蚀的结构。

11.2.2 土木工程涂料

涂料是涂布在物体表面，能形成具有保护和装饰作用膜层的材料。涂料除了具有保护和装饰功能外，还能具有一些特殊作用，如用作色彩标志、润滑、防滑、绝缘、导电、隔热、防潮等。

1.涂料的基本组成

涂料的基本组成包括：成膜物质、颜料、溶剂（分散介质）以及辅料（助剂）。

1）成膜物质

成膜物质也称基料，是涂料最主要的成分，其性质对涂料的性能起主要作用。成膜物质分为两大类，一类是转化型（或反应型）成膜物质，另一类是非转化型（或挥发型）成膜物质。前者在成膜过程中伴有化学反应，形成网状交联结构，因此，此类成膜物质相当于热固型聚合物，如环氧树脂、醇酸树脂等；后者在成膜过程未发生任何化学反应，仅靠溶剂挥发成膜，成膜物质为热塑性聚合物，如纤维素衍生物、氯丁橡胶、热塑性丙烯酸树脂等。

建筑涂料常用树脂有聚乙烯醇、聚乙烯醇缩甲醛、丙烯酸树脂、环氧树脂、醋酸乙烯—丙烯酸酯共聚物（乙—丙乳液）、聚苯乙烯—丙烯酸酯共聚物（苯—丙乳液）、聚氨酯树脂等。

2）颜料

颜料主要起遮盖和着色作用，有的颜料还有增强、改善流变性能、降低成本的作用。按所起作用不同，颜料又分为着色颜料和体质颜料（又称填料）两类。

建筑涂料中使用的着色颜料一般为无机矿物颜料。常用的有氧化铁红、氧化铁黄、氧化铁绿、氧化铁棕、氧化铬绿、钛白、锌钡白、群青蓝等。

体质颜料，即填料，主要起到改善涂膜的机械性能，增加涂膜的厚度，降低涂料的成本等作用，常用的填料为重晶石粉、轻质碳酸钙、重质碳酸钙、高岭土及各种彩色小砂粒等。

3）溶剂

溶剂通常是用以溶解成膜物质的易挥发性有机液体。涂料涂敷于物体表面后，溶剂基本上应挥发尽，虽然不是一种永久性的组分，但溶剂对成膜物质的溶解力决定了所形成的树脂溶液的均匀性、黏度和贮存稳定性，溶剂的挥发性影响涂膜的干燥速度、涂膜结构和涂膜外观。常用的溶剂有：甲苯、二甲苯、丁醇、丁酮、醋酸乙酯等。溶剂的挥发会对环境造成污染，选择溶剂时，还应考虑溶剂的安全性和对人体的毒性。

涂料按溶剂及其对成膜物质作用的不同分为溶剂型涂料、水溶性涂料和水乳型涂料。其中，水溶性涂料和水乳型涂料称为水性涂料。

4）辅料

辅料（又称助剂或添加剂）是为了进一步改善或增加涂料的某些性能，而加入的少量物质。通常使用的有增白剂、防污剂、分散剂、乳化剂、稳定剂、润湿剂、增稠剂、消泡剂、流平剂、固化剂、催干剂等。

2.常用的土木工程涂料

土木工程涂料的品种繁多，性能各异，按用途有建筑涂料和公路涂料，建筑涂料包括外墙、内墙及地面涂料。

1）建筑外墙涂料

（1）苯乙烯—丙烯酸酯乳液涂料

苯乙烯—丙烯酸酯乳液涂料是以苯—丙乳液为基料的乳液型涂料，简称苯—丙乳液涂料。苯—丙乳液涂料具有优良的耐水性、耐碱性、耐湿擦洗性，外观细腻，色彩艳丽，质感好，与水泥混凝土等大多数建筑材料的黏附力强，并具有高耐光性和耐候性。

（2）丙烯酸酯涂料

丙烯酸酯涂料是以热塑性丙烯酸酯树脂为基料的外墙涂料，分为溶剂型和乳液型。丙烯酸酯涂料的耐水性、耐高低温性和耐候性良好，不易变色、粉化或脱落，具有多种颜色，可以刷涂、喷涂或滚涂。丙烯酸酯涂料的装饰性好，寿命可达10年以上，是目前国内外应用最多的外墙涂料。丙烯酸酯涂料主要用于外墙复合涂层的罩面涂料。溶剂型涂料在施工时需注意防火、防爆。丙烯酸酯涂料主要用于商店、办公楼等公用建筑。

（3）聚氨酯涂料

聚氨酯涂料是以聚氨酯树脂或聚氨酯与其他树脂复合物为主要成膜物质，加入填料、助剂组成的优质溶剂涂料。该涂料的弹性和抗疲劳性好，并具有极好的耐水、耐碱、耐酸性能。其涂层表面光洁度高，呈陶瓷质感，耐候性、耐玷污性能好，使用寿命可达15年以上。聚氨酯涂料价格较贵，主要用于办公楼、商店等公用建筑。

（4） 砂壁状涂料

砂壁状涂料是以合成树脂乳液为成膜物质，加入彩色骨料以及其他助剂配制而成的粗面厚质涂料，又称彩砂涂料。彩色骨料可用粒径小于2mm的高温烧结彩色砂粒、彩色陶粒或天然带色石屑。彩砂涂料采用喷涂法施工，涂层具有丰富的色彩和良好质感，保色性、耐热性、耐水性及耐化学腐蚀性能良好，使用寿命可达10年以上。砂壁状涂料主要用于办公楼、商店等公用建筑的外墙面等。

2） 建筑内墙涂料

（1） 聚醋酸乙烯涂料

聚醋酸乙烯涂料是以聚醋酸乙烯乳液为基料的乳液型内墙涂料。该涂料无毒、不燃、涂膜细腻、平滑、色彩鲜艳、装饰效果良好、价格适中、施工方便。但是，耐水性及耐候性较差。

（2） 醋酸乙烯—丙烯酸酯涂料

醋酸乙烯—丙烯酸酯涂料是以乙—丙共聚乳液为基料的乳液型内墙涂料。该涂料的耐水性、耐候性和耐碱性优于聚醋酸乙烯乳液涂料，并且有光泽，是一种中高档的内墙装饰涂料。

（3） 多彩涂料

多彩涂料是以合成树脂及颜料等为分散相，以含有乳化剂和稳定剂的水为分散介质的乳液型涂料，按其介质特性分为水中油型和油中水型。以水中油型的贮存稳定性最好，通常所用的多彩涂料均为水中油型。

多彩涂料具有良好的耐水性、耐油性、耐化学药品性、耐刷洗性，并具有较好的透气性。多彩涂料对基层的适应性强，可在各种建筑材料上涂刷使用。

3） 建筑地面涂料

（1） 聚氨酯地面涂料

聚氨酯地面涂料是以聚氨酯为基料的双组分常温固化型橡胶类涂料。其整体性好，色彩多样，装饰性好，并具有良好的耐油性、耐水性、耐酸碱性和耐磨性，有一定的弹性，脚感舒适。该涂料主要适用于水泥砂浆或水泥混凝土地面。

（2） 环氧树脂厚质地面涂料

环氧树脂厚质地面涂料是以环氧树脂为基料的双组分常温固化涂料。环氧树脂厚质地面涂料与水泥混凝土等基层材料的黏结性能优良，涂膜坚韧、耐磨，具有良好的耐化学腐蚀、耐油、耐水等性能，以及优良的耐老化和耐候性，装饰性良好。

4）公路涂料

公路涂料包括路面、桥梁、隧道使用的防水涂料和交通设施使用的反光涂料等。

（1）合成高分子防水涂料

合成高分子防水涂料是以合成橡胶或合成树脂为主要成膜物质制成的单组分或多组分的防水涂料。这类涂料具有高弹性、高耐久性及优良的耐高、低温性能，品种有聚氨酯防水涂料、丙烯酸酯防水涂料和有机硅防水涂料等。通常是一种流态或半流态物质，涂布在基层表面，经溶剂或水分挥发或各组分间的化学反应，形成有一定弹性和一定厚度的连续薄膜，使基层表面与水隔绝，起到防水、防潮作用。

防水涂料固化成膜后的防水涂膜具有良好的防水性能，特别适合于各种复杂不规则部位的防水，能形成无接缝的完整防水膜。它大多采用冷施工，便于施工操作，施工进度较快，还可减少环境污染，改善劳动条件。防水涂料既是防水层的主体，又是黏结剂，因而施工质量容易保证，维修也较简单。防水涂料既可采用刷子、刮板等逐层涂刷（刮），也可采用机械喷涂。

防水涂料要满足防水工程的要求，应具有良好的施工性能，成膜后必须具有良好的防水性、机械力学性能、温度稳定性、大气稳定性、柔韧性和黏结力等性能。

（2）反光涂料

反光涂料是运用微棱镜晶体回归反射原理，在其他远距离的光源照射下也能产生强烈的反光效果并反射回发光处，无需外加电源，就达到了在黑暗中如同灯光的功效。汽车牌照以及道路指示牌采用高折射率玻璃微珠后半表面镀铝作为后向反射器，具有极强的逆向回归反射性能，能将85%的光线直接反射回光源处，回归反射所造成的反光亮度，可使驾驶人员和带光源的夜间或视野不佳的情况下清楚地看见行人或障碍目标，确保双方安全。

道路反光涂料，是由高分子合成树脂、碳五树脂、酞白粉、填充料、玻璃珠、助剂等组成。它具有施工方便、白度好、抗冲击、柔韧性好等特点，是高速公路及高等级公路最理想的路标涂料。

反光涂料包括道路标志反光涂料、回归反光涂料。传统的标志材料（热熔漆、冷喷漆）不仅需要调拨大量人工投入工作，且容易产生掉漆现象，不具备反光性能，在雾雨天隐逝于地面，需灯光强烈照射才勉强可辨，而回归反光涂料是指在普通涂料表面喷覆一层玻璃微珠，它的使用不仅克服了上述缺陷，而且司机安全行车有了保障。

回归反光涂料具有以下主要特征：①高强度的反光性：夜间经车灯的照射，在200米以外即可发现前车反光放大号，100米以外即可清楚辨认。②用途广泛：可大面积施工涂敷在复杂的曲面物体上，如：交通岗亭、安全岛、指挥台、路口标志、水泥护栏、车体广告等不宜用反光膜黏贴的物体。③黏贴强度高：可与各种厢体黏接，可保持 2 年以上。④目视回归反光角性好：即在±45°范围内都能保持良好的反光效果，极易引起人们的注意。⑤成本低廉，操作简洁，操作与普通油漆喷制放大号施工方法相同。

11.2.3 胶黏剂

1.胶黏剂的基本概念

胶黏剂又称黏合剂，是通过黏附作用使被黏物结合在一起的物质。

胶黏剂一般由基料和多种辅助成分组成。基料是胶黏剂的主要成分，起黏接作用，要求有良好的黏附性和润湿性。合成树脂、合成橡胶、天然高分子以及无机化合物等都可做基料。辅助成分主要包括固化剂、溶剂、增塑剂、填料、偶联剂、引发剂、促进剂、防老剂、稳定剂等。固化剂用以使黏合剂交联固化，提高黏合剂的黏合强度、化学稳定性、耐热性等，是以热固性树脂为主要成分的黏合剂所必不可少的成分；溶剂溶解主料以及调节黏度便于施工；填料具有降低固化时的收缩率、提高尺寸稳定性、耐热性和力学强度、降低成本等作用；增塑剂用于提高韧性。

按受力情况胶黏剂分为结构胶黏剂和非结构胶黏剂。结构胶黏剂用于能承受荷载或受力结构件的黏接，黏合接头具有较高的黏接强度。非结构胶黏剂用于不受力或受力不大的各种应用场合。

胶黏剂能够将材料牢固地黏接在一起，是因为胶黏剂与材料间存在有黏附力以及胶黏剂本身具有内聚力。黏附力和内聚力的大小，直接影响胶黏剂的黏接强度。当黏附力大于内聚力时，黏接强度主要取决于内聚力；当内聚力高于黏附力时，黏接强度主要取决于黏附力。一般认为黏附力主要来源于以下几个方面：

1）机械黏接力 胶黏剂渗入材料表面的凹陷处和孔隙内，在固化后如同镶嵌在材料内部，靠机械锚固力将材料黏接在一起。对非极性多孔材料，机械黏接力常起主要作用。

2）物理吸附力 胶黏剂和被黏材料靠分子间的物理吸附力产生黏结。

3）化学键力 胶黏剂与材料间能发生化学反应，靠化学键力将材料黏接为一个整体。

不同的胶黏剂和被黏材料，黏附力的主要来源不同，当机械黏附力、物理吸附力和化学键力共同作用时，可获得很高的黏接强度。

就实际应用而言，一般认为影响黏接强度的因素主要有：胶黏剂性质，被粘材料的性质，被粘材料的表面粗糙度，被粘材料的表面处理方法，胶黏剂对被粘材料物表面的浸润程度，被粘材料的表面含水状况，黏结层厚度，黏结工艺等。

2. 土木工程常用的胶黏剂

1）结构胶黏剂

（1）环氧树脂胶黏剂

环氧树脂胶黏剂是当前应用最广泛的胶黏剂，因环氧树脂胶黏剂中含有环氧基、羟基、氨基和其他极性基团，对大部分材料有良好的黏接能力，有万能胶之称。其抗拉强度和抗剪切强度高，固化收缩率小，耐油和多种溶剂、耐潮湿，抗蠕变性好，是较好的结构胶黏剂。环氧树脂胶黏剂根据固化剂类型的不同可为室温固化或高温固化，固化时间有明显的温度依赖性。环氧树脂胶黏剂在土木工程中的应用很多，主要用于裂缝修补、结构加固和表面防护等。

（2）不饱和聚酯树脂胶黏剂

不饱和聚酯树脂胶黏剂的特点是黏结强度高，抗老化性及耐热性较好，可在室温和常压下固化，固化速度快，但固化时的收缩大，耐碱性较差。适于黏接陶瓷、玻璃、木材、混凝土和金属结构构件。

2）非结构胶黏剂

（1）聚醋酸乙烯胶黏剂

聚醋酸乙烯胶黏剂是由醋酸乙烯单体聚合而成，俗称白乳胶。其特性是使用方便、价格便宜、润湿能力强，有较好的黏附力，适用于多种黏接工艺。但其耐热性、对溶剂作用的稳定性及耐水性较差，只能作为室温下使用的非结构胶。

（2）聚氨酯胶黏剂

聚氨酯胶黏剂是分子链中含有异氰酸酯基（—NCO）及氨基甲酸酯基(—NH—COO—)具有很强的极性和活泼性的一类黏合剂。其品种很多，有单组份和双组份两类。聚氨酯胶黏剂有良好的黏接强度，可用于金属、玻璃、陶瓷、橡胶、塑料、织物、木材、纸张等各种材料的黏合；有良好的耐超低温性能，而且黏接强度随着温度的降低而提高，是超低温环境下理想的黏接材料和密封材料；具有良好的耐磨、耐油、耐溶剂、耐老化等性能；可通过调节分子链中软段和硬段比例结构，制成满足各种行业、各种性能要求的高性能黏合剂。但是，聚氨酯胶黏剂在高温和高湿条件下，易水解，会降低黏结强度。

（3）氯丁橡胶胶黏剂

氯丁橡胶胶黏剂是以氯丁橡胶为主要组成，加入氧化锌、氧化镁、填料、抗老化剂和抗氧化剂等制成，是目前应用最广的一种橡胶型胶黏剂。氯丁橡胶胶黏剂对水、油、弱酸、弱碱、醇和脂肪烃有良好的抵抗力，可在−50～+80℃的温度下工作，但是，徐变较大，且容易老化。

11.2.4 土工合成材料

土工合成材料是土木工程应用的合成材料的总称。作为一种新型的土木工程材料，它以人工合成的聚合物，如塑料、化纤、合成橡胶等为原料，制成各种类型的产品，置于土体内部、表面或各种土体之间，发挥加强或保护土体的作用。

1. 土工合成材料种类

关于土工合成材料的分类，至今尚无统一准则。《土工合成材料应用技术规范》(GB 50290—98) 将土工合成材料分为土工织物、土工膜、特种土工合成材料和复合型土工合成材料等类型。特种土工合成材料包括：土工格栅，土工网，土工垫，土工格室，土工泡沫塑料等。复合型土工合成材料是由上述各种材料复合而成，如复合土工膜、土工复合排水材料等。目前这些材料已广泛地用于水利、水电、公路、建筑、海港、采矿、军工等工程的各个领域。

(1) 土工织物

土工织物为透水性土工合成材料。土工织物的制造一般要经过两个步骤：首先把聚合物原料加工成丝、短纤维、纱或条带，然后再制成平面结构的土工织物。许多不同的高分子聚合物已经用于不同土工织物产品的原料。按制造方法分为针织型、无纺或非织造型和机织或有纺型三类土工织物。针织型目前已很少应用。有纺土工织物由两组平行的呈正交或斜交的经线和纬线交织而成。其主要缺点是沿经线和纬线的强度高，而与经纬线斜交方向的强度低。无纺土工织物是把纤维作定向的或随意的排列，再经过加工而成。按照联结纤维的方法不同，可分为化学（黏结剂）联结、热力联结和机械联结三种。其主要优点是强度没有显著的方向性，对变形的适应性较大。当前世界上 80％的土工织物属于这种类型。

土工织物突出的优点是：重量轻，整体连续性好（可作成较大面积的整体），施工方便，抗拉强度较高，耐腐蚀和抗微生物侵蚀性好。缺点是未经特殊处理，则抗紫外线能力低，如暴露受到紫外线直接照射容易衰化，但如不直接暴露，抗老化及耐久性能仍是较高的。土工织物的性能与其聚合物原料、土工织物的种类及加工制造方法密切相关。

(2) 土工膜

土工膜一般分为沥青和聚合物（合成高聚物）两大类。也有采用天然橡胶制作的。为了适应工程应用中不同强度和变形的需要，两类中各又有不加筋和加筋或组合的类型。土工膜的制造方法一般分为工厂制成的和现场制成两种。

沥青土工膜目前主要为复合性的（含编织型或无纺型的土工织物），沥青作为浸润黏结剂。聚合物土工膜根据不同的主材料分为塑性土工膜、弹性土工膜和组合型土工膜。

土工膜的一般特性包括物理性能、力学性能、化学性能、热学性能和耐久性等。工程应用中更重视其防水（渗透性和透气性）、抗老化的能力及耐久性。大量工程实践表明，土工膜有很好的不透水性，很好的弹性和适应变形的能力，能承受不同的施工条件和工作应力，具有良好的耐老化能力（处于水下和土中的土工膜的耐久性尤为突出）。总之可以认为土工膜具有突出的防渗和防水性能。土工膜的特性随其类别、制作方法、产品类型的不同而变化较大。

（3）特种土工合成材料

①土工格栅

土工格栅是一种主要的土工合成材料，与其他土工合成材料相比，它具有独特的性能与功效。土工格栅常用作加筋土结构的筋材或土工复合材料的筋材等，国内外工程中大量采用土工格栅加筋路基路面。分为两类土工格栅：塑料类和玻璃纤维类。

塑料类土工格栅是经过拉伸形成的具有方形或矩形格栅的聚合物网材，按其制造时拉伸方向分为单向拉伸和双向拉伸两种。它是在经挤压制出的聚合物板材（原料目前多为聚丙烯或高密度聚乙烯）上冲孔，孔的形状、大小及布置按最终制成的土工格栅产品确定。然后在加热条件下施行定向拉伸。单向拉伸格栅只沿板材长度方向拉伸制成，双向拉伸格栅则是继续将单向拉伸的格栅再在与其长度垂直的方向拉伸制成。由于这种格栅制造中聚合物的高分子随加热延伸过程而重新排列定向，加强了分子链间的联结力，从而达到提高其强度的目的，但其延伸率却只有原板材的10%～15%。土工格栅的强度随温度的升高而降低，变形增大；反之则相反。由于土工格栅中加入了炭黑等抗老化材料，使它具备了较好的耐酸、耐碱、耐腐蚀和抗老化等耐久性能。

玻璃纤维类土工格栅是以高强度玻璃纤维为材质，有的配合自黏感压胶和表面沥青浸渍处理，使得格栅可和沥青路面紧密结合成一体。如加拿大贝密斯有限公司生产的自黏式玻璃纤维增强网栅具有易建性、符合环保要求、熔点高和耐腐蚀等优点。由于土石料在格栅网格内互锁力增高，它们之间的摩擦系数显著增大（可达0.8～1.0），土工格栅埋入土中的抗拔力由于格栅与土体间的摩擦咬合力较强而显著增大，因此它是一种很好的路用加筋材料。同时土工格栅是一种质量轻，具有一定柔性的塑料平面网材。易于现场裁剪和连接，也可重叠搭接，施工简便，不需要特殊的施工机械和专业技术人员。

②土工膜袋

土工膜袋是一种双层聚合化纤织物制成的连续（或单独）袋状材料。它可以代替模板用高压泵把混凝土或砂浆灌入膜袋中，最后形成板状或其他形状结构。用于护坡或其他地基处理工程。膜袋根据其材质和加工工艺的不同，分为机制和简易膜袋两大类。机制膜袋按其有无反滤排水点和充胀后的形状又可分为反滤排水点膜袋、无反滤排水点膜袋、无排水点混凝土膜袋、铰链块型膜袋及框格型膜袋．反滤点的作用是为了排除土中渗水，而又不让充填的砂浆侵入。

③土工网

土工网是合成材料条带、粗股条编织或合成树脂压制的具有较大孔眼、刚度较大的平面结构或三维结构的网状土工合成材料，用于软基加固垫层、坡面防护、植草以及制造组合土工材料的基材。

土工网特性随网孔形状、大小、厚度以及制造方法的不同差别很大，特别是力学性能。国内及国外许多土工网产品的抗拉强度和模量较低，特别是延伸率较大，作为加筋用时应慎重考虑。

④土工垫和土工格室

土工垫和土工格室都是合成材料特制的三维结构。前者多为长丝结合而成的三维透水聚合物网垫，后者由土工织物、土工格栅或土工膜、条带聚合物构成的蜂窝状或网格状三维结构，常用作防冲蚀和保土工程，刚度大的、侧限能力高的多用于地基加筋垫层或支挡结构中。

(4) 复合型土工合成材料

土工织物、土工膜和某些特种土工合成材料，以其两种或两种以上的材料互相组合起来，成为复合型的土工合成材料。复合型土工合成材料可将不同构成材料的性质结合起来，更好地满足具体工程的需要，能起到多种功能的作用。如复合土工膜，将土工膜和土工织物按要求制成土工膜—土工织物组合物，称复合土工膜。土工膜主要用来防渗，土工织物起加筋、排水和增加土工膜与土面之间的摩擦力的作用。又如土工复合排水材，它是以无纺土工织物和土工网、土工膜或不同形状的合成材料芯材组成的排水材料，用于软基排水固结处理、路基纵向横向排水、建筑地下排水管道、集水井、支挡建筑物的墙后排水、隧道排水、堤坝排水设施等。道路工程中常用的塑料排水板就是一种土工复合排水材料。

2. 土工合成材料的主要用途

在公路工程中，土工合成材料的主要用途可以概括为：工程过滤，工程排水，工程隔离，工程加筋，工程防渗和防护。

(1) 工程过滤

把土工织物置于土体表面或相邻土层之间，可以有效地阻止土颗粒通过，从而防止由于土颗粒的过量流失而造成土体的破坏。同时允许土中的水或气体通过织物自由排出，以免由于孔隙水压力的升高而造成土体的失稳等不利后果。

土工织物可适用于：土石坝黏土心墙或黏土斜墙的滤层，土石坝或堤坝内的各种排水体的滤层，储灰坝或尾矿坝的初期坝上游坝面的滤层，堤、坝、河、渠及海岸块石或混凝土护坡的滤层，水闸下游护坡下部的滤层，挡土墙回填土中排水系统的滤层，排水暗道周边或碎石排水暗沟周边的滤层，水利工程中水井、减压井或测压管的滤层等。

(2) 工程排水

有些土工合成材料可以在土体中形成排水通道，把土中的水分汇集起来，沿着材料的平面排出体外。较厚的针刺型无纺织物和某些具有较多孔隙的复合型土工合成材料都可以起排水作用。

它们可适用于：土坝内垂直或水平排水，土坝或土堤中的防渗土工膜后面或混凝土护面下部的排水，埋入土体中消散孔隙水压力，软基处理中垂直排水，挡土墙后面的排水，各种建筑物后面的排水，排除隧洞周边渗水、减轻周边所承受的外水压力，人工填土地基或运动场地基的排水等。

(3) 工程隔离

有些土工合成材料能够把两种不同粒径的土、砂、石料，或把土、砂、石料与地基或其他建筑物隔离开来，以免相互混杂，失去各种材料和结构的完整性，或发生土粒流失现象。土工织物和土工膜都可以起隔离作用。它们可用于：道路基层与路基之间或路基与地基之间的隔离层，在土石混合坝中隔离不同的筑坝材料，用作坝体与地基之间的隔离体，堆场与地基间的隔离层等。

(4) 工程加筋

很多土工合成材料埋在土体中，可以分布土体的应力，增加土体的模量，传递拉应力，限制土体侧向位移；还增加土体和其他材料之间的摩阻力，提高土体及有关建筑物的稳定性。土工织物、土工格栅、土工网及一些特种或复合型的土工合成材料，都具有加筋作用，可用于：加强软弱地基，加强边坡稳定性，用作挡土墙回填土中的加筋，或锚固挡土墙的面板，修筑包裹式挡土墙或桥台，加固柔性路面、防止反射裂缝的发展等。

(5) 工程防渗

土工膜和复合型土工合成材料，可以防止液体的渗漏、气体的挥发，保护环境或建筑物的安全，可用于：土石坝和库区的防渗，渠道防渗，隧道和涵管周围防渗，防止各类大型液体容器或水池的渗漏和蒸发，屋顶防漏，用于修筑施工围堰等。

(6) 工程防护

多种土工合成材料对土体或水面，可起防护作用。主要用于：防止河岸或海岸被冲刷，防止垃圾、废料或废液污染地下水或散发臭味，防止水面蒸发或空气中灰尘污染水面，防止土体冻害等。

本章小结

本章主要介绍了土木工程使用的合成高分子材料，重点阐述了土木工程常用的合成高分子材料的性质及要求，同时介绍了合成高分子材料的分类与特点。要求学生掌握合成树脂、合成橡胶和合成纤维的技术性质，并能正确选择、合理使用。

1. 聚合物有哪些特征？这些特征与聚合物的性质有何联系？
2. 热塑性树脂与热固性树脂的主要不同点有哪些？
3. 线形聚合物有哪几种物理状态？试述聚合物在不同物理状态下的特点。
4. 试述聚合物的老化原因和防止措施？
5. 试述高分子改性水泥混凝土的类型及特点？
6. 何谓高分子改性沥青，高分子改性沥青通常可分为哪几类？
7. 土工合成材料有哪些种类？土工合成材料的主要用途有哪些？

第12章 绝热及吸声、隔声材料

本章概要

1. 叙述材料绝热的基本原理及影响因素；
2. 介绍绝热材料的主要品种、应用范围，以及使用该类材料的绝热节能效果；
3. 简要介绍材料吸声原理、吸声材料的特性、主要品种、应用范围及选用要求；
4. 扼要介绍隔声材料的隔声类型、不同围护结构的隔声特性。

12.1 绝热材料

12.1.1 绝热材料的作用机理及性能

在建筑中，习惯上把用于控制室内热量外流的材料叫做保温材料；把防止室外热量进入室内的材料叫做隔热材料。保温材料和隔热材料的本质是一样的，其标准术语为绝热材料。

1. 传热方式

热量的传递方式有三种：热传导、对流和热辐射。

“热传导”是指由于物体各部分直接接触的物质质点（分子、原子、自由电子）作热运动而引起的热能传递过程。“对流”是指较热的液体或气体因遇热膨胀而密度减小从而上升，冷的液体或气体就补充过来，形成分子的循环流动，这样，热量就从高温的地方通过分子的相对位移传向低温的地方。“热辐射”是一种靠电磁波来传递能量的过程。

在每一实际的传热过程中，往往都同时存在着两种或三种传热方式。例如，通过实体结构本身的透热过程，主要是靠导热，但一般建筑材料内部或多或少地有些孔隙，在孔隙内除存在气体的导热外，同时还有对流和热辐射存在。热量以上述三种方式从建筑物中散发出去，其传递方式主要是导热，主要的散热区域是墙体、顶棚和屋顶、楼板、门窗，建筑物的缝隙和开着的门窗会大大增加热量的散发。

2. 热阻和导热系数

当材料的两表面间出现了温度差，热量就会自动地从高温的一面向低温一面传导。在稳定状态下，通过测量热流量、材料两表面的温度及其有效传热面积，可以计算材料的热阻：

$$R = \frac{A \cdot (T_1 - T_2)}{Q} \tag{12-1}$$

式中：R——热阻，$m^2 \cdot (K/W)$；

Q——平均热流量，W；

T_1——试件热面温度平均值，K；

T_2——试件冷面温度平均值，K；

A——试件的有效传热面积，m^2。

如果热阻与温度呈线性关系，且试件能代表整体材料，试件具有足够的厚度，则材料的导热系数可用下式计算：

$$\lambda = \frac{d}{R} = \frac{Q \cdot d}{A \cdot (T_1 - T_2)} \tag{12-2}$$

式中：λ——导热系数，W/（m·K）；

d——试件平均厚度，m；

其余符号同前。

材料导热系数 λ 的物理意义是，厚度为 1m 的材料，当温度差为 1K 时，在 1s 内通过 $1m^2$ 面积的热量。材料的导热系数愈小，表示其绝热性能愈好。

实际材料常含有孔隙，同时存在热传导、对流和热辐射，所测量的并非真正的导热系数，而是表观导热系数，或称为当量导热系数和等效导热系数。几种典型物质的导热系数，见表 12-1。

几种典型物质的导热系数　　表 12-1

物　质	铜	钢材	花岗岩	混凝土	黏土砖	松木	冰	水	静止空气	泡沫塑料
λ，W/（m·K）	370	55	2.9	1.8	0.55	0.15	2.2	0.6	0.025	0.03

3. 影响材料导热系数的主要因素

导热系数是通过材料本身热量传导能力大小的量度，影响材料导热系数的主要因素有材料的物质构成、微观结构、孔隙构造、温度、湿度和热流方向等。

（1）物质构成　金属材料导热系数最大，无机非金属材料次之，有机材料导热系数最小。

（2）微观结构　相同化学组成的材料，结晶结构的导热系数最大，微晶结构次之，玻璃体结构导热系数最小。

（3）孔隙构造　由于固体物质的导热系数比空气的导热系数大得多，故一般来说，材料的孔隙率越大，导热系数越小。在孔隙率相近的情况下，孔径越大，孔隙相通将使材料导热系数有所提高，这是由于孔内空气流通与对流的结果。对于纤维状材料，还与压实程度有关。当压实达某一表观密度时，其导热系数最小，称该表观密度为最佳表观密度。当小于最佳表观密度时，材料内空隙过大，由于空气对流作用会使导热系数有所提高。

(4) 湿度　因为固体导热最好、液体次之、气体导热最差，因此，材料受潮会使导热系数增大，若水结冰导热系数进一步增大。为了保证保温效果，对绝热材料要特别注意防潮。

(5) 温度　材料的导热系数随温度升高而增大。因此绝热材料在低温下的使用效果更佳。

(6) 热流方向　对于木材等纤维状材料，热流方向与纤维排列方向垂直时材料的导热系数要小于平行时的导热系数。

4. 绝热材料的类型及其作用机理

(1) 多孔型

多孔型绝热材料起绝热作用的机理，见图 12-1。当热量 Q 从高温面向低温面传递时，在未碰到气孔之前，传递过程为固相中的导热，在碰到气孔后，一条路线仍然是通过固相传递，但其传热方向发生变化，总的传热路线大大增加，从而使传递速度减缓。另一条路线是通过气孔内气体的传热，其中包括高温固体表面对气体的辐射与对流给热、气体自身的对流传热、气体的导热、热气体对低温固体表面的辐射及对流给热以及热固体表面和冷固体表面之间的辐射传热。由于在常温下对流和辐射传热在总的传热中所占比例很小，故以气孔中气体的导热为主，但由于空气的导热系数仅为 0.029W/ (m·K)，远小于固体的导热系数，故热量通过气孔传递的阻力较大，从而传热速度大大减缓。这就是含有大量气孔的材料能起绝热作用的原因。

(2) 纤维型

纤维型绝热材料的绝热机理基本上和通过多孔材料的情况相似，见图 12-2。显然，传热方向和纤维方向垂直时的绝热性能比传热方向和纤维方向平行时要好一些。

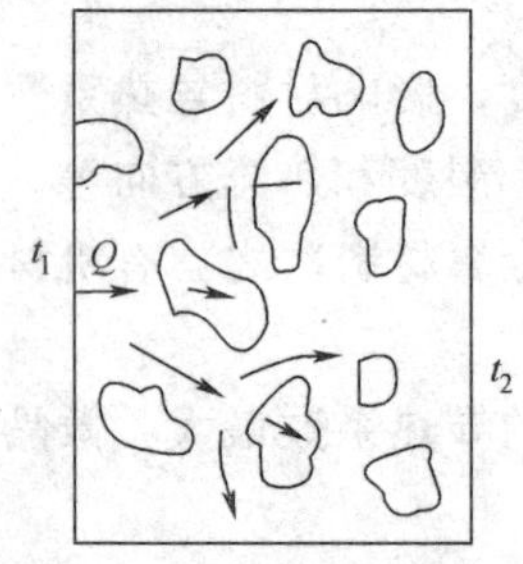

图 12-1　多孔材料传热过程

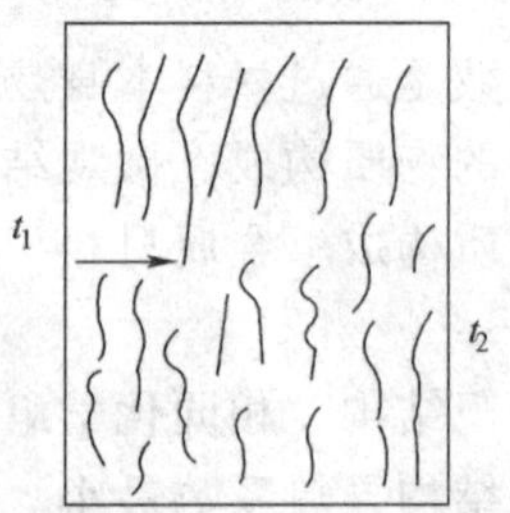

图 12-2　纤维材料传热过程

（3）反射型

反射型绝热材料的绝热机理，见图 12-3。当外来的热辐射能量 I_C 投射到物体上时，通常会将其中一部分能量 I_B 反射掉，另一部分 I_A 被吸收（一般建筑材料都不能被热射线穿透，故透射部分忽略不计）。根据能量守恒原理，则

$$I_A + I_B = I_C \tag{12-3}$$

或

$$\frac{I_A}{I_C} + \frac{I_B}{I_C} = 1 \tag{12-4}$$

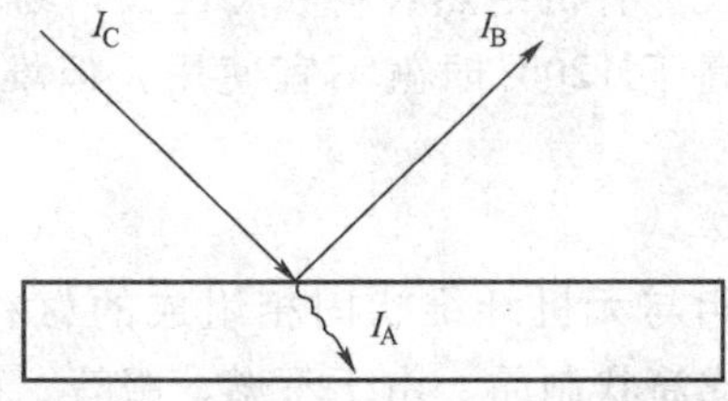

图 12-3　材料对热辐射的反射和吸收

式中比值 I_A/I_C 说明材料对热辐射的吸收性能，用吸收率“A”表示，比值 I_B/I_C 说明材料的反射性能，用反射率“B”表示，即

$$A + B = 1 \tag{12-5}$$

由此可以看出，凡是善于反射的材料，吸收热辐射的能力就小，反之，如果吸收能力强，则其反射率就越小。故利用某些材料对热辐射的反射作用，如铝箔的反射率为 0.95，在需要绝热的部位表面贴上这种材料，就可以将绝大部分外来热辐射（如太阳光）反射掉，从而起到绝热的作用。

5. 绝热材料的性能

绝热材料的性能除了上述的导热系数外，还有以下几种性能：

（1）温度稳定性

材料在受热作用下保持其原有性能不变的能力，称为绝热材料的温度稳定性。通常用其不致丧失绝热性能的极限温度来表示。

（2）吸湿性

绝热材料由潮湿环境中吸收水分的能力称为其吸湿性。一般其吸湿性越大，对绝热效果越不利。

（3）强度

绝热材料的机械强度和其他建筑材料一样是用强度极限来表示的。通常采用抗压强度和抗折强度。由于绝热材料含有大量孔隙，故其强度一般均不大，因此不宜将绝热材料用于承受外界荷载部位。对于某些纤维材料等有时常用材料达到某一变形时的承载能力作为其强度代表值。

12.1.2 常用建筑绝热材料的种类及其性能

1. 常用建筑绝热材料的种类

常用的绝热材料按其成分可分为有机和无机两大类。无机绝热材料是用矿物质原料做成的呈松散状、纤维状或多孔状的材料，可加工成板、卷材或套管等形式的制品。有机绝热材料是用有机原料（如各种树脂、软木、木丝、刨花等）制成。有机绝热材料的密度一般小于无机绝热材料。无机绝热材料不腐烂，不燃，有些材料还能抵抗高温，但密度较大。有机绝热材料吸湿性大，易受潮、腐烂，高温下易分解变质或燃烧，一般温度高于 120℃时就不宜使用，但堆积密度小，原料来源广，成本较低。

1）无机纤维状绝热材料

这是一类由连续的气相与无机纤维状固相组成的材料。常用的无机纤维有矿棉、玻璃棉等。可制成板或筒状制品。由于不燃、吸音、耐久、价格便宜、施工简便，而广泛用于住宅建筑和热工设备的表面。

（1） 玻璃棉及制品

玻璃棉是用玻璃原料或碎玻璃经熔融后制成的一种纤维状材料。一般的堆积密度为 40～150kg/m^3，导热系数小，价格与矿棉制品相近。可制成沥青玻璃棉毡、板及酚醛玻璃棉毡和板，使用方便，因此是广泛用在温度较低的热力设备和房屋建筑中的保温隔热材料，还是优质的吸声材料。

（2） 矿棉和矿棉制品

矿棉一般包括矿渣棉和岩石棉。矿渣棉所用原料有高炉硬矿渣、铜矿渣和其他矿渣等，另加一些调整原料（含氧化钙、氧化硅的原料）。岩石棉的主要原料是天然岩石，经熔融后吹制而成的纤维状（棉状）产品。

矿棉具有轻质、不燃、绝热和电绝缘等性能，且原料来源丰富，成本较低，可制成矿棉板、矿棉防水毡及管套等。可用作建筑物的墙壁、屋顶、顶棚等处的保温、隔热和吸声。

2）无机散粒状绝热材料

这是一类由连续的气相与无机颗粒状固相组成的材料。常用的固相材料有膨胀蛭石和珍珠岩等。

（1） 膨胀蛭石及其制品

蛭石是一种天然矿物，在 850～1000℃的温度下煅烧时，体积急剧膨胀，单个颗粒的体积能膨胀约 20 倍。

膨胀蛭石的主要特性是：表观密度 80～900kg/m^3，导热系数 0.046～0.070 W/（m·K），可在 1000～1100℃温度下使用，不蛀、不腐，但吸水性较大。膨胀蛭石可以呈松散状铺设于墙壁、楼板、屋面等夹层中，作为绝热、隔声之用。使用时应注意防潮，以免吸水后影响绝热效果。

膨胀蛭石也可与水泥、水玻璃等胶凝材料配合，浇制成板，用于墙、楼板和屋面板等构件的绝热。其水泥制品通常用10%～15%体积的水泥，85%～90%的膨胀蛭石及适量的水经拌和、成型、养护而成。其制品的表观密度为300～550kg/m³，相应的导热系数为0.08～0.10W/（m·K），抗压强度0.2～1MPa，耐热温度600℃。水玻璃膨胀蛭石制品是以膨胀蛭石、水玻璃和适量氟硅酸钠（Na_2SiF_6）配制而成，其表观密度为300～550kg/m³，相应的导热系数为0.079～0.084W/(m·K)，抗压强度为0.35～0.65MPa，最高耐热温度900℃。

（2）膨胀珍珠岩及其制品

膨胀珍珠岩是由天然珍珠岩煅烧而成的，呈蜂窝泡沫状的白色或灰白色颗粒，是一种高效的绝热材料。其堆积密度为40～500kg/m³，导热系数为0.047～0.070W/（m·K），最高使用温度可达800℃，最低使用温度为－200℃。具有吸湿小、无毒、不燃、抗菌、耐腐、施工方便等特点。建筑上广泛用于围护结构、低温及超低温保冷设备、热工设备等处的隔热保温材料，也可用于制作吸声制品。

膨胀珍珠岩制品是以膨胀珍珠岩为主，配合适量胶凝材料（水泥、水玻璃、磷酸盐、沥青等），经拌和、成型、养护（或干燥，或固化）后而制成的具有一定形状的板、块、管壳等制品。

3）无机多孔类绝热材料

多孔类材料是由固相和孔隙良好地分散的材料，主要有泡沫类和发气类产品。它们整个体积内含有大量均匀分布的气孔（开口气孔、封闭气孔或二者皆有）。

（1）泡沫混凝土

是由水泥、水、松香泡沫剂混合后经搅拌、成型、养护而成的一种多孔、轻质、保温、隔热、吸声材料。也可用粉煤灰、石灰、石膏和泡沫剂制成粉煤灰泡沫混凝土。泡沫混凝土的表观密度为300～500kg/m³，导热系数约为0.082～0.186W/（m·K）。

（2）加气混凝土

是由水泥、石灰、粉煤灰和发气剂（铝粉）配制而成的一种保温隔热性能良好的轻质材料。由于加气混凝土的表观密度小（500～700kg/m³），导热系数值[0.093～0.164W/（m·K）]比黏土砖小，因而24cm厚的加气混凝土墙体，其保温隔热效果优于37cm厚的砖墙。此外，加气混凝土的耐火性能良好。

（3）硅藻土

由水生硅藻类生物的残骸堆积而成。其孔隙率为50%～80%，导热系数约为0.060W/（m·K），因此具有很好的绝热性能。最高使用温度可达900℃。可用作填充料或制成制品。

(4) 微孔硅酸钙

由硅藻土或硅石与石灰等经配料、拌和、成型及水热处理制成。以托贝莫来石为主要水化产物的微孔硅酸钙，表观密度约为 200kg/m³，导热系数约为 0.047W/(m·K)，最高使用温度约 650℃。以硬硅钙石为主要水化产物的微孔硅酸钙，其表观密度约为 230kg/m³，导热系数约为 0.056W/(m·K)，最高使用温度可达 1000℃。

(5) 泡沫玻璃

由玻璃粉和发泡剂等经配料、烧制而成。气孔率达 80%～95%，气孔直径为 0.1～5mm，且大量为封闭而孤立的小气泡。其表观密度为 150～600kg/m³，导热系数为 0.058～0.128W/(m·K)，抗压强度为 0.8～15MPa。采用普通玻璃粉制成的泡沫玻璃最高使用温度为 300～400℃，若用无碱玻璃粉生产时，则最高使用温度可达 800～1000℃。泡沫玻璃耐久性好，易加工，可满足多种绝热需要。

4) 有机绝热材料

(1) 泡沫塑料

泡沫塑料是以各种树脂为基料，加入一定剂量的发泡剂、催化剂、稳定剂等辅助材料，经加热发泡而制成的一种具有轻质、绝热、吸声、防震性能的材料。目前我国生产的有：聚苯乙烯泡沫塑料，其表观密度为 20～50kg/m³，导热系数为 0.038～0.047W/(m·K)，最高使用温度约：70℃；聚氯乙烯泡沫塑料，其表观密度为 12～75kg/m³，导热系数为 0.031～0.045W/(m·K)，最高使用温度为 70℃，遇火能自行熄灭；聚氨酯泡沫塑料，其表观密度为 30～65kg/m³，导热系数为 0.035～0.042W/(m·K)，最高使用温度可达 120℃，最低使用温度为－60℃。此外，还有脲醛泡沫塑料及制品等。该类绝热材料可用作复合墙板及屋面板的夹芯层，还可满足冷藏和包装等绝热需要。

(2) 植物纤维类绝热板

该类绝热材料可用稻草、木质纤维、麦秸、甘蔗渣等为原料经加工而成。其表观密度为 200～1200kg/m³，导热系数为 0.058～0.307W/(m·K)，可用于墙体、地板、顶棚等，也可用于冷藏库、包装箱等。

(3) 窗用绝热薄膜（又名新型防热片）

其厚度 12～50μm，用于建筑物窗户的绝热，可以遮蔽阳光，防止室内陈设物退色，减低冬季热量损失，节约能源，增加美感。使用时，将特制的防热片（薄膜）贴在玻璃上，其功能是将透过玻璃的大部分阳光反射出去，反射率高达 80%。防热片能减少紫外线的透过率，减轻紫外线对室内家具和织物的有害作用，减弱室内的温度变化程度，也可避免玻璃碎片伤人。

2.常用绝热材料的技术性能及用途

绝热材料通常应具备下列基本条件：导热系数小于0.23W/（m·K），足够的抗压强度（一般不低于0.3MPa），使用温度为－40～＋60℃，在温度、湿度变化时保持尺寸稳定性，以及防火性能。除此以外，还要根据工程的特点，考虑材料的吸温性、耐腐蚀性等性能以及技术经济指标。为了保证材料的绝热性，安装时应根据情况设置隔气层或防水层。常用绝热材料的技术性能及用途，见表12-2。

常用绝热材料技术性能及用途 表12-2

材料名称	表观密度（kg/m^3）	强度（MPa）	导热系数［W/（m·K）］	最高使用温度（℃）	用途
超细玻璃棉毡	30～80		0.035	300～400	墙面、屋面、冷库等
沥青玻纤制品	100～150		0.041	250～300	
矿渣棉纤维	110～130		0.044	≤600	填充材料
岩棉纤维	80～150	f_t>0.012	0.044	250～600	填充墙体、屋面、热力管道
岩棉制品	80～160		0.04～0.052	≤600	
膨胀珍珠岩	40～500		常温0.02～0.044 高温0.06～0.17 低温0.02～0.038	≤800	高效能保温保冷填充材料
水泥膨胀珍珠岩制品	300～400	f_c0.5～1.0	常温0.05～0.081 低温0.08～10.12	≤600	保温隔热用
水玻璃膨胀珍珠岩制品	200～300	f_c0.6～1.7	常温0.056～0.093	≤650	保温隔热用
沥青膨胀珍珠岩制品	200～500	f_c0.2～1.2	0.093～0.12	1 000～1 100	用于常温及负温部位的绝热
膨胀蛭石	80～900		0.046～0.070	≤600	填充材料
水泥膨胀蛭石制品	300～550	f_c0.2～1.15	0.076～0.105	≤650	保温隔热用
微孔硅酸钙制品	200～230	f_c>0.5 f_t>0.3	0.047～0.056	650	围护结构及管道保温
轻质钙塑板	100～150	f_c0.1～0.3 f_t0.11～0.7	0.047	300～400	保温隔热兼防水性能，并具有装饰性能
泡沫玻璃	150～600	f_c0.8～15	0.058～0.128	300～400	砌筑墙体及冷藏库绝热
泡沫混凝土	300～500	f_c≥0.4	0.082～0.186		围护结构
加气混凝土	500～700	f_c≥0.4	0.093～0.164		围护结构
木丝板	300～600	f_c0.4～0.5	0.11～0.26		顶棚、隔墙板、护墙板

续上表

材料名称	表观密度(kg/m³)	强度(MPa)	导热系数[W/(m·K)]	最高使用温度(℃)	用途
软质纤维板	150～400		0.047～0.093		同上，表面较光洁
芦苇板	250～400		0.093～0.13		顶棚、隔墙板
软木板	105～437	f_v 0.15～2.5	0.044～0.079	≤130	绝热结构
聚苯乙烯泡沫塑料	20～50	f_v 0.15	0.038～0.047	70	屋面、墙体保温隔热
硬质聚氨酯泡沫塑料	30～65	f_c 0.25～0.5	0.035～0.042	−60～120	屋面、墙体保温，冷藏库隔热
聚氯乙烯泡沫塑料	12～75	f_c 0.31～1.2	0.031～0.045	−196～70	

12.2 吸声、隔声材料

12.2.1 材料的吸声性能

声音起源于物体的振动。声源的振动迫使邻近的空气跟着振动而形成声波，并在空气介质中向四周传播。人耳能够听见的声频范围是128Hz～10kHz。声音的大小常用声压级表示：

$$L_p = 20\lg\frac{P}{P_0} \tag{12-6}$$

式中：L_p——声压级，dB（分贝）；

p——声压，Pa；

p_0——基准声压，相当于人耳刚能听到的声压，数值为2×10^{-5}Pa。

通常，当声音大于50dB，设计师就应该考虑采取措施在建筑物内控制声音，以便给人们提供一个安全、舒适的生活、工作环境；当声音大于120dB，将危害人体健康。

声音在传播过程中，一部分声能随着距离的增大而扩散，另一部分则因空气分子的吸收而减弱。声能的这种减弱现象，在室外空旷处颇为明显，但若房间的体积不太大，声能减弱就不起主要作用，而重要的是墙壁、天花板、地板等材料表面对声能的吸收。

(1) 材料的吸声原理与吸声系数

当声波遇到材料表面时，一部分从材料表面反射，一部分透射过材料，还有一部分被材料吸收，即当声波进入材料内部互相贯通的孔隙后，空气分子受到孔壁的摩擦和黏滞阻力的作用，以及细小纤维（对纤维状吸声材料而言）作机械振动，使声能转化为热能而被吸收。吸声材料是指一种能在很大程度上吸收由空气传递的声波能量的建筑材料。

在给定频率和条件下，吸收及透射的声能与全部入射声能之比，称为吸声系数 α，即：

$$\alpha = \frac{E}{E_0} \tag{12-7}$$

式中：E——吸收及透射的声能；

E_0——全部入射声能通量。

吸声系数是评定材料吸声性能好坏的指标。吸声系数越大的材料，其吸声效果越好。在音乐厅、影剧院、大会堂、播音室等内部的墙面、地面、天棚等部位，适当采用吸声材料，能改善声波在室内传播的质量，保持良好的音响效果。

声源停止后，声音由于多次反射或散射而延续的现象称为混响。稳态声源停止后，声压级衰变 60dB 所需要的时间，称为混响时间。为了与实际情况更接近，建筑材料吸声系数并非按上述定义式计算，而是通过测量吸声材料放入混响室前、后的两个混响时间，来计算吸声材料试件的吸声量（即相当于具有同样吸声效果的完全吸声板的面积，m^2），然后按下式计算混响室法吸声系数 α_s：

$$\alpha_s = \frac{E'}{S} \tag{12-8}$$

式中：E'——试件的吸声量；

S——平板试件的面积，m^2。

在混响室内装有声音扩散体，使声波入射角各向均衡，因此所测得的吸声系数具有代表性。

(2) 影响材料吸声性能的因素

材料的吸声特性，除与材料本身性质（如材料的表观密度、孔隙率和孔隙构造特征等）、厚度及材料表面的条件（有无空气层及空气层的厚度）有关外，还与声波的入射角（方向）及声波的频率有关。

①材料的表观密度

一般而言，对于同一种多孔材料（如超细玻璃纤维）而言，当其表观密度增大

（即孔隙率减小）时，对低频声音的吸声效果则有所提高，而对高频声音的吸声效果则有所降低。

②材料的孔隙特征

材料的孔隙特征对吸声效果影响最大。孔隙越多、越细小且连通，吸声效果越好。若孔隙尺寸太大，吸声效果差；若孔隙大部分为单独的封闭的气泡（如聚氯乙烯泡沫塑料），则因声波不能进入而降低吸声效果。从吸声机理讲，对封闭孔隙材料空气不易进入，则不属于吸声材料。当多孔材料的微孔吸满灰尘污垢、表面涂刷油漆或吸湿时，材料表面的孔隙被堵塞，极大地降低了吸声效果。为保持材料原有的吸声特性，饰面应具有良好的透气性能，以防表面开孔被堵塞。

值得一提的是，有些吸声材料的名称与绝热材料相同，都是多孔材料，但在材料的气孔特征上有着完全不同的要求：吸声材料要求具有开放的互相流通的气孔，这种气孔愈多，吸声性能愈好；而绝热材料则要求具有封闭的不连通的气孔，这种气孔愈多其绝热性能愈好。

③材料厚度

多孔材料的低频吸声系数，一般随着厚度的增加而提高，但厚度对高频影响不显著。材料的厚度增加到一定程度后，吸声效果的变化就不明显。所以为提高材料吸声性能而无限制地增加厚度是不适宜的。

④材料表面条件（背后空气层厚度）

大部分吸声材料都是周边固定在龙骨上，安装在离墙面 5～15mm 处。材料背后空气层的作用相当于增加了材料的厚度，吸声效能一般随空气层厚度增加而提高。当材料离墙面的安装距离（即空气层厚度）等于 1/4 波长的奇数倍时，可获得最大的吸声系数。根据这个原理，借调整材料背后空气层厚度的办法，可达到提高吸声效果的目的。

⑤声波的入射方向

当声波的入射角为 90°即声波的入射方向与吸声材料的气孔开口方向平行时，声波最容易进入材料气孔，故吸声效果最好；随着入射角的减小，吸声效果降低，当声波的入射方向与吸声材料的气孔方向垂直时，吸声效果最差。

⑥声波的频率

同一材料，对于高、中、低不同频率的吸声系数有很大差别。为了全面反映材料的吸声性能，规定取 125Hz、250Hz、500Hz、1000Hz、2000Hz、4000Hz 六个频率的吸声系数来表示材料吸声的频率特性。凡六个频率的平均吸声系数大于 0.2 的材料，可称为吸声材料。

实际上，多数情况下仅用 250Hz、500Hz、1000Hz 和 2000Hz 四个频带的实用吸声系数来反映材料的吸声性能。每个频带的实用吸声系数由该频带内 3 个 1/3

倍频带的吸声系数计算算术平均值而得。例如，250Hz 频带的实用吸声系数是 200Hz、250Hz 和 315Hz 三个 1/3 倍频带吸声系数的算术平均值。

（3）降噪系数、降噪量

以 250Hz、500Hz、1000Hz 和 2000Hz 四个频带实用吸声系数的算术平均值作为降噪系数（NRC）。建筑吸声材料的吸声性能按降噪系数分为四级，见表 12-3。

建筑吸声材料吸声性能分级表 表 12-3

吸声等级	I	II	III	IV
降噪系数，NRC	NRC≥0.08	0.60≤NRC<0.80	0.40≤NRC<0.60	0.20≤NRC<0.40

在建筑物室内使用吸声材料后的降噪效果，可以用现场实测的混响时间来衡量，或按下式计算降噪量：

$$\Delta L_{\mathrm{p}} = 10\lg \frac{T_1}{T_2} \tag{12-9}$$

式中：ΔL_{p}——吸声降噪量，dB；

T_1、T_2——吸声处理前、后的室内混响时间，s。

12.2.2 常用建筑吸声材料的种类及其结构形式

1. 吸声材料的结构形式

（1）多孔吸声材料

多孔吸声材料的结构具有弹性泡沫塑料的封闭气孔，声波直接通过自身的振动消耗声能达到吸声的效果，而不是通过孔隙中的空气振动来消耗声能。多孔吸声材料有：木丝板、纤维板、玻璃棉、矿棉、珍珠岩砌块、泡沫混凝土、泡沫塑料等。

（2）柔性吸声材料

具有封闭气孔和一定弹性的材料，其声波引起的空气振动不易传递至内部，只能相应地产生振动，在振动过程中克服材料内部的摩擦而消耗声能，引起声波衰减，如泡沫塑料。这种材料的吸声特性是在一定的频率范围内出现一个或多个吸声频率。

（3）穿孔板组合共振吸声结构

此结构是用穿孔的胶合板或硬质纤维板、石膏板、石棉水泥板、铝合金板、薄钢板等，将周边固定在龙骨上并在背后设置空气层而构成。把这种结构看成是多个单独共振吸声器的并联，起扩宽吸声频带的作用，特别对中频声波吸声效果好。影响吸声结构的吸声性能与穿孔板的厚度、穿孔率、孔径、背后空气层厚度及是否填充多孔吸声材料等有关。

（4）薄板振动吸声结构

这种结构是将薄木板或胶合板、硬质纤维板、石膏板、石棉水泥板、金属板等周边固定在墙或顶棚的龙骨上，并在背后保留一定的空气层，即构成薄板振动吸声结构。此结构的吸声原理是：在声波作用下，薄板和空气层的空气发生振动，在板内部和龙骨间出现摩擦损耗，将声能转化成热能，起到吸声作用。通常共振频率在80～300Hz范围。这种材料对低频声波的吸声效果好。

（5）悬挂空间吸声体

将细小多孔的吸声材料制成多种结构形式（如球形、平板形、圆锥形、棱锥形等）、不同规格，悬挂在顶棚上，即构成了悬挂空间吸声体。这种结构不仅具有声波的衍射作用，而且还增加了有效的吸声面积，可显著提高实际吸声效果。

（6）帘幕吸声体

将具有透气性能好的纺织品，安装在离墙面后窗面一定距离处，背后设置空气层。此种结构对中、高频的声波有较好的吸声效果，还可起到装饰的作用，施工装卸方便。

（7）空腔共振吸声结构

空腔共振吸声结构由封闭的大空腔和较小的开口所组成。它有很强的频率选择性，在其共振频率附近，吸声系数较大，而对离共振频率较远的声波吸收很小。当受外力激荡时，空腔内的空气将会按一定的共振频率震动，使开口颈部的空气分子在声波作用下像活塞一样往复运动，因摩擦而消耗声能，起到吸声的作用。若在腔口蒙一层透气的细布或疏松的棉絮，能加宽吸声频率范围和提高吸声效果。

几种吸声体的吸声特性见图12-4。

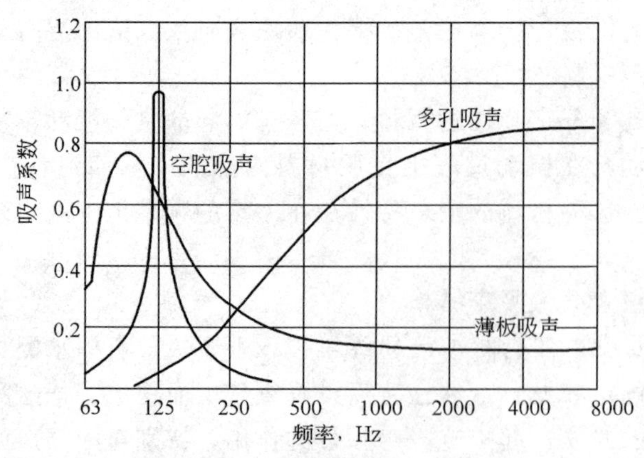

图12-4　三种吸声体的吸声特性

2. 常用建筑吸声材料

(1) 矿棉吸声板

矿棉又称矿渣棉，是以工业废料矿渣为主要原料，经融化、高速离心法或喷吹法等工序制成的无机纤维棉丝状产品。矿棉吸声板是以矿棉为主要原料，加入适量的胶黏剂、防潮剂、防腐剂，经加压、烘干、饰面而成为顶棚吸声并兼装饰作用的材料，具有吸声、质轻、保温、隔热、防火、防震、美观及施工方便等特点。用于音乐厅、影剧院、播音室、大会堂等，可以调整室内的混响时间，消除回声，改善室内音质，提高语言的清晰度；用于宾馆、医院、会议室、商场、工厂车间及喧闹的场所，可以降低室内噪声级，改善生活环境和劳动条件。

(2) 膨胀珍珠岩吸声制品

按所用胶黏剂可分为：水玻璃珍珠岩吸声板、水泥玻璃珍珠岩吸声板、聚合物珍珠岩吸声板及复合吸声板等。具有重量轻、吸声效果好、防火、防潮、防蛀、耐酸等优点，而且可锯割，施工方便。适用于播音室、影剧院、宾馆、录像室、医院、会议室、礼堂、餐厅及工业厂房的噪音控制等建筑结构的内墙和顶棚，改善室内音质效果。

(3) 贴塑矿棉吸声板

是以半硬质矿棉板或岩面板作基材，表面覆贴加制凹凸纹的聚氯乙烯半硬质膜片而成。主要特点是具有优良的吸声性能、隔热、容重轻、美观大方及不燃烧。用于影剧院、会议厅、商场、酒店及电子计算机机房等。用于建筑物的内墙及客厅，可收到良好的吸声效果，同时还具有装饰作用。

(4) 玻璃棉吸声权

主要原料为玻璃棉，加入一些胶黏剂、防潮剂、防腐剂经热压成型加工而成。其特点是质轻、吸声、保温、隔热、防火、装饰及施工方便等。用于音乐厅、播音室、会议厅、办公室、宾馆、商场等建筑物内墙及顶棚，可收到良好的吸声效果。

(5) 矿物棉纤维板

矿物棉纤维呈多孔性，使制品具有良好的吸声和隔热性能。以矿物棉为吸声材料生产的空间吸声体，此吸声体系以矿物棉板为主要吸声材料，外护用玻璃纤维布或窗纱以及铝合金钻孔板复合而成。吸声体可制成不同形状、不同规格，具有很高的吸声效果。但是耐水性差，常用有机硅溶液或乳液、沥青乳液、各种高温油、石蜡等进行矿物棉的防水处理以提高耐水能力。波兰用燃烧温度大于 250℃的乳状矿物油喷涂矿物棉制品进行防水处理，所制得的制品吸水能力为 60.7%。

常用吸声材料的吸声系数见表 12-4。

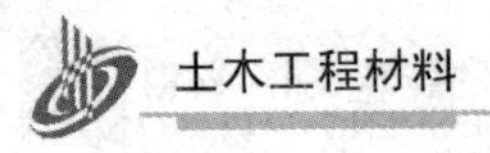

常用材料的吸声系数 表 12-4

材料种类	材料名称	厚度(cm)	不同频率(Hz)下的吸声系数						装置情况
			125	250	500	1000	2000	4000	
无机材料	石膏板(有花板)	—	0.03	0.05	0.06	0.09	0.04	0.06	贴实
	石膏砂浆(掺水泥、玻璃纤维)	2.2	0.24	0.12	0.09	0.30	0.32	0.83	墙面粉刷
	水泥蛭石板	4.0	—	0.14	0.46	0.78	0.50	0.60	贴实
	水泥砂浆	1.7	0.21	0.16	0.25	0.40	0.42	0.48	
	水泥膨胀珍珠岩板	5.0	0.16	0.46	0.64	0.48	0.56	0.56	
	吸声砖	6.5	0.05	0.07	0.10	0.12	0.16	—	
	砖(清水墙面)	—	0.02	0.03	0.04	0.04	0.05	0.05	
泡沫材料	泡沫玻璃	4.4	0.11	0.32	0.52	0.44	0.52	0.33	贴实
	脲醛泡沫塑料	5.0	0.22	0.29	0.40	0.68	0.95	0.94	贴实
	泡沫塑料	1.0	0.03	0.06	0.12	0.41	0.85	0.67	
	泡沫水泥(外面粉刷)	2.0	0.18	0.05	0.22	0.48	0.22	0.32	靠基层粉刷
	吸声蜂窝板	—	0.27	0.12	0.42	0.86	0.48	0.30	
纤维材料	矿棉板	3.1	0.10	0.21	0.60	0.95	0.85	0.72	贴实
	玻璃棉	5.0	0.06	0.08	0.18	0.44	0.72	0.82	贴实
	酚醛玻璃纤维板	8.0	0.25	0.55	0.80	0.92	0.98	0.95	贴实
	工业毛毡	3.0	0.10	0.28	0.55	0.60	0.60	0.56	紧靠墙面
木质材料	软木板	2.5	0.05	0.11	0.25	0.63	0.70	0.70	贴实
	木丝板	3.0	0.10	0.36	0.62	0.53	0.71	0.90	钉在龙骨上并且后留5～10cm空气层
	三夹板	0.3	0.21	0.73	0.21	0.19	0.08	0.12	
	穿孔五夹板	0.5	0.01	0.25	0.55	0.30	0.16	0.19	
	木质纤维板	1.1	0.06	0.15	0.28	0.30	0.33	0.31	

3. 对吸声材料的选用及安装的基本要求

为了保持室内良好的音响效果，减少噪音，改善声波的传播，在音乐厅、电影院、大会堂、播音室及工厂噪音大的车间等内部的墙面、地面、天棚等部位，应适当选用吸声材料，选用时应注意如下要求：

(1) 为了发挥吸声材料的作用，必须选择材料的气孔是开放的，互相连通的。开放连通的气孔越多，吸声性能越好。

(2) 尽可能选用吸声系数较高的材料，以求得到较好的技术经济效果。

(3) 选用的吸声材料应不易虫蛀、腐朽，且不易燃烧。

(4) 安装时应考虑到减少材料受碰撞的机会和因吸湿引起的胀缩影响，因为多数吸声材料强度较低，多孔吸声材料吸湿性较大。故吸声材料一般应设置在护壁台度以上，以免碰撞破坏。

(5) 吸声材料应装在最容易接触声波和反射次数最多的表面上，但不应把吸声材料都集中在天花板或墙壁上，而应比较均匀地分布在室内各表面上。

(6) 安装吸声材料时应注意勿使材料的开口气孔被装饰涂料堵塞而降低吸声效果。

12.2.3 建筑隔声材料

1.隔声的类型

建筑上将主要起隔绝声音作用的材料称为隔声材料，隔声材料主要用于外墙、门窗、隔墙、隔断等。

隔声可分为隔绝空气声（通过空气传播的声音）和隔绝固体声（通过撞击或振动传播的声音）两种。两者的隔声原理截然不同。隔声不但与材料有关，而且与建筑结构有密切的关系。

(1) 空气声的隔绝

材料隔绝空气声的能力，可以用材料对声波的透射系数或材料的隔声量来衡量：

$$\tau = \frac{E_t}{E_0} \tag{12-10}$$

$$R = 10 \cdot \lg \frac{1}{\tau} \tag{12-11}$$

式中：τ——声波透射系数；

E_t——透过材料的声能；

E_0——入射总声能；

R——材料的隔声量，dB。

材料的 τ 越小，则 R 越大，说明材料的隔声性能越好。材料的隔声性能与入射声波的频率有关，常用 125～4000Hz 六个倍频带的隔声量来表示材料的隔声性能。对于普通教室之间的隔墙和楼板，要求达到 40dB 的隔声量，也即透射声能小于入射声能的万分之一。

隔绝空气声，主要服从质量定律，即材料的体积密度越大，质量越大，隔声性能越好，因此应选用密实的材料作为隔声材料，如砖、混凝土、钢板等。如采用轻质材料或薄壁材料，需辅以多孔吸声材料或采用夹层结构，如夹层玻璃就是一种很好的隔声材料。

(2) 固体声（撞击声）的隔绝

材料隔绝固体声的能力是用材料的撞击声压级来衡量的。测量时，将试件安装在上部声源室和下部受声室之间的洞口，声源室与受声室之间没有刚性连接，用标准打击器打击试件表面，受声室接受到的声压级减去环境常数，即得材料的撞击声压级。普通教室之间的标准化撞击声压级应小于 75 dB。

隔绝固体声最有效的措施是采用不连续的结构处理，即在墙壁和承重梁之间、房屋的框架和墙板之间加弹性垫，如毛毡、软木、橡皮等材料，或在楼板上加弹性地毯。

2. 不同围护结构的隔声特性

建筑物的隔声性能主要取决于围护结构的隔声性能，下面就根据不同的围护结构分别来讨论其隔声特性。

（1）单层匀质密实墙

墙体自身的隔声特性取决于其在声波激发下而产生的振动，影响这种振动的首要因素是墙体的惯性即其质量，单位面积墙体的质量愈大，透射的声能愈少，墙体的隔声量就愈大，这一规律被称为质量定律。因此，要想改善单层墙的隔声性能，就需增加墙体的质量或厚度。

第二个重要的影响因素是材料的吻合临界频率。墙板自身有随频率而变的自由弯曲波传播速度；在入射声波作用下，又会引起受迫弯曲波的传播，当这两种波的传播速度相等时，墙板振动的振幅最大，声音会大量透射，这种现象称为吻合效应，出现吻合效应的最低频率称为吻合临界频率。在墙体设计中应根据建筑物的声环境频率范围，避免墙板的吻合临界频率处于该频率范围内。

（2）双层匀质密实墙

采用有空气间层或填充吸声材料间层的双层墙与同样质量的单层墙相比，可以得到更大的隔声量。像纤维板之类的轻质双层墙的固有频率相当高，在入射声波作用下会因共振而导致隔声能力降低，而砖砌体或混凝土双层墙的固有频率一般很低，接近人的听阈。

双层墙中空气间层的厚度越大，产生的隔声量越大。一般当空气间层的厚度小于 4cm 时，双层墙的隔声效果几乎与同样质量的单层墙相同。

另外，在声波作用下双层墙也会出现吻合效应。若两层墙体的材料相同，且厚度一样，则它们的吻合临界频率相同，在此频率附近的隔声量很低。如果两层墙体的面密度不同，不同的吻合临界频率就会使各频率下的隔声量比较均匀一致。

（3）轻质墙

采用轻质的隔墙代替厚重的隔墙是现代建筑工程中流行的趋势。目前使用较多的材料，如纸面石膏板、加气混凝土等，面密度都很小。根据质量定律可知，采用轻质材料的内隔墙，隔声能力较低，不能满足隔声要求。为提高其隔声效果，可采取以下措施：在两层轻质墙体之间设厚度大于 7.5cm 的空气层；在两层轻质墙的间层中填充多孔材料；增加轻质墙的层数。

(4) 门和窗

门窗是建筑物围护结构中隔声最薄弱的部分，其面密度比墙体小，周边的缝隙也是传声的途径。提高门隔声能力的关键在于对门扇及其周边缝隙的处理。隔声门应为面密度较大的复合构造，轻质的夹板门可以铺贴强吸声材料；门扇边缘可以用橡胶、泡沫塑料等的垫圈进行密封处理。对于不开启的观察窗容易进行隔声处理，但可开启的窗户则很难有较高的隔声量。

(5) 楼板的隔声

楼板的隔声主要是指隔绝撞击声的性能，这些撞击声一般来自上面楼层中人们的行走、物体碰撞等引起的固体振动，同时由于楼板与四周墙体的刚性连接，还会将振动能量沿围护结构传播，导致其他构件也辐射声能。改善楼板隔绝撞击声性能的主要措施有：在承重楼板上铺设用塑料橡胶布、地毯等软质弹性材料制成的弹性面层，可减弱楼板所受的撞击；在楼板承重层与面层之间设置弹性垫层，减弱结构层的振动；在承重楼板下加设吊顶，可以改善楼板隔绝空气噪声和撞击噪声的性能。

本章小结

绝热、吸声、隔声材料是提高建筑物使用功能质量和改善人们生活环境所必需的建筑材料。

绝热材料主要由轻质、疏松、多孔或纤维状材料组成。材料或制品的保温、隔热性能可用导热系数值表征，导热系数越小的材料，其绝热性能越好。影响材料导热系数的主要因素有材料的物质构成、微观结构、孔隙构造、温度、湿度和热流方向，学习时应联系第二章内容加以小结。绝热材料的类型主要有多孔型、纤维型和反射型三种。本章还介绍了常用的有机和无机类绝热材料、制品及其导热系数，供选用时参考。

吸声材料对入射声能有较大的吸收作用。吸声材料的吸声效果可用吸声系数评定。吸声系数越大的材料，其吸声效果越好。材料的吸声特性，除与材料本身性质、厚度及材料表面的条件有关外，还与声波的入射角（方向）及声波的频率有关。本章还介绍了常用吸声材料的特点及选用和安装时的基本要求。

隔声与吸声是不同的概念，不得混淆。不能简单地将吸声材料作为隔声材料来应用。

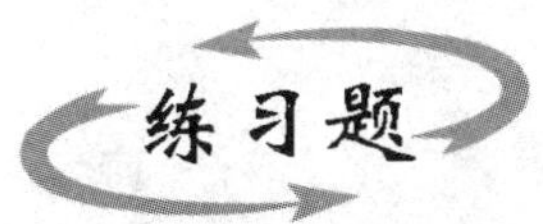

1. 何谓绝热材料？其绝热机理是怎样的？

2. 影响绝热材料绝热性能的因素有哪些？建筑物上使用绝热材料有何意义？

3. 用什么技术指标来评定材料绝热性能的好坏？选用绝热材料时应主要考虑哪些方面的性能要求？

4. 为什么使用绝热材料时要特别注意防水防潮？

5. 何谓吸声材料？材料的吸声性能用什么指标表示？其与绝热材料在结构上的主要区别是什么？为什么？

6. 影响多孔吸声材料吸声效果的因素有哪些？

7. 为什么不能简单地将一些吸声材料作为隔声材料来使用？

第13章 装饰材料

本章概要

1. 叙述装饰材料的基本要求及选用原则；
2. 介绍天然石材的技术性能、特点及应用；
3. 介绍陶瓷的基本知识及常用建筑陶瓷制品；
4. 介绍常用玻璃制品的特点及选用；
5. 介绍常用金属板材的特点及应用；
6. 介绍装饰涂料的技术性能、特点及应用；
7. 介绍卷材类地面、墙面装饰材料的特点及应用。

13.1 装饰材料的基本要求及选用

装饰材料是指建筑主体工程完成后，铺设、黏贴或涂刷在建筑物表面起装饰作用的材料。

装饰材料除了起装饰作用，满足人们的美感需求外，通常还起着保护建筑物主体结构和改善建筑物使用功能的作用，是房屋建筑中不可缺少的一类材料。

13.1.1 装饰材料的基本要求

1. 颜色

材料的颜色实质上是材料对光谱的反射，并非是材料本身固有的。它主要与光线的光谱组成有关，还与观看者的眼睛对光谱的敏感性有关。颜色选择合理即能创造出色彩协调的环境整体，又能使人们在生理和心理上产生良好的效果，颜色对于建筑物的装饰效果十分重要。材料的颜色应按《土木工程材料色度测量方法》(GB 11942—1989)进行测定。

2. 光泽

光泽指的是有方向性的光线反射性质，它对于物体形象的清晰度，起着决定性的作用。光泽是材料表面的一种特性，与材料表面的平整程度、材料的材质、光线的投射及反射方向等因素有关。在评定材料的外观时，其重要性仅次于颜色。材料表面的光泽按《建筑饰面材料镜向光泽度测定方法》(GB/T 13891—1992) 来评定。

3. 透明性

材料的透明性也是与光线有关的一种性质。既能透光又能透视的物体，称为透明体；只能透光而不能透视的物体，称为半透明体；既不能透光又不能透视的物体，称为不透明体。如普通门窗玻璃大多是透明的；磨砂玻璃和压花玻璃是半透明的；釉面砖则是不透明的。

4. 质感

质感是材料质地的感觉，主要是通过线条的粗细、凹凸不平程度等对光线吸收、反射强弱不同产生感观上的区别。质感不仅取决于饰面材料的性质，而且取决于施工方法，同种材料不同的施工方法，也会产生不同的质地感觉。

5. 形状与尺寸

对于块材、板材和卷材等装饰材料的形状和尺寸，以及表面的天然花纹、纹理、及人造花纹或图案等都有特定的要求，除卷材的尺寸和形状可在使用时按需要裁剪外，大多数装饰板材和块材都有一定的形状和规格，以便拼装成各种图案或花纹。

13.1.2 装饰材料的选用原则

建筑物的种类很多，不同使用功能的建筑物，对装饰的要求不同，即使同一类建筑物，也因设计标准不同而有所不同。在建筑装饰工程中，为确保工程质量的美观和耐久，应根据不同的需要，正确合理地选择建筑装饰材料。在选择装饰材料时，应综合考虑以下几个方面的因素：

1. 建筑物的装饰效果

选择装饰材料时应结合建筑物的造型、功能、用途、所处的环境等因素，充分考虑建筑装饰材料的颜色、光泽、质感、不同材料的配合，最大限度地表现出建筑装饰材料的装饰效果。

2. 建筑物的使用功能

选择装饰材料时应考虑功能要求。如厨房的天花板和墙面所选装饰材料应耐脏、防火、易擦洗；播音室的内部装饰，所选的装饰材料应具有较高的吸声效果；大型公共建筑所选的装饰材料除应满足各种使用功能外还应具有良好的防火性等。

3. 耐久性

材料应具有某些物理、化学和力学方面的基本性能，如一定的强度、耐水性和耐腐蚀性等，以提高建筑物的耐久性，降低维修费用。

4. 经济性

从经济角度考虑装饰材料的选择，应有一个总体观念。不但要考虑到一次性投资，也应考虑到维修费用，在关键性问题上宁可加大投资，以延长使用年限，从而保证总体上的经济性。

13.2 常用建筑装饰材料

13.2.1 天然石材

凡是从天然岩石开采出来的，经加工或未加工的石材，统称为天然石材。天然石材是最古老的建筑材料之一，意大利的比萨斜塔，古埃及的金字塔，我国河北的赵州桥等，均为著名的古代石结构建筑。

由于石材具有特有的色泽和纹理，使得其在室内外装饰中得到了广泛的应用。石材用于建筑装饰已有悠久的历史，早在两千多年前的古罗马时代，就开始使用白色及彩色大理石等作为建筑饰面材料。在近代，随着石材加工水平的提高，石材独特的装饰效果得到充分展示，作为高级饰面材料，颇受人们欢迎，许多商场、宾馆等公共建筑均使用石材作为墙面、地面等装饰材料。因此，在现代建筑装饰领域中，石材的应用前景十分广阔。

1. 装饰用岩石

天然岩石根据其形成的地质条件不同，可分为岩浆岩、沉积岩、变质岩三大类。

（1）岩浆岩

岩浆岩又称火成岩，它是地壳深处的熔融岩浆上升到地表附近或喷出地表经冷凝而形成的岩石。根据不同的形成条件，岩浆岩又可分为深成岩、喷出岩和火山岩三种。

建筑装饰中常用的火成岩有花岗岩、玄武岩等。

花岗岩主要由长石、石英和少量云母组成，一般为灰色、黄色、淡红色及黑色等。由于构造紧密均匀、材质坚硬、化学稳定性好、抗压强度高、耐久性好，使用年限为 75～200 年，高质量的可达 1000 年以上。表面经琢磨加工后色泽美观，是优良的装饰材料。但在高温作用下，由于花岗岩内部石英晶型转变膨胀而引起破坏，因此耐火性差。在建筑工程中花岗岩常用于基础、闸坝、桥墩、台阶、路面、墙石和勒脚及纪念性建筑物等。

（2）沉积岩

沉积岩又称水成岩。它是地表的各种岩石经自然风化、风力搬迁、流水冲移等作用后，再沉积而形成的岩石。主要存在于地表及离地表不太深处。其特征是层状构造，外观多层理，表观密度小，孔隙率和吸水率较大，强度较低，耐久性较差。

根据沉积岩的生成条件又可分为机械沉积岩、生物沉积岩和化学沉积岩三种。

建筑装饰中常用的沉积岩有石灰岩、砂岩等。

石灰岩俗称灰石或青石，主要化学成分为 $CaCO_3$，主要矿物成分为方解石，常含有白云石、石英等，常为灰白色、浅灰色，有时因含杂质而呈深灰、灰黑等颜色，结构类型多样。石灰岩来源广，硬度低，易劈裂，便于开采，具有一定的强度和耐久性，在建筑工程中，其块石可作基础、墙身、阶石及路面等，其碎石可作混凝土骨料，此外，它也是生产水泥和石灰的主要原料。

（3）变质岩

变质岩是由地壳中原有的岩浆岩或沉积岩，由于地壳变动和岩浆活动产生的温度和压力，使原岩石在固态状态下发生再结晶，使其矿物成分、结构构造以至化学成分部分或全部改变而形成的岩石。一般由岩浆岩变质而成的称正变质岩，如片麻岩等；由沉积岩变质而成的称副变质岩，如大理岩、石英岩等。

建筑装饰中常用的变质岩有大理岩、石英岩等。

大理岩又称大理石、云石，主要化学成分为 CaO、MgO、CO_2 等，主要矿物成分为方解石、白云石。大理石的颜色是由其所含成分决定的，具有纯黑、纯白、纯灰、红、黄、绿等多种色彩，花纹、色彩斑斓，磨光后美丽典雅。大理石抗压强度高，质地紧密，而硬度不大，易于切割、雕琢和磨光，可用于高级建筑物的装饰和饰面工程。我国的汉白玉、丹东绿、雪花白、红奶油、墨玉等大理石均为世界著名的高级建筑装饰材料。

2. 天然石材的主要技术性质

天然石材因形成条件各异，常含有不同种类的杂质，矿物成分也会有所变化，所以，即使是同一类岩石，它们的性质也可能有很大差别。因此，在使用时，必须进行检验和鉴定，以保证工程质量。

（1）抗压强度

石材的抗压强度是以 70mm×70mm×70mm 的立方体试件，采用标准试验方法所测得的抗压强度。根据抗压强度值的大小，石材共分九个强度等级：MU100、MU80、MU60、MU50、MU40、MU30、MU20、MU15 和 MU10。抗压试件也可采用表 13-1 所列各种边长尺寸的立方体，其试验结果应乘以相应的换算系数。

石材强度等级的换算系数　　表 13-1

立方体边长（mm）	200	150	100	70	50
换算系数	1.43	1.28	1.14	1	0.86

矿物组成对石材抗压强度有一定影响。例如，组成花岗岩的主要矿物成分中石英是很坚硬的矿物，其含量越多，则花岗岩的强度也越高；而云母为片状矿物，易于分裂成柔软薄片，因此，若云母含量越多，则其强度越低。沉积岩的抗压强度则与胶结物成分有关，由硅质物质胶结的，其抗压强度较大，石灰质物质胶结的次之，黏土物质胶结的则抗压强度最小。

结构与构造特征对石材的抗压强度也有很大影响。结晶质石材的强度较玻璃质的高；等颗粒状结构的强度较斑状结构的高；构造致密的强度较疏松多孔的高。具有层状、带状或片状构造的石材，其垂直于层理方向的抗压强度较平行于层理方向的高。

（2）抗冻性

石材的抗冻性是用冻融循环次数来表示。石材在水饱和状态下能经受规定条件下数次冻融循环，其质量损失不大于5%，强度损失不大于25%，且无贯穿裂缝，则抗冻性合格。石材的抗冻标号分为D5、D10、D15、D25、D50、D100、D200等。

石材的抗冻性与其矿物组成、晶粒大小及分布均匀性、胶结物的胶结性质等有关。

（3）耐水性

石材的耐水性以软化系数表示。根据软化系数大小石材可分为三个等级。

高耐水性石材　软化系数>0.9

中耐水性石材　软化系数在0.7～0.9之间

低耐水性石材　软化系数在0.6～0.7之间

岩石中含有较多的黏土或易溶物质时，软化系数则较小，其耐水性较差。软化系数<0.60的石材，不允许用于重要建筑。

3.建筑装饰常用板状石材

用致密岩石凿平或锯解而成的厚度不大的石材称为石板，通常以其磨光加工后所显示的花色特征及石材产地来命名。饰面板材一般有正方形及矩形两种，常用规格为厚度20mm，宽150～915mm，长300～1220mm，也可加工成8～12mm厚的薄板及异形板材。在建筑上常用的石板有大理石板，花岗石板等。

（1）大理石板

大理石板是用大理石荒料经锯解、研磨、抛光等加工而成的板材。所谓荒料，是指由毛料经加工而成的具有一定规格的大块石料，是加工饰面板材的基料。大理石一般含有多种矿物，使大理石呈现出红、黄、黑、绿、灰、褐等多种色彩组成的花纹，经抛光后光洁细腻，纹理自然。纯净的大理石为白色，称汉白玉，纯白和纯黑的大理石属名贵品种。

大理石板材具有吸水率小，耐磨性好以及耐久等优点，用于装饰等级要求较高的建筑物饰面，主要用于室内饰面，如墙面、地面、柱面、台面、栏杆、踏步等。但因大理石主要化学成分为碳酸钙，易被酸性介质侵蚀，生成易溶于水的石膏，使表面很快失去光泽，变得粗糙多孔，从而降低装饰效果。因此，除少数质地纯正、杂质少、比较稳定耐久的品种如汉白玉、艾叶青等大理石可用于外墙饰面，一般大理石不宜用于室外装饰。

大理石板材的质量应符合《天然大理石建筑板材》（GB/T 19766—2005）的规定。

（2）花岗岩板

花岗岩板材是由火成岩中的花岗岩、闪长岩、辉长岩、辉绿岩等荒料经锯片、磨光、修边等加工而成的板材。花岗岩板材的颜色取决于所含长石、云母及暗色矿物的种类和数量，常呈灰色、黄色、蔷薇色、淡红色及黑色等，质感丰富，磨光后色彩斑斓、华丽庄重，花岗岩板材质地坚硬密实，抗压强度高，具有优异的耐磨性及良好的化学稳定性，不易风化变质，耐久性好，但由于花岗石中含有石英，在高温下会发生晶型转变，产生体积膨胀，因此，花岗石的耐火性差。

花岗岩是公认的高级建筑装饰材料，一般只用在重要的大型建筑中。花岗岩板材根据其在建筑物中使用部位的不同，其加工方法亦不同。建筑上常用的剁斧板，主要用于室外地面、台阶、基座等处；机刨板材一般用于地面、台阶、基座、踏步、檐口等处；粗磨板材常用于墙面、柱面、台阶、基座、纪念碑、墓碑等处；磨光板材因其具有色彩绚丽的花纹和光泽，故多用于室内外墙面、地面、柱面等的装饰，以及用作旱冰场地面、纪念碑、奠碑等。

花岗岩板材的质量应符合《天然花岗岩建筑板材》（GB/T 18601—2001）的规定。

13.2.2 建筑陶瓷

1.建筑陶瓷的基本知识

凡以黏土、长石、石英为基本原料，经配料、制坯、干燥、焙烧而制成的成品，称为陶瓷制品。陶瓷制品按其致密程度分为陶质、瓷质和炻质三大类。

陶质制品为多孔结构，通常吸水率较大，断面粗糙无光，敲击时声粗哑，有无釉和施釉两种制品。根据其原料土杂质含量的不同，又可分为粗陶和精陶两种。粗陶不施釉，建筑上常用的烧结黏土砖、瓦就是最普通的粗陶制品，精陶一般施有釉，建筑饰面用的面砖，以及卫生陶瓷和彩陶等均属此类。

瓷质制品结构致密，吸水率小，有一定透明性，表面通常均施有釉。根据其原料土的化学成分与制作工艺的不同，又分为粗瓷和细瓷两种。瓷质制品多为日用餐具、陈设瓷、电瓷及美术用品等。

炻质制品是介于陶质和瓷质之间的一类陶瓷制品，也称半瓷。其构造比陶质致密，一般吸水率较小，但又不如瓷质制品那么洁白，其坯体多带有颜色，且无半透明性。按其坯体的细密程度不同，又分为粗炻器和细炻器两种。建筑饰面用的外墙面砖、地砖和陶瓷锦砖等均属炻器。

2.常用建筑陶瓷制品

凡是用于装饰墙面、铺设地面、卫生间的装备等的各种陶瓷材料及其制品统称为建筑陶瓷。建筑陶瓷通常构造致密，质地较为均匀，有一定的强度、耐水、耐磨、耐化学腐蚀、耐久性好等，能拼制出各种色彩图案，已成为极为重要的装饰材料。

建筑陶瓷的品种很多，最常用的有：釉面砖、墙面砖、地面砖、陶瓷锦砖、卫生陶瓷以及琉璃制品等。

1）釉面砖

釉面砖又称瓷砖，属于精陶类制品。它是以黏土、石英、长石、助熔剂、颜料以及其他矿物原料，经破碎、研磨、筛分、配料等工序加工成含一定水分的生料，再经模具压制成型、烘干、素烧、施釉和釉烧而成，或坯体施釉一次烧成。

（1）釉面砖的类型

釉面砖按釉面颜色可分为单色（含白色）、花色和图案色三种。按正面形状分为正方形、长方形和异形配件砖三类。釉面砖正面施釉，背面有凹凸纹，便于黏贴施工。常用的规格有：长×宽为108mm×108mm，152mm×152mm，200mm×200mm，200mm×300mm，300mm×300mm；厚度为5～10mm等。异形配件砖的外形及规格尺寸更多，可根据需要选配。

（2）釉面砖的主要技术性质

釉面砖的主要技术性质应符合《釉面内墙砖》（GB/T 4100—1999）的规定，主要包括以下几方面内容。

①尺寸偏差　通常要求在0.5mm以内。

②外观质量　釉面砖根据表面缺陷、色差、平整度、边直度和直角度、白度等分为优等品、一级品和合格品三等。

③物理力学性能　釉面砖的物理力学性能主要包括：吸水率不大于21%；弯曲强度不小于16MPa；当厚度大于或等于7.5mm时，弯曲强度应不小于13MPa；经急冷急热试验和抗龟裂试验后，釉面不应出现裂纹。

釉面砖具有色泽柔和典雅，坚固耐用，易于清洁、防火、防水、耐磨、耐腐蚀等特点。主要用于建筑物内部墙面，如厨房、卫生间、浴室、墙裙等的装饰和保护。但不宜用于室外，因其多孔坯体层和表面釉层的吸水率、膨胀率相差较大，在室外受到日晒雨淋及温度变化时，易开裂或剥落。

2）墙地砖

墙地砖是墙砖和地砖的总称，包括建筑外墙装饰贴面砖和室内外地面装饰砖。由于这类材料通常可墙、地两用，故称为墙地砖。

(1) 墙地砖的类型

墙地砖以优质陶土为主要原料，经半干压成型后于1100℃左右熔烧而成。分无釉（无光面砖）和有釉（彩釉砖）两种。该类砖颜料繁多，表面质感多样，通过配料和制作工艺的变化，可制成平面、麻面、毛面、抛光面、仿石表面、压花浮雕面等多种制品。主要品种有：劈离砖、彩胎砖、麻面砖、金属光泽釉面砖、玻化砖、陶瓷艺术砖等。

(2) 墙地砖的主要技术性能

墙地砖的主要技术性应符合《彩色釉面陶瓷墙地砖》(GB 11947—1989) 的规定，主要包括以下几方面内容。

①产品等级和规格　通常按表面质量和变形允许偏差分为优等品、一级品和合格品三等。规格尺寸很多，可根据要求选用。

②外观质量　墙地砖的外观质量主要包括表面缺陷、色差、平整度、边直度和直角度等。同时在产品的侧面和背面不允许有妨碍黏结的明显附着釉及其他缺陷。尺寸偏差应符合标准的规定，且背纹深度一般不小于0.5mm。

③物理力学性能

a. 吸水率：不宜大于10%。

b. 耐急冷急热性：经3次急冷急热循环不出现裂纹或炸裂。

c. 抗冻性：经20次冻融循环不出现破裂、剥落或裂纹。

d. 抗弯强度：抗弯强度平均值不低于24.5MPa。

e. 耐磨性：只对铺地的彩釉砖进行耐磨试验，根据釉面出现可见磨损时的研磨转数，将砖分为I类（＜150r）、II类（300～600r）、III类（750～1500r）、IV类（＞1500r）四个级别。

f. 耐化学腐蚀性：根据耐酸和耐腐蚀试验，分为AA、A、B、C、D五个等级。

(3) 墙地砖的特性和应用

墙地砖具有强度高、耐磨、化学性能稳定、吸水率低、易于清洁、经久不裂等特点。主要用于室内外地面装饰和外墙装饰。用于室外铺装的墙地砖吸水率一般不宜大于6%，严寒地区，吸水率应更小。

3) 陶瓷锦砖

陶瓷锦砖俗称马赛克，是以优质瓷土为主要原料，经压制烧成的片状小瓷砖，陶瓷锦砖有挂釉和不挂釉两类，目前各地产品多为不挂釉。通常将不同颜色和形状的小块瓷片铺贴在牛皮纸上形成色彩丰富、图案繁多的装饰砖成联使用。按允许尺寸偏差和外观质量，可分为优等品和合格品两个等级。

(1) 陶瓷锦砖的主要技术性能

陶瓷锦砖的主要技术性应符合《陶瓷锦砖》(JC/T 456—1996)的规定，主要包括以下几方面内容。

①尺寸偏差和色差　应符合《陶瓷锦砖》(JC/T 456—1996)标准要求。

②吸水率　无釉面砖吸水率不宜大于0.2%，有釉面砖不宜大于1.0%。

③抗压强度　要求在15～25MPa。

④耐急冷急热　有釉面砖应无裂缝，无釉面砖不作要求。

⑤耐酸碱性　要求耐酸度大于95%，耐碱度大于84%。

⑥成联质量　锦砖与铺纸黏结牢固，不得在运输或铺贴施工时脱落，但浸水后应脱纸方便，脱纸时间不应大于40min。

(2) 陶瓷锦砖的特点和应用

陶瓷锦砖具有耐磨、耐火、吸水率小、抗压强度高、易清洗以及色泽稳定等特点，且造价较低，主要用于建筑物门厅、走廊、卫生间、厨房、化验室等内墙和地面，也可作为建筑物的外墙饰面，起到装饰作用，并增强建筑物的耐久性。

3. 建筑琉璃制品

建筑琉璃制品是我国陶瓷宝库中的古老珍品之一，是用难熔黏土制坯，经干燥、上釉后焙烧而成的制品。分为瓦类(板瓦、滴水瓦、筒瓦、沟头)、脊类和饰件类(吻、博古、兽)三类。按照外观质量，建筑琉璃制品可分为优等品、一等品和合格品。

(1) 主要技术性质

建筑琉璃制品的主要技术性应符合《建筑琉璃制品》(JC/T 765—2006)的规定，主要包括以下几方面内容。

①吸水率　一般要求不大于12%；

②抗冻性　优等品和一等品要求能抵抗冻融循环15次以上，合格品为10次以上；

③抗弯强度　弯曲破坏荷重不低于1177N；

④耐急冷急热　耐急冷急热3次循环以上；

⑤光泽度　光泽度平均值一般要求50度以上。

(2) 琉璃制品的特性与应用

琉璃制品表面光滑、色彩绚丽、造型古朴、质坚耐久。颜色有绿、黄、蓝、青等。所装饰的建筑物富有我国传统的民族特色。主要用于具有民族色彩的宫殿式建筑和园林中的亭、台、楼阁等。

13.2.3 建筑玻璃

玻璃是用石英砂、纯碱、长石和石灰石为主要原料，并加入一些如助熔剂、着色剂、发泡剂、澄清剂等辅助原料，在1550～1660℃高温下烧至熔融，成型后急冷而制成的固体材料。其成型方法有引上法和浮法，引上法成型是通过引上设备使熔融的玻璃液被垂直向上提拉，经急冷后切割而成。它的优点是工艺比较简单，缺点是玻璃厚度不易控制，并易产生玻筋、玻纹等，使透过的影像产生歪曲变形。浮法成型是将熔融的玻璃液流入盛有熔锡的锡槽炉，使其在干净的锡液表面自由摊平，逐渐降温、退火而成。该法生产的玻璃表面十分平整、光洁，且无玻筋、玻纹，光学性能优良。现在国内外普遍采用浮法生产玻璃。

1. 普通玻璃的技术性质

(1) 密度

玻璃的密度与其化学组成有关，普通玻璃的密度为 2450～2550kg/m^3。

(2) 强度

玻璃的强度主要取决于其组成，还与生产和使用过程造成的缺陷有关。普通玻璃的抗压强度为 600～1200MPa，抗拉强度为 40～120MPa，抗弯强度 50～130MPa，玻璃的抗冲击性很小，是典型的脆性材料。

(3) 热学性质

玻璃的热学性质主要包括玻璃的热膨胀、热稳定性等性质。玻璃的热膨胀性决定于玻璃本身的化学组成及其纯度，纯度越高膨胀系数越小。玻璃的热稳定性决定玻璃在温度剧变时抵抗破裂的能力。玻璃的热膨胀系数越小，其稳定性越好。普通玻璃的导热系数为 0.73～0.82W/（m·K），热膨胀系数为$8\sim10\times10^{-6}$/℃。

(4) 光学性质

玻璃既能透过光线，还有反射光线和吸收光线的能力。普通清洁玻璃的透光率达 82%以上，透明性好。玻璃反射光线的多少决定于玻璃反射面的光滑程度、折射率及投射光线的入射角大小。玻璃对光线的吸收则随玻璃化学组成和颜色而变化。

(5) 化学稳定性

玻璃的化学稳定性较好，能抵抗除氢氟酸外的所有酸的腐蚀，但长期遭受侵蚀性介质的腐蚀，也能导致变质和破坏。

2. 建筑玻璃制品

(1) 普通平板玻璃

普通平板玻璃是指由浮法或引上法熔制的，经热处理消除或减小其内部应力至允许值的平板玻璃。平板玻璃是建筑玻璃中用量最大的一种，通常按厚度分类，主要有 2、3、5、6、8、10、12mm 厚的制品，其中以 3mm 厚的玻璃使用量最大。引上法生产的平板玻璃质量应符合《普通平板玻璃》（GB 4871—95）的规定，浮法生产的平板玻璃的质量应符合《浮法玻璃》（GB 11614—1999）的规定。

平板玻璃既透光又透视，日光的透光率大（85%左右），但紫外线透过率较低；能隔声；具有一定机械强度，但性脆。

平板玻璃按外观质量分为特选品，一级品和二级品三等，平板玻璃的产量以标准箱计，厚度为 2mm 的平板玻璃，每 $10m^2$ 为一标准箱。其他厚度的平板玻璃，均需要进行标准箱换算。

（2）安全玻璃

安全玻璃是指具有良好安全性能的玻璃。主要特性是力学强度较高，抗冲击能力较好。被击碎时，碎块不会飞溅伤人，并兼有防火的功能。我国《建筑玻璃应用技术规程》（JGJ 113—2003）规定，钢化玻璃和夹层玻璃为安全玻璃。另外，夹丝玻璃也具有一定的安全性。

①钢化玻璃

钢化玻璃是将玻璃加热到玻璃软化温度，经迅速冷却或用化学方法钢化处理所得玻璃制品，它具有良好的机械性能和耐热抗震性能，也称强化玻璃。

玻璃经钢化处理后，其机械力学性和抗冲击性能大大提高。钢化玻璃在破碎时，整块玻璃呈现网状裂纹，破碎后，碎片小且无尖锐棱角，不易伤人。钢化玻璃在建筑上主要用作高层建筑的门窗、隔墙与幕墙。钢化玻璃的质量应符合《钢化玻璃》（GB 9963—1998）的规定。

②夹层玻璃

夹层玻璃是两片或多片平板玻璃之间嵌夹透明塑料薄片，经加热加压，黏合而成的平面或弯曲的玻璃制品。

夹层玻璃透明度好，抗冲击性比平板玻璃高出几倍，玻璃破碎时，产生辐射状的裂纹，碎片不易脱落，不致伤人。夹层玻璃在建筑上主要用于有特殊安全要求的门窗、隔墙、工业厂房的天窗和某些水下工程。夹层玻璃的质量应符合《夹层玻璃》（GB 9962—1999）的要求。

③夹丝玻璃

夹丝玻璃是将预热处理的钢丝网压入已软化的红热玻璃中而制成。

夹丝玻璃不但抗折强度高，而且由于铁丝网的骨架作用，破碎时即使有许多裂缝，其碎片仍能附着在钢丝上，避免小块飞出伤人。防火性能好，故又称防火玻璃。夹丝玻璃主要用于厂房天窗，各种采光屋顶和防火门窗等。彩色夹丝玻璃可用于阳台、楼梯、电梯井等。夹丝玻璃的质量应符合《夹丝玻璃》（JC 433—1996）的规定。

（3）保温绝热玻璃

保温绝热玻璃既具有特殊的保温绝热功能，又具有良好的装饰效果，包括吸热玻璃、热反射玻璃、中空玻璃等。除用于一般门窗外，常作为幕墙玻璃。

①吸热玻璃

吸热玻璃是既能吸收大量红外线辐射，又能保持良好透光率的平板玻璃。吸热玻璃的生产是在普通玻璃中加入有着色作用的氧化物，如氧化铁、氧化镍、氧化铁等，或在玻璃表面喷涂氧化锡、氧化锑、氧化钴等有色氧化物薄膜而制成。吸热玻璃可呈灰色、茶色、蓝色、绿色等颜色。

吸热玻璃广泛应用于建筑工程的门窗或幕墙，以及用作车、船挡风玻璃等，它还可以作为原片加工成钢化玻璃、夹层玻璃或中空玻璃。吸热玻璃的质量应符合《吸热玻璃》(JC 536—1994) 的规定。

②热反射玻璃

热反射玻璃是既具有较高的热反射能力，又能保持良好透光性的玻璃，又称镀膜玻璃或镜面玻璃。热反射玻璃是在玻璃表面喷涂金、银、铜、镍、铬、铁等金属及金属氧化物或黏贴有机物的薄膜而制成。热反射玻璃反射率高（达 30%以上），装饰性强，具有单向透视作用，主要用于高层建筑的幕墙。

③中空玻璃

中空玻璃由两片或多片平板玻璃构成，用边框隔开，四周边缘部分用密封胶密封，中间充入干燥空气或其他惰性气体。构成中空玻璃的原片玻璃除普通退火玻璃外，还可以用钢化玻璃、吸热玻璃、热反射玻璃等。

中空玻璃具有良好的保温、隔热、隔声等性能，并能有效地防止结露。主要用于采暖、空调、防止噪声、防结露等建筑上，非常适合在住宅建筑中使用。中空玻璃的质量应符合《中空玻璃》(GB 11944—2002) 的规定。

(4) 压花玻璃

压花玻璃是将熔融的玻璃液在冷却中通过带图案花纹的辊轴滚压而成的制品，又称花纹玻璃或滚花玻璃。

压花玻璃表面凹凸不平，当光线通过时产生漫射使其失去透视性，具有透光不透视的特点，另外，压花玻璃因表面具有各种花纹图案，所以具有一定的艺术装饰效果。压花玻璃多用于办公室、会议室、浴室、卫生间以及公共场所分离的门窗和隔断处。使用时应将花纹朝向室内。压花玻璃的质量应符合《压花玻璃》(JC/T 511—2002) 的要求。

(5) 磨砂玻璃

磨砂玻璃又称毛玻璃，它是将平板玻璃的表面经机械喷砂、手工研磨或氢氟酸溶蚀等方法处理成均匀毛面。由于表面粗糙，使光线产生漫射，透光不透视，且室内光线不刺眼，一般用于建筑物的卫生间、浴室等门窗及隔断，也可用作黑板等。安装毛玻璃时，应注意将毛面朝向室内。

(6) 玻璃空心砖

玻璃空心砖一般是由两块压铸成的凹形玻璃，经熔接或胶接成整块的空心砖。

砖面可为光平，也可在内、外压铸各种花纹，砖内腔可为空气，也可填充玻璃棉等，砖形有方形和圆形等。玻璃砖具有绝热、隔声、透光率达 80%，光线柔和优雅等优点。常用于砌筑需要透光的外墙、分隔墙等。

(7) 玻璃马赛克

玻璃马赛克也叫玻璃锦砖，它与陶瓷锦砖在外形和使用方法上有相似之处，但它是乳浊状半透明玻璃质材料，尺寸主要有 20mm×20mm×4mm，25×25mm×4.2mm，30mm×30mm×4.3mm，背面带有槽纹，便于与基面黏贴牢固。玻璃马赛克色泽鲜艳、美观大方、历久常新，是常用的外墙装饰材料。玻璃马赛克的质量应符合《玻璃马赛克》(GB/T 7697—1996) 的要求。

13.2.4 金属板材

金属饰面板是建筑装饰中的中高档装饰材料，主要用于墙面、柱面、顶棚的装饰。由于金属装饰板易于成型，安装方便，同时具有防火、耐磨、耐腐蚀等一系列优点，因而，在现代建筑装饰中金属装饰板以独特的金属质感，丰富多变的色彩与图案，优美的造型而获得广泛应用。

1. 铝合金装饰板材

铝合金装饰板是一种中档次的装饰材料，具有独特的装饰效果，表面经阳极氧化和喷漆处理，可以获得不同色彩的氧化膜或漆膜。铝合金装饰板具有质量轻、易加工、刚度较好、耐久性好等优点，适用于饭店、商场、体育馆、办公楼等建筑的墙面和屋面装饰。建筑中常用的铝合金装饰板材主要有如下几种：

(1) 铝合金花纹板

铝合金花纹板是采用防锈铝合金坯料，用特殊的花纹辊轧而制成的。花纹美观大方，筋高适中，不易磨损，防滑性好，防腐蚀性能强，便于冲洗。通过表面处理可以获得多种色彩和花纹。花纹板板材平整，裁剪尺寸精确，便于安装，广泛用于现代建筑的墙面装饰以及楼梯踏板等处。

(2) 铝合金浅花纹板

铝合金浅花纹板是优质的建筑装饰材料之一，花纹精巧别致，色泽美观大方，比一般普通铝板刚度提高 20%，抗污垢、抗划伤、抗擦伤能力均有所提高，它是我国所特有的建筑装饰制品。铝合金浅花纹板对白光的反射率达 75%～90%，热反射率达 85%～95%。在氨、硫、硫酸、磷酸、亚磷酸、浓硝酸、浓醋酸中耐蚀性能好。通过表面处理可得到不同色彩的浅花纹板。

(3) 铝合金压型板

铝合金压型板是目前广泛应用的一种新型建筑装修材料，铝合金压型板具有质量轻，外形美观，耐久性好，耐腐蚀，安装方便等优点，通过表面处理可以得到各种色彩。主要用作建筑物的外墙和屋面，也可作复合外墙板，用于有保温隔热要求厂房的围护结构。

(4) 铝合金冲孔平板

铝合金冲孔板是用各种铝合金平板经机械冲孔而成。是一种能降低噪音并兼有装饰作用的新产品，孔型根据需要有圆孔、方孔、长圆孔、长方孔、三角孔、大小组合孔等，铝合金冲孔板材质轻、防腐、防火，防水、防震、组装简单。主要用于有消音要求的各类建筑中，也可用于声响效果比较大的公共建筑中以改善音质条件。

2. 装饰用钢板

装饰用不锈钢板主要是厚度小于 4mm 的薄板，用量最多的是厚度小于 2mm 的板材。常用的有平面钢板和凹凸钢板两类。前者通常是经研磨、抛光等工序制成，后者是在正常的研磨、抛光之后再经辊压、雕刻、特殊研磨等工序制成。平面钢板又分为镜面板（板面反射率＞90％）、有光板（板面反射率＞70％）、亚光板（板面反射率＜50％）三类。凹凸板有浮雕花纹板、浅浮雕花纹板和网纹板三类。

(1) 镜面不锈钢板

镜面不锈钢板光亮如镜，其反射率、变形率均与高级镜面相似，与玻璃镜有不同的装饰效果，该板耐火、耐潮、耐腐蚀，不会变形和破碎，安装方便。主要用于高级宾馆、饭店、舞厅、会议厅、展览馆、影剧院的墙面、柱面、造型面，以及门面、门厅的装饰。

(2) 亚光不锈钢板

不锈钢板表面反光率在 50％以下者称为亚光板，其光线柔和，不刺眼，在室内装饰中有一种柔和的艺术效果。亚光不锈钢板根据反射率不同，又分为多种级别。通常使用的钢板，反射率为 24％～28％，最低的反射率为 8％，比墙面壁纸反射率略高一点。

(3) 浮雕不锈钢板

浮雕不锈钢板表面不仅具有光泽，而且还有立体感的浮雕装饰。它是经辊压、特研特磨、腐蚀或雕刻而成。一般腐蚀雕刻深度为 0.015～0.5mm，钢板在腐蚀雕刻前，必须先经过正常研磨和抛光，比较费工，所以价格也比较高。

由于不锈钢的高反射性及金属质地的强烈时代感，与周围环境中的各种色彩、景物交相辉映，对空间效应起到了强化、点缀和烘托的作用。

(4) 彩色不锈钢板

彩色不锈钢板是在不锈钢板上再进行技术和艺术加工，使其成为各种色彩绚丽的不锈钢装饰板。其颜色有蓝、灰、紫、红、青、绿、金黄、茶色等，彩色不锈钢板不仅具有良好的抗腐蚀性，耐磨、耐高温等特点，而且其彩色面层经久不褪色，色泽随光照角度不同产生色调变幻，增强了装饰效果。常用作厅堂墙板、顶棚、电梯厢板、招牌等。

(5) 彩色涂层钢板

为提高普通钢板的耐腐蚀性和装饰效果，近年来我国发展了各种彩色涂层钢板。钢板的涂层可分为有机涂层、无机涂层和复合涂层三类，以有机涂层钢板发展最快。有机涂层可以制成各种上不同的色彩和花纹，因此称为彩色涂层钢板。常用的有机涂层为聚氯乙烯，环氧树脂等。涂层与钢板的结合有涂布法和贴膜法两种。彩色涂层钢板具有耐污染性强，洗涤后表面光泽、色差不变，热稳定性好，装饰效果好，耐久、易加工及施工方便等优点。可用作外墙板、壁板、屋面板等。

3. 铝塑板

铝塑板是由面板、核心、底板三部分组成。面板是在 0.2mm 铝片上，以聚酯作双重涂层结构（底漆＋面漆）经烤制程序而成；核心是 2.6mm 无毒低密度聚乙烯材料；底板同样是涂透明保护光漆的 0.2mm 铝片。通过对芯材进行特殊工艺处理的铝塑板可达到 B1 级难燃材料等级。

常用的铝塑板分为外墙板和内墙板两种。内墙板是现代新型轻质防火装饰材料，具有色彩多样，质量轻，易加工，施工简便，耐污染，易清洗，耐腐蚀，耐粉化，耐衰变，色泽保持长久，保养容易等优异的性能；而外墙板则比内墙板在弯曲强度、耐温差性、导热系数、隔音等物理特性上有更高要求。铝塑板标准规格见表 13-2。

铝塑板标准规格 表 13-2

品种（mm×mm×mm）	内墙板	内 墙 板	
标准规格（mm）	3×1 220×2 440	4×1 220×2 440	5×1 220×2 440
卷铝厚度（mm）	0.21	0.5	0.5

铝塑板适用范围为高档室内及店面装修、大楼外墙帷幕墙板、天花板及隔间、电梯、阳台、包柱、柜台、广告招牌等。

金属材料与高分子材料的热压复合，使铝塑板综合具备了高强度、隔音、隔热、易成型、豪华美观等诸多特异性能，因此它也成为装饰建材的新潮流。

13.2.5 装饰涂料

涂料是指涂敷于物体表面，并能与物体表面材料很好黏结形成连续性薄膜，从而对物体起到装饰、保护或使物体具有某些特殊功能的材料。涂料是一种重要的建筑装饰材料，它具有工期短、工效高、造价低、自重轻、维修方便等特点，而且色彩丰富，质感逼真。因此，在装饰工程中得到广泛应用。

1.涂料的组成

组成涂料的物质按其在涂料中的作用不同可分为主要成膜物质、次要成膜物质、辅助成膜物质。

(1) 主要成膜物质

也称为基料。其作用是将涂料中的其他组分黏结在一起，并能牢固附着在基层表面形成连续均匀而坚韧的保护膜。主要成膜物质的性质，对形成涂膜的坚韧性、耐磨性、耐候性以及化学稳定性等，起着决定性的作用。

(2) 次要成膜物质

包括颜料和填料，它们是构成涂膜的组成部分，以微细粉状均匀分散于涂料介质中，赋予涂膜以色彩、质感，使涂膜具有一定的遮盖力，减少收缩，还能增加涂膜的机械强度，防止紫外线的穿透作用，提高涂膜的抗老化性、耐候性等。但它们不能离开主要成膜物质而单独成膜。

(3) 辅助成膜物质

包括溶剂和助剂两类。

①溶剂 主要起到溶解或分散主要成膜物质，改善涂料的施工性能，增加涂料的渗透能力，改善涂料和基层的黏结，保证涂料的施工质量等作用。水作为溶剂，用于水溶性涂料和乳液型涂料。分解介质虽然不构成涂料，但它对涂膜形成的质量和涂料的成本都有很大影响。

②助剂 为了改善涂料质量，并赋予涂膜以某些特殊功能，在配制涂料时常常加入一些具有特殊作用的助剂。助剂通常用量很少，但作用显著，常用的助剂品种有分散剂、乳化剂、增塑剂、稳定剂、催化剂、催干剂等。

2.涂料的性能要求

1) 一般性要求

(1) 遮盖力 遮盖力通常用能使规定的黑白格遮盖所需的涂料的质量来表示，质量越大遮盖力越小。

(2) 涂膜附着力 它表示涂膜与基层的黏结力，可用划格法测定。

(3) 黏度 黏度的大小影响施工性能，不同的施工方法要求涂料有不同的黏度。黏度的大小取决于涂料的固体成分，即成膜物质和填料的性质和含量。黏度常用涂-4 杯法测定。

(4) 细度　细度大小直接影响涂膜表面的平整性和光泽。细度采用刮板细度计测定，用微米数表示。

2) 特殊性要求

建筑涂料作为墙面和地面的装饰材料，对其性能还有一些特殊要求，主要包括：

(1) 耐污染性

建筑涂料的耐污染性用白度受污损失百分数来表示，污染物为 1∶1 粉煤灰水。用粉煤灰水反复污染涂层一定的次数，测定其白度损失率。损失率愈小说明涂料的耐污染性愈好。

(2) 耐久性

建筑涂料的耐久性主要包括以下三方面的内容：

①耐冻融作用　外墙涂料的涂层表面毛细管内含吸收水分，在冬季可能发生反复冰冻和融化。水冰冻时发生膨胀，会使涂层脱裂、开裂或起泡。涂料中成膜物质的柔性好，有一定延伸性，耐冻融性就较好。

②耐洗刷性　它表示外墙涂料耐雨水长期冲刷的性能。测试方法是用浸过皂水的棕毛刷反复刷一定重量的涂层，涂层擦完露底所经刷擦的次数愈多，则耐洗刷性愈好。外墙涂料耐刷擦的次数要求达到 1000 次以上。

③耐老化性　涂料中的成膜物质受大气中光、热、臭氧等因素的作用会发生分子的降解或交联，使涂层发黏或变脆，失去原有强度和柔性，从而造成涂层开裂、脱落或粉化。老化也包括涂层的变色和褪色。耐老化性通常用氙灯老化仪人工加速老化法测定。

(3) 耐碱性

建筑涂料的装饰对象主要是一些碱性材料。耐碱性差的涂料受碱性物质的影响会使涂层退色、脱落。耐碱性的测定方法是将涂层浸在氢氧化钙的饱和溶液中一定时间后，检查有无起泡、剥落和变色。

(4) 最低成膜温度

最低成膜温度规定了涂料的施工作业的最低温度，不同涂料的最低成膜温度不同。一般乳液型涂料的最低成膜温度都在 10℃以上。

3. 常用装饰涂料

建筑涂料的品种很多，按其使用部位可分为内墙涂料、外墙涂料、地面涂料、顶棚涂料及屋面涂料等。现将常用的内墙涂料、外墙涂料、地面涂料分别列于表 13-3、表 13-4、表 13-5 中。

常用内墙涂料 表 13-3

名　称	主要特征	适用范围
聚乙烯醇水玻璃涂料（106 涂料）	干燥快、涂膜光滑、无毒、无味、不燃、施工方便、价廉，可配成多种色彩，有一定的装饰效果。不耐擦洗，属低档涂料	广泛应用于住宅和一般公共建筑的内墙饰面
聚乙烯醇缩甲醛涂料（107 涂料、803 涂料）	是 106 涂料的改进产品，耐水性和耐擦洗性略优。其他性能同上	广泛应用于住宅和一般公共建筑的内墙饰面
聚乙酸乙烯乳液内墙涂料（乳胶漆）	无毒、无味、不燃、易于施工、干燥快、透气性好、附着力强、无结露现象、耐水性好、耐碱性好、耐候性良好、色彩鲜艳、装饰效果好，属中档涂料	适用于装饰要求较高的内墙饰面
乙—丙有光乳胶漆	涂膜外观细腻、耐水、耐碱、耐久性好，保色性优，并具有光泽，属中高档涂料	适用于高级建筑的内墙饰面
苯—丙乳胶漆	耐碱、耐水、耐擦洗、耐久性等各方面性能均优于上述各种涂料。加入云母粉等填料可配制乳胶涂料；加入彩砂可制成彩砂涂料，质感强，不褪色，属高档涂料	同上，厚涂料可用于室内外新旧墙面、天棚的装饰涂层。彩砂涂料内外墙饰面均可用
多彩内墙涂料	涂层色泽丰富，有立体感，装饰效果好。涂膜质地较厚，有弹性，类似壁纸，耐油、耐水、耐腐蚀、耐洗刷、透气性较好	适用于办公室、住宅、宾馆、商店、会议室等内墙和顶棚水泥混凝土、砂浆、石膏板、木材、钢、铝等多种基面的装饰
幻彩涂料	涂膜光彩夺目，色泽高雅，意境朦胧，具有梦幻般、写意般的装饰效果，耐水性、耐碱性、耐洗刷性优良	适用范围同上

常用外墙涂料 表 13-4

名　称	主要特征	适用范围
过氧乙烯外墙涂料	色彩丰富、干燥快、涂膜平滑、柔韧而富有弹性、不透气，能适应建筑物因温度变化而引起的伸缩变形，耐腐蚀性、耐水性及耐候性良好	适用于抹灰墙面、石膏板、纤维板、水泥混凝土及砖墙饰面
氯化橡胶外墙涂料	耐水、耐碱、耐酸及耐候性好，涂料的维修重涂性好。对水泥混凝土和钢铁表面有较好的附着力	适用于水泥混凝土外墙及抹灰墙面
聚氨酯系外墙涂料	涂膜柔软，弹性变形能力强，与基层黏结牢固，可以随基层变形而延伸，耐候性优良，表面光洁，呈瓷釉状，耐污性好，价格较贵	适用于水泥混凝土外墙，金属、木材等表面
丙烯酸酯外墙涂料	装饰效果好，施工方便，耐碱性好，耐候性优良，特别耐久，使用寿命可达 10 年以上，0℃以下的严寒季节也能干燥成膜	适用于各种外墙饰面
丙烯酸酯乳胶漆	涂膜主要性能较丙烯酸酯外墙涂料更好，但成本较高	适用于各种外墙饰面

续上表

名　称	主要特征	适用范围
JH80-2无机外墙涂料	涂膜细腻、致密、坚硬，颜色均匀明快，装饰效果好，耐水，耐酸、碱，耐老化，耐擦洗，对基层附着力强	适用于水泥砂浆墙面、水泥石棉板、砖墙石膏板等多种基层饰面
坚固丽外墙涂料	装饰性能优良，耐水性、耐碱性、耐候性均好，耐沾污性强，施工性能优异，耐洗刷性可达1万次以上。可在稍潮湿的基层上施工	适用于高层、多层住宅、工业厂房及其他各类建筑物外墙面装饰

常用地面涂料　　表13-5

名　称	主要特征	适用范围
过氯乙烯地面涂料	干燥快，与水泥地面结合好。耐水、耐磨、耐化学腐蚀，重涂性好，施工方便。室内施工时注意通风、防火、防毒。要求基层含水不大于8%	适用于室内地面
聚氨酯弹性地面涂料	涂层有弹性，步感舒适，与地面黏结力强，耐磨、耐油、耐水、耐酸、耐碱。色彩丰富，重涂性好。施工较复杂，施工中注意通风、防毒，价格较贵	适用于高级住宅室内地面，化工车间地面
环氧树脂厚质地面涂料	涂层坚硬、耐磨，有韧性，有良好的耐化学腐蚀性，耐油、耐水。黏结力强，耐久性好。可涂刷成各种图案。施工较复杂，注意通风，防火，要求地面含水率不大于8%	适用于室内地面
聚合物—水泥地面涂料	由水溶性树脂或聚合物乳液与水泥组成的有机—无机复合涂料。涂层坚硬、耐磨、耐腐蚀、耐水	适用于室内地面

13.2.6　卷材类装饰材料

1.卷材类地面装饰材料

1）地毯

地毯是一种古老的高级地面装饰材料，具有极好的装饰效果，地毯铺在室内地面上，能起到隔热、保温和吸声的作用，还能防止滑倒，减轻碰撞，使人脚感舒适，其特有的质感和艺术风格，使室内环境气氛显得高贵华丽。近年来，随着化学纤维、玻璃纤维及塑料等品种地毯的研制及生产，地毯已成为品种繁多，花色图案多样，高、中、低档皆有的系列地面装饰材料。

(1) 地毯的分类

①按编织工艺分类

按编织工艺的不同，地毯可分为手工编织地毯、簇绒地毯和无纺地毯三类。

a. 手工编织地毯　专指纯毛地毯。它是采用双经双纬，通过人工打结栽绒，将绒毛层与基底一起织做而成。这种地毯做工精细，图案千变万化，是地毯中的高档品。但工效低，产量少，成本高，因而价格贵。

b. 簇绒地毯　又称栽绒地毯，是目前生产化纤地毯的主要工艺。它是把毛纺纱穿入第一层基底（初级背衬织布），并在其面上将毛纺纱穿插成毛圈而背面拉紧，然后在初级背衬的背面刷一面胶黏剂使之固定，这样就生产出了厚实的圈绒地毯，再用刀片横向切割毛圈顶部而成的，也称割绒地毯或切绒地毯。簇绒地毯生产时绒毛高度可以调整。同时，毯面纤维密度大，因而弹性好，脚感舒适，且可在毯面印染各种图案花纹。

c. 无纺地毯　无纺地毯是指无经纬编织的短毛地毯，是生产化纤地毯的方法之一，是将绒毛线用特殊的钩针扎刺在划好图案纹样的合成纤维网布底衬上，然后将特制胶液涂于毯背，固定绒线结扣而成。这种地毯又称针刺地毯或黏合地毯，其工艺简单，价格低，但弹性和耐磨性较差。为提高其强度和弹性，可在毯底加缝或加贴一层麻布底衬。

②按装饰花纹图案分类

a. 北京式地毯　北京式地毯简称京式地毯，它图案工整对称，色调典雅、庄重古朴，常取材于中国古老艺术，如古代绘画、宗教纹样等，寓意深刻。

b. 美术式地毯　美术式地毯突出美术图案，其图案构图完整，色彩华丽，富于层次感，显得富丽堂皇。它借鉴了西欧装饰艺术的特点，常以盛开的玫瑰、郁金香、苞蕾卷叶等组成花团锦簇的美丽图案。

c. 彩花式地毯　彩花式地毯的图案清新活泼，图案如同工笔花鸟画，多表现一些婀娜多姿的花卉，色彩绚丽夺目，构图富于变化，名贵大方。

d. 素凸式地毯　素凸式地毯色调较为清淡，图案为单色凸花织作，纹样剪片后清晰、美观，犹如浮雕，富有幽静、雅致的情趣，让人回味无穷。

③按材质的不同分类

地毯可分为纯毛地毯、混纺地毯、化纤地毯、塑料地毯、剑麻地毯和橡胶地毯等六大类。

a. 纯毛地毯　即羊毛地毯，是以粗绵羊毛为主要原料而制成的。由于原料纤维长、弹性好、有光泽，所以纯毛地毯质地厚实、经久耐用，装饰效果极好，为高档铺地装饰材料。纯毛地毯分手工编织和机织两种。

手工编织纯毛地毯具有图案优美、色泽鲜艳、富丽堂皇、质地厚实、富有弹性、柔软舒适、经久耐用等特点，其铺地装饰效果极佳。由于做工精细，产品名贵，售价高，所以常用于国际性、国家级的大会堂、迎宾馆、高级饭店和高级住宅、会客厅，以及其他重要的装饰性要求高的场所。

机织纯毛地毯具有毯面平整、光泽好、富有弹性、脚感柔软、抗磨耐用等特点，其性能与纯毛手工地毯相似，但价格远低于手工地毯。适用于宾馆、饭店的客房、楼梯、楼道、宴会厅、会客室，以及体育馆、家庭等满铺使用。

b. 混纺地毯　是以羊毛纤维与合成纤维混纺后编制而成的地毯。如在羊毛纤维中加入20%的尼龙纤维，可使耐磨性提高5倍，装饰性能不亚于纯毛地毯，并且价格便宜。

c. 化纤地毯　又称合成纤维地毯。它是以化学合成纤维为原料，经机织或簇绒等方法加工成面层织物后，再与防松层、背衬进行复合处理而成。

化纤地毯的面层一般采用中长纤维，其绒毛不易脱落、起球、使用寿命长。防松涂层是以氯乙烯-偏氯乙烯共聚乳液为基料的水溶性涂料层，可增加面层与背衬的黏结强度，同时可防止胶黏剂渗透到绒皮层。背衬材料一般为经处理后的麻布层，可增加地毯的厚实感和增强其背面的耐磨性。

化纤地毯具有质轻、耐磨性好、富有弹性、脚感舒适、步履轻便、铺设简便、价格较低、不易被虫蛀和霉变等特点，适用于宾馆、饭店、接待室、餐厅、住宅居室、活动室及船舶、车辆、飞机等地面铺设。

d. 塑料地毯　是采用PVC树脂、增塑剂等多种辅助材料，经均匀混炼、塑制而成的一种新型轻质地毯。它质地柔软、色彩鲜艳、自熄不燃，可水洗，经久耐用，为宾馆、商场、浴室等一般公共建筑和住宅地面使用的装饰材料。

e. 剑麻地毯　是以剑麻（植物纤维）为原料，经纺纱、编织、涂胶、硫化等工序而制成，产品分素色和染色两类，有多种花色。剑麻地毯具有耐酸碱、耐磨、无静电等特点，但弹性较差，手感粗糙。可用于宾馆、饭店、会议室等公共建筑地面及家庭地面。

f. 橡胶地毯　是以天然橡胶为原料，用地毯模具在蒸压条件下模压而成的。它不仅具有色彩丰富、图案美观、脚感舒适、耐磨性好等特点，而且还具有隔潮、防霉、防滑、耐蚀、防虫蛀、绝缘及清扫方便等优点，适用于经常淋水或需经常擦洗的场合，如浴室、走廊、卫生间等。

（2）新型地毯

①杀菌地毯　这种地毯是经过特殊的化学物处理，当人走上地毯时，鞋底的杂物有70%左右被吸住，既能吸收尘埃，又能杀死细菌。

②吸尘地毯　由一种静电效应很强的聚合材料制造。铺设这种地毯后能吸尘土、污物。

③抗污地毯　这种地毯是在尼龙纤维表面增加一层新的物质，具有抗污性能。酒类、饮料、巧克力以及各种油脂撒到地毯上，不会渗到里面去，只是在表面结成小珠状，用纸或布擦去即可。

④多能地毯　英国以聚丙烯短纤维为原料，制成一种耐洗、耐溶液、无霉、不褪色、不怕日晒和冰雪严寒的地毯。它适用于游泳池边、轮船甲板等公共场所。

⑤发光地毯　在一般的织造过程中加进丙烯酸系列光学纤维，因而能发出各种

闪光和美丽的图案。已研究出荧光楼梯脚垫，脚垫周围边缘涂上一厘米宽的荧光胶，夜间无灯光照明时，脚垫周围发光，人们行走安全。

⑥变色地毯　这种地毯可以根据人的不同喜爱变颜色时，只需在洗地毯时加入特殊的化学变色剂，便可得到自己理想的色调。每洗一次地毯都可以使它变一种颜色。

⑦防水地毯　基布有一层防水橡胶，一般用于野外宿营或货物堆场。

⑧电热地毯　电热地毯内部有一块氟碳松膜，厚度只有0.7m，但很坚固。用氟碳松膜黏合的地毯，具有与普通地毯相同的弹性和柔软度。使用时接上电源、就能传热，而且不怕卷曲、碰撞和挤压。这种地毯的传热效果比电炉、电暖器效果更佳，耗电却很少，既作地毯又取暖。

2）塑料卷材地板

塑料卷材地板俗称地板革，属于软质塑料。其生产工艺为压延法。产品可进行压花、印花、发泡等，生产时常以PVC打底层或采用玻璃纤维毡等其他材料作为基层材料。塑料卷材地板较柔软、脚感好；施工方便，装饰性较好；易清洗；耐磨性较好；耐热性和耐燃性较差。塑料卷材地板主要应用于住宅、办公室、实验室、饭店等的地面装饰，也可用于台面装饰。

2. 卷材类墙面装饰材料

装饰壁纸、墙布是目前国内外使用最为广泛的墙面装饰材料之一。它以多变的图案、丰富的色泽、仿制传统材料的外观（如仿木纹、石纹、仿锦缎、仿瓷砖、仿蒙古土砖等），深受用户的欢迎。装饰壁纸、墙布在宾馆、住宅、办公楼、舞厅、影剧院等有装饰要求的室内墙面、顶棚、柱面应用比较普遍。目前我国常用的装饰壁纸有塑料壁纸、纸基织物壁纸、麻草壁纸等；常用的装饰墙布有玻璃纤维印花贴墙布、无纺贴墙布、化纤装饰贴墙布、棉纺装饰墙布等；常用的高级织物有锦缎、丝绒、呢料等。

1）装饰壁纸

（1）塑料壁纸

塑料壁纸是以一定材料为基材，表面进行涂塑后，再经印花、压花或发泡处理等多种工艺而制成的一种墙面装饰材料。目前国内生产的塑料壁纸均为聚氯乙烯（PVC）壁纸。塑料壁纸可分为普通壁纸、发泡壁纸和特种壁纸。塑料壁纸有适合各种环境的花纹图案，装饰性好，具有难燃、隔热、吸音、防霉、耐水、耐酸碱等良好性能，施工方便，使用寿命长。广泛应用于室内墙面、顶棚、梁柱以及车辆、船舶、飞机的内表面的装饰。

（2）纸基织物壁纸

纸基织物壁纸是以棉、麻、毛等天然纤维和化学纤维制成的各种色泽、花色和粗细不一的纺线，经特殊工艺处理和巧妙的艺术编排，黏合于基纸上而制成的。具有色彩图案丰富、立体感强、吸音性强等特点，适用于宾馆、饭店、办公大楼、家庭居室等室内墙面装饰。

(3) 麻草壁纸

麻草壁纸是以纸为底层，编织的麻草为面层，经复合而成的一种新型墙面装饰材料，具有吸声、阻燃、散潮湿、不变形等特点，格调清新淡雅，富有自然、古朴、粗犷的美感。适用于会议室、接待室、影剧院、歌舞厅、宾馆客房及家庭居室等的墙面装饰，也可用于商店的橱窗设计。

(4) 金属壁纸

金属壁纸是以金属薄膜为面层材料，以纸为基层材料的一种内墙贴面材料。金属壁纸的面层金属薄膜通常用铝箔制成。铝箔的表面可用特制的带有花纹的辊轴进行辊压，可制得压花金属墙纸；如果在铝箔表面按设计的花型用油墨进行印刷，则可制成印花金属墙纸。金属壁纸有光亮的金属质感和反光性。使用寿命较长，不易老化和损伤，耐擦洗性和耐污性能较好，是一种高档装饰材料，多用于高级宾馆、饭店、舞厅的墙面、柱面、顶棚面等处。

2) 功能性墙纸

(1) 纤维墙纸

是由木浆聚酶合成，透气性能良好，墙面的潮气湿气透过它得以释放，抗拉强度是普通墙纸的5倍，如果出现污迹，可用水刷洗。

(2) 可散发热量的墙纸

表面涂有一层奇特的涂料，接通电源后，这种涂料能将电能转化为热能，散发出热量，适宜冬天使用。

(3) 厨用墙纸

在制造过程中进行油污处理，并加入微量铝粉，因而当表面沾上油烟和其他污物时，可不用清洁剂，只用湿布擦拭即可去除。这种墙纸形状如瓷砖，有白、绿、蓝、灰和米黄5种颜色，具有耐高温的特性。

(4) 吸味墙纸

不仅含有一定量的化学物质，可吸收分解一些异味，而且含有芳香物质，能使居室总是芳香四溢，深受家庭主妇的欢迎。

(5) 吸湿墙纸

表面布满无数微小毛孔，1平方米可吸收100mL水分，是卫生间理想的装饰材料。

(6) 杀菌墙纸

是在胶面墙纸表面再涂一层经过特殊处理的薄膜，杀菌墙纸可防酸和防污染，使细菌不能在表面滋生，从而使居室更加清洁卫生，适用于医院手术室和无菌病房等。

(7) 杀虫墙纸

是一种能杀虫的墙纸。苍蝇、蚊子和蟑螂等害虫只要接触到杀虫墙纸就会很快被杀死，杀虫效力可保持5年。

(8) 保温墙纸

只有 3mm 厚，但保温效果却相当于 27cm 厚的石头墙，它是以化学纤维为原料人工合成的，并具有隔热性能。

(9) 可自动调温的墙纸

最里边是绝热层，中间是调温层，由经过化学特殊处理的纤维构成，最外表有无数细孔并印有装饰图案。

(10) 防霉墙纸

含有防腐剂，可有效防腐防潮，很适合在日光难以照射到的居室使用，如更衣室、卫生间和低矮卧室等。

(11) 消音墙纸

是用超轻泡沫材料制成的，具有优良的声音衰减特性，可吸收、消除各种杂音，减少杂音的污染，适合车站和歌舞厅等场所装饰使用。

(12) 可报火警的墙纸

不仅能起装饰作用，而且能在 150℃以上高温时，发出一种无色、无味和无害的气体，触发离子型烟雾探测器，从而发出火灾警报。

(13) 戒烟墙纸

在戒烟墙纸中含有某些化学物质，当空气中有烟味时，便散发出一种特殊气味，可使吸烟者对香烟“大倒胃口”，从而达到戒烟的目的。

3) 高级墙面装饰织物

高级墙面装饰织物是指锦缎、丝绒、呢料等织物。这些织物由于纤维材料、织造方法及处理工艺的不同，所产生的质感和装饰效果也不相同，它们均能给人以美的感受。

(1) 锦缎

是我国的一种传统丝织装饰品，常织有绚丽多彩、古雅精致的各种图案，加上丝织品本身的质感与丝光效果，使其显得高雅华贵，具有很高的装饰作用。常被用于高档室内墙面的浮挂装饰，也可用于室内高级墙面的裱糊。

(2) 丝绒

色彩华丽，光泽柔和，质感厚实温暖，格调高雅，主要用作高级建筑室内窗帘、软隔断或浮挂，可营造出富贵、豪华的氛围。

(3) 呢料

粗毛呢料或仿毛化纤织物和麻类织物，质感粗实厚重，具有温暖感，吸声性能好，还能从纹理上显示出厚实、古朴等特色，适用于高级宾馆等公共厅堂柱面的裱糊装饰。

锦缎、丝绒、呢料等高级墙面装饰织物不易擦洗，稍受潮就会留下斑迹，易生霉变，使用中应予以注意。

本章小结

装饰材料是满足人们的美感需求和改善建筑物使用功能所必需的工程材料，近几年，装饰材料的绿色环保功能和防火功能越来越受到人们的重视。本章从材料的使用角度分别介绍了天然石材、面砖、板材、涂料、卷材、及建筑玻璃的主要品种、技术性能、装饰效果及应用范围。由于装饰材料发展快，品种繁多，产品良莠不齐，故在选择装饰材料时，应进行市场调查，在仔细了解产品的质量、性能、规格的基础上，合理选择装饰材料的品种和规格，以便保证装饰工程质量，避免浪费资金。

1. 对装饰材料有哪些要求？选用装饰材料时应注意哪些问题？
2. 大理石与花岗石有何区别？在性质和应用上有何不同？
3. 饰面陶瓷砖有哪几种？各有哪些性能和用途？
4. 玻璃分为几类？它们各有何特点？
5. 铝合金装饰板主要有哪几种？它们分别用于何处？
6. 涂料的组成、分类有哪些？
7. 地面用装饰卷材有哪些？各有何特点？
8. 将本章所列装饰材料按下列分类方法进行分类：

(1) 适于做外墙装饰的材料；
(2) 适于做内墙装饰的材料；
(3) 适于做室内地面装饰的材料；
(4) 适于做顶棚装饰的材料。

参 考 文 献

[1] 陈志源，李启令．土木工程材料．第2版．武汉：武汉理工大学出版社，2003.

[2] 高琼英．建筑材料．第2版．武汉：武汉理工大学出版社，2002.

[3] 吴科如，张雄．建筑材料．第2版．上海：同济大学出版社，1999.

[4] 王世芳．建筑材料．武汉：武汉大学出版社，1992.

[5] 李业兰．建筑材料．北京：中国建筑工业出版社，1998.

[6] 严家伋．道路建筑材料．第3版．北京：人民交通出版社，1996.

[7] 宓永宁，娄宗科．建筑材料．北京：中国农业出版社，2006.

[8] 中国建筑工业出版社．现行建筑材料规范大全（增补本）．北京：中国建筑工业出版社，2000.

[9] 湖南大学等合编．土木工程材料．北京：中国建筑工业出版社，2002.

[10] 柳俊哲．土木工程材料．北京：科学出版社，2005.

[11] 黄政宇．土木工程材料．北京：高等教育出版社，2002.

[12] 赵方冉．土木工程材料．上海：同济大学出版社，2004.

[13] 张超，郑南翔，王建设．路基路面试验检测技术．北京：人民交通出版社，2004.

[14] 袁润章主编．胶凝材料学．武汉：武汉工业大学出版社，1993.

[15] 符芳．建筑材料．南京：东南大学出版社，1995.

[16] 黄晓明，潘钢华，赵永利．土木工程材料．南京：东南大学出版社，2001.

[17] 金伟良，赵羽习著．混凝土结构耐久性．北京：科学出版社，2002.

[18] 周士琼．建筑材料．北京：中国铁道出版社，2004.

[19] 钱晓倩．土木工程材料．杭州：浙江大学出版社，2003.

[20] 张雄主编．建筑功能材料．北京：中国建筑工业出版社，2000.

[21] 柯国军．土木工程材料．北京：北京大学出版社，2006.

[22] 陈雅福．土木工程材料．广州：华南理工大学出版社，2001.

[23] 彭小芹．土木工程材料．重庆：重庆大学出版社，2002.

[24] 严捍东．新型建筑材料教程．北京：中国建材工业出版社，2005.

[25] 姚佳良，周志刚，唐杰军．公路工程复合材料及其应用．长沙：湖南大学出版社，2005.

[26] 交通部公路科学研究所．公路沥青路面施工技术规范．北京：人民交通出版社，2004.

[27] 赵斌编．建筑装饰材料．天津：天津科学技术出版社，2006.
[28] 柯国军．土木工程材料．北京：北京大学出版社，2006.
[29] 陈雅福．土木工程材料．广州：华南理工大学出版社，2001.
[30] 严捍东．新型建筑材料教程．北京：中国建材工业出版社，2005.
[31] 烧结普通砖（GB 5101—2003）．
[32] 王新民．李颂．新型建筑干拌砂浆指南．北京：中国建筑工业出版社，2004.
[33] 建筑砂浆基本性能试验方法（JGJ 70—90）．
[34] 砌体工程施工质量验收规范（GB 50203—2002）．
[35] 砌筑砂浆配合比设计规程（JGJ 98—2000）．
[36] 干粉砂浆生产与应用技术规程（DG/TJ 08—502—2000）．
[37] 干拌砂浆应用技术规程（DBJ/T 01—73—2003）．
[38] 烧结多孔砖（GB 13544—2000）．
[39] 烧结空心砖和空心砌块（GB 13545—2003）．
[40] 砌墙砖试验方法（GB/T 2542—2003）．
[41] 混凝土小型空心砌块建筑技术规程（JGJ/T 14—2004）．
[42] 轻集料混凝土小型空心砌块（GB/T 15229—2002）．
[43] 玻璃纤维增强水泥轻质多孔隔墙条板（GB/T 19631—2005）．
[44] 粉煤灰砖（JC 239—2001）．
[45] 粉煤灰小型空心砌块（JC 852—2000）．
[46] 蒸压加气混凝土砌块（GB/T 11968—2006）．

图书在版编目（CIP）数据

土木工程材料/张正雄，姚佳良主编.—北京：人民交通出版社，2008.2
ISBN 978-7-114-06304-6

Ⅰ.土… Ⅱ.①张…②姚… Ⅲ.土木工程-建筑材料-高等学校-教材 Ⅳ.TU5

中国版本图书馆CIP数据核字（2006）第146706号

书　　名：土木工程材料
著 作 者：张正雄　姚佳良
责任编辑：王　霞（wx@ccpress.com.cn）
出版发行：人民交通出版社股份有限公司
地　　址：（100011）北京市朝阳区安定门外外馆斜街3号
网　　址：http://www.ccpress.com.cn
销售电话：（010）59757973
总 经 销：人民交通出版社股份有限公司发行部
经　　销：各地新华书店
印　　刷：北京市密东印刷有限公司
开　　本：787×960　1/16
印　　张：24.25
字　　数：465千
版　　次：2008年2月　第1版
印　　次：2017年1月　第4次印刷
书　　号：ISBN 978-7-114-06304-6
定　　价：38.00元
（有印刷、装订质量问题的图书由本社负责调换）